新编大学物理实验教程

（第三版）

陈守川　杜金潮　沈剑峰　主编

ZHEJIANG UNIVERSITY PRESS
浙江大学出版社

内容提要

本教程是在 1995 年版《大学物理实验教程》基础上,根据具体教学对象、产学研的成果和对课程教改的体会,结合多年来编写的补充讲义编写而成,它不但在实验内容上,尤其在教程的体系上作了较大的充实和变动,按分层次数学进行编写。并根据教育部高等学校物理学与天文学教学指导委员会物理基础课程教学指导分委会编制的,由高等教育出版社出版的(2010 年)版的"理工科类大学物理实验课程教学基本要求"进行修订。第二篇内容既作理工科学生的预选性实验,又可作文科学生的实验,第三篇内容为理工科学生的必做实验,第四、五、六篇内容作为模块化开放性自选实验或成为选修课的实验,本书还在误差与数据处理中引入了不确定度的应用,但仅仅作为入门,以引起学生对不确定度的应用的注意。

本教程中"常用基本物理常数"采用 2006 年国际推荐值。

本教程可作为高等工业院校各专业不同层次的教材或作为教学参考资料,也可作为涉及物理学实验的广大科技工作者的参考书。

图书在版编目(CIP)数据

新编大学物理实验教程 / 陈守川,杜金潮,沈剑峰主编. —杭州:浙江大学出版社,2008.9(2024.7 重印)

ISBN 978-7-308-06186-5

Ⅰ. 新… Ⅱ. ①陈…②杜…③沈… Ⅲ. 物理学－实验－高等学校－教材 Ⅳ. 04-33

中国版本图书馆 CIP 数据核字(2008)第 138490 号

新编大学物理实验教程(第三版)

陈守川　杜金潮　沈剑峰　主编

责任编辑	王元新
封面设计	卢　涛
出版发行	浙江大学出版社
	(杭州市天目山路 148 号　邮政编码 310007)
	(网址:http://www.zjupress.com)
排　　版	杭州好友排版工作室
印　　刷	嘉兴华源印刷厂
开　　本	787mm×1092mm　1/16
印　　张	25.25
字　　数	583 千
版 印 次	2011 年 8 月第 3 版　2024 年 7 月第 11 次印刷
书　　号	ISBN 978-7-308-06186-5
定　　价	49.00 元

前 言
PREFACE

　　物理实验教学是一种行为过程的教学，它贯穿于实验教学的始终：预习——操作——数据记录与处理——写实验报告。这是大学生进大学后首先碰到的实践性教学环节。在大学本科教学中，它不是一门单纯为理论教学服务的验证性课程。每一个实验对我们的学生来说都是一个小课题，几乎都是"新"的，但又是循序渐进的，解决问题的方法有可能还不是唯一的，因此，如何教育我们的学生去实践、去研究、甚至如何进一步去进行创造性的探索，是我们实验工作者的重要工作。我们要把那些科技史中一直延续着到现代，甚至于未来的，带有共性、基础性、经典性的思维、理论、知识、技能和实践方法，在大学一、二年级学生打基础的时候，以年轻人乐于接受的形式展示给他们，培养他们用脑动手、理论联系实际、敢于实践、善于观察、善于分析问题的学习能力，且能设法去解决问题的能力；处理好继承与发展的关系，继往开来；培养终身学习的学习作风。使他们能应对以递增形式飞速发展的科技新时代，去面对那些闻所未闻的东西。在改革旧的东西，创造新的事物过程中自然而然地用到物理实验教学中学到的东西。物理实验课程要使我们的大学生在实践教学中得到启蒙。

　　在实验室建设、教学、管理方面，我们力求做到：精心选材，科学配置、认真指导和严格管理。物理实验教学的教改，我们的体会和措施是："专业带基础、基础促专业、分层次模块化教学、开放性教学和开门办学"，对文科同学提出："半定性半定量的物理实验的理念"。在本教程中，按实验的目的和内容的覆盖面，我们从高教部颁布的示范实验中心126个实验项目中，首批精选了50个左右的实验项目。这些实验有的是经典性的实验，有的是我们通过产学研提出设计思想而研制的，如用多脉冲激励的时差法测定气体、液体和固体中的声速、用数码技术研究物体的运动状态、弦音实验仪、组装式开尔文电桥等；以及通过省科技厅立项而研制的，如：节能环保的磁悬浮导轨上的力学实验仪。为面向21世纪，我们进行了网络教学资源的开发和共享平台的建设：如建设BB平台，开通物理实验教学网，教师讲课的ppt在网上公开、开通仿真实验，供同学预习和复习用。在网上沟通学生、教师和实验室间的联系。在使用本教程时，建议在必做的基础性实验中得到初步基本训练后，按分层次模块化原则由同学自选实验内容。

　　实验教材的建设是在实验室建设基础上进行的。浙江大学物理实验中心建设的历史给予我们极好的借鉴。因此，本教程的出版是反映了在物理实验教学中几代人的劳动和智慧，同时也参考了兄弟院校的教材（已列入书后的参考资料），在此表示衷心感谢希望使用本教程的教师和学生提出宝贵的意见和建议，以便日后重印、再版时修订。

参加本教程编写的有（按姓氏笔划排序）：陈守川、杜金潮、沈剑峰、应伟杰、张锐波、张健、杨凡、周艳微、钟伟民、曹小华、蒋卫建、斯公寿、谢钦安、潘克宇。陈守川、杜金潮、沈剑峰审阅统编了全教程。在历届使用的讲义编写和使用中得到付银生、冯仰浦、卢筱楠、华伟民、汪霖、蒋金锁等老师的指教，受益匪浅。还应该提出的是刘一夫、楼凤光、俞诚、高洪亮在补充讲义编写和实验室建设中做了大量工作，在此一一表示感谢！

编　者

二〇〇八年八月

目 录
CONTENTS

第三篇　基础性实验

第四篇　综合性实验

第五篇　近代技术和应用性实验

第六篇　设 计 性 实 验

第一篇 绪 论

物理学本质上是一门实验科学。物理实验是科学实验的先驱,在实验思想、实验方法以及实验手段等方面是各学科科学实验的基础。物理理论的诞生和被确认与物理实验有着密不可分的关系。一个物理学理论被确认的必要条件是:在数学上具有严密的逻辑,没有概念上的错误,同时还必须具有充分条件:需要在实验上得到证实。每一个诺贝尔奖获得者的成就都充分说明了这一点,爱因斯坦相对论的成就开拓了原子能应用的新时代,提出了新的时空观,这是一个具有划时代意义的成就,但他并没有因为这个伟大的理论而获得诺贝尔奖,他所获奖的却是得到了实验验证的光电效应理论。对于大学本科教育来说,坚实的基础和宽阔的知识面十分重要。如何把培养学生的科学素养、创新意识、科学精神、科学道德和探索精神放到重要的位置上来,使之与知识的传授相平衡,培养从观念到行为方式都适应面向新时代的人才? 如何让年轻人去应对科学技术日新月异的发展? 我们认为只有加强基础理论、基础知识、基本方法、基本技能的教学和素质、能力的培养和加强同学对"新"事物的探索精神的培养,这才是至关重要的。这也正是我们基础实验教学的目的。

一、物理实验课程的地位和任务

大学物理实验是第一门被教育部批准独立设课的实验课程,是大学生在校期间实践性教育的一门重要的必修启蒙课程,担当着对大学生的特殊素养和能力的培养,通过让学生实践物理实验教学行为的全过程,以达到物理实验教学的目的,这是学生在大学学习阶段接受系统的实验思想、实验方法和实验技能训练的开端,同时还能让学生受到综合性很强的基本实验技能的训练。因此,在培养学生严谨的治学态度、活跃的创新意识、理论联系实际和适应科技发展的综合应用能力等方面,物理实验是大学生在校期间实践性教育的一门重要的必修启蒙课程。

本课程教学的具体任务是:

(1) 学习误差理论、实验方法。

(2) 学习常用仪器操作的使用。

(3) 学习有关物理量测量,数据记录、处理和实验测量结果的规范表达。

(4) 培养理论联系实际、用脑动手、探索运动规律的能力。

(5) 培养勤于观察、善于观察现象的能力。

(6) 培养设计、建立物理模型的能力。

(7) 培养信息收集和归纳分析综合的能力。

（8）培养去伪存真、由表及里，洞察、判断事物本质的能力。

（9）培养唯物史观、实事求是、严肃认真、一丝不苟的科学态度。

（10）培养提出问题、分析问题、解决问题和书写实验报告的能力。

总之，我们期望同学们达到本课程的学习目标：学习知识、训练能力、沉淀潜力。

同学们在进大学学习后，物理实验课程最先担当起用脑动手、智能与技能综合协作训练的使命！通过这种严格的训练，学生不仅能学到一些重要的实验方法，巩固理论知识，还可以接受以科学态度处理各种事物的教育、初步锤炼用脑动手的能力。

同学们在物理实验学习中一定会遇到许多新事物和新问题，许多甚至是超前于理论教学，或者在理论教学中根本闻所未闻、见所未见的新现象和新仪器，我们称之为"新"，这既是绝对的，又是相对的。我们通过培养同学对"新"事物的探索精神，让学生在日后进一步学习和工作中，能自觉地在物理思想、物理方法和物理实验技术、技能及技巧的协助下，进行自学或创造性的劳动，解决理工科实践中遇到的新的问题。

二、物理实验与实验的观察

许多同学往往片面地认为实验就是测量，测量几个数据交差就是了，可事实并非如此，实验的确需要测量，但实验者首先需要进行半定性、半定量的观察，运用实验者的感觉器官对实验现象进行感知和通过测试仪器进行显示，这就是观察。观察是实验过程中内容最丰富、思想最活跃、最具有特色的部分。任何事物的规律都是通过相应的现象表现出来的，实验者就是通过对这些现象的观察和测量来认识和深化理解它们的。翻开物理学史上充满着激动人心的一系列著名发现的记载，我们发现除了历史的必然性和时代的背景，更与科学家本人的丰富知识和实验素养、善于继承前人的工作、集中各种有利因素和艰苦顽强劳动，深入细致的观察密切相关。他们有的按着预定的目标一步步地通过实验观察取得重要发现，如赫兹用实验验证麦克斯韦尔的电磁场理论预言：变化的电场和变化的磁场间的关系，预言电磁波的存在和传播。有的则抓住实验观察中的偶然机遇，凭着敏锐的洞察力和深厚的理论功底取得意外的发现，如光传播速度的有限性最初就是通过天文观察得到的；薄膜干涉现象实际上人们是早已司空见惯了，如油膜、肥皂泡的彩色条纹，而牛顿抓住了天文望远镜用的透镜放在平玻璃上能观察到条纹的现象，对薄膜干涉进行研究，牛顿圈实验直到现在仍旧是我们大学物理实验中的经典实验；而 X 射线（波长约为 0.1nm 左右，可见光的平均波长约为 550nm 左右）的发现更是如此，伦琴当时在实验室内对阴极射线性质进行实验研究，他用黑纸把放电管严严实实地包起来，加高压，在暗室里，他意外地发现在一米外桌上的荧光屏会发出与放电管放电一致的有节奏的闪光，他反复实验，并用书本、木板、铝片等挡在荧光屏和放电管之间，发现有的挡不住射线，有的能挡住一点，他分析这是一种在本质上与阴极射线不同的，穿透力很强的射线，伦琴把它命名为 X 射线。伦琴的研究为人类作出了重大贡献，获得了诺贝尔奖。可这一现象并不是伦琴第一个发现。许多实验者没有抓住实验观察中的偶然机遇，进行深入的研究，而与作为人类最高的自然科学成就奖——诺贝尔奖擦肩而过。所以一个有成就的实验者需要是一位具有较敏锐洞察能力的人，他能从感觉中去思考，又能从思考中去分析、去总结、去深化、上升到理论来认识,预测新问题,进行创造性的劳动。一个有设想且懂得观察的实验者和一个盲目的实验者,其水平和得益往往有天壤之别。

同学们在做组装整流器观察整流波形时,会发现整流波形与理论学习时不一致,尤其在输入信号电压低时,或输入信号频率高时,显得更明显。你若深入学习,就能解释这样的现象,实验就有助于你对二极管的 pn 结特性有更多的理解。

希望同学们在实验开始时,根据实验预习情况,理论联系实际,首先对实验进行半定性半定量的观察,对实验仪器进行调整,再进行测量,根据测量的有效数字进行记录,根据实验理论对记录数据进行处理,在实验报告上记录观察到的实验现象、数据处理的过程和测量的最后结果。

三、物理量的测量与误差理论

(一)测量

(1)直接测量:例如,用米尺测长度;用等臂天平测物体质量;使用倍率为 1 的单臂电桥,用标准电阻直接比较被测电阻等。凡被测物理量与同类的标准量直接进行比较的测量称为直接测量。

(2)间接测量:例如,测量矩形面积,先用米尺测其长和宽,再通过 $S=a×b$ 公式求出其面积等。凡是被测物理量通过对与其相关量的直接测量后再使用定义或定律,经过运算得到测量结果的测量称为间接测量。

(二)测量误差的基本知识

测量误差可以用下式表示:
$$误差＝测量值-真值 \tag{1}$$

显然误差值不但有大小、还有正负。因这是测量值与真值相比较的,故又有绝对误差之称。绝对误差与误差的绝对值是两个不同的概念。

在误差的成分分析中,我们常把误差分成为系统误差分量和随机误差分量。

1. 系统误差

定义:在同一测量过程的多次重复中,保持恒定的(如仪器的零位没有调整好)或可预知其变化规律(如钟表的面板刻度中心与时针和分针的轴不重合)的测量误差的分量称为系统误差。

系统误差产生原因在如下:

(1)量具误差与调整误差

如:电表的级别、调零;天平的底座、横梁水平和等臂的调整等。

(2)理论误差与方法误差

如,单摆周期公式:
$$T=2\pi\sqrt{\frac{l}{g}}\left(1+\frac{1}{4}\sin^2\frac{\theta_m}{2}\right)$$

当采用一级近似公式与若取二级近似为标准比较时,因不计第二项而引入误差,如表1,且测量值始终偏小。

表1　单摆周期的理论误差

θ_m	45°	30°	20°	10°	5°
$\Delta T/T$	3.7%	1.7%	0.8%	0.2%	0.03%

(3)环境误差

实际实验的环境条件往往会与理论上的要求以及仪器使用规定的要求不符,就容易形成环境误差。如:空气中声速或液体的粘滞系数的测定都与环境温度有关;液体的沸点与压强有关;热电偶分度表值是在热电偶冷端温度为0℃时列出的,实测时难以达到这个要求,所以会有误差,诸如此类由于环境参数记录差错,或没有符合测试条件要求时就会有误差。

(4)人员误差

由测量人员主观因素和操作技术、习惯所引起的误差。如:由于存在视差,或测量者的不良习惯会造成读数始终偏大或偏小。

系统误差可以分成如下几类:

(1)可定系统误差

凡可以判断并找出其规律,而且可以设法加以修正、消除的系统误差分量称为可定系统误差。如游标尺、螺旋测微器的初读数不为零;理论上的修正项没有考虑;热电偶测温时,冷端的温度不是零度;分光计的主刻度盘中心与转动轴中心不重合等所引起的读数误差。

可定系统误差的分析及其消减是对一个实验工作者水平的重要评价。

(2)未定系统误差

实验者不知道测量误差的确切大小和正负值的系统误差分量称未定系统误差。测试仪器的允许误差 $\Delta_{仪}$ 是实验中未定系统误差的主要因素。测试仪器允许误差 $\Delta_{仪}$ 只告诉使用者:仪器出厂时误差在此范围内都是合格的。本课程中仪器允许误差 $\Delta_{仪}$ 除有明确规定仪器级别的按仪器级别计算、有据可查的误差值以及游标尺与角游标按最小读数计算外,一般的可近似按仪器最小刻度的一半计算。

2. 随机误差

在系统误差已被消除或可被忽略的前提下,来讨论测量值中的随机误差分量,为此,让我们先来谈谈测量值的分布。

由一等精度(即同一位实验者,在同一时间,采用同一精度仪器,对同一物理量进行测量)的多次测量值组成的一组物理量,测量值可能有不同规律的分布,我们暂且以测量次数有限,且又与高斯分布(又称正态分布)最相近的 t 分布(即 student 分布)作为例子进行讨论。

设有一学生用螺旋测微计测某一钢板厚度(约5.54mm),共测了200个数据,记录如表2,并根据记录数据汇制概率分布图,见图1。

表 2　螺旋测微计测量数据记录

序号	小区间 （mm）	小区间中的测量值 （mm）	次数 n_i	相对次数（概率） $(n_i/N)\times 100\%$	累计相对次数%
1	5.315～5.344	5.334	2	1	1
2	5.345～5.374	5.365	3	1.5	2.5
3	5.375～5.404	5.392	5	2.5	5
4	5.405～5.434	5.428	8	4	9
5	5.435～5.464	5.455	14	7	16
6	5.465～5.494	5.482	22	11	27
7	5.495～5.524	5.515	30	15	42
8	5.525～5.554	5.538	32	16	58
9	5.555～5.584	5.565	30	15	73
10	5.585～5.614	5.602	22	11	84
11	5.615～5.644	5.632	14	7	91
12	5.645～5.674	5.654	8	4	95
13	5.675～5.704	5.698	5	2.5	97.5
14	5.705～5.734	5.722	3	1.5	99
15	5.735～5.764	5.745	2	1	100

　　概率(n_i/N)除以ΔX_i（在误差理论中ΔX为测量值的误差值）得$n_i/(N\cdot\Delta X)$，令其为$f(\Delta X)$，且称其为概率密度函数，这样便于用曲线下的面积来代表测量值在该范围内的概率（可能性）。今以概率密度函数$f(\Delta X)$为纵坐标，ΔX为横坐标作概率密度函数曲线如图2。

　　此分布由于测量次数尚未趋向于无穷大，在统计学中它属于t分布，它近似于高斯分布（即正态分布），下面让我们对高斯分布作进一步的定量讨论。

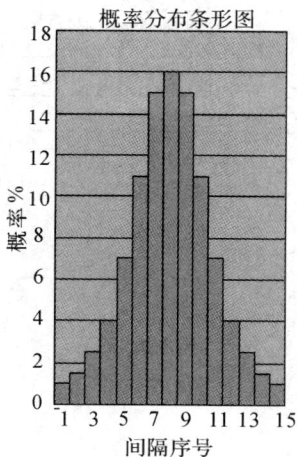

图 1　概率分布条形图

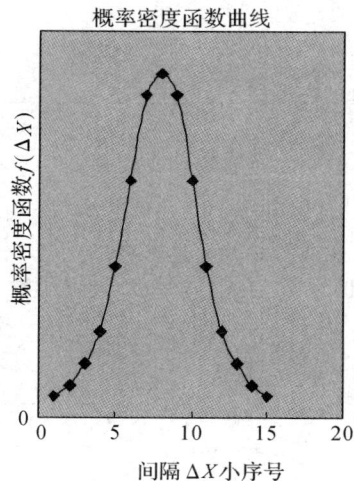

图 2　概率密度函数曲线

随机误差定义

(1)偏差 u、误差 Δ

设对某一被测量进行有限次数的等精度测量得：

$$x_1, x_2, x_3, \cdots, x_n$$

则测量值的平均值：

$$\overline{X} = \frac{1}{n} \sum_{i=1}^{n} x_i \qquad (2)$$

定义：$u_i = x_i - \overline{X}$ 为残差，又称偏差。这个量在实际数据处理中经常会被用到。

根据(1)式得：

$$\Delta = X - X_0 \qquad (3)$$

显然式 $u_i = x_i - \overline{X}$ 中，当 $n \to \infty$ 时，$\overline{X} \to X_0$，则偏差 $u \to$ 误差 Δ

(2)标准误差 ε、标准偏差 S

设一等精度测量列：

$$x_1, x_2, x_3, \cdots, x_n$$

可得一相应的误差 Δx_i 数列：

$$\Delta x_1, \Delta x_2, \Delta x_3, \cdots, \Delta x_n$$

①设测量次数 $n \to \infty$

设有两个等精度的测量系列，它们在同一坐标系中呈现出二条测量值的概率密度函数曲线如图 3 所示。

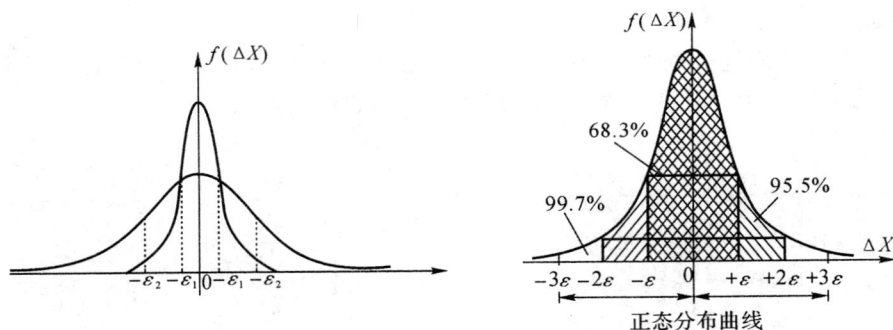

图 3　高斯分布曲线

此曲线最初由科学家高斯用函数式表示为：

$$f(\Delta x) = \frac{1}{\varepsilon \sqrt{2\pi}} \exp\left(-\frac{\Delta x^2}{2\varepsilon^2}\right) \qquad (4)$$

$$\varepsilon = \lim_{n \to \infty} \sqrt{\frac{\sum (x_i - X_0)^2}{n}} \qquad (5)$$

式中：$\Delta x = x_i - X_0$，其中 ε 为标准误差，即总体标准误差，简称标准差。

该曲线称为高斯分布曲线。ε 值正是曲线拐点处的横坐标值，因此 ε 值越小，曲线越窄;ε 值越大,曲线越平坦,故 ε 有曲线的特征参数之称。但不同高斯分布曲线与横坐标轴之间所包围的总面积大小恰是一致的,反映出被测量的真值在它们相应范围之内,存在的概率都是 100%。

标准误差 ε 的概率意义:

$$p(-\varepsilon \leqslant \Delta x \leqslant +\varepsilon) = \int_{-\varepsilon}^{+\varepsilon} f(\Delta x) \mathrm{d}(\Delta x) = 68.3\%$$

$$p(-2\varepsilon \leqslant \Delta x \leqslant +2\varepsilon) = \int_{-2\varepsilon}^{+2\varepsilon} f(\Delta x) \mathrm{d}(\Delta x) = 95.5\%$$

$$p(-3\varepsilon \leqslant \Delta x \leqslant +3\varepsilon) = \int_{-3\varepsilon}^{+3\varepsilon} f(\Delta x) \mathrm{d}(\Delta x) = 99.7\%$$

测量值的误差在$(-\varepsilon \sim +\varepsilon)$范围的可能性为 68.3%,此值称为测量值在该区间的置信概率又称置信度,显然当置信概率(置信度)为 99.7%,几乎为 100% 时,我们称 3ε 为极限误差。设曲线与横坐标间的面积为 1,即 100%,则上面三种概率的值相当于曲线分别与$(-\varepsilon \sim +\varepsilon)$、$(-2\varepsilon \sim +2\varepsilon)$、$(-3\varepsilon \sim +3\varepsilon)$横坐标间构成的曲线面积值。

②测量次数为有限时

则描写分布函数的特征参数为:

$$S = \sqrt{\frac{\sum (x_i - \overline{X})^2}{n-1}} \tag{6}$$

S 称实验标准偏差,即样本标准偏差,简称标准差。

显然当 $n \to \infty$ 时 $\overline{X} \to X_0$,则 $S \to \varepsilon$ 如式(5)所示。

在统计中还引入测量值的平均值的标准偏差:

$$S_{\bar{x}} = \frac{S}{\sqrt{n}} = \sqrt{\frac{\sum (x_i - \overline{X})^2}{n(n-1)}} \tag{7}$$

S_x 为算术平均值实验标准偏差,即平均值标准偏差。

在测量仪器的精度或灵敏度达到一定程度时,对同一物理量进行多次测量时,几乎会每次都会出现不同的值,这时,究竟测量多少次为宜? 从对式(7)进行讨论我们得出结论:在教学实验中一般 5~10 次足矣。

3. 粗大误差

明显超出规定条件下预期的误差就是粗大误差。引起粗大误差的原因有错误读取示值;①使用有缺陷的测量器具;②测量器具使用不正确或环境的干扰等。粗大误差也称过失误差或粗差。在数据处理时允许把它删去。

(三)间接测量的误差、标准差的传递

(1)讨论直接测量的误差对间接测量结果的影响,一般采用如下方法:

①全微分法(多适用于间接测量函数式为和、差时)

$$\Delta_N = \left| \frac{\partial N}{\partial X} \Delta_x \right| + \left| \frac{\partial N}{\partial Y} \Delta_Y \right| + \left| \frac{\partial N}{\partial Z} \Delta_z \right| + \cdots \tag{8}$$

改微分符号为误差符号,因考虑最大误差,取误差绝对值,误差符号前负号一律改正号。

例： $N = f(x, y, z) = x + 2y - 3z$

有： $dN = dx + 2dy - 3dz$

得： $\Delta N = \Delta X + 2\Delta Y + 3\Delta Z$

②对数微分法(多适用于间接测量函数式为积、商时)

$$\frac{\Delta N}{N} = \left| \frac{\partial \ln N}{\partial X} \Delta X \right| + \left| \frac{\partial \ln N}{\partial Y} \Delta Y \right| + \left| \frac{\partial \ln N}{\partial Z} \Delta Z \right| + \cdots \tag{9}$$

例：杨氏模量函数式

$$E = \frac{8LDP}{\pi \rho^2 b \cdot \Delta S}$$

试求间接测量杨氏模量的误差表达式。

解： $\ln E = \ln\left(\frac{8}{\pi}\right) + \ln L + \ln D + \ln P - 2\ln\rho - \ln b - \ln(\Delta S)$

得： $\dfrac{\Delta_E}{E} = \dfrac{\Delta_L}{L} + \dfrac{\Delta_D}{D} + \dfrac{\Delta_P}{P} + 2\dfrac{\Delta_\rho}{\rho} + \dfrac{\Delta_b}{b} + \dfrac{\Delta_{\Delta S}}{\Delta S}$

当式中直接测量值误差用仪器误差代入时,则得 Δ_E 值即为该间接测量值的仪器误差 Δ_E。

试求金属丝杨氏弹性模量测量的仪器误差 Δ_E(详细请见附录实验报告示例)。

根据测量值和所用的仪器的仪器误差得：

$$E = \frac{8LDP}{\pi \rho^2 b \cdot \Delta S} = 1.877 \times 10^{11} (\text{Pa})$$

$$\frac{\Delta_E}{E} = \frac{\Delta_L}{L} + \frac{\Delta_D}{D} + \frac{\Delta_P}{P} + 2\frac{\Delta_\rho}{\rho} + \frac{\Delta_b}{b} + \frac{\Delta_{\Delta S}}{\Delta S} = 3.2\%$$

得 $\Delta_E = \dfrac{\Delta_E}{E} \times E = 3.2\% \times 1.877 \times 10^{11} = 0.06 \times 10^{11} (\text{Pa})$

(2)间接测量的标准差传递

$N = f(x, y, z, \cdots)$，$S_X, S_Y, S_Z, \cdots$ 分别为直接测量 $x, y, z, \cdots$ 的标准差,且 $x, y, z, \cdots$ 各变量都是彼此独立的,则间接测量 N 的标准差为：

$$S_N = \sqrt{\left(\frac{\partial N}{\partial X}\right)^2 S_X^2 + \left(\frac{\partial N}{\partial Y}\right)^2 S_Y^2 + \left(\frac{\partial N}{\partial Z}\right)^2 S_Z^2 + \cdots} \tag{10}$$

或 $$\frac{S_N}{N} = \sqrt{\left(\frac{\partial \ln N}{\partial X}\right)^2 S_X^2 + \left(\frac{\partial \ln N}{\partial Y}\right)^2 S_Y^2 + \left(\frac{\partial \ln N}{\partial Z}\right)^2 S_Z^2 + \cdots} \tag{11}$$

例：设有一长方体边长分别为 a, b, c 用钢卷尺多次测量各边得数据记入：

表 3   长方体测量数据   单位：(mm)

次数	1	2	3	4	5	6	7	8
a	93.7	93.7	94.6	94.6	93.8	93.8	93.5	93.5
b	85.7	85.7	86.6	86.6	85.8	85.8	85.5	85.5
c	77.6	77.6	78.5	78.5	77.8	77.8	77.3	77.3

已知该钢卷尺的允许误差为：$\Delta_仪 = 0.5\text{mm}$，试求该长方体体积的实验标准偏差 S_V 和长方体体积的测量误差 Δ_V

①长方体的实验标准偏差 S_V

得　　$\bar{a} = \dfrac{\sum a_i}{n} = 93.9\,(\text{mm})$　　$S_a = \sqrt{\dfrac{\sum (a_i - \bar{a})^2}{n-1}} = 0.447 = 0.45\,(\text{mm})$

得　　$\bar{b} = \dfrac{\sum b_i}{n} = 85.9\,(\text{mm})$　　$S_b = \sqrt{\dfrac{\sum (b_i - \bar{b})^2}{n-1}} = 0.447 = 0.45\,(\text{mm})$

得　　$\bar{c} = \dfrac{\sum c_i}{n} = 77.8\,(\text{mm})$　　$S_c = \sqrt{\dfrac{\sum (c_i - \bar{c})^2}{n-1}} = 0.472 = 0.48\,(\text{mm})$

代入公式(10)或(11)皆可得：

$$S_V = \sqrt{(\bar{b}\bar{c})^2 S_a^2 + (\bar{a}\bar{c})^2 S_b^2 + (\bar{a}\bar{b})^2 S_c^2} = 5.8 \times 10^3\,(\text{mm}^3)$$

按有效数字运算得：

$$V = \bar{a} \times \bar{b} \times \bar{c} = 93.9 \times 85.9 \times 77.8 = 6.28 \times 10^5\,(\text{mm}^3)$$

②长方体的测量仪器误差 Δ_V

$$\Delta_V = \bar{b}\bar{c} \times \Delta_a + \bar{a}\bar{c} \times \Delta_b + \bar{a}\bar{b} \times \Delta_c = 1.0 \times 10^4\,(\text{mm}^3)$$

四、不确定度的分量评定和合成不确定度(方差合成)

误差和不确定度是两个不同的概念，在数值上有一定的关联，从测量结果考虑，反映实验的可置信程度的恰是不确定度。在不确定度中，我们又常把它们进行分类，用不同的分量进行表示。

当被测量值中可修正的可定系统误差分量修正后，将余下的部分分为可以用统计方法计算的(称 A 类分量，用 Δ_A 表示)和用其他方法估算的(称 B 类分量，用 Δ_B 表示)两类，合成为合成不确定度：

$$u = \sqrt{\Delta_A^2 + \Delta_B^2} \tag{12}$$

在本教程中我们作如下简化约定：$\Delta_A = S$，常用(6)式实验标准差表达。$\Delta_B = \Delta_仪 / 3$ 常为未定系统误差分量，常用仪器误差表达(注：①严格地说，其系数与测量值分布有关，我们简单地认为它服从高斯分布。②仪器误差 $\Delta_仪$ 除有据可查的和游标尺、角游标以最小读数为仪器误差外，其他的原则上可按仪器的最小分度的一半处理)。

从(12)式可知，合成不确定度 u 可看作以 Δ_A 和 Δ_B 为直角边的直角三角形斜边的值。

不确定度涉及到统计理论和计量学理论，本教程作为不确定度的入门，许多地方仅做简单介绍。我们约定 $\Delta_A = S$；$\Delta_B = \Delta_仪 / 3$，则(12)式我们可以写作：

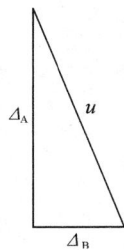

图 4　不确定度分量合成

$$u = \sqrt{S^2 + (\frac{\Delta_{仪}}{3})^2} \qquad (13)$$

例：以前例中用钢卷尺多次测量一长方体边长 a、b、c 各边所得数为例计算，

得

$$S_V = \sqrt{(bc)^2 S_a^2 + (ac)^2 S_b^2 + (ab)^2 S_c^2} = 5.8 \times 10^3 (\text{mm})^3$$

$$\Delta_V = bc \times \Delta_a + ac \times \Delta_b + ab \times \Delta_c = 1.0 \times 10^4 (\text{mm})^3$$

$$u = \sqrt{S^2 + (\frac{\Delta_{仪}}{3})^2} = \sqrt{(5.8 \times 10^3)^2 + (\frac{1.0 \times 10^4}{3})^2} = 7 \times 10^3 (\text{mm}^3)$$

五、数据表达和数据处理

物理量是一个由有效数字表示的有单位的量，在物理实验中必须用合适的方法来表达测量结果。

（一）有效数字及其表示

1. 测量值的有效数字及其定义

测量值的可靠数加上最后 1～2 位的存疑数的全部数字称为有效数字。

测量值的总位数称为该测量值的有效位数，看起来一样的数字，在数字后加个"0"和没有这个"0"，其有效位数不一样，所表示的测量精度也就不一样。如，$x_1 = 23.4\text{mm}$ 与 $x_2 = 23.40\text{mm}$ 测量精密程度就不一样，如图 4 所示。

$$23.3\text{mm} \leqslant x_1 \leqslant 23.5\text{mm}$$

$$23.39\text{mm} \leqslant x_2 \leqslant 23.41\text{mm}$$

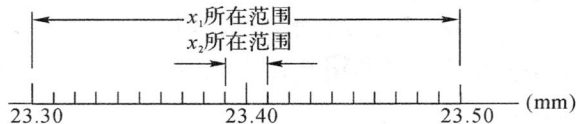

图 4 有效位数的意义

用不同精度量具测量同一厚度，其结果见表 4。

表 4 不同工具的测量精度

工具	d	$\Delta_{仪}$	E
钢直尺	$d = 6.4\text{mm}$	$\Delta_{仪} = 0.1\text{mm}$	$E = \dfrac{0.1}{6.4} = 16\%$
游标尺	$d = 6.36\text{mm}$	$\Delta_{仪} = 0.02\text{mm}$	$E = \dfrac{0.02}{6.36} = 0.31\%$
螺旋测微计	$d = 6.350\text{mm}$	$\Delta_{仪} = 0.004\text{mm}$	$E = \dfrac{0.004}{6.357} = 0.06\%$

可见有效数字多一位，相对误差值几乎小一个数量级。

2. 有效数字运算法则

(1) 加减法：

诸数相加(减)时,其结果的可疑数字的位置与诸数中可疑数字最大的位置一致。

(2) 乘除法：

诸数字相乘(除)时,乘积(商)的有效数字与因子中有效位数最少的一个相同。在运算过程中,位数可适当保留 $1\sim2$ 位。

(3) 单位换算,有效数字位数不变：意味着测量值的有效数字的位数只与测量值大小和测量精度有关。如,$980\mathrm{cm/s^2}$ 与 $9.80\mathrm{m/s^2}$ 精度相同；$632.8\mathrm{nm}$ 及 $0.632\,8\mu\mathrm{m}$、$6.328\times10^{-7}\mathrm{m}$ 同。

3. 测量结果的有效数字

(1) 测量结果的有效数字由①仪器误差；②有效数字处理法则；③不确定度来决定。

当所得的位数不一致时,取位数少的,即取误差大的值。特别要指出的是不可能通过数学运算来提高测量精度。如仪器误差为"分"一位的分光计不可能通过数学运算将精度提高到"秒"位(但累计放大法,不能认为是简单的数字运算)。

*(2) 不确定度值取 $1\sim2$ 位。当首位非"0"数 $\leqslant3$ 时保留 2 位；首位非"0"数 >3 时保留 1 位,对保留位后的数字采取逢数进位,在计量学上通常保留 2 位。

(3) 测量结果表达式的测量值有效数字的末位,原则上是由不确定度末尾对齐来确定的。

如：质子质量：　$(1.672\,621\,637\pm0.000\,000\,083)\times10^{-27}\mathrm{kg}$

　　中子质量：　$(1.674\,927\,211\pm0.000\,000\,084)\times10^{-27}\mathrm{kg}$

(4) 三角函数值、无理数运算时的有效数字选取。三角函数值可根据角度记录值的最小分度值的 ±1 而定,然后计算比较之。如当 $\theta=56°42'$ 运算时,当求 $n=\tan\theta$ 的有效位数。因其最小分度为 $1'$ 所以分别求出 $56°41'$ 和 $56°43'$ 的正切值与 $56°42'$ 的正切值进行比较得：

$\tan56°41'=1.521\,389\,9$, $\tan56°42'=1.522\,354\,5$, $\tan56°43'=1.523\,319\,9$

可见小数后第三位为存疑数,故记作 $n=\tan56°42'=1.522$。在具体测量中,若能估算出 $\Delta\theta$ 值,则 n 值位数由 Δn 定之。这方面知识我们会在间接测量的误差传递中介绍。

对 π 等无理数,它的取位该由算式中其他测量值的位数而定,取同一级数或高一级的数。

值得一提的是,在间接测量计算过程中,中间数可适当地多保留几位,以免因过多的取舍带来不必要的附加误差。

*(5) 测量值保留位(即存疑位)后的数字进舍规则。按国家计量标准 1991 年规定：保留位后的数字若 <5 则舍去,保留位后的数字若 >5 则舍去后进位加 1,故有"4 舍 6 入"之称,保留位后的数字若 $=5$ 时：①对其后有非零数的,则舍去后进位加 1,②对其后无数字或为零的,且保留位数字(即存疑位)为奇数时,则舍去保留位数后的数且进位加 1,把保留位数揍成为偶数；若保留位数字是偶数,则舍去此保留位后的数字"5"。测量值保留位由有效数字运算法则和与不确定度末位对齐办法来确定。实际应用时先确定不确定度,由不确定度来确定测量值的保留位。

例 1：①$A_1 = 37.251 \pm 0.5$mm，②$A_2 = 37.250 \pm 0.5$mm，③$A_3 = 37.150 \pm 0.5$mm

显然测量值的存疑数在小数后第一位，即取三位有效数字，对保留位（小数后第一位）后的数进行取舍，得：

①$A_1 = 37.3 \pm 0.5$mm，②$A_2 = 37.2 \pm 0.5$mm，③$A_3 = 37.2 \pm 0.5$mm

例 2：　　$d = (1.257 \pm 0.21)$mm$ = (1.26 \pm 0.21)$mm

　　　　　$T = (3.451 \pm 0.43)$s$ = (3.5 \pm 0.5)$s

（二）实验测量结果的最终表达

测量的目的在于求得被测量物理量的值及其可靠程度。先来看看直接测量的最终结果该如何表达。

设有一等精度测量列 $x_1, x_2, x_3, \cdots, x_n$，则被测量 X 的结果表达式为：

$$X = (\overline{X} \pm U) \quad 单位 \quad (p = \quad) \tag{14}$$

式中：　$\overline{X}$ 为测量值，即多次测量的平均值，或单次测量值；

　　　　U 值与其所对应的概率表示测量值的可置信程度，即不确定度；

　　　　单位是被测值的计量单位。

　　　　测量值 X、不确定 U 和单位，称为测量结果最终表达式的三要素。

或用相对不确定度表示：

$$X = \overline{X}(1 \pm U_r) \quad 单位 \quad (p = \quad) \tag{15}$$

式中：

$$U_r = U/\overline{X} \times 100\% \qquad U = \overline{X} \cdot U_r$$

U 为总不确定度，简称不确定度；

U_r 为相对总不确定度，简称相对不确定度；若与标准值、公认值或理论值 X_0 相比较所得的百分数值称为百分总不确定度。

（1）测量值

① 多次测量取平均值：　　　　$\overline{X} = \sum x_i / n$

显然当 $n \to \infty$ 时，平均值 $\to$ 近真值。

求出合成不确定度值，即按前述合成不确定度知识中所述，可以用统计方法计算的（A 类分量 Δ_A）和用其他方法估算的（B 类分量 Δ_B）两类，合成为合成不确定度由(10)式表示：

$$u = \sqrt{\Delta_A^2 + \Delta_B^2}$$

如前所述在本教材中且约定（高斯分布情况下）：

$$\Delta_A = S; \quad \Delta_B = \Delta_仪/3$$

用(13)式可计算合成不确定度：

$$u = \sqrt{S^2 + \left(\frac{\Delta_仪}{3}\right)^2}$$

在前述长方体测量例中，按有效数字运算得：

$$V = \overline{a} \times \overline{b} \times \overline{c} = 93.9 \times 85.9 \times 77.8 = 6.28 \times 10^5 \ (\text{mm}^3)$$

$\because$　　　　$$S_V = \sqrt{(\overline{b}\overline{c})^2 S_a^2 + (\overline{a}\overline{c})^2 S_b^2 + (\overline{a}\overline{b})^2 S_c^2} = 5.8 \times 10^3 \ (\text{mm}^3)$$

$$\Delta_V = \bar{b}\bar{c} \times \Delta_a + \bar{a}\bar{c} \times \Delta_b + \bar{a}\bar{b} \times \Delta_c = 1.0 \times 10^4 (\mathrm{mm}^3)$$

$$\therefore \quad u = \sqrt{S^2 + (\frac{\Delta_{仪}}{3})^2} = \sqrt{(5.8 \times 10^3)^2 + (\frac{1.0 \times 10^4}{3})^2} = 7 \times 10^3 (\mathrm{mm}^3)$$

则,该长方体测量的结果表达式为:

$$V = \bar{V} \pm 2u = (6.28 \pm 0.14) \times 10^5 (\mathrm{mm}^3)$$

②单次测量值

若在具体测量中,由于仪器精度或灵敏度不高,仪器分辨不出测值的差异,多次测量值都几乎相等;或者被测量根本就不允许进行多次测量的情况下,则测量值只有单次测量时的值。在单次测量中不考虑 S,且我们把实验仪器、仪表和器具的示值误差(又称允许误差)为 $\Delta_{仪}$。作为合成不确定度中的 B 类分量,因在本教材中约定 $\Delta_{仪}$ 为高斯分布,故 $\Delta_B = \Delta_{仪}/3$,则单次测量时结果表达式为:

$$X = (X \pm \Delta_{仪}) \text{单位} \quad (p = 99\%) \tag{16}$$

(2)置信程度

置信程度用总不确定度 U 表示,并与相应的概率相对应。

不确定度,表征被测量的真值在某个量值范围内的一个可能性的评定

$$X = (X \pm U) \text{单位} \quad (p = \quad)$$

被测量 X 值,在 $[(X-U),(X+U)]$ 范围内,即 X 在 $(X-U) \leqslant X \leqslant (X+U)$ 中的可能性为 p。

p 表示置信概率,即被测量的真值或测量值 x_i 在 $(\bar{X} \pm U)$ 范围内的概率。

总不确定度,简称为不确定度,用 u 表示如下:

$$U = Cu \tag{17}$$

因子 C 值的选取,它既与分布形式有关,又与测量次数有关,从而决定相应的概率。在本课程中我们只能作一入门介绍,并作了相应的简化约定,在大学物理实验中测量次数是有限的 $(5 \leqslant n \leqslant 10)$,被测量的分布称为 student 分布,简称 t 分布,在本课程中,设:

C 值近似取 1、2、3,故得相应的测量结果表达式:

取 $C=1$ 时,则有 $\quad X = \bar{X} \pm u \text{(单位)} \quad (p=68\%)$

取 $C=2$ 时,则有 $\quad X = \bar{X} \pm 2u \text{(单位)} \quad (p=95\%)$

取 $C=3$ 时,则有 $\quad X = \bar{X} \pm 3u \text{(单位)} \quad (p=99\%)$

由于取 C 值的不同,其概率 p 值也不同,若实验报告中不注明 p 值,则必须先写文字式,再写数字式,以隐含概率 p 值。

通常总不确定度用 $U=2u$ 表示,其概率为 0.95,即 95%,若测量结果表达式中 $U=3u$ 时,可知其概率 $p=0.99$。在单次测量中,由于 $S=0$,则 $u=\Delta_{仪}/3$,这时 $U=3u=\Delta_{仪}$,故 $\Delta_{仪}$ 作为极限误差看待。

(3)单位:采用国际制单位,即 SI 单位

①SI 单位,字母一般用正体小写,如:m、kg、s 等;来源于人名的单位则采用正体大写第一个字母,如:A、N、Pa、W 等。

②SI 词头因数小于 10^6 时,其符号用正体小写,如:k、d、c、m、u、n 等,大于 10^6 时,其符号用正体大写,如:M、G 等。

③相乘组合单位符号中若某个符号同时又是词头符号时,为避免混淆,该把该符号写在右边,如 mN 和 Nm、mΩ 和 Ωm(电阻率)不一样。对应的中文名称应与其国际符号表示的顺序一致,如:牛·米、欧姆米。

④有乘方单位的中文名称,应指数名称在前,单位名称在后,如:m^2(二次方米、即平方米),m^3(三次方米、即立方米)等。

⑤相除组合单位,采用以下三种形式,如:kg/m^3、$kg \cdot m^{-3}$ 或 kgm^{-3},但要注意避误解,如:速度单位 m/s 或 $m \cdot s^{-1}$,但不宜写成 ms^{-1} 以免被误读作每毫秒。相除组合单位分母中,若包含两个以上单位符号时,整个分母部分就加圆括号,斜线不得多于一次,如热导率单位 $W/(m \cdot K)$、不应写成 $W/m \cdot K$、$W/m/K$ 等。

(4)结果表达式

例 1:实验中对某一距离 L 用最小分度为 1cm 的皮带尺作一等精度测量,得:

① 134.5,135.5,134.0,135.8,134.8,135.6,134.9,135.2,135.5,134.8(cm)

按式(2)、(6)可由计算器统计功能直接求得:

$$\bar{L} = 135.1\text{cm}, \qquad S = 0.56\text{cm}$$

而 B 类分量 $\Delta_B = \Delta_仪/3 = 0.5/3 = 0.17\text{cm}$,得

$$u = \sqrt{\Delta_A^2 + \Delta_B^2} \approx S = 0.56\text{cm}$$

测量结果表达式可写成:

$$L = L \pm u = 135.1 \pm 0.6(\text{cm})$$
$$或 \qquad L = L \pm 2u = 135.1 \pm 1.2(\text{cm})$$
$$或 \qquad L = L \pm 3u = 135.1 \pm 1.7(\text{cm})$$

它们各隐含不同的概率为:68%、95%、99%,

②134.8,135.2,135.0,135.2,134.8,135.4,134.6,135.2,135.4,134.6(cm)

按(2)、(6)式可由计算器统计功能直接求得:

$$\bar{L} = 135.0\text{cm}, \qquad S = 0.31\text{cm}$$

而 B 类分量 $\Delta_B = \Delta_仪/3 = 0.5/3 = 0.17\text{cm}$,得

$$u = \sqrt{\Delta_A^2 + \Delta_B^2} \approx S = 0.35\text{cm}$$

测量结果表达式可写成:

$$L = L \pm u = 135.0 \pm 0.4(\text{cm})$$
$$或 \qquad L = L \pm 2u = 135.0 \pm 0.7(\text{cm})$$
$$或 \qquad L = L \pm 3u = 135.0 \pm 1.1(\text{cm})$$

它们各隐含不同的概率为:68%、95%、99%。

③13.5,13.5,13.4,13.5,13.5,13.5,13.5,13.6,13.4,13.6(cm)

按(2)、(6)式可由计算器统计功能直接求得:

$$\bar{L} = 13.5\text{cm}$$

$$S = 0.067\text{cm}$$

$$u = \Delta_仪/3 = 0.5/3 = 0.17(\text{cm})。$$

故测量结果表达式为:(测量值不可能通过运算提高测量精度,故仍保留到小数后一位)

$$L = L \pm u = 13.5 \pm 0.2 (\text{cm})$$

或　　　　$L = L \pm 2u = 13.5 \pm 0.4 (\text{cm})$

或　　　　$L = L \pm 3u = 13.5 \pm 0.5 (\text{cm})$

可以看出,这时我们可以把仪器误差作为极限误差看待。

例 2:已知对某空心圆柱体进行单次测量得到外直径 $D = (3.600 \pm 0.004)$cm,内直径 $\Phi = (2.880 \pm 0.004)$cm,高 $h = (2.575 \pm 0.004)$cm,求体积 V 和不确定度 Δ_V,写出结果表达式。

解:其体积为

$$V = \frac{\pi}{4}(D^2 - \Phi^2) \times h$$

$$= \frac{\pi}{4}(3.600^2 - 2.880^2) \times 2.575 = 9.436 (\text{cm}^2)$$

空心圆柱体体积函数式的对数及其微分式

$$\ln V = \ln \frac{\pi}{4} + \ln(D^2 - \Phi^2) + \ln h$$

$$d\ln V = \frac{dV}{V} = \frac{\partial \ln V}{\partial D}dD + \frac{\partial \ln V}{\partial \Phi}d\Phi + \frac{\partial \ln V}{\partial h}dh$$

$$\frac{\partial \ln V}{\partial D} = \frac{2D}{D^2 - \Phi^2}, \qquad \frac{\partial \ln V}{\partial \Phi} = -\frac{2\Phi}{D^2 - \Phi^2}, \qquad \frac{\partial \ln V}{\partial h} = \frac{1}{h}$$

改微分符号 d 为 Δ,且 Δ 项前的负号一律改为正号,即取绝对值和,得

$$\frac{\Delta_V}{V} = \frac{2D}{D^2 - \Phi^2}\Delta_D + \frac{2\Phi}{D^2 - \Phi^2}\Delta_\Phi + \frac{1}{h}\Delta_h$$

等式两边各乘

$$V = \frac{\pi}{4}(D^2 - \Phi^2) \times h$$

得　　　　$$\Delta_V = \frac{\pi}{2}Dh\Delta_D + \frac{\pi}{2}\Phi_h\Delta_\Phi + \frac{\pi}{4}(D^2 - \Phi^2)\Delta_h$$

$$= \frac{\pi}{2}(0.037 + 0.030 + 0.0093) = \frac{\pi}{2} \times 0.076 = 0.12 (\text{cm}^3)$$

则该空心圆柱体测量结果为: $V = 9.44 \pm 0.12 (\text{cm}^3)$

在运算过程中允许数字多保存一位。在大学物理实验单次测量中,仪器误差就作为误差限,在间接测量结果的文字式中就隐含了相应的置信概率。

间接测量中,按标准差和仪器误差的传递公式计算,在结果表达式中需注明几倍的合成不确定度值,再写数字式,这是较为规范的方法。

(三)数据处理的基本方法

1. 列表法

在物理实验中记录和处理数据时,通常将实验时的自变量、应变量等各个有关实验数据以行或列的顺序一一对应排列成表格,既有条不紊,又简明醒目;既有助于表示出物理量之间的对应关系,又有助于方便检查和发现实验中的问题。它既适用于函数关系间的

测量,也适用于单一物理量的等精度的多次重复测量。因此在每一次实验中首先要考虑列表记录和处理实验数据。

例:用开尔文电桥测定金属材料的电阻温度系数的实验数据记录于表5。

表 5 电阻温度系数的实验记录

i	1	2	3	4	5	6
$t(\mathrm{℃})$	33.9	40.0	50.0	60.0	70.0	80.0
R_2/R_1	1	1	1	1	1	1
$R(\Omega)$	0.03592	0.03689	0.03832	0.03991	0.04126	0.04269
$R_T(\Omega)$	0.03592	0.03689	0.03832	0.03991	0.04126	0.04269

数据列表记录和处理时,应注意:

①表格中(行或列)均应标明物理量的名称和单位(用 SI 单位的国际符号字母表示)。

②列入表中的原始测量数据不应随便涂改,确要修改时,也应在原来的数据上做标记以供备查。数据处理过程中的一些重要中间结果也可列入表中。

③在测量函数关系的数据时,则应按自变量由小到大或由大到小顺序排列。

2. 逐差法

设有 $n(n$ 为偶数)个等间距间隔的测量数据:

$$x_1,x_2,x_3,\cdots,x_{n-1},x_n$$

若用算术平均法求得间隔测量值的平均值:

$$\bar{x} = \frac{\sum\limits_{i=1}^{n-1}(x_{i+1}-x_i)}{n-1} = \frac{x_n-x_1}{n-1}$$

由式可见,其结果实际上是一种等分运算,其实只需对其始末两端进行测量就行了,而对其间的$(n-2)$个的测量数据,式中却无反映,这$(n-2)$个数据在算术平均法中,成了无意义的测量,起不了消减随机误差的作用。

而逐差计算法,它把 n 为偶数的等间隔测量列平分为低值组和高值组,即

$$x_1,x_2,\cdots,x_{\frac{n}{2}} \text{ 和 } x_{\frac{n}{2}+1},x_{\frac{n}{2}+2},\cdots,x_n$$

两组,按照两组不同元素间对应差的不同组合,用逐差法求得间隔测量值的平均值我们可以概括为:

$$\bar{x} = \frac{1}{\left(\dfrac{n}{2}\right)^2}\sum_{i=1}^{\frac{n}{2}}(x_{\frac{n}{2}+i}-x_i) \tag{18}$$

在大学物理实验中常采用此式进行计算。

3. 作图法(又称图示法、图解法)

用图示法来表示自变量和因变量间的函数关系。也就是用图线来显示实验测量的函数关系。

作图时应注意以下几点:

(1)图纸的选择和变量的置换

作图时必须反应测量数据的精度,除计算机作图打印外,一律需按规定图纸作图。如

毫米方格纸、对数坐标纸、半对数坐标纸或极坐标纸等。在大学物理实验中,普遍用的是毫米方格纸,在毫米方格纸上用直角坐标来描述函数关系。

在图线中最容易描绘的是直线。有些曲线函数可以通过变量置换,把它们变换成可用直线描绘的线性函数关系。

①$y=a+bx$,为一般的直线方程。

②若 $y=a+b/x$,可令 $u=1/x$,则可得 $y=a+bu$,为直线方程。

③若 $y=ax^b$,可对该函数式取对数,得 $\lg y=\lg a+b\lg x$,在该式中可令 $\lg x$ 为自变量,$\lg y$ 为应变量作图。取截距 $\lg a$ 求得 a,而直线的斜率即为 b。

④$y=ae^{bx}$,因为该式中以自然数为底,取对数得:$\ln y=\ln a+bx$,得一自变量为 x,应变量为 $\ln y$ 的直线方程,图线中从截距中可求得 a,斜率中可求得 b。

（2）坐标轴的标记和分度

绘图时,习惯于以自变量（如:时间、力、温度等）为横坐标,以应变量（如位移、应变、电阻等）为纵坐标,用粗实线在坐标纸上画出坐标轴。在轴上必须注明物理量和单位（用 SI 单位的国际符号字母表示）。坐标轴分度时,每隔一定间距标出分度值。原则上,实验值的准确数能在轴上直接读得,且又容易估读,故通常以 1、2、5 的 10 的次数方进行分度。不宜采用 1.5 或 3 等的 10 的次数方进行分度。并适当改变坐标比例,使描绘出的直线与坐标轴的夹角几乎成 45 度左右。使图线几乎充满全图、布局美观合理。

（3）标明实验测试点

实验点用符号"＋"表示。必要时加以注解和说明。

注:只有在校正仪器,描绘校正曲线时,才用由校正点连接成的折线（见电表校正实验）。

图解法是用图示法中的图线和坐标轴上定量读数,求出截距 a 和计算出直线的斜率 b,写出函数关系式的方法。在求斜率时,应该在拟合直线上取两点,不一定非要是实验点,且相距要大一些（如在图 5 中取大的直角三角形△AEB 中的"A"、"B"两点,而不是取小直角三角形△CFD 中的"C"、"D"两点）,可减小误差。遇到前面所述的②、③、④的函数式时通过变量置换,用拟合直线处理数据也就不难了。实验者还可在图中方便地"内插"、"外推",以求得其他自变量时的应变量数据。

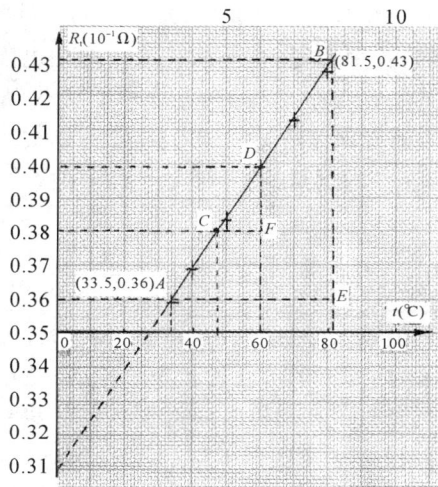

图 5　图示法

图 6　计算器

4. 统计、直线拟合

这里介绍一种用计算器上的统计、直线拟合功能进行处理的方法。

（1）打开计算器，按"MODE"键，选择 SD 统计计算功能。务必注意：在数据输入前必须先清除内存。才可输入一系列新的等精度测量值：每按一个数据后按一次"DT"键，表示 DATA 数据已输入。欲检查输入数据个数 n，则可按"RCL""C"。欲看算术平均值 $\bar{X}$，可按"SHIFT""$\bar{X}$""＝"。欲看标准偏差 S，可按"SHIFT""$x\sigma_{n-1}$""＝"。

（2）直线拟合

运算理论依据是最小二乘法（可阅读本教材最后部分的"参考文献"中有关教程）。设直线方程 Y＝A＋BX，式中 A 为截距，B 为直线斜率。如何用计算器的直线拟合功能来求它们？

例：试用开尔文电桥测定金属材料的电阻温度系数。

金属电阻值 $\qquad R_t＝R_0(1+\alpha t)＝R_0＋R_0\alpha t$

解：式中截距 R_0 为摄氏零度时的电阻值，$R_0\alpha$ 为 R_t-t 拟合直线的斜率。

首先置计算器于直线拟合功能状态：即按"MODE"键后，处于 LIN 功能即可。同样在数据输入前必须先清除统计内存，即相继按"SHIFT"、"ScI"和"＝"键。然后键入"自变量 x"和"应变量 y"数据组，键入时在数据 x 和 y 之间用","键区分开，数据组输入按"DT"键。

i	1	2	3	4	5	6
t(℃)	33.9	40.0	50.0	60.0	70.0	80.0
$R_t(\Omega)$	0.03592	0.03689	0.03832	0.03991	0.04126	0.04269

相继输入"33.9"，按","键，输入"0.03592"再按"DT"键，就完成了第一组"x，y"数据的输入，用同样的方法输入第二组，第三组……一直到最后一组输入后，完成数据输入。

按"SHIFT"、"A"，即得直线方程截距"A"，即 $R_0＝0.031\,00\,\Omega$，按"SHIFT""B"即得直线方程斜率"B"，即 $R_0\alpha＝1.468\cdot10^{-4}\,\Omega/℃$，因此实验得该金属材料的电阻温度系数：

$$\alpha＝R_0\alpha/R_0＝4.735\times10^{-3}/℃。$$

六、用计算机软件 Excel 表格记录数据和作图

打开 Excel 软件，在第一列（或第一行）填入测量的物理量符号和单位，逐列（或逐行）如实地输入逐次测量的有效数据。选"格式(0)"，点击"单元格"，"边框"画出数据表格。

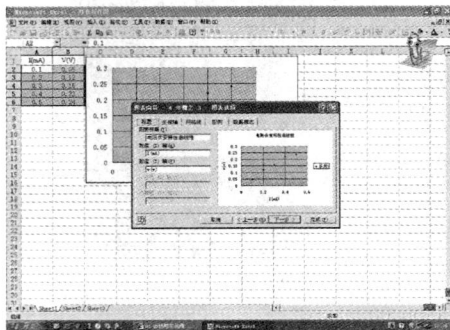
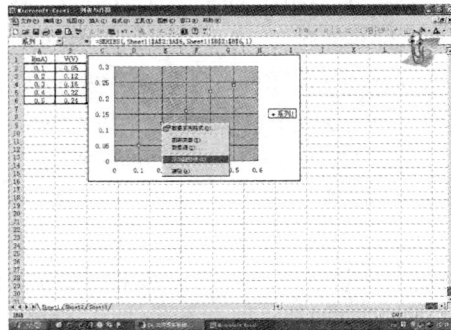

图 7　填写图表标题，坐标轴的物理量和单位　　图 8　指向实验点点击鼠标右键选"添加趋势的线"

点住第一个左上角的数据框,按住鼠标左键拖向右下角的末了的数据框,释放按键,这时欲作图的数据框变成蓝色区域显示,点击"插入",取"xy 散点图";点击"下一步",确认表格是成"行"排列,还是成"列"排列的,再点击"下一步",取"标题",填写图表标题(T),如:"电阻的伏安特性曲线",并命名"数值(X)轴"的物理量和单位;"数值(Y)轴"的物理量和单位(图7),看是否要点击"网格线"可视情况而定,点击"完成"。按图表将其置于适当位置,令鼠标指向实验点,点击鼠标右键,选"添加趋势线"(见图8),先选"类型",点击左键,我们实验中常选择"线性(L)"类型(注:若是仪器的校正曲线,则令鼠标指向实验点,点击鼠标右键,进入"图表类型(T)",选子图表类型(T)中的折线散点图即可)。还可按下"按下不放可查看示例(V)"查看显示的曲线,再用右键点击"实验数据点",选"趋势线格式"。再点击"选项",选"显示公式"、"显示 R 平方值(R)"见图9,点击"确定"。这时不但在图中显示了实验点、拟合直线,还显示了直线方程和拟合直线的相关系数即 R 平方值(R)见图10。

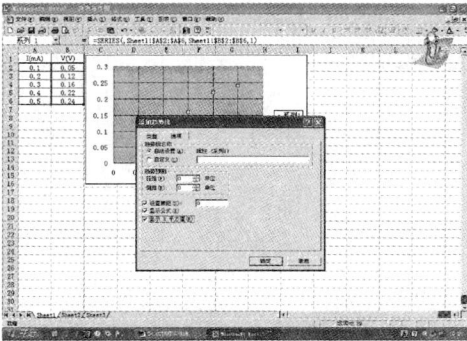

图 9　右键点击'实验数据点'选"趋势线格式"　　　图 10　实验点、拟合直线,直线方程

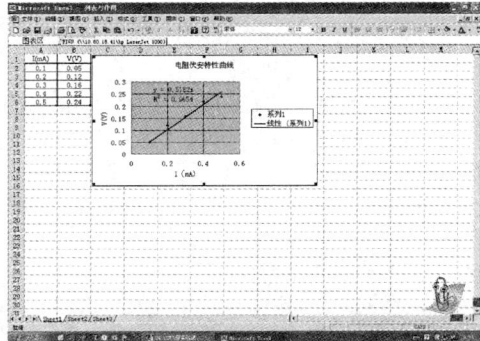

七、数字进舍规则例题

例1:今有三个测量值,欲取三位有效数:

　　①A1＝37.251mm　　①A1＝37.3mm

　　②A2＝37.250mm　　②A2＝37.2mm

　　③A3＝37.150mm　　③A3＝37.2mm

例2:今有三个测量值,欲取二位有效数:

　　①A1＝25.500mm　　①A1＝26mm

　　②A2＝26.503mm　　②A2＝27mm

　　③A3＝26.500mm　　③A3＝26mm

例3:根据不确定度决定结果表达有效数的原则,来改正下列表达式,求出它们的相对误差,并指出结果的有效位数(运算过程允许多保留一位)。

$A＝7.650±0.61$(mm)

$$A=7.6\pm0.7(\text{mm}) \qquad E=0.7/7.6=9\%$$
$$B=7.651\pm0.605(\text{mm})$$
$$B=7.7\pm0.6(\text{mm}) \qquad E=0.6/7.7=8\%$$
$$C=7.6255\pm0.025(\text{mm})$$
$$C=7.626\pm0.025(\text{mm}) \qquad E=0.025/7.626=0.3278\%=0.33\%$$
$$D=7.625\pm0.055(\text{mm})$$
$$D=7.62\pm0.06(\text{mm}) \qquad E=0.06/7.62=0.7213\%=0.8\%$$

例 4：实验用精度为 0.02mm 的游标卡尺测得圆柱体的直径 $D=10.02\text{mm}$,高 $H=30.04\text{mm}$,用精度为 0.05g 的天平称得质量 $m=6.39\text{g}$,实验为单次测量,故用仪器误差为测量误差,试求出该材料的密度 ρ 及误差 $\Delta\rho$。

解：$\because \quad \rho=m/V, \quad V=\pi\times D^2\times H/4$

$\therefore \quad \rho=(m\times4)/(\pi\times D^2\times H)$

$$\Delta\rho/\rho=\Delta m/m+2\times\Delta D/D+\Delta H/H$$

得：$\rho=6.39\times10^{-3}\times4/(3.141\,6\times10.02^2\times10^{-6}\times30.04\times10^{-3})=2\,698(\text{kg/m}^3)$

$\quad\quad \Delta\rho/\rho=0.05/6.39+2\times0.02/10.02+0.02/30.04=0.012\,48=1.3\%$

$\quad\quad \Delta\rho=0.013\times2\,698=35(\text{kg/m}^3)$

$\therefore \quad$ 测量结果表达式：$\rho=2\,698\pm35(\text{kg/m}^3)$

◆ **练 习**

1. 试改正下列各表达式：

    $X=6.325\pm0.062$ 单位

    正确表达式 $X=$ 相对误差 $E=$

    $X=3.715\pm0.041$ 单位

    正确表达式 $X=$ 相对误差 $E=$

    $X=8.945\,1\pm0.101$ 单位

    正确表达式 $X=$ 相对误差 $E=$

    $X=620\,050\pm400$ 单位

    正确表达式 $X=$ 相对误差 $E=$

2. 有一等精度测量数列：

134.5,135.5,134.0,134.8,134.9,135.2,135.5,134.8(cm)

求算术平均值 X 及标准偏差 S。写出测量结果表达式。

3. 在弦振动实验中($T=\rho V^2$),今实验测得数据如下：

$V^2(\text{m/s})^2$	16	21	27	32	37	42
$T(10^{-4}\text{N})$	30	40	50	60	70	80

①请用毫米方格纸作图,求出斜率 ρ(单位为 kg/m)

②请问如何用逐差法来处理数据？

③用计算器求 ρ(单位为 kg/m);

④用计算机 Excel 软件求 ρ(单位为 kg/m)。

附录　实验报告示例

实验名称　金属丝杨氏弹性模量的测定

◆ **实验目的**

1. 掌握不同长度测量器具的选择和使用,掌握光杠杆测微原理和调节。
2. 学习误差分析和不确定度均分原理思想。
3. 学习使用逐差法处理数据及最终结果的表达。
4. 测定钢丝的杨氏弹性模量 E 值。

◆ **实验原理**

本实验氏针对连续、均匀、各向同性的材料做成的丝,进行拉伸试验。设细丝的原长为 l,横截面积为 A,在外加力 ΔP 的作用下,伸长了 Δl 的长度,单位长度的伸长量 $\Delta l/l$ 称为应变,单位横截面所受的力 $\Delta P/A$ 则称为应力。根据胡克定律,在弹性限度内,应变与应力变化成正比关系,即

$$\frac{\Delta P}{A} = E\frac{\Delta l}{l} \tag{1}$$

式(1)中比例常数 E 称为杨氏弹性模量,仅与材料性质有关。

若实验测出在外加力 ΔP 的作用下细丝伸长量 Δl,就能算出钢丝的杨氏弹性模 E:

$$E = \frac{\Delta P \times l}{A \times \Delta l} \tag{2}$$

为了测定杨氏模量值,在式(2)中的 ΔP、l 和 A 都比较容易测定,而长度微小变化量 Δl 则很难用通常测长度仪器准确地度量。本实验将采用光杠杆放大法进行精确测量。

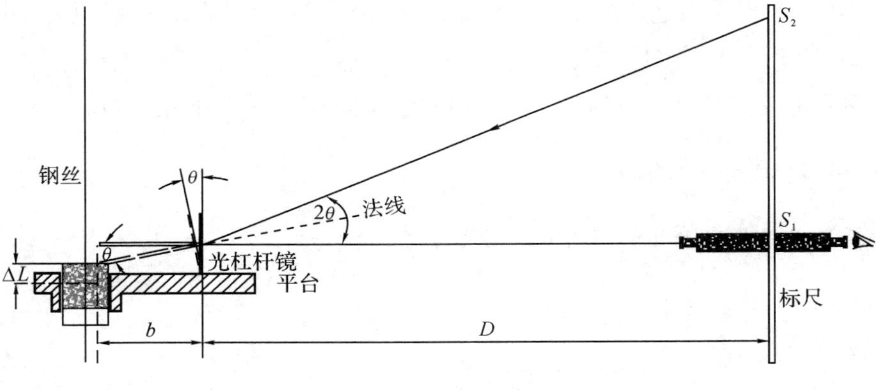

图 1　实验装置图

◆ **实验仪器及内容**

开始时,光杠杆镜镜面法线刚好是水平线,此时从望远镜中观测到标尺读书为 S_1;当钢丝伸长 Δl 之后,镜面转动了一个微小角度 θ,镜面发现也跟着转过 θ 角,此时望远镜观测到的读数为 S_2。光线 S_1 和 S_2 的夹角为 2θ,有

$$\Delta l = \frac{b}{2D}(S_2 - S_1) = \frac{b}{2D}\Delta S \tag{3}$$

$$\Delta S = S_2 - S_1 \tag{4}$$

$$A = \frac{1}{4}\pi \rho^2 \quad (\rho \text{ 为钢丝的直径}) \tag{5}$$

将(3)代入(2),利用(5),得

$$E = \frac{8LD\Delta P}{\pi \rho^2 b \Delta \overline{S}} \tag{6}$$

此式即为利用光杠杆原理测定杨氏模量的关系式。

◆ **实验内容**

1. 仪器的认识和调整
(1)调节杨氏模量仪器支架成铅直;
(2)调节光杠杆镜和望远镜;
　　①粗调;
　　②细调。

2. 实验现象的观察和数据测量
(1)正式测量之前,先观察实验基本现象和可能产生的误差来源。
(2)测量钢丝在不同荷重下的伸长变化。
(3)根据不确定度均分原理思想,合理选择并正确使用不同测长仪器来测量光杠镜至标尺的距离 D、钢丝的长度 l 和直径 ρ 以及光杠镜后脚尖至 O_1、O_2 的垂直距离 b
最大相对误差公式:

$$\frac{\Delta_E}{\overline{E}} = \frac{\Delta_L}{\overline{L}} + \frac{\Delta_D}{\overline{D}} + 2\frac{\Delta_\rho}{\overline{\rho}} + \frac{\Delta_b}{\overline{b}} + \frac{\Delta_{(\Delta P)}}{\overline{\Delta P}} + \frac{\Delta_{(\Delta S)}}{\overline{\Delta S}}$$

(4)测量时应注意这些量的实际存在的测量偏差,从而决定测量次数。

◆ **数 据 记 录 与 处 理**

(1)用逐差法处理荷重钢丝伸长变化的数据

次数	荷重砝码重量 p（千克力）	标尺读数 S(cm)			荷重砝码相差 5 千克时的读数差 ΔS(cm)
		P 增加时	P 减小时	平均值 $\bar{S}=\dfrac{S_i+S_i{}'}{2}$	
1	1	$S_1=1.20$	$S_1{}'=1.10$	$\bar{S}_1=1.15$	$\Delta S_1=|\bar{S}_6-\bar{S}_1|=4.80$
2	2	$S_2=2.20$	$S_2{}'=2.15$	$\bar{S}_2=2.18$	$\Delta S_2=|\bar{S}_7-\bar{S}_2|=4.72$
3	3	$S_3=3.10$	$S_3{}'=3.10$	$\bar{S}_3=3.10$	$\Delta S_3=|\bar{S}_8-\bar{S}_3|=4.70$
4	4	$S_4=4.10$	$S_4{}'=4.00$	$\bar{S}_4=4.05$	$\Delta S_4=|\bar{S}_9-\bar{S}_4|=4.68$
5	5	$S_5=5.00$	$S_5{}'=5.00$	$\bar{S}_5=5.00$	$\Delta S_5=|\bar{S}_{10}-\bar{S}_5|=4.60$
6	6	$S_6=5.95$	$S_6{}'=5.95$	$\bar{S}_6=5.95$	故用逐差法求得：$\Delta\bar{S}=4.70$
7	7	$S_7=6.90$	$S_7{}'=6.90$	$\bar{S}_7=6.90$	ΔS 的标准偏差：
8	8	$S_8=7.80$	$S_8{}'=7.80$	$\bar{S}_8=7.80$	$S_{\Delta S}=\sqrt{\dfrac{\sum(\Delta S_i-\Delta\bar{S})^2}{n-1}}=0.07$
9	9	$S_9=8.75$	$S_9{}'=8.70$	$\bar{S}_9=8.73$	
10	10	$S_{10}=9.60$	$S_{10}{}'=9.60$	$\bar{S}_{10}=9.60$	

（2）对 D、b、L 和 ρ 的数据进行测量

n	D（cm）	b（cm）	L（cm）	ρ（mm）
测量值	131.5	5.692	77.51	0.502 0.504 0.503 0.502 0.504
平均值	$\bar{D}=131.5$	$\bar{b}=5.692$	$\bar{L}=77.51$	$\bar{\rho}=0.503$
仪器误差	$\Delta_D=0.5$	$\Delta_b=0.002$	$\Delta_L=0.05$	$\Delta_\rho=0.004$
标准偏差	/	/	/	$S_\rho=0.001$

（3）上面所得的各量的平均值代入式(6)得，求杨氏弹性模量的平均值（$g=9.80\text{m/s}^2$）

$$\bar{E}=\frac{8\bar{L}\bar{D}\Delta P}{\pi\rho^2 b\Delta\bar{S}}$$

$$\bar{E}=\frac{8\times77.51\times10^{-2}\times131.5\times10^{-2}\times5\times9.80}{3.142\times0.503^2\times10^{-6}\times5.692\times10^{-2}\times4.70\times10^{-2}}\approx1.877\times10^{11}（\text{Pa}）$$

（4）E 的最大相对误差公式：

$$\frac{\Delta_E}{\bar{E}}=\frac{\Delta_L}{\bar{L}}+\frac{\Delta_D}{\bar{D}}+2\frac{\Delta_\rho}{\bar{\rho}}+\frac{\Delta_b}{\bar{b}}+\frac{\Delta_{(\Delta S)}}{\Delta\bar{S}}$$

$$=\frac{0.05}{77.51}+\frac{0.5}{131.5}+2\times\frac{0.004}{0.503}+\frac{0.002}{5.692}+\frac{0.05}{4.70}$$

$$=0.06\%+0.38\%+1.6\%+0.035\%+1.1\%=3.2\% \qquad (7)$$

$$\Delta E_仪=\bar{E}3.2\%=1.877\times10^{11}\times3.2\%=0.06\times10^{11}（\text{Pa}）$$

利用第 8 页 (11) 式求第 22 页 (6) 式 E 的标准偏差 S_E（在计算中，单次测量的量因不存在该直接测量的标准偏差故不考虑其值）：

$$\frac{S_E}{E}=\sqrt{(\frac{\partial\ln E}{\partial\rho})^2\times S_\rho^2+(\frac{\partial\ln E}{\partial(\Delta S)})^2\times S_{\Delta S}^2}=\sqrt{(\frac{2}{\rho})^2\times S_\rho^2+(\frac{1}{\Delta S})^2\times S_{\Delta S}^2}$$

$$=\sqrt{(\frac{2}{0.503})^2\times(0.001)^2+(\frac{1}{47.0})^2\times(0.7)^2}=0.016$$

$$\therefore S_E=0.016\times1.877\times10^{11}=0.030\times10^{11}\text{Pa}$$

合成不确定度：$u=\sqrt{\Delta_A^2+\Delta_B^2}=\sqrt{S_E^2+(\Delta_仪/3)^2}=\sqrt{(0.030)^2+(\dfrac{0.06}{3})^2}\times10^{11}\,\text{Pa}$

$$=0.036\times10^{11}\,\text{Pa}$$

（5）写出结果表达式：

$$E=\overline{E}\pm2u=(1.88\pm0.08)\times10^{11}\,\text{Pa} \qquad (p=0.95)$$

（6）用作图法处理数据

$\overline{E}=\dfrac{8\overline{L}\,\overline{D}\Delta P}{\pi\rho^2\overline{b}\Delta\overline{S}}$ $\qquad S_i(i=1,2\cdots\cdots10)$，它相对于荷重为 P_i 时标尺的平均读数，则

$$\overline{S}_i=\dfrac{8LD}{\pi\rho^2 bE}\times P_i=KP_i$$

$$\therefore K=\dfrac{8LD}{\pi\rho^2 bE}$$

以 $\overline{S}_i$ 为纵坐标 P_i 为横坐标，图形在弹性限度范围内的一条直线，其斜率为 K，$K=\dfrac{\Delta\overline{S}_i}{\Delta P_i}$，将 K 值代入 $K=\dfrac{8LD}{\pi\rho^2 bE}$ 式，即可算出杨氏弹性模量 E 值。

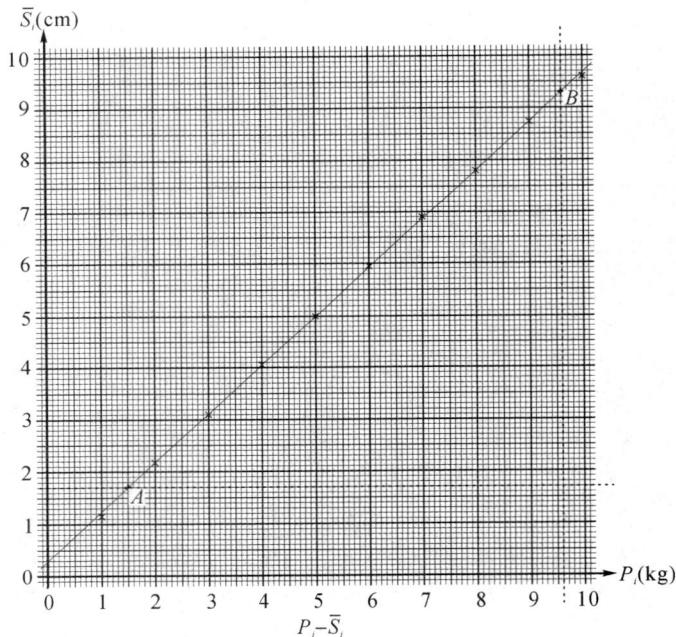

$$K=\dfrac{\Delta\overline{S}_i}{\Delta P_i}=\dfrac{(9.30-1.70)}{(9.60-1.50)\times9.79}\times10^{-2}\,(\text{m/N})$$

$$K=\dfrac{8LD}{\pi\rho^2 bE}$$

$$\Rightarrow E=\dfrac{8LD}{\pi\rho^2 b}\times\dfrac{1}{K}=\dfrac{8\times77.51\times10^{-2}\times131.5\times10^{-2}}{3.142\times0.503^2\times10^{-6}\times5.692\times10^{-2}}$$

$$\times\dfrac{(9.60-1.50)\times9.79}{(9.30-1.70)\times10^{-2}}\approx1.88\times10^{11}\,(\text{Pa})$$

◆ **实 验 误 差 与 分 析**

（1）用逐差法处理数据，然后利用公式（6）所求出的杨氏弹性模量的值与用作图法处理数据所得的值几乎一致，为 1.88×10^{11} Pa。

（2）本实验所得的值小于手册中查出的值 $(20 \sim 22) \times 10^4 (\text{N/mm}^2)$。导致误差的原因主要是实验时钢丝尚未拉直，而引入误差为系统误差。

（3）从式（7）误差分析又可知本实验中钢丝直径的测量影响的误差最大 1.6%，其次是望远镜中标尺的读数 1.1%。

第二篇　预选性实验(文科实验)

实验一　长度、圆面积、钢丝体积的测量

长度是物理学中七个基本物理量之一,其国际(SI)制单位是米(m)。国际单位制对米的规定随着技术的发展而进步。(1)1790 年 5 月由法国科学家组成的特别委员会,建议以通过巴黎的地球子午线全长的四千万分之一作为长度单位 1 米;(2)1960 年第十一届国际计量大会中定义"米的长度等于氪－86 原子的 $2p10$ 和 $5d5$ 能级之间跃迁的辐射在真空中波长的 1 650 763.73 倍";(3)1983 年 10 月在巴黎召开的第十七届国际计量大会中定义"米是 1/299 792 458 秒的时间间隔内光在真空中行程的长度"。长度的辅助单位还有千米(km)、毫米(mm)、纳米(nm)等,$1km=10^3 m$,$1m=10^3 mm=10^9 nm$。测量长度的工具有很多,常用工具中,按测量精度从高到低的有:螺旋测微器(千分尺)、游标卡尺、米尺、卷尺等。本实验通过测量圆片的厚度和面积以及弹簧的体积,掌握使用常用的长度测量器具(螺旋测微器、游标卡尺)及间接测量物理参数并进行数据处理的技术。

◆ **实验目的**

1. 掌握螺旋测微器和游标卡尺的使用方法。
2. 学习误差分析和间接测量误差传递的处理技术。
3. 学习最终测量结果的表达方式。
4. 测定硬币的厚度、面积和弹簧钢丝的体积,学习物理问题的思考方法。

◆ **实验原理**

1. 圆片厚度及面积的测量

圆片厚度 H 的测量,采用直接测量法,用被测厚度 H 与测量器具进行比较,直接得出它的量值。

圆片面积 S 的测量,采用间接测量法,被测面积 S 要用直接测量的圆片直径 D,通过公式运算,间接地获得,$S_{测量}=\pi D^2/4$。

测量误差 $\Delta_S=\pi D\Delta_D/2$,式中 Δ_D 为测量器具的仪器误差。

实验结果表达:$S_物=S_{测量}\pm\Delta_S$

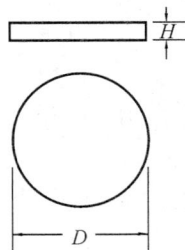

图 1　测量圆片

2. 空心密绕弹簧体积的测量

测量条件:弹簧为密绕型,共 10 圈,可忽略两头的磨损,在只有螺旋测微器的条件下测量弹簧钢丝的体积。

思考方法:将弹簧看作是由一根长的圆钢丝绕成,其体积为圆柱的体积,若能测量钢丝的直径 d 和总长 L,则 $V=SL=\pi d^2 L/4$。但 d 和 L 无法用螺旋测微器直接测量,需要从可测量的弹簧外直径 D 和弹簧高度 l 转换,转换关系:$d=l/10$;$L=10\pi(D-d)$。

$$V_{测量}=\pi d^2 L/4=\pi^2 l^2 D/40-\pi^2 l^3/400$$

$$\Delta_V=\pi^2(2lD\Delta_l+l^2\Delta_d)/40+3\pi^2 l^2\Delta_l/400$$

式中 Δ_l、Δ_d 均为测量器具的仪器误差。

实验结果表达:$V_{弹簧}=V_{测量}\pm\Delta_V$

图 2 测量弹簧

◆ **实验材料**

螺旋测微器、游标卡尺、金属圆片(硬币)、空心密绕弹簧

◆ **实验内容**

1. 螺旋测微器的使用

螺旋测微器的外形如图 3,旋转棘轮 B,测量动轴的 A 端会随之移动。当 A 端与 E 端接触时,鼓轮 C 周界上的 0 刻度恰好与 D 柱上标尺准线的 0 刻度重合,初读数为 0。反旋螺杆,A 端与 E 端离开,AE 间的距离可以从标尺及鼓轮的刻度上读出来。标尺上最小刻度为 0.5mm(螺距)。

测量时将待测物体放在 E 和 A 之间,然后转动 B 轮,使 A 端与待测物相接触,物体的长度(AE)就可在标尺 D 与鼓轮 C 上读出,标尺 D 读出 0.5mm 整数倍的数值,鼓轮 C 周界刻度上读出其小于 0.5mm 的数字(精确读到百分之一毫米,估计到千分之几毫米),例如图 3 中物体长度的读数:

标尺上读数:5.5mm。

鼓轮上读数:46.1/100＝0.461(mm),所以物体的长度:5.5mm＋0.461mm＝5.961mm(最后一位 1 是估计的)。

螺旋测微器使用时间久了以后,会出现初读数不为零的情况,用这样的量具测量,若不对结果进行修正,测量结果将产生误差,这种误差是系统误差的一种,是可以消除的。

初读数处理:先不放被测物体,使 AE 直接接触。

得到量具的初读数＝ －0.025mm

以后每次将测量的读数减去初读数即为物体的测量值,如图 4 测量读数＝3.300mm

物体长度＝3.300－(－0.025)＝3.325(mm)

使用注意事项:

①应记录螺旋测微器的初读数,注明是 0 还是正值或负值。物体的长度等于测量读

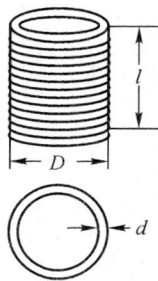

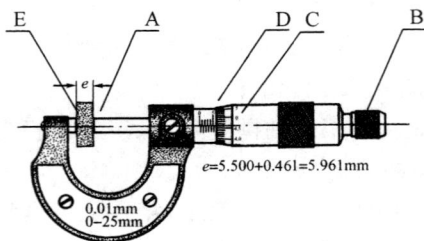

图 3　螺旋测微器

数减去初读数。

　　②进行测量时应旋转棘轮 B，不应旋转鼓轮 C，当 A 与物（或 E）接触，B 轮发出"喀喀"的响声时，就可以读数，这是因为 C 与 B 之间有一定的摩擦，当我们旋转 B 时，利用摩擦力来带动 C 与 B 一起旋转前进。但当 A 与物（或 E）相接触时，B 与 A 相对滑动发出"喀喀"声音。如果旋转 C，会导致动轴将物体压得过紧变形而测不准物长，而且可能损坏螺纹。

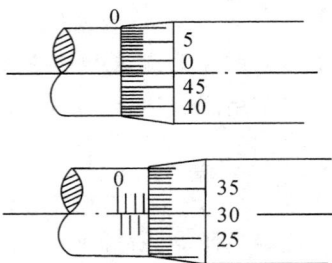

图 4　测量读数修正

　　③因 C 旋转一周前进 0.5mm，两周就前进 1mm。在 D 轴上刻有毫米刻度（在上侧）和半毫米刻度（在下侧）使用时应特别注意。

　　④测量毕，应使 A 与 E 留一空隙。避免在热膨胀下使 A 与 E 压得过紧，导致螺纹损坏。

　　2. 游标卡尺的使用

　　游标卡尺也称卡尺，它由一根主尺及一根可沿主尺滑动的游标（副尺）组成，如图 5 所示。主尺刻有毫米分格，而游标的刻度则有各种不同的分格法，最简单的一种刻度是：游标上刻有十分格，但它的总长等于主尺九分格（即 9mm），所以游标上每格是 0.9mm，主、副尺格值之差为 $1.0-0.9=0.1$（mm）。

　　见图 5，待测物长为 AB，它的 AC 部分可以直接准确地从主尺上读出为 10mm，而 CB 部分可借助于游标方便地读出。

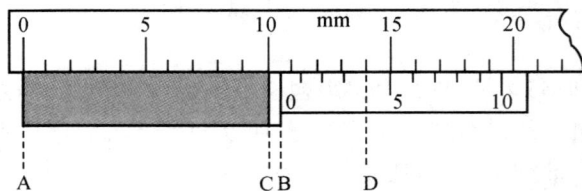

图 5　游标卡尺测量原理

　　我们先找出游标上的某刻度（图中是第四刻度）和主尺某一刻度重合，由图可知 CD $=4\times1$（mm），BD $=4\times0.9$（mm）CB $=$ CD$-$BD $= 4\times1-4\times0.9= 4\times0.1=0.4$（mm），这

里 0.1mm 就是主副尺的每格分度之差,用符号 Δ 表示,则物体长为 $AB=AC+CB=10.0+4\times\Delta=10.0+0.4=10.4(\text{mm})$。

在实际测量时不必经过这样的运算手续。而是先读出游标零线对应主尺上的刻度数,再看游标上第 n 根线与主尺的某一根线相对齐,然后把 $n\times\Delta$ 的数值加到主尺的读数上,这就是物体长度。

实验中常用 $\Delta=0.02$mm 的游标卡尺,其实际构造图见图 6,$AA'D$ 为主尺,$BB'S$ 为副尺,用大拇指推螺旋 S 可使游标沿主尺滑动,测量时把物体夹在 AB 间,C 为一金属杆可测量物体的深度,而钳口 $A'B'$ 用以量度物体内部的宽度。在测量前应检查 AB 相接触时游标零线是否和主尺零线对齐,应读出其读数,称之为初读数。当游标的零线在主尺的零线左边时,初读数取负值,反之则取正值。实际测量时,应将游标卡尺直接读得的读数减去初读数,才得到物体的真实长度。

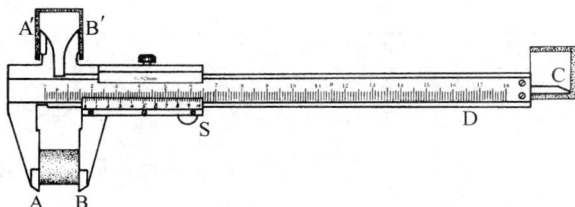

图 6　$\Delta=0.02$mm 游标卡尺构造图

3. 圆片厚度及其直径的测量

用螺旋测微器测量圆片(一元硬币)的厚度 H,用游标卡尺测量圆片的直径 D,记录相应的读数。

4. 空心密绕弹簧外直径和高度的测量

用螺旋测微器测量空心密绕弹簧的外直径 D 和高度 l,记录相应的读数。

◆ **数据记录与处理**

1. 螺旋测微器的初读数:

(实验螺旋测微器的仪器误差 Δ 为 ±0.004mm)

游标卡尺的初读数:

(实验用游标卡尺的仪器误差 Δ 为 ±0.02mm)

2. 圆片的测量

圆片	厚度 H(mm)	直径 D(mm)	面积 S(mm^2)	测量误差 ΔS(mm^2)
一元硬币				
伍角硬币				

写出圆片面积测量结果的表达式:

圆片体积的计算:$V=H\times S=$

体积的误差 $\Delta_v=(\Delta_H/H+\Delta_s/S)\times V=$

写出圆片体积测量结果的表达式:

3. 空心密绕弹簧的测量

弹簧高度 l(mm)	钢丝直径 d(mm)	弹簧外直径 D(mm)	钢丝总长 L(mm)

计算弹簧的体积：

$$V = \pi d^2 L/4$$

$$\Delta_V = (2\Delta_d/d + \Delta_L/L) \times V$$

写出弹簧体积测量结果的表达式：

◈ 思考题

用相同的量具,如何提高微小长度量测量的精确度？

附表 1 长度测量

名　称	主要技术性能		特点和简要说明
钢直尺	规格 0~300mm 300~500mm 500~1000mm	全长允差 ±0.1mm ±0.15mm ±0.2mm	测量范围再大,可用钢卷尺,其规格有1,2,5,10,20,30,50m。1m,2m 的钢卷尺全长允差分别为±0.5mm,±1mm
游标卡尺	测量范围:有 125、200、300、500mm 主副尺分度差值:0.1、0.05、0.02mm。示值误差:0 ～ 300mm 的同分度值大于300～500mm的相应0.1、0.05、0.04mm		游标卡尺可用来测量内、外直径及长度。另外还有专门测量深度和高度的游标卡尺
螺旋测微计（千分尺）	量限:10、25、50、75、100mm 示值误差(量限 100mm 的): 1 级为±0.004mm,0 级为±0.002mm		千分尺的刻度值通常为±0.01mm,另外还有刻度值为 0.002mm 和 0.005mm 杠杆千分尺
测微显微镜	JLC 型:测微鼓轮的刻度值为 0.01mm 测量误差:被测长度 L(mm)和温度为 $20\pm3℃$ 时为 $\pm(5\pm\frac{L}{15})\mu m$		显微镜目镜、物镜放大倍数可以改变。可用于观察、瞄准或直角坐标测量,有圆工作台的还可测量角度
阿贝比长仪	测量范围:0~200mm 示值误差:$(0.9+\frac{L}{300-4H})\mu m$ L(mm):被测长度, H(mm):离工作台面高度		与精密石英刻尺比较长度
电感式测微仪	哈量型 示值范围:±125、±50、±25、±12.5、$\pm5\mu m$ 分度值:5、2、1、0.5、0.2μm 示值误差:各档均不大于±0.5 格 TESA,GH 型 示值范围:±10、±3、$\pm1\mu m$ 分度值:0.5、0.1、0.05μm		一对电感线圈组成电桥的两臂,位移使线圈中铁芯移动,因而线圈电感一个增大,一个减小,并且电桥失去平衡。相应地,有电压输出,其大小在一定范围内与位移成正比

续表

名　称	主要技术性能	特点和简要说明
电容式测微仪	普通仪器 　　示值范围:$-2\sim+8\mu m$ 　　　　　　　$-20\sim+80\mu m$ 　　分度值:$0.2\mu m$,$2\mu m$ 　　示值误差:$1\mu m$ 还有分辨率达 $10^{-9}m$ 的精密仪器	将被测尺寸变化转换成电容的变化,将电容接入电路,便可转换成电压信号
线位移光栅 (长度光栅)	测量范围可达 1m,还可接长分辨率:$1\mu m$ 或 $0.1\mu m$,高精度可达 $0.5\mu m/1m$,甚至更高	光栅实际是一种刻线很密的尺。用一小块光栅作指示光栅覆盖在主光栅上,中间留一小间隙,两光栅的刻度相交成一小角度,在近于光栅刻线的垂直方向上出现条纹,称莫尔条纹。指示光栅移动一小距离,莫尔条纹在垂直方向上移动一较大距离,通过光电计数可测出位移量
感应同步器,磁尺,电栅(容栅)	分辨率可达 $1\mu m$ 或 $10\mu m$	多在精密机床上应用。
单频激光干涉仪	量程一般可达 20m,分辨率可达 $0.01\mu m$ 测量不确定度在环境条件好时可达 $1\times10^{-7}m$ 以上	激光作光源,借助于一光学干涉系统可将位移量转变成移过的干涉条纹数目。通过光电计数和电子计算直接给出位移量。测量精度高,需要恒温、防震等较好的环境条件
双频激光干涉仪	量程可达 60m,分辨率一般可达 $0.01\mu m$,最高可达 $0.001\mu m$,测量不确定度优于 $5\times10^{-9}m$	与单频激光干涉仪相比,抗干扰能力强,环境条件要求低.成本高
线纹尺	标准线纹尺有线纹米尺和 200mm 短尺两种。一般线纹尺的长度有:0.1、0.5、2.5、10、20、50m 等 $1\sim1000mm$ 线纹尺精度: 　　1 等:$\pm(0.1+0.4L/m)\mu m$ 　　2 等:$\pm(0.2+0.8L/m)\mu m$ 　　3 等:$\pm(3+7L/m)\mu m$	作为长度标准用或作为检定低一级量具的标准量具
量　块	按其制造误差分成: 00、0、1、2、3,标准(k)六级。00 级,小于 10mm 的量块,工作面上任意点的长度偏差不得超过 $\pm0.06\mu m$	是长度计量中使用最广和准确度最高的实物标准,常为六面体有两个平行的工作面,以两工作面中心点的距离来复现量值

实验二　时间测量和单摆实验

时间是七个基本物理量之一,其国际(SI)制单位是秒(s),辅助单位还有分(min)、时(h)、毫秒(ms)、纳秒(ns)等,1h=60min,1min=60s,1s=10^3ms=10^9ns。测量时间的手段有很多,从最古老的天象观察时间,到最先进的原子钟时间,随着测量技术的发展,时间测量的精确度迅速提高,目前在国际单位制中,规定与铯-133原子基态的两个超精细能级间跃迁相对应的辐射的 9 192 631 770 个周期的持续时间作为时间单位秒,用该技术获得的时间标准,其准确度优于 $1×10^{-13}$,即 30 万年误差 1 秒。按照时间测量的精度,实验室常用的计时工具有:时钟、机械秒表、电子秒表等。单摆是一种简单的周期运动装置,它来回摆动的周期时间 T 在一定条件下是固定不变的,本实验通过测量单摆的周期和单摆的摆长来测量实验者所处位置的重力加速度,通过本实验掌握使用长度测量器具及时间测量工具,并学习相关的数据处理技术。

◆ **实验目的**

1. 掌握长度测量和计时工具秒表的使用方法。
2. 分析实验中系统误差的来源和消减方法,并进行修正。
3. 学习用作图法处理实验数据。
4. 用单摆测定当地重力加速度 g。

◆ **实验原理**

1. 单摆及其摆动的周期公式

单摆又称数学摆,它是在一固定点上悬挂一根不能伸长、无质量的线,在线的末端悬一质量为 m 的质点,如图 1 所示。可以证明,当幅角 θ 很小时($\theta<5°$),单摆的振动周期 T_0 和摆长 L 有如下关系:

$$T_0=2\pi\sqrt{\frac{L}{g}} \qquad 或 \qquad T_0^2=4\pi^2\frac{L}{g} \tag{1}$$

当然,这种理想的单摆实际上并不存在,因为悬线是有质量的,实验中又采用了直径为 d 的金属小球来代替质点。所以,只有当小球质量远大于悬线的质量,而它的半径又远小于悬线长度时,才能将小球作为质点来处理,并可用式(1)进行计算。但此时必须将悬挂点与球心之间的距离作为摆长,即 $L=l+d/2$,其中 l 为线长,d 为小球的直径。如固定摆长 L,测出相应的振动周期 T_0 即可由式(1)求 g。也可逐次改变摆长 L,测量各相应的周期 T_0,再求出 T_0^2,最后在方格坐标纸上作 T_0^2-L 图。在 T_0^2-L 图中,可将实验数据点连成一条直线,说明 T_0^2 与 L 成正比关系。在直线上选取两点 $P_1(L_1,T_{01}^2)$ 和 $P_2(L_2,T_{02}^2)$,由二点式求得斜率 $k=\dfrac{T_{02}^2-T_{01}^2}{L_2-L_1}$;再从 $k(=\dfrac{4\pi^2}{g})$ 求得重力加速度,即

$$g = 4\pi^2 \frac{L_2 - L_1}{T_{02}^2 - T_{01}^2} = \frac{4\pi^2}{k} \tag{2}$$

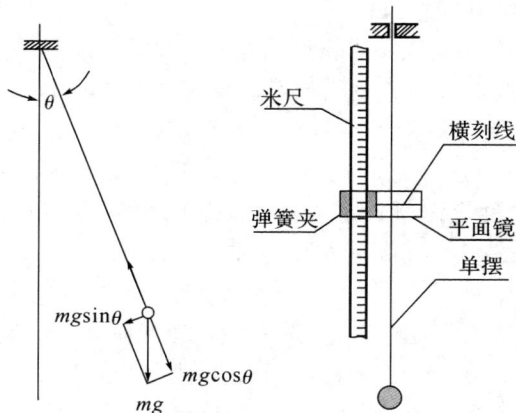

图 1 单摆实验

2. 幅角 θ 较大时单摆周期的修正

如图 1 所示,单摆做周期性的摆动是由于小球受到指向中心平衡位置切向力 $mg\sin\theta$ 的缘故。单摆的运动方程为

$$m\ddot{\theta} = -mg\sin\theta \tag{3}$$

当摆动的幅角 θ 小于 5°时(相对误差小于 0.3%),则上式化为一常见的简谐振动方程,其周期的表达式即为式(1)。而当 θ 超过 5°时,单摆运动不能作为简谐振动处理。从理论上说,如 θ 不是很大,只须考虑到二级近似,其振动周期可表示为:

$$T = 2\pi\sqrt{\frac{L}{g}}\left(1 + \frac{1}{4}\sin^2\frac{\theta}{2}\right) \approx 2\pi\sqrt{\frac{L}{g}}\left(1 + \frac{\theta^2}{16}\right) \tag{4}$$

由于上式括弧内第二项是一数值较小的修正项(一般不超过 0.5%),故能将 $\sin\theta$ 近似地用 θ 来代替,则有

$$T = T_0\left(1 + \frac{\theta^2}{16}\right),\text{或 } T = T_0 + \frac{T_0}{16}\theta^2 = k'\theta^2 + T_0 \tag{5}$$

实验中取不同的摆动幅角 θ,测出的周期值 T 也将不同。以这些数据作 $T - \theta^2$ 图,如实验数据点能够连成一条直线,求出直线的斜率 k' 值和截距 T_0 值,比较 $T_0/16$ 和 k' 值是否基本相同,则可证明式(4)成立。

◆ **实 验 材 料**

游标卡尺、秒表、单摆实验装置

◆ **实 验 内 容**

1. 长度测量工具的使用

(1)用米尺测量摆线的总长

以静止的单摆线作为铅垂线,以它作参考,将米尺调节到铅直位置。用米尺测量出单摆摆线悬点到小球下端的总长度,记为 L';不锈钢米尺的仪器误差 Δ 为 $\pm 0.2\text{mm}$。

（2）用游标卡尺测量小球的直径

用游标尺测小球的直径,记为 d,游标尺的仪器误差 Δ 为 $\pm 0.02\text{mm}$。

于是可算出单摆的摆长 L: $L = L' - d/2$

2. 计时工具秒表的使用

实验室里常用的计时工具一种以机械振子为基础,另一种以石英振子为基础。前者便是机械秒表,其最小分度值为 0.2s 甚至 0.1s,要手动操作,会引入误差。后者为数字毫秒计,其数字显示的末位为 10^{-3}ms,可电动操作。此外 $1/100\text{s}$ 为最小刻度的电子秒表也属常用计时工具,见图 2。

在正常的时钟显示状态下,按 C 一下选择秒表计时模式,表上显示"00000",如图所示,按 A 开始计时,再按 A 则停止计时。当计时进行时,按 B 一下,则显示分段时间。当计时器为停止状态时,按 B 一下,秒表会被复位至"00000"。秒表显示为分/秒/（1/100）秒直到达 39 分 59.99 秒为止（这时 1/100 秒会不停闪动）。当超越 39 分 59.99 秒后,显示会改为时/分/秒显示,1/100 秒不会再闪动。计时器最大计时范围为 23 时 59 分 59 秒。

用秒表测量单摆周期,需在单摆经过平衡位置瞬间开始按秒表计时,经过 N 个（如几十个或几百个）整周期的时间,单摆又同方向地经过平衡位置时,再按表记录终止时刻。鉴于人们的眼睛辨别一个闪动记号的能力有限,人的反应和手的灵活性

图 2　电子秒表

有限,且测量过程中由于在初始、终止时刻手的动作有快慢,必然会引起误差,这一般属于随机误差。于是,在本实验中测定单摆的振动周期时,不能只观测一个周期的时间 T_0,否则相对误差太大。一般可测量单摆连续振动 20 次的时间,即 $20T_0$,然后再求 T_0 值。用作图法求 g,对于各个摆长 L_i,都须测出相应的 $20T_0$。人眼对相对静止物体的判断更加精确,因此也可以选择单摆一边摆幅最大的位置作为计时的起、终点,以减少反应误差。

单摆须平稳地在一个平面内摆动,实验时先不忙着揿表计数,而应该熟悉它经过计时位置的情况。眼看而口念:"0"、"0"、……使自己合着单摆振动的节拍读数。等到自己有把握了,然后在念到某个"0"时,按下表钮,开始计算摆动次数。在终止计数时,也依上法按表钮。如此,可尽量减小测量误差。在正式测量前,应先测单摆振动 5 个整周期的时间,共进行 5～10 次,从中判断自己测量结果的重复程度如何,以决定是否能立即正式进行测量。

当然,也可用光电计时装置来测量摆动周期。我们用停表计时,目的是对同学进行实验技能和方法训练。

3. 重力加速度 g 的测量及单摆周期的修正

本实验用单摆测量重力加速度有 2 个内容:一个是由公式（1）和由公式（2）求 g;另一实验内容为验证单摆周期的修正公式（5）,以下介绍具体的测量方法和要求。

（1）固定任意摆长（如 90～100cm）,测量单摆周期 T_0,利用式（1）求 g;

（2）L' 的数值从 50cm 以上开始，逐次增加 10cm 左右，共取 5 个不同摆长，测量相应的周期 T，用作图法求 g。

（3）改变振动幅角 θ 验证单摆周期的修正公式

单摆振动周期与幅角有关系，在利用公式（2）测重力加速度时，务必注意 $\theta < 5°$。利用公式（5）必须测量 θ，采用较长的摆长，并在摆处放置一支水平直尺（分度值 1mm），如图 3 所示，对于不同的幅值，分别测 20 个周期的时间。由于阻力的作用，在此时间内，直尺上指示的幅值必然由 a'_m 衰减至 a''_m，设悬点至直尺的距离为 l，则

$$\tan\theta_m = \frac{a'_m + a''_m}{2l}$$

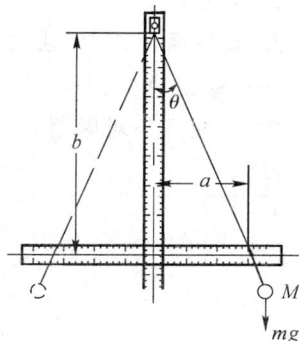

图 3 改变幅角实验

得 $$\theta = \arctan\left(\frac{a'_m + a''_m}{2l}\right)(\text{rad}) \tag{6}$$

◆ 数据记录与处理

1. 固定摆长测重力加速度

总摆长 L'(m)	摆球直径 d(m)	L(m)	$20T_0$(s)	T_0(s)

根据公式（1），计算重力加速度 $g = 4\pi^2 L / T_0^2$

地球上重力加速度计算公式：$g = 9.780\,49(1 + 0.005\,288\sin\varphi)$ 式中 φ 为当地所处的纬度，（杭州地区 $\varphi = 30°$）。与公式（1）得的最大相对误差公式的计算值相比较

$$\frac{\Delta_g}{g} = \frac{\Delta_L}{L} + 2\frac{\Delta_{T_0}}{T_0} \tag{7}$$

式中 Δ_L 为摆长测量极限误差；Δ_{T_0} 为周期测量中估计误差，约等 $0.1/n$（s）。（式中 n 取实验中的最小数）。求出误差限 Δ_{T_0}，写出测量最终结果表达式：

$$g = g \pm \Delta_g = \underline{\qquad\qquad}(\text{m/s}^2)$$

2. 改变摆长测定重力加速度

摆球直径 $d = \underline{\qquad}$（m）；摆动次数 $n = \underline{\qquad}$；摆角 $\theta < 5°$（即 $\theta < 0.087\,3\text{rad}$）

	L'(m)	L(m)	t_n(s)	T_0(s)	T_0^2(s^2)	
1	0.5					
2	0.6					
3	0.7					
4	0.8					
5	0.9					

用毫米方格纸作 $T_0^2 - L$ 图，从图中求出斜率，利用公式（2）计算当地重力加速度 g，

并与公认值比较。

3. 改变摆角 θ 测单摆周期 T_0

摆角建议约在 $5°\sim30°$（即 $0.087\ 3\sim0.24$rad）间改变。每变化约 $5°$（即 $0.087\ 3$rad）做一次，考察摆角对周期的影响。

总摆长 $L' =$ _____（m）；摆球直径 $d =$ _____（m）；摆动次数 $n =$ _____；

	a'_m(mm)	a''_m(mm)	t_n(s)	$\theta = \arctan(\dfrac{a'_m + a''_m}{2l})$(rad)	θ_m^2	T(s)
1						
2						
3						
4						
5						
6						

◆ 思考题

1. 实验中由式（1）的最大相对误差公式 $\dfrac{\Delta_g}{g} = \dfrac{\Delta_L}{L} + 2\dfrac{\Delta_{T_0}}{T_0}$ 估计，若规定 Δ_g/g 不大于 1% 且只测一次 t_n 值，停表的测量误差为 0.2s，问 n 值应取多少？

2. 若摆球的线度与摆长相比，小球不能视为质点时，这时严格地说单摆振动应看成是一个刚体绕固定轴的运动，问这时按单摆公式测得的 g 值是偏大还是偏小？若考虑空气浮力和阻力，问测得的 g 值偏大还是偏小？若由于摆角较大，则测得的 g 值偏大还是偏小？由于这些因素所引起的误差属于那一类误差？

附表 2　时间和频率测量

名　称	主要技术性能	特点和简要说明
铯束原子频率标准	频率 $fo=9\ 192\ 631\ 770Hz$ 准确度优于 $1\times10^{-13}(1\sigma)$ 稳定度 7×10^{-15}	用作时间标准。在国际单位制中规定,与铯—133 原子基态的两个超精细能级间跃迁相对应的辐射的 9 192 631 770 个周期的持续时间作为时间单位:秒
石英晶体振荡器	频率范围很宽,频率稳定度在 $10^{-4}\sim10^{-12}$ 范围内,经校准一年内可保持 10^{-9} 的准确度。高质量的石英晶体振荡器,在经常校准时,频率准确度可达 10^{-11}	在时间频率精确测量中获得广泛应用。频率稳定度与选用的石英材料及恒温条件关系密切
电子计数器时间间隔和频率	测量准确度主要决定于作为时基信号的频率准确度及开关门时的触发误差。不难得到 10^{-9} 的准确度。若采用多周期同步和内插技术,测量精度可优于 10^{-10}	以频率稳定的脉冲信号作为时基信号,经过控制门送人电子计数器,由起始时间信号去开门、终止时间信号去关门,计数器计得时基信号脉冲数乘以脉冲周期即为被测时间间隔。用时间间隔为 1 秒的信号去开门、关门,计数器所计的被测信号脉冲数即为被测信号频率
示波器	测频率准确度一般约 0.5%,有的更高	可测频率、时间间隔、相位差等,使用方便,准确度不特别高
秒表	机械式秒表·分辨率一般为 $\frac{1}{30}$ s,电子秒表分辨率一般为 0.01 s	

实验三　质量测量和不规则形状物体的密度测量

质量是物体的一种基本属性,与物体的状态、形状、所处的空间位置变化无关,是基本物理量之一,物理学中的质量表示物体所含物质的多少,通常用字母 m 来表示,在国际单位制中质量的单位是千克(kilogram),即 kg。

最初规定 1 000 立方厘米(cm^3)的纯水,在 4℃ 时的质量为 1kg。1779 年,人们据此用铂衣合金制成一个标准千克原器,存放在法国巴黎国际计量局中。

另一种定义质量的方法利用了牛顿第二定律,称质量的操作型定义:物体的加速度 a(速度的时间变化率)与作用在该物体上的力 F 成正比,不论力的大小如何,力与加速度之比为一恒量来进行量度的。这比值与所施的力无关,它是物体本身性质的反映。这种性质称为惯性。惯性的量度称为物体的惯性质量(平动惯性),即 $m=F/a$。在低速、宏观的经典物理范围内,惯性质量与含量质量是完全相等的。含量质量的测量通常使用天平,而惯性质量的测量可以利用牛顿第二定律。

图 1　国际标准计量单位

爱因斯坦的相对论中提出能量与质量是等价的,可以通过 $E=mc^2$,换算。此外,相对论还提出,质量与速度有关,公式:$m=\dfrac{m_0}{\sqrt{1-\dfrac{v^2}{c^2}}}$。

在化学反应中,质量守恒;在物理反应(核反应)中,质量(能量)守衡。

与质量有关的公式:密度计算公式:$\rho=m/v$;重力计算公式:$G=mg$ 等。

◆　**实验目的**

1. 掌握托盘式天平和电子天平的使用方法。
2. 学习不规则物体密度测量的方法。
3. 学习实验数据的处理方法。
4. 用天平和水杯测量不规则物体的密度。

◆　**实验原理**

测量固体的密度,可用密度计算公式:$\rho=m/v$。固体的质量 m 可用天平称出,固体体积 V 的测量有不同方法:①计算法,常用于对规则物体的测量,用长度测量工具测出物体的各长度量,再用公式计算出物体的体积;②量筒测量法,直接用量筒测量固体的体积,适用于规则或不规则小型物体的体积测量;③排液质量测量法,利用物体浸没于液体中排开液体的体积与液体质量增加的关系,通过对液体质量的测量,得到物体体积的方法。

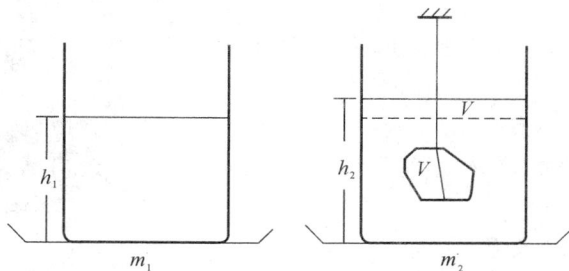

图 2 排液质量检测法

如图 2 所示,将纯净水倒入玻璃杯中,称得水与杯子的总质量为 m_1,用细绳拴住被测物体,并将物体浸没至水中,但不碰到杯子底部和侧面,此时杯子内的水面高度将从 h_1 增加到 h_2,称得此时杯子的总质量为 m_2,则增加的质量($\Delta m = m_2 - m_1$)等于被排开的水的质量,排开的体积即被排开的水的质量除以水的密度,物体的体积 $V = \Delta m / \rho_0$,纯净水的密度 $\rho_0 = 1\,000\text{kg/m}^3$。所以,物体的密度 $\rho = \rho_0 \cdot m / \Delta m$

◆ **实 验 材 料**

托盘式天平、电子天平、被测物体(E 型铁氧体磁芯)、玻璃杯、纯净水

◆ **实 验 内 容**

1. 托盘式天平的使用

使用天平前,先要对其进行平衡调节。将天平放在水平工作台上,细调旋钮置于"0"位,指针应对准中线,取得平衡,否则需旋动杠杆两端的调整螺母以调节杠杆平衡。秤物时被测物体放在左盘上,砝码放在右盘,物体与砝码尽可能放在秤盘中心。放置砝码时,应从小到大增加砝码的质量,直到天平大致平衡,用细调旋钮进行更精细的平衡调节,直

图 3 托盘式天平

至天平完全平衡。托盘式天平的精确度根据测量范围也有所不同,一般为 0.5~1g。

注意在放置物体与砝码时,应小心轻放,调节细调旋钮时应缓慢操作。

2. 电子天平的使用

电子天平测量的并非物体的质量,而是物体的重量(重力),电子天平内部有一测力传感器,通过电子线路及相应处理后,显示出的是重量值经过与标准质量校准且经过换算以后的质量值,电子天平在不同地区对同一物体进行测量时会显示出不同的质量值,因此,

使用电子天平前,必须先进行校准操作。电子天平的精确度比托盘式天平的要高,一般可达 $0.01g$。使用电子天平时,将天平置于水平桌面上,打开电源,按"TARE"(复位)键,至屏幕显示为"$0.00g$",将被测物体轻放于秤盘上,直至读数稳定,读得被测物体的质量。

3. 被测物体质量测量

用天平测量 E 型铁氧体磁芯的质量 m,记录测量的值和仪器误差。

4. 被测物体的体积测量

E 型铁氧体磁芯的形状如图 5,(1)用游标卡尺分别测量物体的各部分尺度,注意游标卡尺各功能部件的利用,记录测量的数据,正确表达各测量的数据值,计算出物体的体积和误差;(2)在杯子内倒入适量的水(约半杯),将装有水的杯子放到天平上,测出杯子与水的质量 m_1,然后将被测物用细线拴住,慢慢浸入杯内水中,不要碰到杯壁和杯底,记录此时天平的读数 m_2,正确表达质量的测量值(注意记录天平的仪器误差)。

图 4　电子天平

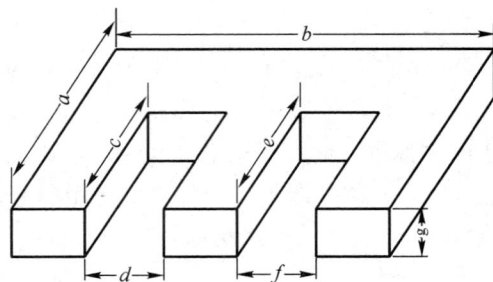

图 5　E 型铁氧体磁芯

◆ **实 验 记 录**

1. 物体的质量:$m = $ _____
2. 体积测量方法(1):计算法(规则物体体积测量)

如图 5 中所示,测量物体各长度量:

$a = $ _____　　　$b = $ _____　　　$c = $ _____

$d = $ _____　　　$e = $ _____　　　$f = $ _____

$g = $ _____

实验结果的计算:

表示体积的文字式为:$V = $ _____,体积计算结果为:$V = $ _____

3. 体积测量方法(2):排液质量法(不规则物体体积测量)

液体与容器质量:$m_1 = $ _____,　物体浸没液体后质量:$m_2 = $ _____

表示体积的文字式为:$V = $ _____,体积计算结果为:$V = $ _____

4. 物体的密度:$\rho = m/V = $ _____;

5. 结果误差的计算:$\Delta_\rho = (\Delta_m/m + \Delta_V/V)\rho$

◆ 思考题

1. 如何测量密度小于水的不规则物体的密度;

2. 如何用提供的实验条件测量液体的密度。

附表3　质量测量

名　称	主要技术性能	特点和简要说明
国际千克原器	直径和高均为 39mm 的铂铱合金圆柱体,含铂 90%、铱 10%,在温度为 273.15K时,其体积为 46.396cm³	1889 年,第一届国际计量大会决定将该原器作为质量单位,保存在巴黎国际计量局原器库里
中国国家千克基准	No.60:0℃时的体积为 46.3867cm³,质量值为 1kg+0.271mg	该原器由伦敦的 Stanton 仪器公司进行加工调整。1985 年由国际计量局检定
天平	按仪器分度值 d 与最大载荷 m_{max} 之比分 10 个精度级别 1~10,相应比值 d/m_{max} 为 1×10^{-7}、2×10^{-7}、5×10^{-7}、1×10^{-6}、2×10^{-6}、5×10^{-6}、1×10^{-5}、2×10^{-5}、5×10^{-5}、1×10^{-4}	按结构形式分:有杠杆天平、无杠杆天平;等臂、不等臂天平;单盘、双盘天平;还有扭力天平、电磁天平、电子天平等。按用途分:有标准天平、分析天平、工业天平、专用天平。按分度值分:有超微量、微量、半微量、普通天平等
砝码	按精度高低分五等,例如允差(mg)等级标称 　　　　　1　　2　　3　　4　　5 质量 10kg　±30　±80　±200　±500　±2500 　1kg　±4　±5　±20　±50　±250 100g　±0.4　±1.0　±2　±5　±25 　10g　±0.10　±0.2　±0.8　±1　±5 　1g　±0.05　±0.10　±0.4　±1　±5 100mg　±0.03　±0.05　±0.2　±1　±5 10mg　±0.02　±0.05　±0.2　±1 1mg　±0.01　±0.05　±0.2	用物理化学性能稳定的非磁性金属制成 一、二等砝码用于检定低一等砝码及与 1 至 3 级天平配套使用,三等砝码与 3 至 7 级天平配套使用。 四等砝码与 8 至 10 级天平配套使用。 五等砝码用于检定低精度工商业用秤和低精度天平
工业天平(TG75)	分度值 50mg,称量 5000g,准确度 1×10^{-5},7 级	物理实验用
普通天平(TG805)	分度值 100mg,称量 500g,准确度 2×10^{-4},8 级	物理实验用
精密天平(LGZ6-50)	分度值 25mg,称量 500g,准确度 5×10^{-6},6 级	用于质量标准传递和物理实验
高精度天平	分度值 0.02mg,称量 200g,准确度 1×10^{-7},1 级	检定一等砝码,高精度衡量,计量部门用

实验四　金属片微小形变的测量与应用

材料受力后都将发生形变。金属片在其横向(切向)方向上受力作用后,产生切向形变,根据材料的性质不同,形变的大小也各不相同。在弹性限度内,当促使金属片发生形变的外力撤消后,形变将得到恢复。那么,在弹性限度内,金属片形变量的大小与哪些条件有关呢?实验上可以通过考察金属片在以下几个条件变化时所产生的微小形变情况:1)金属片的长度 L;2)截面积 S(材料的粗细);3)受力的大小 F,从而得出材料的特征参数。本实验采用将金属弹性铜片制成悬臂梁的方法,测量弹性铜片受力后的形变量,由于该形变量是个微小量,实验采用光学放大原理(光杠杆镜尺法)加以测量,学习一种测量微小形变的方法,练习使用作图方法获得形变校准曲线并应用于物体质量测量的技术。

◆　**实验目的**

1. 学会使用光杠杆放大法测微小变化。
2. 练习使用作图方法获得形变校准曲。
3. 搭建测量物体质量的光杠杆测量装置。
4. 学习使用游标卡尺并测量物体的密度。

◆　**实验原理**

将一弹性铜片的一端固定在木块上,便制成了简易的悬臂梁。在铜片悬臂梁的自由端加一质量块 m,会引起铜片的微小弯曲形变,改变质量,形变随之改变。在悬臂梁上放置一个光杠杆镜,当悬臂梁弯曲时,将导致光杠杆镜倾角变化,使望远镜中标尺读数发生较大的变化,标尺读数的变化与悬臂梁微小形变量成正比,如图 1 所示。保持光杠杆镜在悬臂梁上的位置、光杠杆镜臂长及镜面到标尺的距离不变,在悬臂梁铜片的弹性限度内,标尺读数的变化与所放置的质量块的质量成正比。

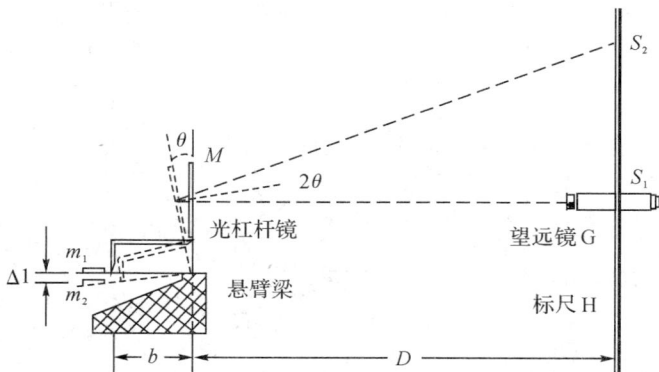

图 1　光杠杆镜测量法工作原理

光杠杆镜如图 2 所示,它由一平面反射镜 M 和 T 字形支座构成。支座的两脚 O_1O_2 放在悬臂梁木块的平台上,后脚尖 O_3 放在悬臂梁铜片的自由端上,当铜片弯曲形变时,光杠镜将绕沿 O_1O_2 的轴线转动倾斜。

望远镜 G 及标尺 H 与光杠杆镜彼此相对放置(相距 1m 以上),从望远镜中可以看到标尺经反射镜 M 反射所成的标尺像,望远镜中水平叉丝对准标尺像的某一刻度线进行读数。

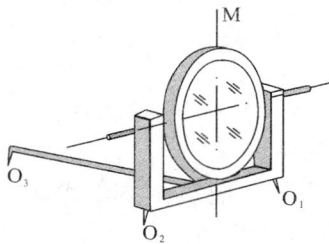

图 2　光杠杆镜结构

下面介绍光杠杆镜测量微小长度变化的原理。光杠杆镜是由反射、望远镜和标尺组成,它有很高的测量灵敏度。

开始时反射镜镜面法线刚好是水平线,此时从望远镜中观测到标尺的读数为 S_1;当铜片受力弯曲后,光杠杆镜后脚尖 O_3 下降 Δl,镜面转动了一微小的角度 θ,镜面法线也跟着转过 θ 角,这时从标尺 S_2 处发出的光线经镜面反射后进入望远镜,因而从望远镜中观测到的读数变为 S_2。由图 1 可知,光线 S_1 和 S_2 的夹角为 2θ,由于 θ 很小,故有

$$\Delta l = \frac{b}{2D}(S_2 - S_1) = \frac{b}{2D}\Delta S \tag{4-1}$$

(4-1)式中,b 为光杠杆镜 T 形的后脚尖 O_3 到 O_1O_2 线的垂直距离,而 D 为镜面到标尺的距离。测量出 $\Delta S = S_2 - S_1$、b 和 D。再利用(4-1)式可求得悬臂梁铜片自由端的微小位移 Δl。由于光臂长度较长,ΔS 就较显著,所以利用光杠杆来显示微小位移的灵敏度效高,$\Delta S/\Delta l$ 的值 $\frac{2D}{b}$ 称为光杠杆的放大倍数。比如 $b = 5\mathrm{cm}$,$2D = 200\mathrm{cm}$,则 $\Delta S/\Delta l = 200 : 5 = 40$,于是利用光杠杆可将微小位移扩大 40 倍,故有光放大法之称。

◆ **实验仪器**

金属片微小形变的测量应用装置,见图 3。

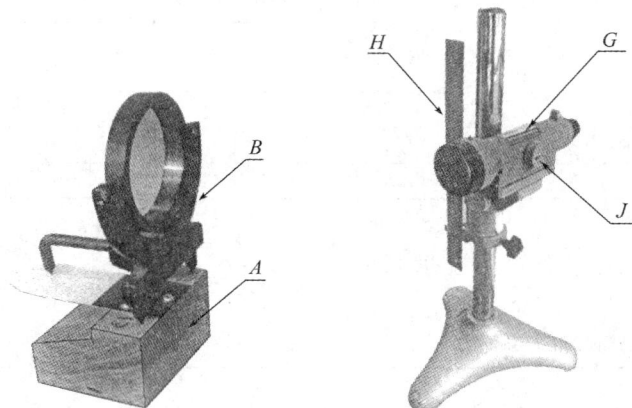

A—悬臂梁装置;B—光杠杆;J—聚焦调节螺丝;G—望远镜;H—标尺

图 3　金属片微小形变的测量应用装置

◆ **实验内容**

1. 搭建光杠杆式物体质量的测量装置，调整好光杠杆镜的臂长 b，装配并调整望远镜。

（1）将调好臂长的光杠杆镜放置于悬臂梁装置的平台上；

（2）粗调系统：使望远镜和反射镜的高度大致相等，调整反射镜的俯仰角度，使贴着望远镜上方望去可以看到平面镜中标尺的像；

（3）细调望远镜：调整望远镜的目镜（转动目镜手轮），直到看清望远镜内的十字叉丝；

（4）调节物镜调焦手轮，直到望远镜内可以看到清晰的标尺像，且无视差。

2. 根据悬臂梁在不同质量作用下的变形情况，绘制出校准曲线，并测出被测物体的质量。

（1）依次增加等量的砝码，观察记录每加 10g 砝码时望远镜中标尺的读数 S_i，然后再将砝码逐次减去，记录相应数量砝码时标尺的读数 S_i'，取两组对应数值的平均值 S_i 列表写出质量 m_i 与直尺读数 S_i 数据；

（2）利用获得多组质量与标尺读数的数据，用毫米方格纸画出"标尺读数—质量"的校准曲线；

（3）将被测物体放到悬臂梁测量砝码的同一位置，读取标尺读数，在校准曲线上找到该标尺读数对应的质量值，获得被测物体的质量。

3. 测量被测物体的体积

用游标卡尺测量被测样品的高度 h 和直径 d。

4. 计算被测物体的密度。

◆ **数据记录与处理**

1. 校准曲线数据，质量 m_i 与直尺读数 S_i 的**测量**

砝码质量 m_i (g)		0	10	20	30	40	50	60	70	80	90	100
标尺读数 (mm)	S_i 增加											
	S_i' 减少											
	平均											

2. 被测物体放在悬臂梁上时，直尺的读数 $S_x = $ _____

查图得到物体的质量 $m_x = $ _____

3. 测量被测物体的高度与直径：$(h = h_x \pm \Delta_h, d = d_x \pm \Delta_d)$

高度 h	直径 d

4. 计算被测物体的密度 ρ_x

$$\rho_x = \frac{m_x}{V_x} = \frac{4 \cdot m_x}{\pi d_x^2 h_x} =$$

$$\frac{\Delta_\rho}{\rho_x} = \frac{\Delta_m}{m_x} + 2 \cdot \frac{\Delta_d}{d} + \frac{\Delta_h}{h} =$$

$$\Delta_\rho =$$

5. 根据以上数据写出测量结果的表达式($\rho = \rho_x \pm \Delta_\rho$)

◆ **思考题**

1. 利用光杠杆镜测量微小形变 Δl,其放大率 $2D/b$;根据此式能否以增加 D 减小 b 来提高放大率,这样做有无好处? 有无限度? 应怎样理解这个问题?

2. 分析测量结果中产生误差的主要原因,若要提高测量精度,测量中应注意哪些因素?

3. 本测量装置还可以应用于测量什么物理量,如何进一步改进?

实验五　木块与木板的静摩擦系数的测定

如果两表面互为静止,那两表面间接触的地方会形成一个强结合力(静摩擦力),除非破坏了这结合力才能使一表面对另一表面运动。破坏结合力的最大外力(运动前的力)与其表面的垂直力之比值叫做最大静摩擦系数。将一木块放在水平的木板上,木块与木板间存在最大静摩擦力。本实验不用测力工具,而采用基本的长度测量工具,测量木块与木板间的最大静摩擦系数,是一种测量最大静摩擦系数的方法,用以开拓物理实验的思想。

◆ **实验目的**

1. 了解静摩擦力与最大静摩擦系数的含义。
2. 学习物理实验的设计思想和设计方法。
3. 学习一种测量最大静摩擦系数的方法。

◆ **实验原理**

1. 平面倾斜法

(1)木块(重量 G)在倾斜角为 θ 的非光滑斜面上静止时,见图1,x 轴(平行斜面),y 轴(垂直斜面)的受力分别为:

$$\Sigma F_x = f_s - G\sin\theta = 0; \quad \Sigma F_y = N - G\cos\theta = 0。$$

所以有　$f_s = G\sin\theta; \quad N = G\cos\theta$

$$\mu_s = f_s/N = \tan\theta$$

(2)测量 μ_s 方法:木块置于待测平面上,缓慢逐渐增大该平面的倾斜角 θ,当增大到 θ_m 时,木块开始滑动,则有:

$$\mu_s = f_s/N = \tan\theta_m$$

图 1　平面倾斜法

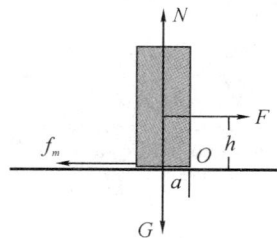

2. 平衡极限法

(1)将木板放在水平桌面上,木块(重量 G)竖直放置在木板上,用一个沿木板平行的力 F 推木块,当 F 比较靠近木板时,即图2中 h 较小时,随着 F 的增大,木块将被推动,沿木板滑行而不翻倒;慢慢升高作用力 F 与木板的距离 h,试着推动木块,当 h 增大到某一高度时,随着 F 的增大,木块将不再滑动,而是会以 O 点为支点向前翻倒,此时木块受到两种平衡力的作用:①作用力平衡,因木块没有相对滑动,所以 $f_m = F$;②力矩平衡,木块以 O 点为支点转动倾斜,有 $F \times h = G \times a$。

图 2　平衡极限法

(2)测量 μ_s 方法:用长度测量工具测出木块的宽度 $2a$、作用力 F 与桌面间的垂直距离 h,根据以上两种平衡 $F = G \times \dfrac{a}{h}$,$\mu_s = \dfrac{f_m}{G} = \dfrac{F}{G} = \dfrac{a}{h}$($h$ 为刚好能使木块翻倒时的作用力

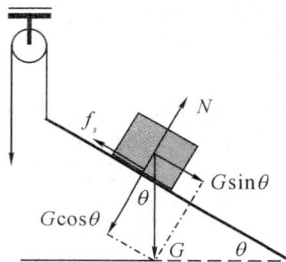

F 与木板面的距离)。

◆ **实验仪器**

木板,木块,直尺

◆ **实验内容**

(1)平面倾斜法:将木块放在木板上,缓慢抬高木板的一端,观察木块的状态,使木块能够沿木板滑下,试验几次,掌握木块刚好能滑动的时机。

(2)测量斜面参数,用直尺测量木板的长度 L,测量木板高端与桌面的垂直距离 H,计算木板的倾斜角,计算木块与木板的最大静摩擦系数。

(3)平衡极限法:将木块放在水平桌面上的木板上,用铅笔(或直尺)推木块,施力的方向与桌面平行,施力作用点先低些,靠近木板,增大作用力,观察木块的状态。逐渐增大施力作用点与木板间的距离,找到刚能使木块不滑动而翻倒的施力作用点。

(4)测量平衡极限点参数,用直尺测量木块受作用力方向的宽度,记为 $2a$,测量施力作用点与木板间的距离 h,根据公式计算木块与木板的最大静摩擦系数。

◆ **数据记录与处理**

(1)平面倾斜法:木板长度,$L=$
木板高端与桌面的垂直距离,$H=$

$$\mu_s = \tan\theta_m = \frac{H}{\sqrt{L^2 - H^2}}$$

(2)平衡极限法:木块的宽度,$2a=$
施力作用点与木板间的距离,$h=$

$$\mu_s = \frac{a}{h}$$

比较用两种方法得到数据,得出木块与木板间的最大静摩擦系数值,并查资料进行确认。

◆ **思考题**

(1)静摩擦系数的测量可以有多种方法,各种方法的基本原理是否一致?

(2)滑动摩擦系数的测量方法你又能想到几种呢?

实验六　金属材料电阻率和电导率的估测

　　自由电子在金属导体里定向移动时会遇到阻力,这种阻力是自由电子和导体中的原子发生碰撞而产生的,这种阻碍电流通过的阻力称为电阻,各种材料的电阻是不同的,按照导电性能的好坏,各种物质可以分为导体、绝缘体、半导体三种。导体是电流能够顺利通过的物质,如银、铜、铝、铁等金属;绝缘体是电流很难通过的物质,对电有绝缘作用,如橡皮、玻璃、云母、陶瓷等;半导体导电性介于导体与绝缘体之间的物体,如硅、锗、氧化铜等。

　　导体电阻的大小主要与两个因素有关,一是与导体的几何尺寸有关,二是与导体的材料有关。电阻率就是与材料有关的一个电学参数。

◆　实验目的

1. 了解材料电阻率的含义。
2. 学习用伏安法测量电阻的方法。
3. 学习万用表的使用。
4. 学习间接测量中数据的误差传递计算。

◆　实验原理

　　长度为1米,截面积为1平方毫米的导电材料所具有的电阻值称为该材料的电阻系数。均匀导体的电阻可由下列公式来计算,$R = \rho \dfrac{l}{S}$,因此电阻率 $\rho = R\dfrac{S}{l}$,而电导率 σ 为电阻率的倒数,即 $\sigma = \dfrac{1}{\rho}$。材料电阻率的测量可以采用间接测量的方法,即将材料加工成均匀形状,如圆形丝状,测量一定长度该材料的电阻 R,根据该材料的长度 l 和材料的直径 d,计算出材料的电阻率。而电阻的测量可以采用欧姆表直接测量法、伏安法、电桥平衡法等。

◆　实验仪器

　　钢直尺米尺,螺旋测微计,数字万用表,铜丝(直径0.2mm漆包线)。

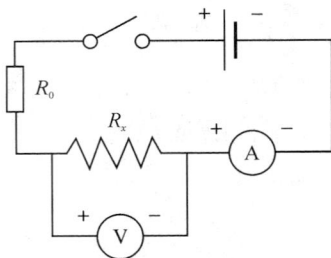

图1　伏安法电阻测量电路

◆　实验内容

　　将被测金属丝电阻按伏安法原理连接:
　　(1)将万用表设置为电流测量,万用表、金属丝电阻
R_x、限流电阻 R_0、电源作串联连接,用万用表测量电路电流,记录 I 值;

（2）将万用表设置为电压测量，金属丝电阻 R_x、限流电阻 R_0、电源作串联连接，用万用表测量金属丝电阻两端的电压，记录 V 值；

（3）用螺旋测微计测量金属丝导线的直径 d，计算导线的截面积 S，$S = \pi d^2 / 4$；

（4）用直尺测量金属丝导线的总长度 l；

（5）将万用表设置为电阻测量，用万用表直接测量金属丝导线的电阻 R'。

◆ **数据记录与处理**

使用仪器的误差：米尺 $\Delta_L = 0.5$mm；螺旋测微计 $\Delta_d = 0.005$mm；数字万用表 $\Delta =$ 数显末位 ± 1 单位。

材料： 电解铜 （参考值 $\rho = 1.55 \times 10^{-8} \Omega \cdot m$）

1. 数据记录：

l (m)	V (v)	I (A)	R (Ω)	R' (Ω)	d (mm)	$S = \pi d^2/4$ (mm^2)	$\rho = RS/l$ ($\Omega \cdot m$)
3.0							
2.5							
2.0							

2. 写出金属材料的电阻率的结果表达式：

$$\bar{\rho} = \qquad \Omega \cdot m \qquad \bar{\sigma} = \frac{1}{\bar{\rho}} = \qquad (\Omega \cdot m)^{-1}$$

$$\Delta_\rho = \left[\left(\frac{\Delta_V}{V} \right) + \left(\frac{\Delta_I}{I} \right) + 2 \left(\frac{\Delta_d}{d} \right) + \frac{\Delta_l}{l} \right] \cdot \bar{\rho}$$

$$\rho = \bar{\rho} \pm \Delta_\rho = \qquad \Omega \cdot m$$

◆ **思考题**

1. 实验中漆包线电阻比较小，如何提高小电阻的测量精确度？

2. 电阻率 ρ 的相对误差与多个测量值的相对误差有关，其中哪个是最主要的？

3. 如何提高实验的测量精度？

实验七　数码相机应用与图像处理

数码相机是数字图像技术的核心。随着数码相机技术的提高和价格的下降,数码相机逐渐成为消费类电子产品中的热门产品。数码相机,是一种能够进行拍摄,并通过内部处理把拍摄到的景物转换成以数字格式存放的图像设备。数码相机有多种型号和规格,但所有的数码相机都是为了达到同样的目标:产生数字图像。目前数码相机最常见的功能是拍静态图像和拍动画。本实验通过使用数码相机(以 Nikon-Coolpix-4300 数码相机为例),以熟悉数码相机的基本功能,并对获得的数字图像进行存储和处理。

◆ **实验目的**

1. 熟悉数码相机的基本拍摄功能。
2. 学习静态图像和动画的拍摄过程。
3. 学习使用动画处理软件和 Photoshop 图像处理软件。

图 1　实验用数码相机

◆ **注意事项**

1. 从数码相机的结构可知,控制快门是电子快门,即使没有按下,光已经照射在 CCD 面阵上,因此不管什么情况下都应避免强光直接照射镜头,以免 CCD 永久性损坏。

2. 应了解模式拨盘上每个符号的意义:

Ⓐ📷一按即拍的自动模式;

🎥拍摄 40 秒长无声动画的模式;

▶用来浏览或删除的模式;

SETUP 用来设定相机的基本设置,如设置日期和时间等;

SCENE 12 种特殊场景选择模式;

Ⓜ📷由你自己设定有关控制参数,包括曝光模式。

3. 实验时先将模式拨盘拨到正确位置后再开电源开关。

4. 如发现逻辑功能不对时,应立即关掉电源。

◆ **实验仪器**

数码相机,数据连接线,计算机。

◆ **实验内容**

1. 数码相机的使用与图像文件的存取

(1)像素的选择与改变。大的图像文件有丰富的信息,但消耗大量的存储空间。在编辑时,大的文件也要求计算机有更多的内存(RAM)。当把图像放到 Web 页面上的时候,大的图像文件更是令人讨厌。所以应当给图像设置适当的尺寸。图像的像素数只要适合最终的输出设备(屏幕或打印机)就行了,不需要更多。在数码相机上,将模式拨盘转动到 Setup 模式,按菜单按钮来改变图像的大小和质量。

(2)使用自动拍摄功能拍摄静态图像:第 1 步,取下镜盖,将模式拨盘转动到 A(uto)模式,开启相机电源,检查显示屏中的指示,注意电池电量是否正常。第 2 步,构图,准备好相机,选择拍摄主体。第 3 步,对焦与拍摄,相机在半按快门时进行曝光和对焦设定(在 Auto 模式下,相机自动对焦取景框中央的物体,当自动对焦指示灯亮起时,则被摄物已聚焦)。将快门按到底完成拍摄,拍摄完成后关闭相机。

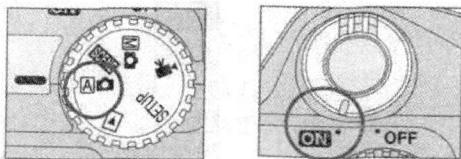

图 2　模式设置及开关位置

图 3　构图　　　　图 4　半按快门自动对焦

(3)快门与光圈的效果使用:小光圈可以获得大景深,突出背景;而大光圈可以获得小景深,突出前景。快门速度是指控制光线投射到 CCD 感光器上的时间,快门速度和光圈 f 值一样只能表示部分参数。由光圈、快门的组合控制,可以决定照片质量,称为相机的曝光控制,数码相机大都具有自动曝光的功能,但为了获得不同的拍摄效果,需要使用手动控制快门和光圈。此时,需将模式拨盘转动到 M(anu)模式。

(4)使用动画拍摄功能拍摄动画:在动画模式下,数码相机能以每秒 15 帧的速度拍摄最长 40 秒的无声动画。操作方法,①将模式拨盘转动到(动画);②按快门开始拍摄;③再按一次快门停止拍摄。拍摄的动画以文件名".MOV"结尾。

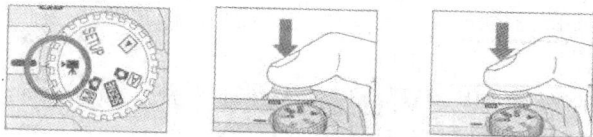

图 5　拍摄动画的操作过程

(5)拍摄影像的浏览:将模式拨盘转动到 ▶ 位置,相机进入浏览模式,最近拍摄的照片将显示在显示屏上，按QUICK▶钮，可以浏览其他影像。如当前影像标有 🎥 图标表明该影像文件是动画，按QUICK▶钮可开始动画浏览，再按则暂停浏览。

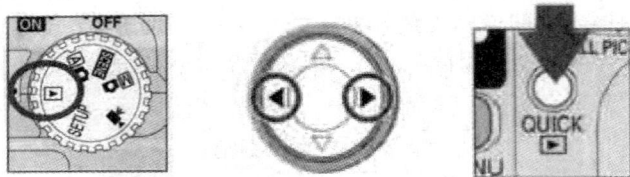

图 6　浏览图像的操作过程

（6）图像文件的存取。

① 关闭照相机；

② 连接相机和计算机。将 USB 电缆的扁连接头插入计算机的 USB 端口，翻开数码相机的连接器盖，将 USB 电缆的另一端（方形）插入数码相机的连接口。

③ 把相机设置到相应的图像传输状态；

④ 打开照相机的电源开关；

⑤ 计算机屏幕上出现对话框；

⑥ 把图像传输到计算机。单击计算机桌面中"我的电脑"，然后单击"可移动磁盘"，存储在数码相机中的内存中的图像列表将会显示出来，运用计算机拷贝、移动、重命名和删除等命令对图像文件进行传输和处理。

⑦ 一旦文件传输完毕，你需要安全地从计算机上断开与数码相机的连接。单击任务栏中可移动盘的"图标"，选择安全删除；计算机屏幕显示"安全地移除硬件"后，即可拆除电缆。

2. 动画的处理与静帧图像的截取

从计算机的桌面上双击"Premiere"，进入软件界面，点击"Multimedia　Quicktime"和"确定"进入下一界面，点击"文件"在下拉菜单中点击"打开"，打开拍摄的动画文件（如Dscn0762.MOV）。软件界面上出现动画播放窗口，点击播放按钮，即可播放动画。当出现有需要截取的画面时，点击"暂停"键，再点击"帧进"或"帧退"按钮，找到需要的图像，点击"文件"、"素材输出"、"静帧"，建立一帧静止图片的文件，给定文件名为 A，则动画中的一帧图像被截取了，文件名为：A.bmp。再按鼠标点击"帧进"或"帧退"按钮，找到下一幅需要的画面，再点击"文件"、"素材输出"、"静帧"，建立第二帧静止图片的文件，假定其文件名为 B，则动画中的另一帧图像被截取了，文件名为：B.bmp。用同样的方法建立第三帧、第四帧等多幅静止图片的文件。如此类推，直到截取出所有分帧静止图片文件。

3. 数字图像的处理

从计算机的桌面上双击"Photoshop"，进入软件界面，点击"文件"在下拉菜单中点击"打开"，打开数字图像文件，如 Dscn0762.jpg 或 A.bmp。

（1）选择"图像"—"调整"—"亮度/对比度"，练习使用"亮度、对比度"调整功能；

（2）选择"图像"—"调整"—"旋转画布"，练习使用图片的"旋转"调整功能；

（3）选择工具栏中框选工具，练习使用"框选、复制、拷贝"功能；

（4）选择工具栏中仿制图章工具，练习使用"仿制图章、橡皮擦"功能；

（5）选择"图像"—"调整"—"色阶"，练习逆光的修正；

（6）通过"色相/饱和度"命令可以容易地修改色相、饱和度及明度，练习修改特定的颜色。

◆ **思考题**

（1）如何把数码相机拍摄数字图像的功能应用到物理实验中？

（2）动画拍摄功能可以等时间间隔获取运动物体的状态，如何用该功能来研究物体的运动规律？

（3）数字图像处理技术有何利弊？

实验八　玻璃砖材料折射率的测定

光从真空射入介质发生折射时，入射角 i 与折射角 r 的正弦之比 n 叫做介质的"绝对折射率"，简称"折射率"。折射率是光学介质的一个基本参量，也等于光在真空中的速度 c 与在介质中的相速 v 之比。真空的折射率等于 1，两种介质的折射率之比称为相对折射率。两种介质进行比较时，折射率较大的称光密介质，折射率较小的称光疏介质。某介质的折射率是指该介质对真空的相对折射率。根据折射定律有：$n_1 \sin \theta_i = n_2 \sin \theta_r$。同一媒质对不同波长的光，具有不同的折射率；在对可见光为透明的媒质内，折射率常随波长的减小而增大，即红光的折射率最小，紫光的折射率最大。通常所说某物体的折射率数值多少（例如水为 1.33，水晶为 1.55，金刚石为 2.42，玻璃按成分不同而为 1.5～1.9），是指对钠黄光（波长 $5\,893 \times 10^{-10}\,\mathrm{m}$）而言。

◆ **实验目的**

1. 利用折射定律测定玻璃的折射率。
2. 了解视深法测量玻璃砖折射率的基本方法。
3. 正确掌握读数显微镜的使用。

◆ **实验原理**

如图 1 所示，在玻璃砖底部有一发光点 P，由于玻璃折射率 n_1 与空气折射率 n_0 不同，P 点发出的光线会在玻璃与空气的界面 M 点处发生折射，出射光线的反向延长线与 OP 的交点为 P′。在空气中观察，光线似乎是从 P′点发出的，P′点是 P 点在玻璃砖内的虚像，P 点在玻璃内的实际深度为 h，P′点在玻璃内的深度为 h' 称为 P 点的视在深度（简称视深），视深 h' 的大小与玻璃的折射率 n_1 有关。

根据折射定律和几何关系得：

$$\tan i = \mathrm{OM}/h \,;\, \tan r = \mathrm{OM}/h'$$

当 OM 很小时，

$$\tan i = \sin i \,;\, \tan r = \sin r$$
$$n_1 \sin i = n_0 \sin r$$
$$n_1 \mathrm{OM}/h = n_0 \mathrm{OM}/h'$$
$$n_1 = n_0 \cdot \frac{h}{h'}$$

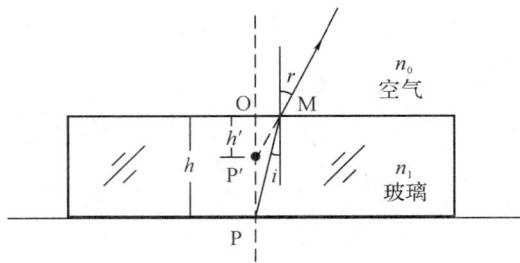

图 1　光的折射

◆ **实验仪器**

读数显微镜，玻璃砖、白纸。

◆ **实验内容**

1. 读数显微镜的使用

测量长度时,如果被测物体不能与量具直接接触,或者被测物体较小时,常用光学仪器来进行测量,其中最常用的就是测量显微镜,也叫读数显微镜如图 2。它可以用来测量刻线距离、刻线宽度、圆孔直径等,用途较广。读数显微镜各部件的名称为:

1—目镜接筒,2—目镜,3—锁紧螺钉,

4—调焦手轮,5—标尺,6—测微鼓轮,

7—载物台,8—半反镜,9—物镜筒

测量显微镜的调节和使用步骤如下:

(1)采光。调整反光镜的角度,使从目镜中看到明亮的视场。

(2)调叉丝像。叉丝是用于测量的准线,所以在使用之前,必须改变目镜和叉丝之间的距离,使得叉丝清晰可见。方法是转动目镜筒的端盖(目镜就安装在此盖上),使从目镜中能观察到清晰的叉丝。用目镜观察时,两眼都要睁开,两眼离开目镜适当距离,以能轻松地看清叉丝和整个视场为宜。

图 2　读数显微镜

(3)调待测物的像。把待测物放在载物台的中心,旋转水平向螺旋测微器,使待测物与物镜对准。从侧面观察,旋动竖直向调焦手轮使整个镜筒下移,接近但不接触待测物。然后反向旋动调焦手轮使镜筒上升,同时从目镜中观察,直至看清物体的像,此步调节称为调焦。镜筒侧面装有标尺,可获得竖直向相对位置的读数。

(4)调叉丝方位。其目的是使横竖叉丝分别与载物台的 X 轴和 Y 轴平行。松开目镜的止动螺丝,转动目镜筒,使从目镜中观察到的叉丝尽量横平竖直。

(5)测量(水平方向用 X 轴测微器)。①转动 X 轴测微器,使物像与竖叉丝相离。②反向旋转 X 轴测微器,使物像靠拢竖直叉丝,直到物像的一侧与竖直叉丝相切为止,记录 X 轴测微器的读数。③沿同一方向转动 X 轴测微器,使物像越过竖直叉丝,在另一侧与竖直叉丝相切,记录 X 轴测微器的读数。则被测长度(圆的直径)为 $d = |x_2 - x_1|$。

(6)注意在测量时,中途不允许改变 X 轴测微器的转动方向,这是为了避免回程误差。在相同条件下,计量器具正反行程在同一测量点上被测量值之差的绝对值,叫回程误差。由于工艺的原因,测微螺栓(与 X 轴测微鼓轮相连)和螺母(与显微镜筒相连)之间不是紧密配合的,因此,当 X 轴测微器改变转动方向时,总有一段空转过程(即鼓轮空转而不拖动显微镜筒),在此过程中 X 轴测微器读数的改变不能反映物像与竖直叉丝的相对移动,因而导致回程误差。

(7)测量时,旋转测微鼓轮,载物台沿 X 轴方向移动。测微鼓轮上刻有 100 条等分线,每格相当于移动 0.01mm,其仪器最大允许误差(MPE)为 ±0.005mm。Y 方向设有一个精度为 0.1mm 的游标尺,可以记录竖向相对位置。

2. 视深法测量玻璃的折射率

(1)在白纸上描一黑点(P点),放置于显微镜观察平台上,调节读数显微镜的调焦手轮改变镜筒的高度,直到看清白纸上清晰的点,读出显微镜侧面的纵向标尺读数,记为 h_1,见图3。

(2)将待测的玻璃砖放置在白纸上盖住P点,再次调节读数显微镜的调焦手轮改变镜筒的高度,直至看到清晰的点为止,此时看到的是P点通过玻璃砖而成的虚像P′点,读出显微镜侧面的纵向标尺读数,记为 h_2。

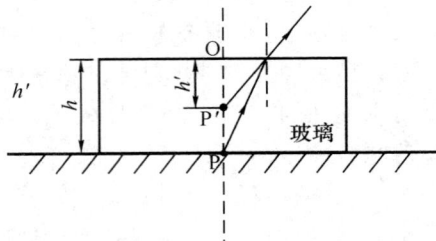

图3 视深法测量玻璃的折射率

(3)在玻璃上表面描一黑叉(O点),再次调节读数显微镜的调焦手轮改变镜筒的高度,直至看到清晰的叉,读出显微镜侧面的纵向标尺读数,记为 h_3。

◆ **数据记录与处理**

(竖向位置的测量精度为0.1mm)

测量次数	h_1	h_2	h_3	$h=\|h_3-h_1\|$	$h'=\|h_3-h_2\|$	$n=\dfrac{h}{h'}$
1						
2						
3						
平均值						

结果表达:

$$\frac{\Delta_n}{n}=\frac{\Delta_h}{h}+\frac{\Delta_h{}'}{h'}$$

$$n=\bar{n}\pm\Delta_n$$

◆ **思考题**

1. 除了视深法还有其他方法能够测定玻璃的折射率吗?需要什么实验器材?

2. 影响实验测量精度的因素有哪些?如何提高测量的精确度?

实验九　力学演示实验

一、锥体上滚

任何物体在重力场中总会受到重力的作用而有降低其重心位置的趋势,如在斜坡上一物体有下滑或下滚现象。本实验通过观察锥体沿斜双杠上滚现象,给人造成错觉,但实际上同样遵循上述自然规律。

◆ **实 验 目 的**

1. 加深理解重力场中物体总是以降低重心、趋向稳定的规律运动。
2. 进一步认识物体具有从势能高的位置向势能低的位置运动趋势。
3. 认识动能与势能之间的转换。

◆ **实 验 原 理**

本实验巧妙地利用锥体的形状,将支撑点在锥体轴线方向上移动(横向)对锥体重心位置的影响同斜双杠(纵向)对锥体重心位置的影响结合起来。在双杠低端,由于间距小,锥体在此处重心高,相反,在双杠高端由于间距大,锥体在此处下陷,重心反而降

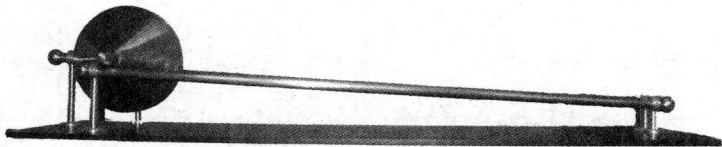

图 1　锥体上滚装置

低,故当锥体放在双杠低端处会自动滚向高端。这给人以向上滚动的错觉,但实际上锥体的重心由双杠低端到高端是自始至终是在下降的,也即遵循重力场中物体总是以降低重心、趋向稳定的运动规律。

◆ **实 验 内 容**

给锥体一个沿斜双杠向下推力,锥体沿双杠向下滚动,当达到双杠最低端时,自由释放,锥体便会自动向上滚动;当锥体位于双杠的高端时,自由释放,锥体则不会下滚。

注意,在启动时要把位置扶正(即要使锥体轴线垂直于双杠的角平分线),防止它上滚时脱离轨道而滚落、摔坏。

◆ **思 考 题**

1. 试求出实现密度均匀的锥体上滚时,锥体顶角、导轨夹角、导轨宽窄端的高度差三者之间满

足的关系。

2. 试分析当锥体轴线垂直于双杠的角平分线的状态时,锥体受到的力矩。

二、可见弦振动

声波属纵波,弦振动属横波,弦乐器的声波可由弦振动通过薄板的振动(既有纵波又有横波)纵波在箱中发生共鸣,声波从泄放圆孔中泄出优美的音乐,两者的振动频率有一定的关联。声波按频段又可分次声波、声波和超声波,除生活娱乐外,在工业、医学上又有广泛用途,如声波 CT 无损检测技术应用在混凝土质检中,声波吹灰技术应用在电厂锅炉中,还有超声波可探测距离、裂缝或速度,生活上利用超声波清洗衣服,医学上利用超声波振碎机来振碎结石。本实验利用视觉暂留作用,能看到不同弦线上不同合成声波的驻波波形。

◆ **实验目的**

演示具有不同基频、谐频合成不同的合成声波的横波驻波波形。

◆ **实验原理**

吉他中的四根琴弦两端都是固定的,由于各弦长度不同、张力不同,当手拨动时,振动后各自产生的波速和频率也各不相同,其中波速 $v = \sqrt{\dfrac{T}{\rho}}$,频率 $\nu_n = \dfrac{n}{2L}\sqrt{\dfrac{T}{\rho}}$(式中 $n = 1, 2, 3, \cdots$),

图 2 弦振动实验仪

其中 T 为弦线张力,ρ 为弦线线密度。这样由于各弦上基频、谐频频率各不相同,因此合成的声波波形也各不相同。这些不同形状的合成声波,是依靠弦线后装有黑白相间条纹的滚轮转动和应用视觉暂留原理来观察到的。因为用手转动该滚轮,拨动弦线,由于弦线是黑色的,当后面白色的条纹经过时,眼睛就能看到弦线上的合成波的波形。当相邻两个白色条纹经过的时间间隔小于人眼视觉暂留时间时,依靠视觉暂留作用,就能看清不同弦线上连续传播的不同合成声波的驻波波形。

◆ **实验内容**

用手转动滚轮,依次连续拨动四根琴弦,观察不同长度、不同张力的弦线上出现不同合成声波的横波驻波波形形状。重复实验仔细观察弦上波形。

◆ **注意事项**

1. 滚轮转速不必太高。
2. 拨动琴弦切勿用力过猛。

三、超导磁悬浮列车

磁悬浮列车是一种采用无接触的电磁悬浮、导向和驱动系统的磁悬浮高速列车系统。实际上是依靠电磁吸力或电动斥力将列车悬浮于空中,实现列车与地面轨道间的无机械接触,再利用线性电机驱动列车运行。目前国际上磁悬浮列车有两个发展方向,一个是以德国为代表的常规磁铁吸引式悬浮系统——EMS 系统,悬浮气隙小,一般为 10 毫米左右,时速可达每小时 400~500 公里;另一个是以日本为代表的排斥式悬浮系统——EDS 系统,悬浮气隙大,一般为 100 毫米左右,时速可达每小时 500 公里以上。磁悬浮列车具有快速、低耗、安全、舒适、经济、无污染等优点。

◆ **实验目的**

了解超导现象,理解磁悬浮原理。

◆ **实验原理**

本实验所使用的材料是钇钡铜氧($YBa_2Cu_3O_7$)高温超导体,其表面温度为 93K,高于液氮沸点 77K,因此让钇钡铜氧超导体浸在液氮中,经一段时间,它的温度达到液氮的温度,超导

图 3 超导磁悬浮实验装置

体就变为超导态。当达到超导态的超导体靠近磁性轨道时,因磁力线不能进入超导体内,即其磁感应线被完全排斥在超导体外,内部磁感应强度为零,而在超导体表面形成很大的磁通密度梯度,感应出高临界电流。该电流产生的磁场对永磁铁产生排斥,斥力随相对距离的减小而逐渐增大,它可以克服超导体的重力,使其悬浮在永磁体上方的一定高度上。本实验所使用的磁性导轨由三排环形铷铁硼永磁体块组成,内环和外环取同向磁性,中环与内外环的磁性方向相反,这样沿环形成一个磁通的环谷,超导体在狭谷中运动不会因拐弯而被甩出。

◆ **实验内容**

1. 在永磁铁轨道上放置一块绝缘材料,将超导模型小车置于其上,然后将液氮缓缓倒入小车中装有超导材料的槽内,经 3~5 分钟,该超导材料由正常态转变为超导态。

2. 轻轻将垫在小车下面的绝热材料抽出,小车便悬浮在轨道上。

3. 打开加速用的电机开关,沿轨道水平方向轻推小车,小车沿轨道无摩擦地运动,直到其温度高于临界温度,小车才落到轨道上。

◆ **注意事项**

1. 不要将液氮溅到皮肤上,以免被冻伤。

2. 超导体易碎,不要让它掉到地上,以免损坏。

3. 水平推小车时速度不能太大,以免小车冲出轨道而被损坏。

4. 实验完毕,擦干小车,将它放入干燥缸内,以免受潮。

◆ **思考题**

你知道目前超导体被广泛应用在哪些领域中?

四、记忆合金热机

最早关于形状记忆效应的报道是由Chang及Read等人在1952年提出的,他们观察到Au－Cd合金中相变的可逆性。后来在Cu－Zn合金中也发现了同样的现象,但当时并未引起人们的广泛注意。直到1962年,Buehler及其合作者在等原子比的TiNi合金中观察到具有宏观形状变化的记忆效应,才引起了材料科学界与工业界的重视。到70年代初,CuZn、CuZnAl、CuAlNi等合金中也发现了与马氏体相变有关的形状记忆效应,目前已发现形状记忆合金有20多种,但仍以TiNi形状记忆合金性能最佳。现在其应用范围涉及机械、电子、化工、宇航、能源和医疗等许多领域,如自动灭火喷头、温度继电器、浴池用混水装置、热敏元件、机器人、眼

图 4　记忆合金热机

镜架、血栓过滤器、脊柱矫形棒、牙齿矫形丝、接骨板、人工关节、心脏修补元件、人造肾脏用微型泵、全息机器人、毫米级超微型机械手等。

◆ **实验目的**

1. 演示记忆合金材料的形状记忆功能。

2. 利用记忆合金的形状记忆特性制成热机,以增长实验的趣味性。

◆ **实验原理**

根据结晶学转变和逆转变原理,记忆合金的记忆效应产生于它的两种晶体结构的变化之中,在跃变温度以上时,记忆合金总是处于一稳定的结构,这种结构叫做"奥氏体"。当记忆合金冷却到跃变温度以下,它就会过渡到另一种结构"马氏体"。这种在记忆合金加热到跃变温度以上,材料能自动恢复所记忆的高温相形状,冷却时能恢复低温相形状的现象称双程记忆效应。这种特性完全打破常规的热胀冷缩现象。

本装置是在转轮上偏心布置了一系列具有双程记忆效应的 TiNiCu 记忆合金弹簧丝,当此合金丝置于高于其"跃变温度"(约 85℃)水中时,记忆合金产生相变,在热水中会缩短,在空气中会伸长,使偏心布置的记忆合金弹簧对转轮中心力矩不为零,即转轮转动起来。在 85℃以上水中,转轮每分钟可达 60 转左右转速。

◆ **实验内容**

将水槽中的水加热至 85℃以上,让热机置于水槽中,使热水浸至轴心处,热机即连续转动。

◆ **注意事项**

1. 严禁用手拉扯合金细弹簧丝,以免损坏。
2. 实验用的热水温度应达到记忆合金的跃变温度(约 85℃)。
3. 使热水浸至于热机轴心处。
4. 使用热水要小心,以免烫伤。
5. 演示完毕,必须将热机由水中取出。

◆ **思考题**

1. 为什么热机中记忆合金弹簧要偏心布置?

2. 记忆合金是如何产生记忆效应的?

实验十　电磁学演示实验

一、辉光球

气体放电的种类很多,用得较多的是辉光放电和弧光放电。辉光放电是在低压气体两端加高压或高频电场产生的,电压高、电流密度小,霓虹灯和指示灯是这种情况;弧光放电是常压气体高温下放电,电压不高、电流比较大,汞灯和钠灯是这种情况。辉光放电在一定条件下又可转换为弧光放电。

◆ **实验目的**

演示辉光的放电现象,了解其放电原理。

◆ **实验原理**

玻璃球内充有两种及以上稀薄的惰性气体,通常由于宇宙射线、紫外线等作用,少量气体被电离,以正负离子形式存在于气体中。辉光球中心电极电压高达数千伏,通电以后,这些离子在强电场作用下快速定向运动,运动过程中与其他气体分子碰撞产生新的离子。由于电场很强而气体又很稀薄,离子运动的路程较长,可获得足够动能又去撞击其他中性分子,形成新的离子,使离子数大大增加。这样不同惰性气体的许多离子、电子和分子间撞击,会引起各种原子中许多电子的能级跃迁,并激发出美丽的辉光,故称辉光球。

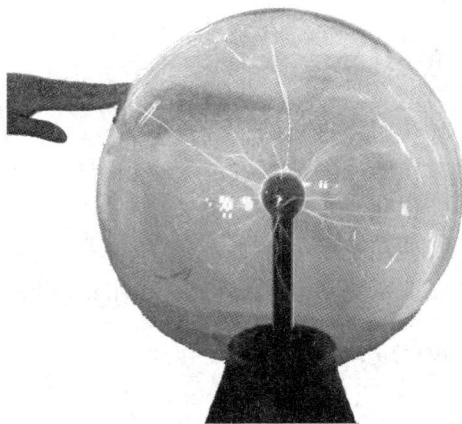

图 1　辉光球

当手放在辉光球壳上时,辉光放电就转换为弧光放电,即产生明亮的弧光。这是因为辉光球的中心是一个高频高压电极,另一极为大地,通常它们之间形成球对称的分布电容。当手触及球壳时,人体相当于一个与大地相通的导体,这样中心电极与手之间的电容比其他方向要大,即阻抗要小,于是在该处形成较强的放电通道,即产生明亮的弧光。移动手在球壳上的接触点,即相当于移动大地极位置,故弧光也随之移动。

◆ **实验内容**

接通电源,观察辉光球产生美丽的辉光。当手放在辉光球壳上时,观察产生的弧光放电现象。移动手在球壳上的接触点时,观察弧光移动情况。

1. 严禁将辉光球随意移动,以免损坏。
2. 严禁碰撞、敲击辉光球。

◆ 思考题

1. 为什么用手触及辉光球,弧光会集中指向手触及处?
2. 你知道大街上五光十色霓虹灯分别是用哪些气体产生的吗?

二、手蓄电池

常用的蓄电池有镍氢、镍镉和锂离子蓄电池。由于各自的电化学反应机理不尽相同,因此也各有其特点和不同的应用领域。本实验是一种神奇的"手蓄电池",只要你将双手分别与铝板和铜板接触,电流表指针就会偏转。就在这时候,你正在用双手为"手蓄电池"充电。

◆ 实验目的

体会并理解接触电位差的概念,激发学生学习物理的兴趣。

◆ 实验原理

铜、铝两块金属板分别相当于电池的两个电极,由于两极金属材料不同,故其外层电子挣脱金属表面束缚所需要的逸出功不同。当你用稍微潮湿并带点盐分(电介质)的双手手心分别接触手蓄电池的铜板和铝板时,由于铝比铜活泼,铝板上汗液中的负离子发生化学反应,而把外层电子留在铝板上,从而聚集了大量负电荷,两极板就形成了一定的电位

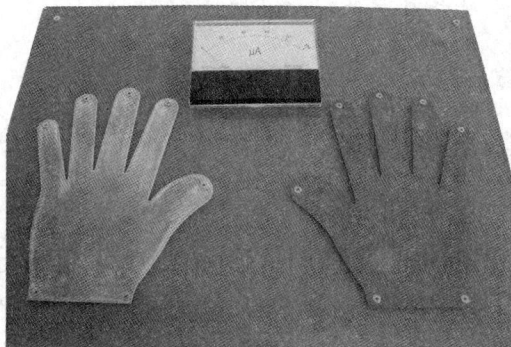

图 2　手蓄电池

差。当表头、铜板、铝板及双手构成了一个闭合回路时,铝板上的电子将向铜板流动,于是回路中产生了一定电流,也即电流计指针发生了偏转。

◆ **实验内容**

1. 将双手手心分别紧密接触铜板和铝板,观察电流计指针偏转的角度。

2. 将双手手心放在嘴边呵气,然后再分别与两金属板紧密接触,观察电流计指针偏转的角度。将此实验结果与实验内容 1 的结果比较。

◆ **注意事项**

双手接触两金属板时不能用力太猛,以免损坏仪器。

◆ **思考题**

电流计指针偏角的大小与哪些因素有关?

三、涡电流演示仪

在实际中,利用涡流在铁芯中产生大量的热来冶炼金属或制成电磁炉;利用涡电流的电磁阻尼作用制成各种电动阻尼器,如磁电式电表中或电气机车的电磁制动器中的阻尼装置;利用涡电流的电磁驱动作用制成感应式异步电动机等。但涡流对许多电机和仪表来说也有害,它使铁芯发热,使仪表温度升高。变压器的铁芯用互相绝缘的硅钢片叠成,就是为了减少涡流的形成,减少电能的无谓损耗。所以涡电流在实际中我们要利用它有利一面,抑制它不利一面。

◆ **实验目的**

演示磁体与导体之间的相对运动,体会涡电流的机械效应。

◆ **实验原理**

根据法拉第电磁感应定律,当磁铁与金属材料之间有相对运动时,金属材料内就会形成涡电流,涡电流的存在会阻碍磁铁和金属之间的相对运动。涡电流越大,这种阻碍作用就会越强,而涡电流的强弱在材料一定的情况下,与材料的形状大小密切相关。

本实验所用的三个铝管高度一定,但结构不同。A 是管壁完好的铝管,B 是管壁上开有狭缝的铝管,C 是管壁上加工出许多圆孔的铝管。让一块磁铁或铝块分别从 A、B、C 管顶端下落,会发现:磁铁在 A 管中下落最慢,C 管中则快些,而在 B 管中下落速度是最快的。这是因为管壁完整的 A 铝管有助于形成涡电流,磁铁受到的阻碍作用最强,故磁铁在其中下落时,速度最慢;对于管壁上有一条缝的 B 铝管,由于缝的阻断作用,不易形成

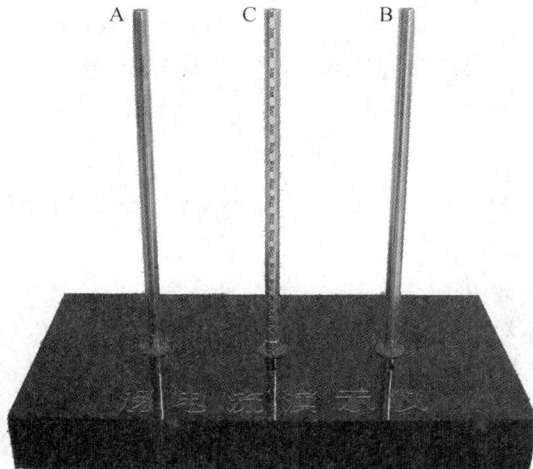

图 3　涡电流演示仪

涡电流,磁铁受到的阻碍作用弱,故磁铁在其中下落就快;而在管壁上开许多孔的 C 铝管,虽有阻断涡电流的作用,但没有象开缝的 B 管阻断作用强,故磁铁在其中落下时,运动的快慢就介于 A、B 之间,即较管壁完整的快,比管壁上开缝的要慢。而对于铝块在 A、B、C 管中下落速度都一样快。这是因为铝块没有磁性,也就没有涡电流的形成,从而也就没有阻碍铝块下落运动的力。

◆ **实验内容**

1. 让磁铁分别从三个高度相同、结构不同的中空铝管(A、B、C)顶端落下,分别观察并比较磁铁在 A、B、C 管中下落的快慢情况。

2. 让铝块分别从三个高度相同、结构不同的中空铝管(A、B、C)顶端落下,分别观察并比较铝块在 A、B、C 管中下落的快慢情况。

3. 让磁铁或铝块分别从同一中空铝管顶端落下,分别观察并比较磁铁、铝块在 A 或 B 或 C 管中下落的快慢情况。

◆ **注意事项**

在让磁块或铝块下落前,请在管子底下放置好小托盘,以方便磁块或铝块取出。

◆ **思考题**

1. 涡电流的强弱与哪些因素有关?

2. 小磁铁在 B 管下落过程中为什么总是在不断地翻转着?

实验十一　光学演示实验

一、视觉暂留

视觉暂留现象首先被中国人发现,走马灯便是据历史记载中最早的视觉暂留运用。随后法国人保罗·罗盖在 1828 年应用视觉暂留作用发明了留影盘。目前视觉暂留的具体应用有动画、电影等视觉媒体的拍摄和放映,还有频闪仪在机械行业、印刷行业中的应用等。

◆ **实 验 目 的**

体会视觉暂留作用,理解电影成像原理。

◆ **实 验 原 理**

保罗·罗盖用一个被绳子在两面穿过的圆盘一个面画了一只鸟,另一面画了一个空笼子。当圆盘旋转时,鸟在笼子里出现了。这是由于物体在快速运动时,当人眼看到的影像消失后,人眼仍能继续保留其影像 0.1～0.4 秒左右时间,这种现象称为视觉暂留现象。本实验根据这个原理,当台阶和弯杆平稳转动,让频闪灯闪亮的时间间隔为相邻两台阶经同一位置时的时间间隔整数倍,且小于视觉暂留时间时,就能看到白色台阶位置"静止",而红色弯杆爬台阶的动画场面。

电影放映也是根据这个原理,电影底片是由一幅幅内容十分相近的静止图片组成,在放映时每秒映出 24 幅图片,即每两幅图片相隔时间为 0.04 秒。虽这时画面已有动作连续性,但对电影画面连续稳定性要求较高,故为了增强电影影像的稳定性,在实际放映时采用挡光技术,即每映出一幅图片中间遮光一次,也即一幅图片连续投影两次,这样每秒就有 48 幅图片映入观众眼帘,大大增强了电影影像的稳定性。

图 1　视觉暂留

◆ **实 验 内 容**

仔细观察弯杆的形状及其在各台阶上的位置。然后打开电机开关,让电机平稳转动后,再打开频闪灯,慢慢调节其频率旋钮,直至看到白色台阶位置"静止",这时仔细观察各处白色台阶上红色弯杆爬台阶的动画场面,理解视觉暂留现象。实验结束分别关闭频闪灯和电机开关。

◆ **注意事项**

1. 先打开电机开关,待转速稳定后再打开频闪灯。
2. 调节频闪灯频率要缓慢。

二、光学幻影

光学幻影成像系统基于"实景造型"和"幻影"的光学成像结合,获得"幻影"与实景造型结合及相互作用的逼真效果。本实验采用凹面镜成像,将实景通过凹面镜成像形成幻影悬浮在空中。

◆ **实验目的**

1. 观察光学幻影现象,加深对凹面镜成像规律的认识,激发学生学习物理兴趣。
2. 开阔视野,了解自然界中各种有趣的光学现象。

◆ **实验原理**

球面反射镜的成像光路如图 2 所示,在仪器后面有一面凹面镜,在凹面镜中心轴下方倒悬着一朵红花,其曲率半径长度为焦距的 2 倍,根据成像规律,当物距为焦距 2 倍时,则像距也为焦距 2 倍,像的放大倍数为 1,即物与像大小相同,但上下颠倒,故置于中心轴下方暗箱内的物体红花,其成像在中心轴上方,且为等大、正立的实像红花,即观察到"看得见、摸不着"红花了。

◆ **实验内容**

1. 打开电源开关,从演示仪窗口可观察到一朵美丽的红花在旋转。
2. 用伸手触摸红花,感觉摸不着。

◆ **注意事项**

1. 不可将手伸进窗口太深,以免损坏反射球面。
2. 不能将手伸入暗箱下部触摸用来成像的红花,以免损坏红花或触电。
3. 绝对不能用手触摸或用毛巾等擦拭反射镜的光学表面。

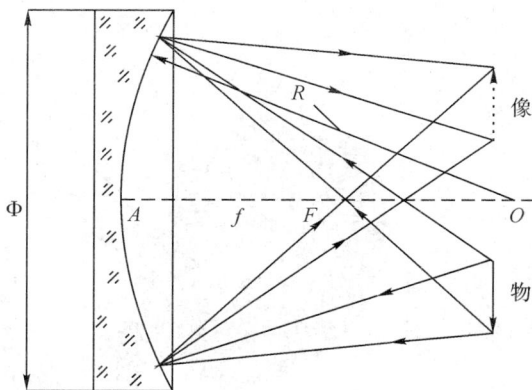

图 2　球面反射镜成像

◆ **思考题**

如果红花放在焦点和球面镜之间,将会如何成像? 是虚像还是实像? 放大还是缩小? 正立还是倒立?

三、旋光色散

当偏振光通过某些物质(如石英、氯化钠等晶体或食糖水溶液、松节油等),光矢量的振动面将以传播方向为轴发生转动,这一现象称为旋光现象。本实验利用糖溶液的旋光性演示旋光现象及影响旋光效应的因素。

◆ **实验目的**

演示旋光色散现象并了解其原理

◆ **实验原理**

如图 3,玻璃容器中充满无色糖溶液,容器两端的玻璃片是偏振片,靠近光源的作为起偏器,观察端作为检偏器。白光(自然光)通过滤色片,经起偏器后成为偏振光,经过糖溶液透射出的仍为偏振光。不同的是,此时光的偏振面相对于入射时旋转了一定角度,这就是光学中的"旋光效应"。偏振面所能旋转的角度随入射波长而变,称为"旋光色散"。检偏器能将分布在不同振动面上的各色光逐一呈现给观察者。

图 3 观察旋光现象

◆ **实验内容**

1. 将白光灯打开,透过前端玻璃片观察,不断转动玻璃片,糖溶液呈现出各种不断变化的颜色。

2. 连续缓慢转动前端的偏振片,观察玻璃管下半部有糖溶液的地方和管的上部没有糖溶液的地方透过来的光有何区别?

3. 加滤光片,旋转偏振片,分别记下从玻璃管上方和从玻璃管下方观察视场最暗时偏振片的角度。

4. 换用不同滤光片,重复操作,分析实验数据。

◆ **注意事项**

1. 操作实验要小心,防止弄破容器。
2. 仪器上的孔最好加以遮盖,否则糖溶液污染后变质发霉,不易清洗。

第三篇　基础性实验

实验一　拉伸法测金属丝杨氏模量

本实验根据胡克定律测定固体材料的一个力学常量——杨氏弹性模量。实验中采用光杠杆放大原理测量金属丝的微小伸长量,并用不同准确度的测长仪器测量不同的长度量。在数据处理中运用了两种基本而常用的方法——逐差法和作图法。

实验目的

1. 用伸长法测定金属丝的杨氏模量。
2. 掌握光杠杆测微原理及使用方法。
3. 掌握不同长度测量器具的选择和使用,学习误差分析和误差均分原理思想。
4. 学习使用逐差法和作图法处理数据及最终测量结果的表达。

实验原理

固体材料在外力作用下产生各部分间相对位置的变化,称之为形变。如果外力较小时,一旦外力停止作用,形变将随之消失,这种形变称为弹性形变;如果外力足够大,当停止作用时,形变不能完全消失,这叫剩余形变。当剩余形变开始出现时,就表明材料达到了弹性限度。

在许多种不同的形变中,伸长(或缩短)形变是最简单、最普遍的形变之一。本实验是针对连续、均匀、各向同性的材料做成的金属丝,进行拉伸实验。设金属丝的原长为 l,横截面积为 A,在外加力 ΔP 的作用下,伸长了 Δl 的长度,单位长度的伸长量 $\Delta l/l$ 称为应变,单位横截面所受的力 $\Delta P/A$ 则称为应力变化。根据胡克定律,在弹性限度内,应变与应力变化成正比关系,即

$$\frac{\Delta P}{A} = E\frac{\Delta l}{l} \tag{1}$$

式中比例常数 E 称为杨氏弹性模量,它仅与材料性质有关。若实验测出在外加力

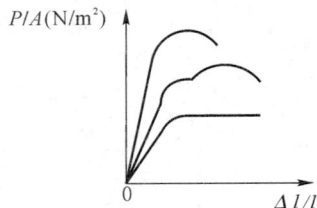
图 1　各种材料的应力—应变曲线

70

ΔP 作用下细丝的伸长量 Δl,就能算出钢丝的杨氏弹性模量 E:

$$E = \frac{\Delta P \cdot l}{A \cdot \Delta l} \qquad (2)$$

工程中 E 的常用单位为 N/m^2 或 Pa。

应当指出,式(1)只适合于材料弹性形变的情况。如果超出弹性限度,应变与应力的关系将是非线性的。图 1 表示合金钢和硬铝等材料的应力—应变曲线。

几种常用材料的杨氏模量 E 值见下表:

材料名称	$E(\times 10^{11} Pa)$
钢	2.0
铸铁	1.15～1.60
铜及其合金	1.0
铝及硬铝	0.7

在杨氏弹性模量的测量中,P、l 和 A 都比较容易测定,而长度微小变化量 Δl 则很难用通常测长仪器准确地度量,本实验将采用光杠杆放大法进行精确测量。

◆ **实 验 装 置**

实验装置原理如图 2 所示。被测钢丝的上端被夹头夹住(或螺丝顶住),悬挂于支架顶部 A 点。下端被圆柱体 B 的夹头夹住。圆柱体能在支架中部的平台 C 的一个圆孔中自由上下移动,圆柱体下端悬有砝码盘 P。支架底座上有三个螺丝用来调节支架铅直。

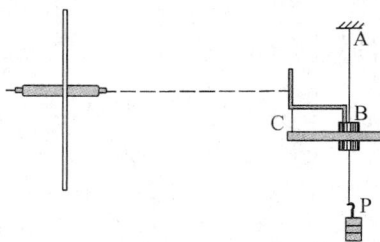

图 2 杨氏模量实验装置

光杠杆镜如图 3 所示,它由一平面反射镜 M 和 T 字形支座构成。支座的刀口放在平台 C 的凹槽内,后脚尖放在圆柱体 B 的上端面。当钢丝伸缩时,圆柱体 B 则随之降升,光杠杆镜将绕沿 O_1O_2 的轴线转动。

望远镜 G 及标尺 H 与光杠镜相对放置(相距 1m 以上),从望远镜中可以看到标尺经反射镜反射所成的标尺像,用望远镜中水平叉丝对准标尺像的刻度线进行读数。

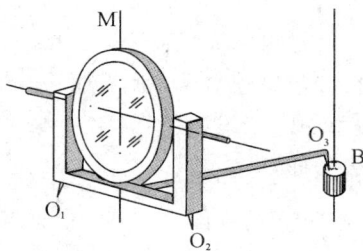

图 3 光杠杆镜

下面介绍如何利用光杠杆测量微小长度的变化。光杠杆是由光杠杆镜、望远镜和标尺组成,它有很高的测量灵敏度。

图 4 表示一机械杠杆 ab,支点为 O。Oa 为短臂,Ob 为长臂。令短臂的末端下降一很小距离 aa',则长臂末端将上升一显著距离 bb',两距离之比等于两臂长之比,即

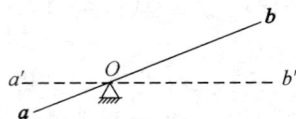

$$\frac{aa'}{bb'}=\frac{Oa}{Ob} \text{ 或 } aa'=\frac{Oa}{Ob}bb' \tag{3}$$

图 4 机械杠杆

所以 aa' 微小位移量将被放大 Ob/Oa 倍。如果长臂用光线代替(称之光臂),如图 5 所示,我们就称它为光杠杆。假定开始时光杠杆镜镜面法线刚好是水平线,此时从望远镜中观测到标尺的读数为 S_1;当钢丝伸长 Δl 之后,镜面转动了一微小的角度 θ,镜面法线也跟着转过 θ 角,这时从标尺 S_2 处发出的光线经镜面反射后进入望远镜,因而从望远镜中观测到的读数变为 S_2。由图 5 可知,光线 S_1 和 S_2 的夹角为 2θ,由于 θ 很小,故有

$$\Delta l=\frac{b}{2D}(S_2-S_1)=\frac{b}{2D}\Delta S \tag{4}$$

式(4)中,b 为光杠杆镜 T 形的后脚尖 O_3 到 O_1O_2 线的垂直距离,而 D 为镜面到标尺的距离。

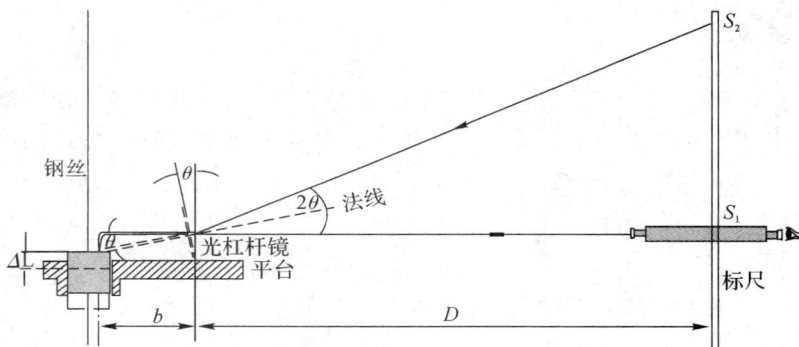

图 5 用光杠杆镜测量示意图

Δl:短臂末端的微小位移;

b:短臂长

$2D$:长臂(光臂)长;

$\Delta S=S_2-S_1$:光臂末端的位移。

测量出 $\Delta S=S_2-S_1$、b 和 D,再利用(4)式求得物体的伸长或缩短 Δl。由于光臂长度较长,ΔS 就较显著,所以利用光杠杆来显示微小位移的灵敏度效高。比如 $b=5\text{cm}$、$2D=200\text{cm}$,则 $\Delta S/\Delta l=200:5=40:1$,于是利用光杠杆可将微小位移扩大 40 倍,故有光放大法之称。

现将(4)式代入(2)式,并利用 $A=\frac{1}{4}\pi\rho^2$(ρ 为钢丝的直径),则得

$$E=\frac{8lD\Delta P}{\pi\rho^2 b \overline{\Delta S}} \tag{5}$$

此式即为利用光杠杆原理测定杨氏模量的关系式。

实验内容

1. 仪器的认识和调整

（1）调节杨氏模量仪的支架成铅直。

（2）调节光杠镜和望远镜。

粗调：先调节望远镜的高度，使之与光杠杆镜等高，再调节光杠杆镜的镜面，它和望远镜的倾斜度，使它们相互垂直。然后利用望远镜上面的瞄准器，使望远镜对准反射镜（类似于枪瞄准靶），调节其角度使得通过镜筒上方应能从反射镜中看到标尺像。

细调：从望远镜内观察、旋转目镜直至看清叉丝。然后调节镜筒中部的调焦螺旋，改变组合物镜的焦距直至清晰地看到标尺像。仔细调节目镜和调焦螺旋，使标尺像与叉丝共面，此刻若眼睛略微上下移动，看到的标尺像与叉丝没有相对移动，此步骤称为消视差。升降标尺高度，令标尺像的零刻线与望远镜叉丝的水平丝重合。

2. 实验现象的观察和数据测量

（1）在正式测量之前，必须先观察实验基本现象，思考可能的误差来源。例如，加荷重时，钢丝伸长是否线性变化；加砝码时轻放或重放对测量有何影响；砝码盘摆动对读数影响情况；加砝码与减砝码两者读数重复的情况；手按桌子对读数有何影响等，从而掌握实验正确操作方法和练习操作技能。

（2）测量钢丝在不同荷重下的伸长变化。先在砝码盘上放 1kg 砝码，记下读数，然后逐次增加 1kg 砝码，同时记下相应的标尺像读数，共 10 次。再将所加的 10 个砝码依次取下，并记下相应的标尺像读数。测量中应随时注意判断数据的可靠性、以便及时发现问题，予以改正。

（3）根据误差均分思想（应选择适当的测量仪器，使得各直接测量的误差分量最终结果的误差的影响大致相同），合理选择并正确使用不同测长仪器（皮尺、米尺、螺旋测微计和游标卡尺）来测量光杠杆镜至标尺的距离 D、钢丝的长度 l 和直径 ρ 以及光杠杆镜后脚尖至 O_1O_2 的垂直距离 b（为了方便起见，可将光杠杆镜脚尖印在纸上加以测量）。例如，从（5）式导出 E 的最大相对误差公式：

$$\frac{\Delta_E}{E} = \frac{\Delta_l}{l} + \frac{\Delta_D}{D} + 2\frac{\Delta_\rho}{\rho} + \frac{\Delta_b}{b} + \frac{\Delta_{\Delta P}}{\Delta P} + \frac{\Delta_{\Delta S}}{\Delta S} \tag{6}$$

其中，ρ 最小，约为 0.5mm，使用以上仪器中最精密的螺旋测微计测量，仪器误差为 0.005mm，所以，测量 ρ 引入的相对误差约为 $2\frac{\Delta_\rho}{\rho} = 2\%$。$D$ 的长度约为 1m，选用皮带尺（仪器误差为 0.5cm）即可使测量 D 引入的相对误差已低于 ρ 的测量，故无需使用更精密的测量仪器。而 $+\frac{\Delta_{\Delta P}}{\Delta P}$ 其值趋向于零，可忽略不计。

（4）测量时应注意这些量的实际存在的测量偏差，从而决定测量次数。如果某个量各次测量值与平均值的偏差不大于仪器的示值误差，则可作单次测量，以仪器示值误差作为该量的测量误差。测 ρ 时应注意整条钢丝的截面圆度。

◆ **数据记录与处理**

1. 用逐差法处理荷重钢丝伸长变化的数据

次数	荷重砝码重量 P(kg)	标尺读数 S(cm)			荷重砝码相差 5kg 时的读数差 ΔS(cm)
		P 增加时	P 减少时	平均值 $\overline{S}=\dfrac{S_i+S_i{}'}{2}$	
1	1	$S_1=$	$S'_1=$	$\overline{S_1}=$	$\Delta S_1=\mid\overline{S_6}-\overline{S_1}\mid=$
2	2	$S_2=$	$S'_2=$	$\overline{S_2}=$	$\Delta S_2=\mid\overline{S_7}-\overline{S_2}\mid=$
3	3	$S_3=$	$S'_3=$	$\overline{S_3}=$	$\Delta S_3=\mid\overline{S_8}-\overline{S_3}\mid=$
4	4	$S_4=$	$S'_4=$	$\overline{S_4}=$	$\Delta S_4=\mid\overline{S_9}-\overline{S_4}\mid=$
5	5	$S_5=$	$S'_5=$	$\overline{S_5}=$	$\Delta S_5=\mid\overline{S_{10}}-\overline{S_5}\mid=$
6	6	$S_6=$	$S'_6=$	$\overline{S_6}=$	
7	7	$S_7=$	$S'_7=$	$\overline{S_7}=$	$\overline{\Delta S}=$
8	8	$S_8=$	$S'_8=$	$\overline{S_8}=$	ΔS 的标准偏差:
9	9	$S_9=$	$S'_9=$	$\overline{S_9}=$	$S_{\Delta S}=\sqrt{\dfrac{\sum(\Delta S_i-\overline{\Delta S})^2}{n-1}}$
10	10	$S_{10}=$	$S'_{10}=$	$\overline{S_{10}}=$	

2. D、b、l 和 ρ 的测量

待测量	ρ(mm)	D(cm)	b(cm)	l(cm)
1				
2				
3				
4				
5				
平均值	$\bar{\rho}=$	$\overline{D}=$	$\bar{b}=$	$\bar{l}=$
仪器误差				
标准偏差				

3. 将上面所得的各量的值代入(5)式,求杨氏弹性模量的平均值($g=9.80\text{m/s}^2$)

4. 根据(6)式,将各长度量的允许仪器误差代入公式,求 E 的最大误差限 Δ_E:

5. 求合成不确定度并写出测量结果表达式

$$E=(\overline{E}\pm U)=\qquad\text{(Pa)}\quad(p=\qquad)\qquad(7)$$

6. 用作图法处理数据

将公式(5)中 ΔS 改写成 $\overline{S}_i(i=1,\cdots,8)$,它相当于荷重为 P_i 时标尺的平均读数,则(5)式变为

$$\overline{S}_i=\frac{8lD}{\pi\rho^2 bE}\cdot P_i=KP_i$$

其中 $K = \dfrac{8lD}{\pi \rho^2 bE}$，$K$ 为一常量，若以 $\bar{S}_i$ 为纵坐标 P_i 为横坐标，图形在弹性限度范围内为一条直线，其斜率即为 K。作图法求得的曲线具有平均的意义，所以从图中可得到斜率 K，即 $K = \dfrac{\Delta \bar{S}}{\Delta P}$，将 K 值代入 $E = \dfrac{8lD}{\pi \rho^2 bK}$ 式，即可算出杨氏弹性模量 E 值。

◆ **思考题**

1. 如何减少和消除本实验的系统误差？

2. 选用不同量具测量不同长度量的依据是什么？请分别指出他们仪器误差的值。

3. 请导出光杠杆测微小长度变化的公式。在你的实验中光杠杆的放大倍数是多少？

实验二　运动物体状态（抛射体运动）的研究
——数码摄影与计算机图像处理

抛射体运动既是运动独立性（或称运动叠加性）原理的具体体现，又是矢量合成和分解的具体体现。本实验利用数码相机拍摄小球的抛射体运动，利用 Quicktime 或 Premiere、Photoshop 和 Excel 等软件作图、计算数据和描绘运动曲线。

◆ **实验目的**

1. 学习数码相机基本操作，学会用数码相机的动画拍摄功能记录物体运动时的轨迹，并用数码相机拍摄一组球体作斜抛运动时的轨迹。

2. 对运动独立性原理进行研究，分析球体的水平和垂直运动规律，学会使用 Quicktime、Photoshop 等常用软件来处理照片，从照片中提取时间和位置的信息（t、X、Y）；用 Excel 软件记录实验数据。

3. 学习用表差法处理实验数据，用 Excel 软件拟合直线，并制作抛射体运动的轨迹图。写出运动物体在水平和垂直方向的运动方程，算出重力加速度及其百分误差。

◆ **实验原理**

运动独立性原理：任何一种复杂的运动都可以分解成彼此独立而又基本的几种运动。例如，在示波器上观察正弦波时，光斑的运动可以分解为 X 方向的匀速运动和 Y 方向的简谐振动；抛物体的运动可以分解为 X 向的匀速运动和 Y 向的匀变速运动。通过本实验的研究为同方向运动的合成（如波的干涉），垂直运动的合成（示波器输入波形的显示、李萨如图形和椭圆、圆偏振光）的学习做准备，本实验在数据处理中用表差法来研究斜抛物体的运动，找出物体运动规律，以加深对运动独立性原理的认识。

表差法：当函数关系为非线性时，通过相邻数据多次相差的处理方法找出多项式函数中的各系数，最后得到其函数关系的一种方法。以 n 次多项式（自由落体时 $n=2$）为例来找出其运动公式。设运动物体的坐标位置 X 和时间 t 之间的函数关系式为：

$$X = C_O + v_0 t + \frac{1}{2!} a_0 t^2 + \frac{1}{3!} D_0 t^3 + \cdots + \frac{1}{n!} m t^n$$

我们只要求出上式中的各个系数 C_0、v_0、a_0、$\cdots$ 即可写出运动物体在 X 方向上的运动方程。

从运动方程来看，当 $t=0$ 时，$X=C_0$；再对位移 X 求导数，可以得到速度的方程：

$$\frac{\mathrm{d}X}{\mathrm{d}t} = v_0 + a_0 t + \frac{1}{2!} D_0 t^2 + \cdots + \frac{1}{(n-1)!} m_0 t^{n-1}$$

从速度方程看，当 $t=0$ 时，$\frac{\mathrm{d}X}{\mathrm{d}t} = v_0$。再对速度求导数，可以得到加速度的方程：

$$\frac{\mathrm{d}^2 X}{\mathrm{d}t^2} = a_0 + D_0 t + \cdots + \frac{1}{(n-2)!} m_0 t^{n-2}$$

从加速度方程看,当 $t=0$ 时,$\dfrac{\mathrm{d}^2 X}{\mathrm{d}t^2}=a_0$;再对加速度方程求导数,如此下去,每求一次导数,就可求出一个系数,直到求出所有的系数。如果 X 的 n 阶导数为常数,则运动方程必为 n 次多项式。

例如:X 的 1 阶导数为常数(v_0),则运动方程必为 1 次多项式,$X=C_0+v_0 t$;X 的 2 阶导数为常数(a_0),则运动方程必为 2 次多项式,$X=C_0+v_0 t+\dfrac{1}{2}a_0 t^2$;

在数学上一阶导数为 $\lim\limits_{\Delta t \to 0}\dfrac{\Delta X}{\Delta t}=v$;二阶导数为 $\lim\limits_{\Delta t \to 0}\dfrac{\Delta}{\Delta t}(\dfrac{\Delta X}{\Delta t})=a$。在物理学上位移 X 的一阶导数为单位时间间隔内物体位置的变化,即速度;位移 X 二阶导数为单位时间间隔内物体速度的变化,即加速度。

如果相邻两数据间的时间间隔 Δt 很小,可以看作 $\Delta t \to 0$,所以 $\dfrac{\Delta X}{\Delta t}$ 就可以看作是一阶导数,$\dfrac{\Delta^2 X}{\Delta t^2}$ 就可以看作是二阶导数;如果把 Δt 当作一个单位时间,则有:

$$速度:v=\frac{\Delta X}{\Delta t}=X_{i+1}-X_i\ (\mathrm{m/s});$$

$$加速度:a=\frac{\Delta v}{\Delta t}=v_{i+1}-v_i\ (\mathrm{m/s}^2)。$$

因此,数学上求导一次,在实验上就是将与前一栏的物理量依次相减一次。表差法就是根据此思想方法来求出多项式的每一个常数,从而找出运动物体的速度及加速度。这就是用表差法求速度 v、加速度 a 及多项式其他系数的理论依据。

例如:从 9 张动画的静帧照片中,利用 Photoshop 提取每一张的实验信息(小球的位置 X、Y 的值);并利用"拷贝"和"粘贴"功能,合成抛射体运动的轨迹,如图 1。

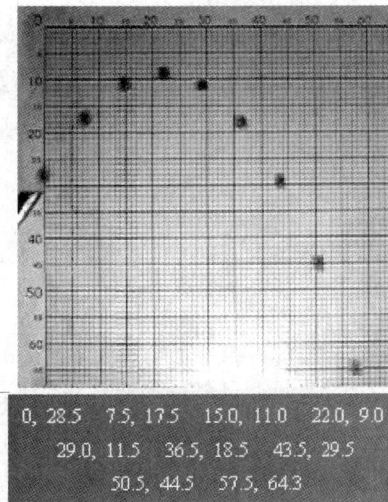

图 1 抛射体运动合成图

将图 1 中的数据用表差法来处理,但有一点必须指出,式中求得的速度是在从 T_i 到 T_{i+1} 时间间隔内的平均速度,也是该时间段中点 $(T_{i+0.5})$ 的瞬时速度,表中的 $T=\frac{1}{15}$ (s)。

i	时间 t (T)	X向位移 X (cm)	X向速度 V_x (cm/T)	Y向位移 Y (cm)	Y向速度 V_Y (cm/T)	Y向加速度 a_Y (cm/T²)
0	0	0.0		−28.5		
			7.5		+11.0	
1	1	7.5		−17.5		−4.5
			7.5		+ 6.5	
2	2	15.0		−11.0		−4.5
			7.0		+ 2.0	
3	3	22.0		− 9.0		−4.5
			7.0		− 2.5	
4	4	29.0		−11.5		−4.5
			7.5		− 7.0	
5	5	36.5		−18.5		−4.0
			7.0		−11.0	
6	6	43.5		−29.5		−4.0
			7.0		−15.0	
7	7	50.5		−44.5		−4.8
			7.0		−19.8	
8	8	57.5		−64.3		

$$\overline{V_X}=\frac{7.2}{T}(\text{cm/s}) \qquad \overline{a_Y}=-\frac{4.4}{T^2}(\text{cm/s}^2)$$

结论:

(1) 在实验误差范围内,X 向为匀速运动,速度为:

$$V_X=\frac{7.2}{T}(\text{cm/s})=7.2\times15=108(\text{cm/s});$$

X 方向实验的运动方程为:

$$X=X_0+V_Xt=0.0+108t(\text{cm})$$

(2) Y 方向为匀加速运动,加速度为:

$$a_Y=-\frac{4.4}{T^2}(\text{cm/s})=-4.4\times15^2=-990(\text{cm/s}^2);$$

与重力加速度相比 $E=(990-980)/980=1.1\%$;

运动方程为:

$$Y=Y_0+V_{Y_0}t+\frac{1}{2}at^2$$

垂直方向初速度的计算:

$$V_{Y_0}=V_{0.5}-\frac{1}{2}a_YT=11-\frac{1}{2}(-4.4)=\frac{13.2}{T}(\text{cm/s})=198(\text{cm/s})$$

因此,有 Y 向运动方程:$Y=-28.5+198t-\frac{1}{2}990t^2(\text{cm})$。实验证明,抛射体运动由两种互相垂直而独立的运动合成。

如果用 Excel 对抛体轨迹的实验点进行拟合,可以得到更形象,更合理的实验结果。图 2 是用图 1 的数据进行多项式拟合的结果。

从拟合方程可见:

加速度 $a = -\dfrac{4.34}{T^2}(\mathrm{cm/s})$，方向向下；

初速度 $v_{Y_0} = \dfrac{12.9}{T}(\mathrm{cm/s})$，方向向上；

初位移 $Y_0 = -28.3(\mathrm{cm})$。

在误差范围内与表差求得的非常一致。

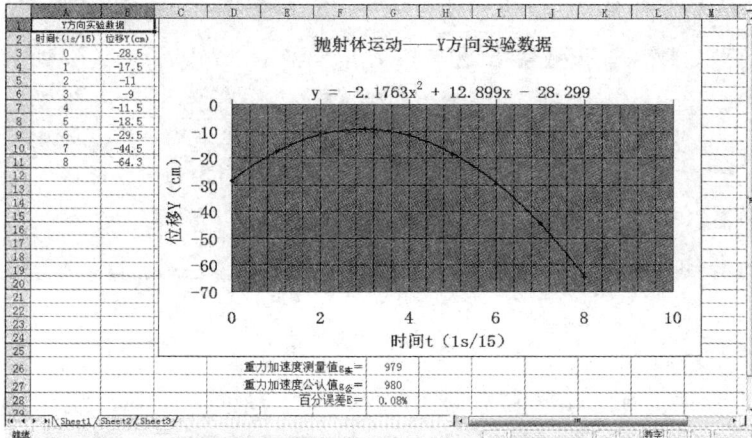

图 2　抛物体 $Y-t$ 函数曲线

◆ **实验内容**

1. 拍摄球体作斜抛运动时的轨迹

用数码相机的动画拍摄功能，记录球体作斜抛运动时的轨迹。此步骤需要用三脚架支撑相机，确保相机位置不变，另外光强对拍摄效果的影响尤为显著，若效果不佳，可调整后重新拍摄，直到满意为止。

2. 将动画片存入电脑

把数码相机与电脑连接，取出刚才拍摄的动画，存入指定的位置。

3. 利用软件截取动画的单幅静止图片并获取信息

截取图片的软件很多，这里以"Quicktime"为例。运行"Quicktime"软件，打开刚才拍摄的动画，点击"播放"可以看到抛射体运动的连续画面。用左右方向键，即"← →"键控制，可以使其一帧一帧地播放动画，点击"编辑"中的"复制"，可以将当前画面以图片的形式保存至计算机的"剪贴板"中，再利用画图软件，将"剪贴板"中的图片提取出来并保存。也可以采用"Premiere"软件：点击"Multimedia Quicktime"，点击"文件"、"打开"动画文件，按鼠标右键，或按键盘上"→"键，当有小球出现时点击"文件"、"素材输出"、"静帧"，连续的存储含有一个小球的一帧一帧照片，以备 Photoshop 软件处理。

4. 用 Photoshop 软件制作轨迹图

用 Photoshop 先打开 T_0 时刻和 T_1 时刻的图片，将 T_1 时刻的图片覆盖在 T_0 时刻的图片上（如图 3）。此时显示 T_0 时刻图片的窗口包含了两个图层，而 T_0 时刻的球体被 T_1 时刻的图层所遮挡，因此需要将 T_1 时刻的图层进行裁剪。

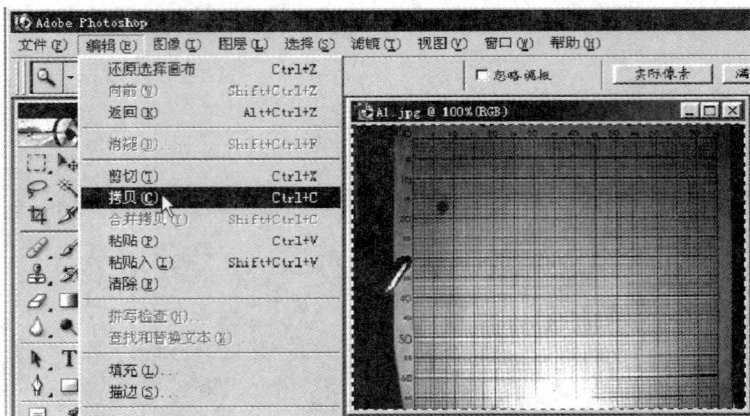

图 3　图片处理过程 1

点击"矩形选框工具"，并框出 T_1 图层球体左边的部分（图 4），按 Del 键，割去 T_1 图片层框出部分的方格，使被覆盖的 T_0 图层的球体露出来。

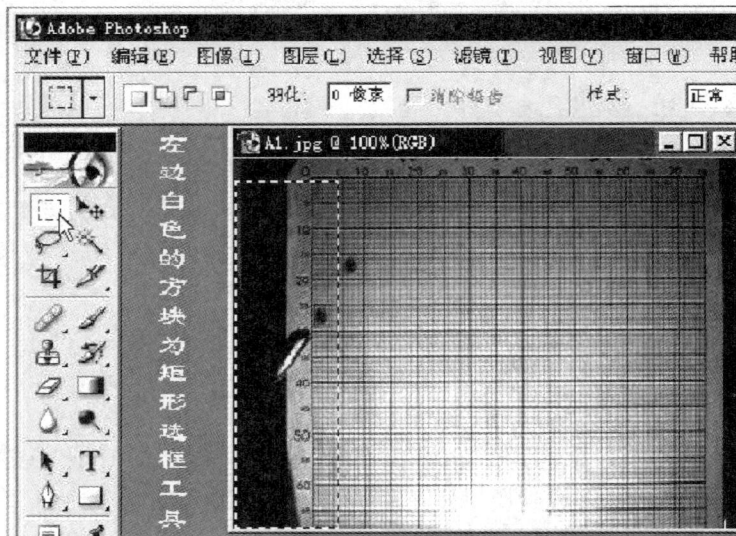

图 4　图片处理过程 2

如此反复操作直到全部静止图片都粘贴上去，选择"图层"→"合并可见图层"，即可得到一张完整的抛射体运动轨迹图，如图 1 所示，并将此图片存盘，记录小球质心不同时刻 T_i 的"X,Y"位置记入表格，并用表差法处理数据。

还有其他的方法可以同样制作出轨迹图，如首先选择一帧里米方格屏最清晰的为底，采用"反选"法,把小球"粘贴"上去,同学们可自行探索。

◆ **数据记录与处理**

表差法用的数据记录表格中 T 的值由相机决定如:1/15(s)。

i	时间 t (T)	X向位移 X (cm)	X向速度 Vx (cm/T)	Y向位移 Y (cm)	Y向速度 V_Y (cm/T)	Y向加速度 a_Y (cm/T²)
0	0					
1	1					
2	2					
3	3					
4	4					
5	5					
6	6					
7	7					
8	8					

1.根据表差法的要求进行记录和计算数据。

2.根据计算结果写出 X 方向及 Y 方向的运动方程,求出重力加速度,并求出重力加速度的百分误差。

3.有条件的同学尽量用 Excel 来处理数据,因为拟合曲线能很形象的反映出实验规律,并可以看出哪一个数据点不好,便于我们进一步分析讨论问题。

4.从 T_i 到 T_{i+1} 时间间隔内求得的平均速度,即为 $T_{i+0.5}$ 时刻的瞬时速度。

◆ **思考题**

1.表差法与逐差法有何区别?

2.动画拍摄时,每帧照片曝光时间的长短是由光强决定的,因此所拍的单帧照片上或多或少有拖尾现象。如果改进方法才能减少由此引起的实验误差?

3.你能从模糊阴影的长度及球体的大小估计出曝光时间来吗?

实验三　导轨上的力学实验

一、磁悬浮实验

随着科技的发展,磁悬浮技术的应用成为技术进步的热点,最典型的是磁悬浮列车。它的技术通常采用交、直流电机原理,定子作为轨道,转子作为列车,分段控制形成运行,是一种高科技的交通工具。本实验采用磁悬导轨与滑块两组带状磁场,在互斥力作用下,使磁悬滑块浮起来,减少了运动的阻力,提高力学实验的准确度。通过实验,学生可以接触到磁悬浮的物理思想和技术,拓宽知识面,加深牛顿定律等动力学感性知识。

本实验仪可构成不同倾斜角的斜面,通过滑块的运动可研究匀变速直线运动规律、物体所受外力与加速度的关系和消减加速度测量的系统误差等。

◆ 实验目的

1. 学习导轨的水平调整,熟悉磁悬导轨和智能速度加速度测试仪的调整和使用。
2. 学习矢量分解。
3. 学习作图法处理实验数据,掌握匀变速直线运动规律。
4. 消减系统误差,从滑块上行和下行测平均加速度,求重力加速度 g。
5. 探索牛顿第二定律,加深理解物体运动时所受外力与加速度的关系。

◆ 实验原理

1. 瞬时速度的测量

一个作直线运动的物体,在 Δt 时间内,物体经过的位移为 Δs,则该物体在 Δt 时间内的平均速度为

$$v = \frac{\Delta s}{\Delta t}$$

为了精确地描述物体在某点的实际速度,应该把时间 Δt 取得越小越好,Δt 越小,所求得的平均速度越接近实际速度。当 $\Delta t \to 0$ 时,平均速度趋近于一个极限,即

$$v = \lim_{\Delta t \to 0} \frac{\Delta s}{\Delta t} = \lim_{\Delta t \to 0} \bar{v} \tag{1}$$

这就是物体在该点的瞬时速度。

但在实验时,直接用上式来测量某点的瞬时速度是极其困难的,因此,一般在一定误差范围内,且适当修正时间间隔(见图 5、6),可以用历时极短的 Δt 内的平均速度近似地代替瞬时速度。

2. 匀变速直线运动

如图 1 所示,沿光滑斜面下滑的物体,在忽略空气阻力的情况下,可视作匀变速直线

运动。匀变速直线运动的速度公式、位移公式、速度和位移的关系分别为：

$$v_t = v_0 + at \tag{2}$$

$$s = v_0 t + \frac{1}{2}at^2 \tag{3}$$

$$v^2 = v_0^2 + 2as \tag{4}$$

如图 2 所示，在斜面上物体从同一位置 P 处（置第一光电门）静止开始下滑，测得在不同位置 P_0，P_1，P_2……处，（分别置第二光电门）用智能速度加速度仪测量 t_0，t_1，t_2……和速度 v_0，v_1，v_2……并记录。以 t 为横坐标，v 为纵坐标作 $v - t$ 图，如果图线是一条直线，则证明该物体所作的是匀变速直线运动，其图线的斜率即为加速度 a，截距为 v_0，

同样取 $s_i = P_i - P_{i-1}$，作 $\frac{s}{t} - t$ 图和 $v^2 - s$ 图，若为直线，也证明物体所作的是匀变速直线运动，两图线斜率分别为 $\frac{1}{2}a$ 和 $2a$，截距分别为 v_0 和 v_0^2。

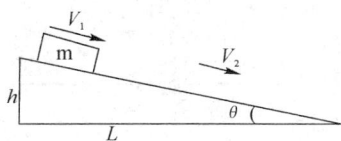

图 1　沿光滑斜面下滑的物体　　　　图 2　各检测点示意图

3. 消减导轨中系统误差的方法

物体在磁悬浮导轨中运动时，摩擦力和磁场的不均匀性对小车可产生作用力，对运动物体有些阻力作用，用 F_f 来表示，即 $F_f = ma_f$，a_f 作为加速度的修正系数。在实验时，把磁悬浮导轨设置成水平状态，把滑块放入导轨中，滑块以一定的初速度从左（在斜面状态时的高端）到右运动，测出加速度值，即为 a_f，用此值对测量值 a_0 进行修正，则实际加速度 $a = a_0 - a_f$，以消除阻力的影响。

4. 重力加速度的测定

如图 1 可知，沿斜面下滑的物体，其加速度为

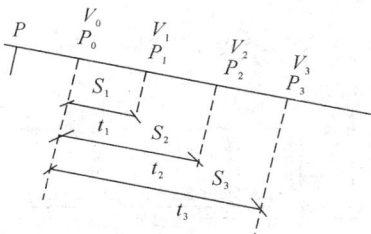

$$a = g\sin\theta \tag{5}$$

由于 θ 角小于 5°，所以 $\sin\theta \approx \tan\theta$，得

$$g = \frac{a}{\sin\theta} = \frac{a}{h}L \tag{6}$$

若测出 $\sin\theta$ 或者 L、h 的值，再把测得的 a 代入式（6），即可测定重力加速度 g 的值。

5. 系统质量保持不变，改变系统所受外力，考察加速度 a 和外力 F 的关系

根据牛顿第二定理 $F = ma$，$a = \frac{1}{m}F$，斜面上 $F = G\sin\theta$，故

$$a = kF \tag{7}$$

如图 1 所示,设置不同的角度 θ_1、θ_2、θ_3、…的斜面,测出物体运动的加速度 a_1,a_2,a_3,…作 $a-F$ 拟合直线图,求出斜率 k,$k=\dfrac{1}{m}$,即可求得 $m=\dfrac{1}{k}$。

◆ **实验装置**

1. 磁悬浮原理

磁悬浮原理:磁悬浮实验装置如图 3 所示,磁悬浮导轨实际上是一个槽轨,长约 1.5 米,在槽轨底部中心轴线嵌入钕铁硼 NdFeB 磁钢,在其上方的滑块底部也嵌入磁钢,形成两组带状磁场。由于磁场极性相反,上下之间产生斥力,滑块处于非平衡状态。为使滑块悬浮在导轨上运行,采用了槽轨。

在导轨的基板上安装了带有角度刻度的标尺。根据实验要求,可把导轨设置成不同角度的斜面。

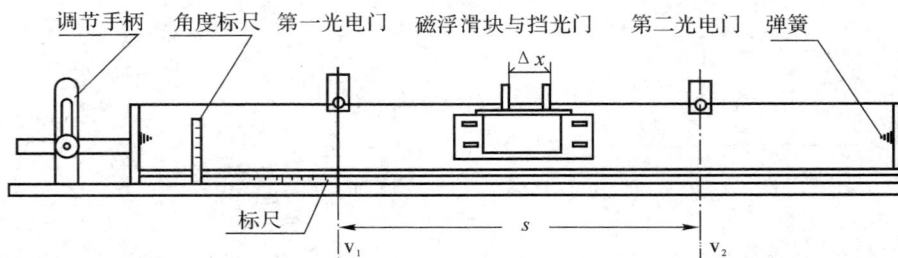

图 3 磁悬浮实验装置

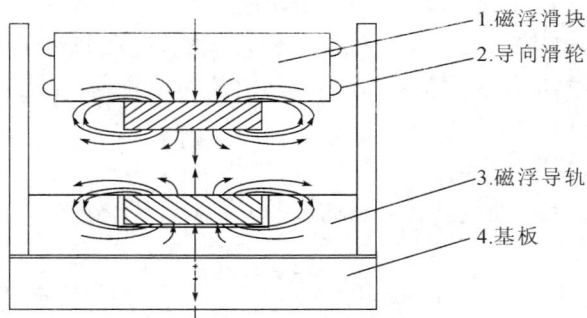

图 4 磁悬浮导轨截面图

2. 仪器使用

计时器按模式 0 功能进行操作(见附件)。

每条导轨配有二个滑块,用来研究运动规律。每个滑块上有两条挡光片,滑块在槽轨中运动时,挡光片对光电门进行挡光,每挡光一次,光电转换电路便产生一个电脉冲讯号用于计时。

导轨上有两个光电门,本光电测试仪测定并存贮了运动滑块上的二条挡光片通过第一光电门的时间间隔 Δt_1 和通过第二光电门的时间间隔 Δt_2,运动滑块从第一光电门到第二光电门所经历的时间间隔 t。根据两挡光片之间的距离参数 Δx,即可运算出滑块上两挡光片通过第一光电门时的平均速度 $v_1 = \dfrac{\Delta x}{\Delta t_1}$ 和通过第二光电门时的平均速度 $v_2 = \dfrac{\Delta x}{\Delta t_2}$。

调整导轨和基板之间成一夹角,则实验仪成一斜面,斜面倾斜角即为 θ,其正弦值 $\sin\theta$ 为块规高度 h 和导轨(标尺)读数 L 的比值,磁浮滑块从斜面上端开始下落,则其重力在斜面方向分量为 $G\sin\theta$。

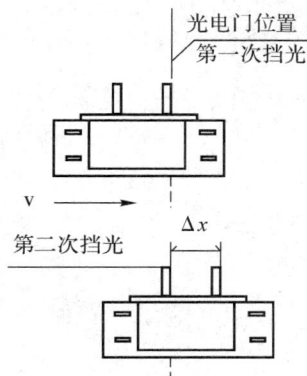

图 5 滑块挡光示意图   图 6 挡光时间间隔示意图

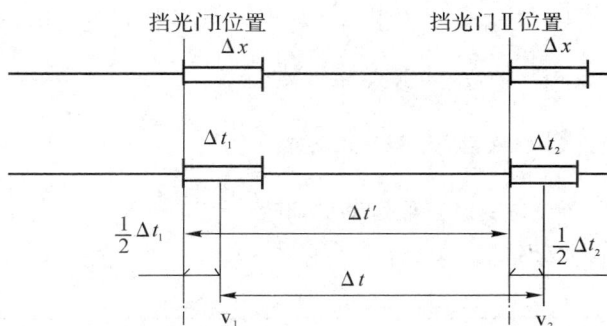

为使测得的平均速度更接近挡光片中心处通过时的瞬时速度,本仪器在时间处理上已作图 6 处理,本实验测试仪中,从 v_1 增加到 v_2 所需时间已修正为 $t = t' - \dfrac{1}{2}\Delta t_1 + \dfrac{1}{2}\Delta t_2$。根据测得的 Δt_1、Δt_2、t 和键入的挡光片间隔 Δx 值,经智能测试仪运算,得 v_1、v_2、a_0。

◆ **实验内容**

1. 检查磁悬浮导轨的水平度,检查测试仪的测试准备

把磁浮导轨设置成水平状态。水平度调整有两种方法:(1)把配置的水平仪放在磁浮导轨槽中,调整导轨一端的支撑脚,使导轨水平。(2)把滑块放到导轨中,滑块以一定的初速度从左到右运动,测出加速度值,然后反方向运动,再次测出加速度值,若导轨水平,则左右运动减速情况相近。

检查导轨上的第一光电门和第二光电门有否与测试仪的光电门 Ⅰ 和光电门 Ⅱ 相连,开启电源,检查测试仪中数字显示的参数值是否与光电门档光片的间距参数相符,否则必须加以修正,修正方法请参见本实验附录,并检查"功能"是否置于"加速度"。

2. 匀变速运动规律的研究

调整导轨成如图 1 所示的斜面，倾斜角为 θ（不小于 $2°$ 为宜）。把光电门 I 放在导轨上 P_0 处，光电门 II 依次放在 $P_1, P_2, P_3, \cdots$ 处。每次使滑块由同一位置 P 从静止开始下滑，依次测得挡光片 Δx 通过 $P_0, P_1, \cdots P_i$ 处光电门的时间为 $\Delta t_0, \Delta t_1, \cdots, \Delta t_i$ 及由 P_0 到 P_i 的时间 t_i。列表记录所有数据。

3. 重力加速度 g 的测量

两光电门之间距离固定为 s。改变斜面倾斜角 θ，滑块每次由同一位置滑下，依次经过两个光电门，记录其加速度 a_0，对 a_0 进行误差修正后得 a，由式（6）计算重力加速度 g，跟当地重力加速度 $g_{标}$ 相比较，并求其百分误差。

4. 系统质量保持不变，改变系统所受外力，考察加速度 a 和外力 F 的关系

称量滑块质量标准值 $m_{标}$，利用上一内容的实验数据，计算不同倾斜角时，系统所受外力 $F = m_{标} g \sin\theta$，根据式（7）作 $a-F$ 拟合直线图，求出斜率 k，$k = \dfrac{1}{m}$，即可求得 $m = \dfrac{1}{k}$。比较 m 和 $m_{标}$，并求其百分误差。

◆ **数据记录与处理**

1. 匀变速直线运动的研究

数据记录表如下（供参考）：

$P_0 = $ _____ $\Delta x = $ _____ $\theta = $ _____

i	P_i	$s_i = P_i - P_0$	Δt_0	v_0	Δt_i	v_i	t_i
1							
2							
3							
4							
5							

根据公式（4）$v^2 = v_0^2 + 2as$，以 s_i 为横坐标 v_i^2 为纵坐标作图，求出斜率 $k = 2a$，得 $g = \dfrac{a}{\sin\theta}$ 与公认值比较得百分差 E 值。

2. 改变倾斜角求重力加速度 g

数据记录表格如下（供参考）：

$\Delta x = $ _____ $s = s_2 - s_1 = $ _____ $a_f = $ _____

i	θ_i	α_{0i}	α_i	$\sin\theta_i$	g_i	平均值 $\bar{g}$	百分差 E
1							
2							
3							
4							
5							

（1）根据 $g=\dfrac{a}{\sin\theta}$，分别算出每个倾斜角度下的重力加速度 g；

（2）计算测得的重力加速度的平均值 $\bar{g}$，与本地区公认值 $g_{标}$ 相比较，求出

$$E_g=\frac{|\bar{g}-g_{标}|}{g_{标}}\times 100\%。$$

3. 系统质量保持不变，改变系统所受外力，考察加速度 a 和外力 F 的关系

利用上一内容的实验数据，数据记录表格如下（供参考）：

$\Delta x=$ _____ $s=s_2-s_1=$ _____ $m_{标}=$ _____

i	θ_i	$\sin\theta_i$	$F_i=m_{标}\,g\sin\theta_i$	a_i
1				
2				
3				
4				
5				

作 $a-F$ 拟合直线图，求出斜率 k，$k=\dfrac{1}{m}$，求出 $m=\dfrac{1}{k}$。与 $m_{标}$ 相比较，求出

$$E_m=\frac{|m-m_{标}|}{m_{标}}\times 100\%。$$

◆ **注意事项**

1. 磁浮滑块质量由实验室提供。

2. 实验前检查磁浮滑块旁的四只滑轮是否转动自如，实验中不得碰撞磁浮滑块旁的四只滑轮。

3. 实验做完后，磁浮滑块不可长时间放在导轨中，防止滑轮被磁化。

二、气 垫

力学实验中,摩擦是引入系统误差的主要原因之一,为了尽量减小运动阻力,实验中常采用气垫技术,具体的有气垫导轨(简称气轨)、气桌和气轴承。本实验应用气轨,运动滑块在压缩空气作用下,漂浮在气轨上,避免了运动滑块与导轨间的直接接触,使运动处于低阻尼状态,大大提高了有关力学实验的准确度,通过气垫导轨上的实验,不但有助于提高实验者的实验技能和数据处理能力,而且帮助实验者加深和巩固许多力学概念。

◆ 实 验 目 的

1. 熟悉气轨和加速度测试仪的调整和使用。
2. 了解滑块与气轨间空间层的黏性力与运动物体速度有关。
3. 学习作图法处理实验数据,并探索牛顿第二运动定律的建立。
4. 考察功能原理。

◆ 实 验 装 置 及 原 理

设一物体的质量为 m,运动的加速度为 a,所受的合外力为 F,则按牛顿第二定律有如下关系:$F=ma$,此定律分两步验证:

(1) 验证物体质量 m 一定时,所获得的加速度 a 与所受的合外力 F 成正比。

(2) 验证物体所受合外力 F 一定时,物体运动的质量 m 与加速度 a 成反比。

气垫导轨实验装置如图1。导轨是一根非常平直的三角形管体,长1.5米左右,两侧有许多气孔。从导轨的一端通进压缩空气,空气便从气孔排出,在导轨与滑块之间形成一层很薄的空气层,使滑块"漂浮"在导轨上,能很接近于无摩擦的状态下运动。

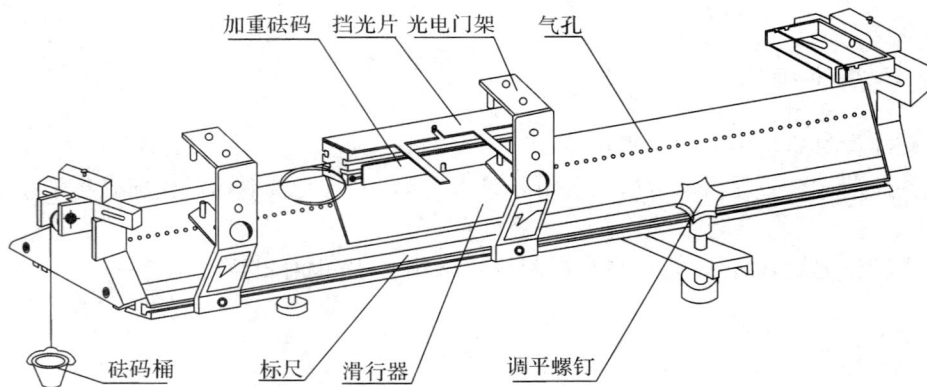

图 1 气垫导轨实验系统

导轨下有三个调节螺钉,用来调节导轨的水平度。每条导轨配有三个滑块,用来研究运动规律。每个滑块上有两条挡光片(或挡光框),滑块在气垫上运动时,挡光片对光电门进行挡光,每挡光一次光电转换电路便产生一个电脉冲讯号用于计时。

导轨上有两个光电门,本光电测试仪测定并存贮了运动滑块上的两条挡光片通过第一光电门时的第一次挡光与第二次挡光的时间间隔 Δt_1(图 2)和通过第二光电门时的第一次挡光与第二次挡光的时间间隔 Δt_2,运动滑块从第一光电门到第二光电门所经历的时间间隔 $\Delta t'$(图 3)。根据两档光片之间的距离参数 Δx,即可运算出滑块上两挡光片通过第一光电门时的平均速度 $v_1 = \dfrac{\Delta x}{\Delta t_1}$ 和通过第二光电门时的平均速度 $v_2 = \dfrac{\Delta x}{\Delta t_2}$

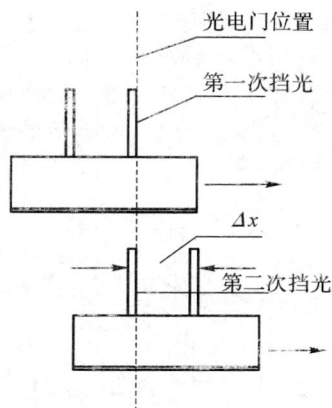

图 2 滑块挡光示意图

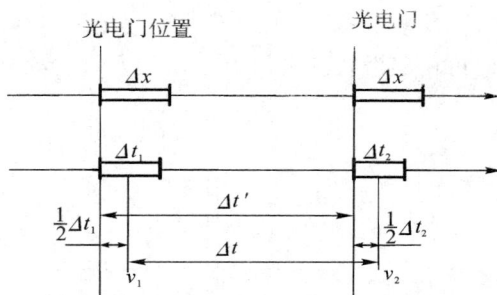

图 3 挡光时间间隔示意图

由于 Δt_1 和 Δt_2 都很小,我们又可近似地认为在该时间内物体作匀加速运动,因此把 Δt_1 时间内的平均速度当作 $\dfrac{1}{2}\Delta t_1$ 时刻的瞬时速度 v_1;把 Δt_2 时间内的平均速度当作 $\dfrac{1}{2}\Delta t_2$ 时刻的瞬时速度 v_2。而且从 v_1 增加到 v_2 所需时间修正为 $\Delta t = \left(\Delta t' - \dfrac{1}{2}\Delta t_1 + \dfrac{1}{2}\Delta t_2\right)$,因此根据加速度定义,在 Δt 时间内的平均加速度为:

$$a = \frac{v_2 - v_1}{\Delta t}$$

根据测得的 Δt_1、Δt_2、Δt 和键入的挡光片间隔 Δx 值,经智能测试仪记录、显示并运算后,得 v_1、v_2 和 a。

◆ 实验内容

1. 检查气垫导轨的水平度,检查测试仪的测试准备

打开气阀门,气压调节到 0.1 大气压,使滑块"浮起",并能在气轨上自由运动。若气轨完全平直且放置水平,导轨两侧与导轨表面垂直,则滑块静止时,应能在任何位置停住;运动时,向左右运动的减速情况应一样。但实际上气轨不完全平直,孔也不是完全垂直,所以在调整气轨水平时,很难调到让滑块能在任何位置停住,也很难使它左右运动时的减速情况一样。实验要调到滑块能在两光电门的中间停住(两光电门间的距离约 35cm 为宜），就算气轨已调到水平。这样实验就能获得较满意的结果。

检查气轨上的第一光电门和第二光电门有否与测试仪的光电门Ⅰ和光电门Ⅱ相连。开启电源，检查测试仪中数字显示的参数值是否与光电门挡光片的间距参数相符，否则必须加以修正，修正方法请参见本实验附录，并检查"实验选择"是否置于"直线"，与运动的"正向"或"反向"是否符合。

2. 确定滑块在气轨上运动阻力的数量级（单位：牛顿）

按流体动力学，运动物体的阻力大小与其相对速度有关，在低速情况下，其阻力为速度的一次函数，即：$F_r = -bv$。

设置测试仪"显示选择"于"加速度 a"。把已称衡得质量的滑块轻放于气轨上，并用手指沿水平轴向轻推滑块，令其相继通过二个光电门，这时测试仪上就显示出负的加速度值。按动"功能选择"的工作键重复做几次，并可发现阻力大小与速度有关，在确定无误情况下，即可得出滑块在气轨上运动阻力的数量级。

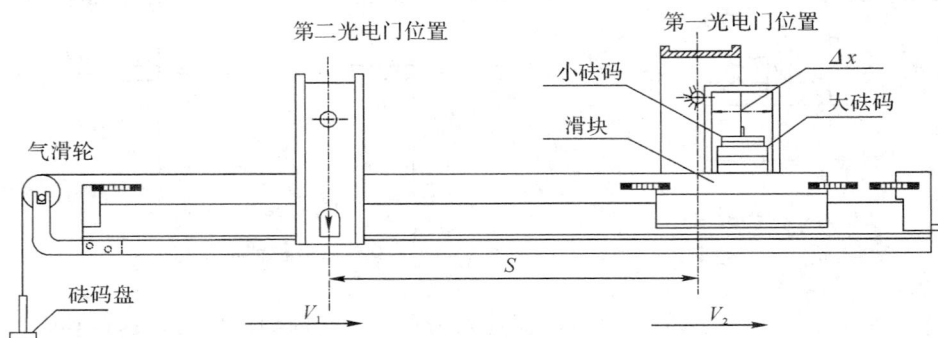

图 4　在外力作用下的实验设计示意图

3. 确定运动物体所受外力不变情况下，加速度 a 与其质量 m 的关系

建议在恒力作用下，在滑块上每增加 50g（或者 100g）的质量块做一次实验，测出相应的加速度，见图 4。

用作图法处理实验数据，从而确定运动物体在所受外力不变情况下，加速度 a 与其质量倒数 $\frac{1}{m}$ 的关系。

4. 考察功能原理

合外力对物体所做的功等于物体动能的增量。我们只要测定滑块过光电门Ⅰ和过光电门Ⅱ时，系统各自的动能和在这过程中悬挂重物的重力所做的功，就可进行比较。

◆ **数据记录与处理**

挡光片间隔 $\Delta x =$ ＿＿＿＿＿＿ $\times 10^{-2}$ m，检查数字毫秒计背面开关是否处于相应位置。

1. 确定滑块在气轨上运动阻力的数量级实验数据记录和处理

$m =$ ＿＿＿＿＿＿ kg。此时，系统质量 m 即为滑块质量。

实验序号	$v_1(10^{-2}\text{m/s})$	$v_2(10^{-2}\text{m/s})$	$\bar{v}=\dfrac{v_1+v_2}{2}(10^{-2}\text{m/s})$	$a'(10^{-2}\text{m/s})$	$f_r=ma'(\text{N})$
1					
2					
3					
4					
5					

得此阻力的数量级为_____N。并考察 f_r 与 $\bar{v}$ 的关系。

2. 系统所受外力不变时,仅改变系统的质量,考察加速度 a 与其系统质量 m 的关系

用质量为 10.00g 的砝码和砝码盘一起产生的重力为外力。仅改变滑块上的质量块,每改变 50g(或者 100g)砝码做一次实验,多次测定,将所得的数据记录于表中。当改变质量块时,必须按测试仪的复位键进行下次测试。

注意:不同质量所得的加速度取平均是没有意义的。

m_1:砝码和砝码盘的质量;

m_2:滑块和质量块的质量;

T:绳子张力。

$$\left.\begin{array}{l}\text{对}\ m_2:T-f_r=m_2a\\\text{对}\ m_1:m_1g-T=m_1a\end{array}\right\}$$

f_r 忽略不计,可得此系统满足的牛顿第二运动定律:$m_1g=(m_1+m_2)a$。

n	m	$1/m$	Δt_1	$\Delta t'$	Δt_2	v_1	v_2	$a'(\text{cm/s}^2)$	Δt	$a(\text{m/s}^2)$
1										
2										
3										
4										

在毫米方格纸上作 $a\sim1/m$ 曲线,求得斜率 $F_{实验}$ 与外力 F 比较,即:

$$E=\frac{|F_{实验}-F|}{F}\times100\%$$

式中 $\qquad\qquad F=m_1g(\text{N})$

3. 考察动能原理

利用实验内容 2 的实验数据进行考察。

系统状态改变时,砝码下落的高度 h,即等于两光电门间的距离 s。

$$h=s=\text{_____}(\text{m})\qquad\qquad W=m_1gh=\text{_____}(\text{N}\cdot\text{m})$$

n	m (kg)	v_1 (10^{-2}m/s)	$E_{1K}=\dfrac{1}{2}mv_1^2$ $(\text{N}\cdot\text{m})$	v_2 (10^{-2}m/s)	$E_{2K}=\dfrac{1}{2}mv_2^2$ $(\text{N}\cdot\text{m})$	ΔE_k $(\text{N}\cdot\text{m})$	$\dfrac{|\Delta E_K-W|}{W}\cdot100\%$
1							
2							
3							
4							

注:表格中 m 为系统质量 即:滑块、质量块、砝码和砝码盘的总质量

◆ **注意事项**

气垫导轨对轨面的要求很高,必须倍加爱护,切勿压、划、敲、磨,以免损伤轨面,造成设备报废。同样,滑块为铸铝制品,内表面与导轨面精密配合,使用时应轻拿轻放,切不可碰撞,以免它受轻微的碰撞而损坏。在导轨未通气时,不要将滑块在导轨上来回滑动,以免磨损及堵塞气孔。滑块与导轨是配套使用的,不得任意调换。

◆ **思考题**

1. 在测定滑块的运动阻力或在验证牛顿第二运动定律时,会出现实验误差偏大的实验数据,你是如何分析和取舍的? 在实验进程中,你是如何监视的?

2. 在实验中你是如何消减系统误差的?

3. 你还能设计出在气垫导轨上做哪些运动学和动力学实验?

◆ 附录 磁悬浮实验智能速度加速度测试仪使用简介

智能速度加速度测试仪是用 51 型单片机构成的,是由本教研室近期开发的新一代测试仪器,它能把实验的各种数据存入内存,以便实验完成后逐个取出,在相同的条件下,可进行多次实验(九次),并能算出每次的速度、加速度、平均加速度及平均绝对误差,现将面板的各种开关作用简述如下:

(1)"↑↓"两键为档光片间隔参数设定键,如直线运动中的 ΔS,转动实验中的 $\Delta\varphi$、简谐振动中的周期 T 等。

(2)"WORK"键为工作键,当实验参数和实验的各种条件均调试好要进行实验前应按此键,结果显示四位数码管全熄灭,实验完成后立即显示结果。

(3)"DELE"键为消除键,用户认为此次实验结果不理想,则按此键,那么该实验结果被清除,实验次数减 1。

(4)"DISP"键为取数键,每按该键一次,发光管即从左至右进行循环显示式取数显示(每个发光管的上、下方均标有显示的内容)。

(5)"Loop"键为取任一组数据键,即纵向循环式取数,按此键可以从 1~9 次实验数据中,提取任何一组数据进行查看。

(6)Z"0"键为全机复位键,按此键即全机恢复"0"状态。

其余的六个按钮为直线、碰撞、振动和转动等各种实验的实验方法设置开关,如做转动和直线运动实验(验证牛顿第二定律)时,只需使用两个按钮,即转动/直线和正反转。做转动实验时,顺时针方向转动为正转,反时针方向转动为反转。在做直线运动时(验证牛顿第二定律),滑块从右往左运动时为正转,否则为反转。

该测试仪的参数预设置值已固化在 EPROM 中,如 ΔS 为 5.00cm(长度),$\Delta\phi$ 为 0.10(弧度),用户可根据仪器设备的使用情况,随时通过"↑"、"↓"两键进行修改,但此修改值存放在内存 RAM 中,因此,若要清除内存所有实验结果时,请用 DELE 键,这样修改好的参数不会改变,如用 Z"0"键,则参数内容须重新修改。

实验四　转动定律和转动惯量

一、转动型

平动和转动是物体的两种基本的机械运动。转动定律是描述物体定轴转动的基本定律,转动惯量是反映物体改变转动状态惰性程度。转动惯量是描述刚体转动惯性大小的物理量,是研究和描述刚体转动规律的一个重要物理量,它不仅取决于刚体的总质量,而且与刚体的形状、质量分布以及转轴位置有关。对于质量分布均匀、具有规则几何形状的刚体,可以通过数学方法计算出它绕给定转动轴的转动惯量。对于质量分布不均匀、没有规则几何形状的刚体,用数学方法计算其转动惯量是相当困难的,通常要用实验的方法来测定其转动惯量。因此,学会用实验的方法测定刚体的转动惯量具有重要的实际意义。

◆　**实验目的**

1. 加深对转动惯量的感性认识和对转动定律的理解。
2. 学习测量刚体转动惯量的一种方法。
3. 用实验方法学习平行轴定理。
4. 巩固用作图法处理实验数据。

◆　**实验原理**

实验上测定刚体的转动惯量,一般都是使刚体以某种形式运动,通过描述这种运动的特定物理量与转动惯量的关系来间接地测定刚体的转动惯量。测定转动惯量的实验方法较多,如拉伸法、扭摆法、三线摆法等,本实验是利用"刚体转动惯量实验仪"来测定刚体的转动惯量。为了便于与理论计算比较,实验中采用形状规则的刚体。类似于平动中的物体满足牛顿第二运动定律,转动物体满足转动定律 $M = J \cdot \beta$。本实验中空实验台的转动体系由承物台和塔轮组成,转动时转动体系对转轴的转动惯量记为 J_0。待测物体为铝环、铝盘等,要测其对中心轴的转动惯量 J_x,可以将其放在承物台上。这时转动体系的转动惯量记为 J,$J = J_x + J_0$。分别测出 J_0 和 J 后,便可求出 J_x:

$$J_x = J - J_0 \tag{1}$$

刚体转动惯量实验仪如图 1 所示。它不但能测定质量分布均匀、断面形状规则的刚体的转动惯量,而且能测定质量分布不均匀、断面形状不规则刚体的转动惯量,并可验证物理学的转动定律、平行轴定理等。它的转动体系由十字形承物台和塔轮组成,可绕它的垂直方向对称轴进行平稳的转动。两根对称放置的遮光细棒随刚体系一起转动,依次通过光电门不断遮光。光电门由发光器件和光敏器件组成,发光器件的电源由毫秒计提供,它们构成一个光电探测器,光电门将细棒每次经过时的遮光信号转变成电脉冲信号,送到通用电脑式毫秒计。毫秒计记录并存储遮光次数和每次遮光的时刻。塔轮上有五个不同半径的绕线轮，以提供不同的力臂，从下到上分 15mm、20mm、25mm、30mm、35mm 五档。砝码钩上可以放置不同数量的砝码来改变对转动体系的拉力。在实验仪十字形承物台每个臂上，沿半径方向等距离 d 有三个小孔，如图 2 所示。小钢柱可以放在这些小孔上，小钢柱在不同的孔位置就改变了它对转动轴的转动惯量，因而也就改变了整个体系的转动惯量，所以可用来验证平行轴定理。

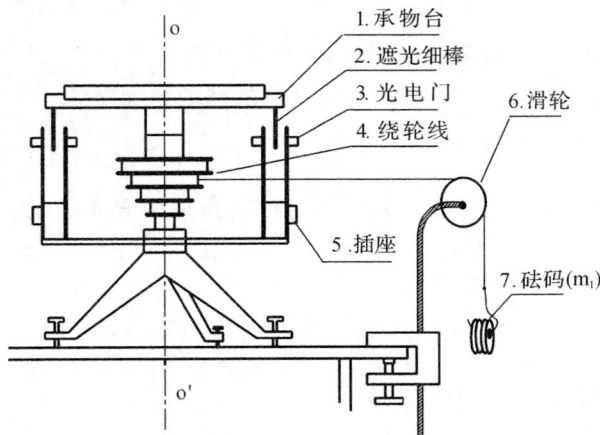

图 1　转动惯量实验仪侧视图　　　　图 2　转动惯量实验仪俯视图

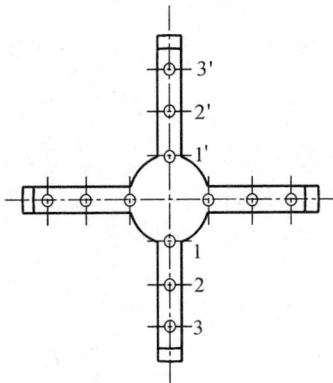

（1）整个刚体转动体系受到的外力矩有两个，一个是细绳的张力矩 $M=Tr$，r 为塔轮上绕线轮的半径；另一个是转轴的轴承处的摩擦力矩 M_μ。当砝码下落时，由牛顿第二定律有：$m_1g-T=m_1a$，式中 m_1 是砝码和砝码钩的总质量，a 是砝码下落的加速度，由于一般情况下 $a \ll g$，所以可以近似认为：$T=m_1g$，当转台转到某一时刻，由于绳子一端的砝码落地，使细绳对塔轮的张力矩消失，转台在摩擦力矩作用下，做匀减速转动。由转动定律得：

$$\begin{cases} m_1gr+M_\mu = J \cdot \beta & \text{（匀加速运动）} \\ M_\mu = J \cdot \beta' & \text{（匀减速运动）} \end{cases} \tag{2}$$

所以有：

$$\begin{cases} J = \dfrac{m_1gr}{\beta-\beta'} \\ M_\mu = \dfrac{\beta'}{\beta-\beta'}m_1gr \end{cases} \tag{3}$$

注意：这里 M_μ、β' 为负值，J 是转动惯量。用同样方法可测出转台空载时转动体系的转动惯量 J_0，则被测物体的转动惯量 J_x 为：$J_x=J-J_0$。由（3）式可以看出，测定转动惯量的关键是确定角加速度 β 和摩擦力矩 M_μ。

在转动过程中，转动体系受到的摩擦力矩的作用，但受转速的影响不大，这里把它看作为恒力矩，这样就可把转动看作匀变速转动，所以有：

$$\theta = \omega_0 t + 1/2 \cdot \beta t^2 \tag{4}$$

用毫秒计测出转动体系从同一个起始点转过两个不同角位移所用时间 t_1、t_2：

$$\begin{cases} \theta_1 = \omega_0 t_1 + 1/2 \cdot \beta t_1^2 \\ \theta_2 = \omega_0 t_2 + 1/2 \cdot \beta t_2^2 \end{cases} \tag{5}$$

式中 ω_0 为初始角速度，θ_1 及 θ_2 为对应于 t_1 和 t_2 的角位移。

利用以上两个方程可求出匀加速时的角加速度：

$$\beta = \frac{2(\theta_1 t_2 - \theta_2 t_1)}{t_1^2 t_2 - t_2^2 t_1} \tag{6}$$

当转台转到某一时刻，由于绳子一端的砝码落地，使细绳对塔轮的张力矩消失，转台在摩擦力矩作用下，做匀减速转动。用相同的方法可以求出匀减速转动的角加速度

$$\beta' = \frac{2(\theta_1 t'_2 - \theta_2 t'_1)}{t'^2_1 t'_2 - t'^2_2 t'_1} \tag{7}$$

把毫秒计测出的时间值 t_1、t_2、t'_1、t'_2 代入(5)(6)(7)式，就可得出角加速度 β 和 β'，再代入(3)式即可得到转动惯量 J 和摩擦力矩 M_μ。

(2)作图法：由式(2)

$$m_1 gr + M_\mu = J \cdot \beta$$

得：

$$m_1 = \frac{J}{gr}\beta - \frac{M_\mu}{gr} \tag{8}$$

当 r 的大小选定，M_μ 视为常数，则 m_1 和 β 应为线性关系。β 可从仪器直接读出，利用作图法可以确定刚体系的转动惯量 J 和摩擦力矩 M_μ。

(3)平行轴定理：如果转轴通过物体的质心，转动惯量用 J_c 表示，若另有一转轴与这个轴平行，两轴之间距离为 d，物体绕这个轴转动时转动惯量用 J_d 表示，J_d 和 J_c 之间满足下列关系：

$$J_d = J_c + md^2 \tag{9}$$

其中 m 是该物体的质量。

◆ **实验装置**

(1)刚体转动惯量实验仪

(2)通用电脑式毫秒计

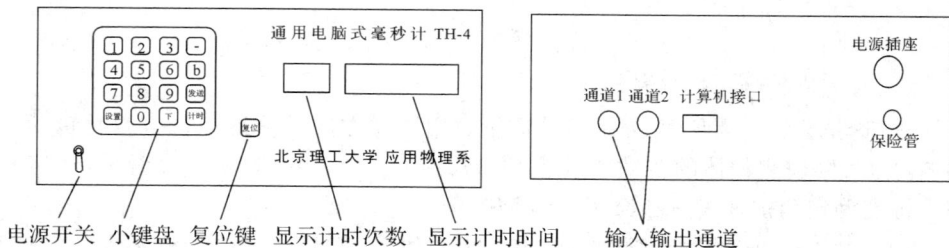

图 3　毫秒计前后面板

通用电脑式毫秒计是为刚体转动惯量的测量而设计的,也可用于物理实验中各种时间测量和计数。仪器使用了微电脑(单片机)作为核心器件,具有记忆功能,最多可记忆九十九组测量时间;并可随时把需要的测量结果取出来。时间测量有几种方法,可根据需要选择一种。计时范围 0~99.9999 秒,计时精度 0.1 毫秒。两路 2.2V 直流电源输出;两路光电门信号或 TTL/CMOS 信号电平输入通道;可与计算机通过标准 RS232 串口通信。前后面板如图 3 所示。

(3)圆环、圆盘、小钢柱等

◆ **实验内容**

1. 测铝环对中心轴的转动惯量

(1) 把铝环放置在承物台上,测系统转动惯量 J:

用天平测砝码和砝码钩的质量,得 m_1。

用游标卡尺测绕线轮的半径,得 r。

测量并记录铝环的质量、内径和外径。

推导转动惯量的不确定度公式并进行计算,得到 J。

(2)把铝环从承物台上取下来,再测本仪器转动体系的转动惯量 J_0。

(3)根据式(1)计算出铝环对中心轴的转动惯量 J_x。

(4)用理论公式计算铝环的转动惯量,并与实验结果进行比较。

$$J_{理} = \frac{1}{2} m_2 (r_{内}^2 + r_{外}^2)$$

其中 m_2 是铝环的质量,$r_{内}$ 和 $r_{外}$ 分别是铝环的内半径和外半径。

2. 用作图法处理数据,测铝盘对中心轴的转动惯量

(1) 测量 J:把铝盘放在承物台上,m_1 值取 $10+2.5$g、$15+2.5$g、$20+2.5$g、…、$35+2.5$g共 6 个值,分别用毫秒计测出角加速度值 β。由(8)式知,我们以 m_1 为纵坐标,以 β 为横坐标,画 m_1 和 β 关系曲线,如果是一条直线,就是验证了转动定律。测出直线在纵坐标轴上的截距为 $A = -M_\mu/gr$,可求出摩擦力矩 $M_\mu = -Agr$。测出直线的斜率:$K = \Delta m_1/\Delta(\beta) = J/gr$,可以求出转动惯量 $J = Kgr$。

(2) 测量 J_0:把铝盘从承物台上取下,实验及作图的步骤与测量 J 完全相同。

(3) 根据式(1)计算出铝盘对中心轴的转动惯量 J_x。

(4) 由理论公式计算出铝盘对中心轴的转动惯量 $J_{理}$,并与实验值进行比较。

(5) 比较铝环和铝盘的质量,比较它们的转动惯量大小。

* 3. 验证平行轴定理(选做)

把两个小钢柱分别放在承物台的小孔 2 和 2′处,见图 2,每个小钢柱的质量设为 m_0。当这两个小钢柱随承物台一起转动时,将其看作一个单独体系,两个小钢柱体系的质心恰好在转动轴上,它们绕轴转动时的转动惯量记为 J_c,用测铝环转动惯量的同样方法可测出:$J_1 = J_0 + J_c$。然后再把两个小钢柱放在 1 和 3′(或 1′和 3)的位置上,两个小钢柱体系的质心与转轴的距离为变为 d。用 J_d 表示小钢柱体系对转轴的转动惯量,也用同样方法测出:$J_2 = J_0 + J_d$。

按平行轴定理： $J_d = J_c + 2m_0 d^2$， 有 $J_2 - J_1 = 2m_0 d^2$

分别把 J_1、J_2、m_0 和 d 代入上式，如果两边相等，则验证了平行轴定理。由于 J_0 比 J_c 和 J_d 都大得多，当 J_0 的不确定度与 J_d 和 J_c 相差不大时，就难以验证平行轴定理。这时可以用一个条板支架换下十字型承物台，以减少 J_0 和 Δ_{J_0}，同时增大钢柱到转轴的距离，以增大 J_c 和 J_d。

◆ **数据记录与处理**

1. 测铝环对中心轴的转动惯量

$m_1 = $ _____ kg　　$\theta_1 = 2\pi$；　$\theta_2 = 8\pi$；　塔轮半径：$r = 20\text{mm}$

铝环参数：$m_2 = $ _____ kg；　$D_内 = $ _____ mm；　$D_外 = $ _____ mm。

角加速度	1	2	3	4	5	6	平均值
$\beta(\text{rad/s}^2)$							
$\beta'(\text{rad/s}^2)$							

注：此表需画两份，以求记录 J 和 J_0。建议 m_1 为20g左右。

（1）把铝环放在承物台上，系统总转动惯量：$J = \dfrac{m_1 g r}{\beta - \beta'}$；

（2）把铝环从承物台上取下来（即空载），本仪器转动体系的转动惯量：

$$J_0 = \frac{m_1 g r}{\beta_0 - \beta_0'};$$

（3）求得铝环对中心轴的转动惯量：$J_x = J - J_0$；

（4）用理论公式计算铝环的转动惯量，并与实验结果进行比较。

$$J_理 = \frac{1}{2} m_2 (r_内^2 + r_外^2)$$

其中 m_2 是铝环的质量，$r_内$ 和 $r_外$ 分别是铝环的内半径和外半径。

百分误差：$E = \left| \dfrac{J_理 - J_x}{J_理} \right| \times 100\%$。

2. 用作图法处理数据，测铝盘对中心轴的转动惯量

铝盘参数：$m_3 = $ _____ kg，　$D_3 = $ _____ mm，

（1）把铝盘放在承物台上，测系统总转动惯量 J

$m_1(g)$	10+2.5	15+2.5	20+2.5	25+2.5	30+2.5	35+2.5
$\beta(\text{rad/s}^2)$						
$\beta_0(\text{rad/s}^2)$						

作 $m_1 \sim \beta$ 拟合直线，从图中得拟合直线斜率 K，根据(8)式求出转动惯量：$J = Kgr$。

（2）把铝盘从承物台上取下来（即空载），同样方法测本仪器转动体系的转动惯量：J_0；

（3）求得铝盘对中心轴的转动惯量：$J_x = J - J_0$；

（4）用理论公式计算铝盘的转动惯量，并与实验结果进行比较。

$$J_理 = \frac{1}{2} m_3 r_3^2$$

其中 m_3 是铝盘的质量，r_3 是铝盘的半径。

百分误差：$E=\left|\dfrac{J_{理}-J_x}{J_{理}}\right|\times100\%$；

（5）比较铝环和铝盘的质量，比较它们的转动惯量大小。

二、扭摆型

平动和转动是物体的两种基本的机械运动。转动定律是描述物体定轴转动的基本定律，转动惯量是反映物体改变转动状态的惰性程度。

转动惯量是刚体转动时惯性大小的量度，是表明刚体特性的一个物理量。转动惯量不但与物体质量有关，还与物体的质量分布、形状和转轴位置有关。形状简单，且质量分布均匀的刚体，可以直接计算出它绕特定转轴的转动惯量。对于形状复杂、质量分布不均匀的刚体（例如机械部件和枪炮的弹丸等），计算极为复杂，通常采用实验方法来测定。

◆ **实 验 目 的**

1. 加深对转动惯量的感性认识和对转动定律的理解。
2. 用扭摆测定弹簧的扭转常数和几种不同形状物体的转动惯量。
3. 用实验方法验证平行轴定理。
4. 巩固用作图法处理实验数据。

◆ **实 验 原 理**

扭摆的构造如图 4 所示，在垂直轴 1 上装有一根薄片状的螺旋弹簧 2，用以产生回复力矩。在轴的上方可以装上各种待测物体。垂直轴与支座间装有轴承，以降低摩擦力矩。3 为水平仪，用来调整系统水平度。

将物体在水平面内转过一定角度 θ 后，在弹簧的恢复力矩作用下物体就开始绕垂直轴作往返扭转运动。

根据虎克定律，弹簧受扭转而产生的恢复力矩 M 与所转过的角度 θ 成正比，即：

$$M=-K\theta \qquad (1)$$

式中，K 为弹簧的扭转常数。

根据转动定律： $M=J\beta$ \qquad (2)

J 为物体绕转轴的转动惯量，β 为角加速度，

由（1）、（2）得：$\beta=-\dfrac{K}{J}\theta$

图 4 扭摆型转动惯量实验仪

令 $\omega^2=\dfrac{K}{J}$，若忽略轴承的摩擦阻力矩，得：

$$\beta=\frac{\mathrm{d}^2\theta}{\mathrm{d}t^2}=-\frac{K}{J}\theta=-\omega^2\theta \qquad 即 \qquad \frac{\mathrm{d}^2\theta}{\mathrm{d}t^2}+\omega^2\theta=0$$

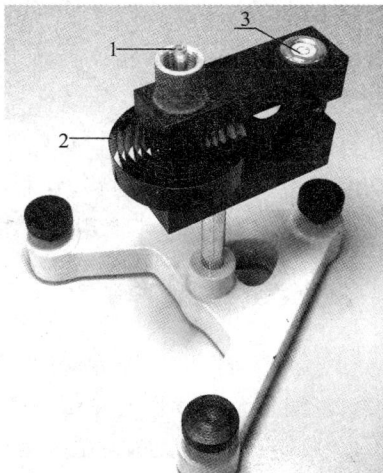

上述方程表示扭摆运动具有角简谐振动的特性,角加速度与角位移成正比,且方向相反。此方程的解为:

$$\theta = A\cos(\omega t + \varphi)$$

式中,A 为振动的角振幅,φ 为初相位角,ω 为角速度。此谐振动的周期为:

$$T = \frac{2\pi}{\omega} = 2\pi\sqrt{\frac{J}{K}}$$

可得:

$$J = K\frac{T^2}{4\pi^2} \tag{3}$$

由(3)可知,只要实验测得物体扭摆的摆动周期,并在 J 和 K 中任何一个量已知时即可计算出另一个量。

本实验通过测量一个几何形状规则的物体来计算本仪器弹簧的 K 值,它的转动惯量可以根据理论公式直接计算得到。若要测定其他形状物体的转动惯量,只需将待测物体放在本仪器的顶部,测定其摆动周期,由公式(3)即可算出该物体绕转动轴的转动惯量。

转动惯量的平行轴定理:若质量为 m 的物体绕通过质心轴的转动惯量为 J_0 时,当转轴平行移动距离 x 后,此物体对新轴线的转动惯量变为:$J_0 + mx^2$。

◆ **实验仪器**

1. 扭摆及几种不同形状待测物体

扭摆的结构如图 4 所示,用来放置待测物体并产生回复力矩。

待测物体为金属载物盘、塑料圆柱体、金属圆筒、木球、金属杆和金属滑块。

2. 转动惯量测试仪

该仪器由主机和光电门两部分组成,主机用于测量物体转动或摆动的周期,以及旋转体的转速,能自动记录、存储多组实验数据并能够精确地计算多组实验数据的平均值。

光电门主要由红外发射管和接收管组成,它能将光信号转换为脉冲电信号,利用挡光杆切断光电门内的光束通路,判断物体转动或摆动的周期数,并控制计时器计时。为防止过强光线对实验的影响,该装置不能放在强光下,以确保计时的准确。

◆ **实验内容**

(1)熟悉扭摆的构造和使用方法,以及转动惯量测试仪的使用方法。

(2)测量金属载物盘和塑料圆柱摆动周期,并计算弹簧的扭转常数 K。

① 将金属载物盘固定在扭摆支架上,调节扭摆底座的三个螺丝,使其达到水平状态。

② 调节光电传感器在固定支架上的高度,使载物盘上的挡光杆能自由通过光电门。

③ 开启主机电源,状态指示为"摆动",本机默认扭摆的周期数为 10 次,可参照仪器使用说明更改次数。更改后的周期数不具有记忆功能,一旦切断电源或按"复位"键,便恢复为 10 次。

④ 先将载物盘转至 90°附近,让它自由摆动,按下"执行"键,当载物盘上的挡光杆第

一次通过光电门时,主机开始计时,同时自动存储周期数,待周期数达到预设值时,自动停止计时。按下"查询"键可显示周期值。

⑤ 重复上述步骤,多次测量求出金属载物盘摆动周期的平均值。

⑥松开载物盘上的挡光杆,将塑料高圆柱插入载物台内,再用挡光杆紧固圆柱体。重复上述步骤,测出塑料高圆柱和金属载物盘共同摆动时的周期值,并多次测量求平均值。

⑦利用相应公式计算出弹簧的扭转常数 K。

(3) 测量其他物体的摆动周期,计算出转动惯量,并与理论值比较,求百分误差。

① 用同样的方法测量塑料低圆柱、金属圆筒、圆球与金属杆的摆动周期,计算出转动惯量。其中,在计算木球的转动惯量时,应扣除支座的转动惯量,在计算金属细杆的转动惯量时,应扣除夹具的转动惯量。

② 用游标卡尺测量上述物体的长度(各测量 3次),用电子天平测量各物体质量。

③ 用相应公式计算上述物体转动惯量的理论值,并将实验值与其比较。

(4) 验证转动惯量平行轴定理。

将滑块对称放置在细杆两边的凹槽内(见图

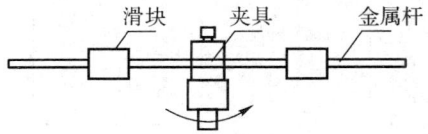

图 5　平行轴定理的验证

5),使滑块质心离转轴的距离分别为 5.00、10.00、15.00、20.00 和 25.00cm,测定摆动周期,验证转动惯量平行轴定理。(在计算转动惯量时,应扣除夹具的转动惯量)

◆　**数 据 记 录 与 处 理**

1. 转动惯量的测量

(1) 已给参数 $J_{支座}=0.187\times10^{-4}kg \cdot m^2$　　$J_{夹具}=0.321\times10^{-4}kg \cdot m^2$

(2) 定标 K、J_0:利用塑料高圆柱作为标准物体,对转动惯量测试仪的弹簧扭转常数 K、金属载物盘转动惯量 J_0 等参数进行定标:

物体	质量(kg)	几何尺寸($10^{-2}m$)		周期(s)	根据(3),测试两次求 K、J_0
系统加金属载物盘				T_0	空转:$J_0=\dfrac{KT_0^2}{4\pi^2}$
				$\overline{T_0}$	
放上塑料低圆柱		D_1		T_1	
		$\overline{D_1}$		$\overline{T_1}$	加上标准物体:$J_0+J_1'=\dfrac{KT_1^2}{4\pi^2}$
	标准物体转动惯量 $J_1'=\dfrac{1}{8}m_柱\overline{D_1^2}=$				

定标结果:　　$K=$　　　　　　　　　　$J_0=$

（3）利用转动惯量测试仪对其他物体进行实测，并与根据形状测得的理论值进行比较。

物体	质量 (g)	几何尺寸 (10^{-2}m)		周期 (s)		实验值 (10^{-4}kgm^2)		理论值 (10^{-4}kgm^2)	百分差
塑料高圆柱		$\overline{D_2}$		T_2		$J_2 = \dfrac{KT_2^2}{4\pi^2} - J_0$		$J'_2 = \dfrac{1}{8}m\overline{D_2^2} =$	
		$\overline{D_2}$		$\overline{T_2}$		$\overline{J_2} =$			
金属圆筒		$D_外$		T_3		$J_3 = \dfrac{KT_3^2}{4\pi^2} - J_0$		$J'_3 = \dfrac{1}{8}m(\overline{D_外^2} + \overline{D_内^2}) =$	
		$\overline{D_外}$							
		$D_内$							
		$\overline{D_内}$		$\overline{T_3}$		$\overline{J_3} =$			
圆球		$D_直$		T_4		$J_4 = \dfrac{KT_4^2}{4\pi^2} - J_{支座}$		$J'_4 = \dfrac{1}{10}m\overline{D_直^2} =$	
		$\overline{D_直}$		$\overline{T_4}$		$\overline{J_4} =$			
金属属杆		L		T_5		$J_5 = \dfrac{KT_4^2}{4\pi^2} - J_{夹具}$		$J'_5 = \dfrac{1}{12}m\overline{L}^2$	
		$\overline{L}$		$\overline{T_5}$		$\overline{J_5} =$			

2．验证平行轴定理

（1）计算滑块的转动惯量

	质量 m(kg)	高度 h(10^{-2}m)	内径 $D_内$(10^{-2}m)	外径 $D_外$(10^{-2}m)
滑块1				
滑块2				
平均				

一个圆柱形滑块相对于通过中心且与对称轴垂直的转轴的转动惯量为：

$$J'_{滑块} = \frac{1}{16}m(D_外^2 + D_内^2) + \frac{1}{12}mh^2 =$$

两个圆柱:$J'_6 = 2J'_{滑块} =$

（2）验证平行轴定理

$x(10^{-2}\,\text{m})$	5.00	10.00	15.00	20.00	25.00
摆动周期 $T(\text{s})$					
$\bar{T}(\text{s})$					
实验值 $J = \dfrac{K}{4\pi^2}T^2$ $(10^{-4}\,\text{kgm}^2)$					
理论值 $J' = J'_5 + 2mx^2$ $J'_6 + I_{夹具}$ $(10^{-4}\,\text{kgm}^2)$					
百分差					

◆ **注意事项**

1. 机座应保持水平状态,以便减少扭摆主轴与支架之间的摩擦力。

2. 由于弹簧扭转常数 K 的值与摆动角度略有关系,不是固定常数,摆角在 90°左右基本相同,在小角度时变小。

3. 为了降低实验时由于摆动角度变化过大带来的系统误差,在测定各种物体的摆动周期时,摆角不宜过小,摆幅也不宜变化过大。

4. 光电探头宜放置在挡光杆平衡位置处,这时速度最大,切勿与挡光杆发生摩擦。

5. 在安装待测物体时,其支架必须全部套入扭摆主轴,并将止动螺丝旋紧,否则扭摆不能正常工作。

6. 在称金属细杆与木球的质量时,必须将支架和夹具取下,否则会带来极大误差。

7. 在使用过程中,若遇强磁场等原因而使系统死机,请关闭电源重新启动。但以前的一切数据都将丢失。

8. 为提高测量精度,应先让扭摆自由摆动,然后按"执行"键进行计时。

实验五　驻波实验

一、弦振动实验

在自然现象中,振动现象广泛地存在着,振动在媒质中传播就形成波,波的传播有两种形式:纵波和横波。驻波是一种波的干涉,比如乐器中的管、弦、膜、板的振动都是驻波振动。弦振动实验则是研究驻波的形成、传播和形状,并对一些有关物理量进行测量。

◆　**实验目的**

1. 了解固定均匀弦振动的传播规律,加深振动与波和干涉的概念。

2. 观察固定均匀弦振动传播形成的驻波波形,加深对干涉的特殊形式——驻波的认识。

3. 了解决定固定弦振动固有频率的因素,测量均匀弦线上横波的传播速度及均匀弦线的线密度。

◆　**实验装置**

实验装置如(图 1)所示。A、B 劈尖滑块(铜块);①米尺;②弦线;③滑轮及托架;④砝码盘;⑤、⑩香蕉插座(接弦线);⑥磁钢;⑦频率调节旋钮;⑧电源开关;⑨频率显示。

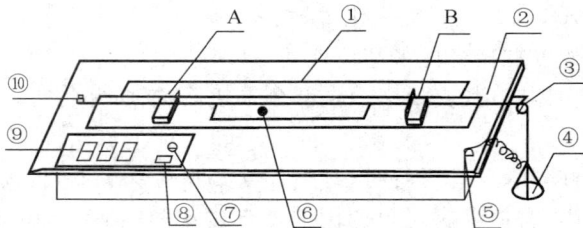

图 1　固定均匀弦振动仪装置示意图

◆　**实验原理**

实验时在⑤和⑩间接上弦线(细铜丝),使弦线绕过定滑轮挂上砝码盘并接通正弦信号源(图 1)。在磁场中,通有电流的弦线就会受到安培力的作用,若细铜丝上通有正弦交变电流时,则它在磁场中所受的与电流垂直的安培力,也随着正弦变化,移动两劈尖即改变固定弦长,当固定弦长是半波长的整数倍时,弦线上便会形成驻波。移动劈尖的位置,使弦振动调整到最佳状态。此时,我们认为磁钢所在处对应的弦为振源,振动向两边传播,在铜块 A、B 两处反射后又沿各自相反的方向传播,最终形成稳定的驻波。

为了研究方便,认为波动是从 A 点发出的,沿弦线朝 B 端方向传播,称为入射波,再由 B 端反射沿弦线朝 A 端传播,称为反射波。入射波与反射波在同一条弦线上沿相反方向传播时将相互干涉,移动劈尖 B 到合适位置,弦线上的波就形成驻波(图 2)。这时,弦线上的波被分成几段形成波节和波腹。

图中的两列波是沿 x 轴相向方向传播的振幅相等、频率相同振动方向一致的简谐波。向右传播的用细实线表示,向左传播的用细虚线表示,它们的合成驻波用粗实线表示。

图 2 驻波形成示意图

由图可见,两个波腹间的距离都是等于半个波长。这可从波动方程推导出来。

设沿 x 轴正方向传播的波为入射波,沿 x 轴负方向传播的波为反射波,取 A 点作为坐标原点,即 $x=0$,则它们的波动方程分别为:

$$y_1 = A\cos 2\pi(ft - x/\lambda)$$
$$y_2 = A\cos[2\pi(ft + x/\lambda) + \pi]$$

式中 A 为简谐波的振幅,f 为频率,λ 为波长,x 为弦线上质点的坐标位置。

两波叠加后的合成波形成驻波,方程为:

$$y = y_1 + y_2 = 2A\cos[2\pi(x/\lambda) + \pi/2]\cos(2\pi ft + \pi/2) = 2A\sin 2\pi(x/\lambda) \cdot \sin 2\pi ft \quad (1)$$

由此可见,入射波与反射波合成后,弦上各点都在以同一频率作简谐振动。振幅为 $|2A\sin 2\pi(x/\lambda)|$,可见驻波的振幅与时间 t 无关,只与质点的位置 x 有关。

波节处振幅为零,即 $\sin 2\pi(x/\lambda) = 0$,可得波节的位置为:

$$x = k\lambda/2 \quad (k = 0,1,2,3,\cdots) \quad (2)$$

波腹处的质点振幅为最大,即 $\sin 2\pi(x/\lambda) = 1$,可得波腹的位置为:

$$x = (2k+1)\lambda/4 \quad (k = 0,1,2,3,\cdots) \quad (3)$$

由式(2)、(3)可知,相邻的波腹或波节间的距离为半个波长。

在本实验中,固定弦的两端是由劈尖支撑的,故两端点即为波节。因此,只有当弦线的两个固定端之间的距离(即固定弦长)等于半波长的整数倍时,才能形成驻波。这就是均匀弦振动产生驻波的条件,其数学表达式为:

$$L = n\lambda/2 \quad (n = 1,2,3,\cdots) \quad (4)$$

式中 n 为弦线上驻波的段数,即半波数。

根据关系式 $v = f\lambda$,及式(4)可得:

$$v = 2Lf/n \quad (n = 1,2,3,\cdots) \quad (5)$$

又由波动理论,弦线横波的传播速度为:

$$v = \sqrt{\frac{T}{\rho}} \quad (6)$$

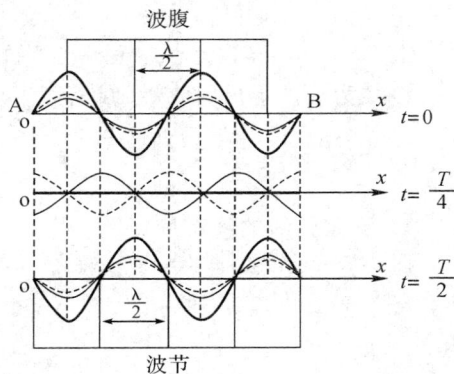

式中 T 为弦线中张力,ρ 为弦线单位长度的质量,即线密度。

由式(5)、(6)可得

$$\rho = T(n/2Lf)^2 \qquad (n=1,2,3,\cdots) \tag{7}$$

该式为驻波形成时,弦线线密度 ρ 与 T、L、f 的关系式。

◆ **实验内容**

1. 测定弦线的线密度

频率 $f=100\mathrm{Hz}$,张力 T 由 40g 砝码和砝码盘一起产生,调节劈尖 A、B 之间的距离,使弦线上依次出现 $n=1,n=2,n=3$ 个驻波段,记录相应的弦长 L。求出线密度 ρ 的平均值。

2. 确定频率,改变弦线张力,测量弦线上的横波速度,并用作图法求出弦线线密度

频率 $f=75\mathrm{Hz}$,砝码盘内依次放入 10g、20g、30g、40g、50g 砝码以改变张力 T。调节劈尖 A、B 之间的距离,使弦线上出现 $n=1,n=2$ 个驻波段,记录相应的弦长 L。求出弦线上的横波速度 v,并用毫米方格纸作 T—v^2 拟合直线图,求出线密度 ρ。

3. 确定弦线张力,改变频率,测量弦线上的横波速度

在砝码盘内放置 10g 砝码,频率 f 分别设置为 50Hz、75Hz、100Hz、125Hz、150Hz,调节劈尖 A、B 之间的距离,使弦上出现 $n=1,n=2$ 个驻波段,记录相应的弦长 L。求出弦线上横波速度 v 的平均值。

◆ **数据记录与处理**

砝码盘的质量 $M=$ ＿＿＿＿＿＿＿＿ g,重力加速度 $g=9.8\mathrm{m/s}^2$。

1. 测定弦线的线密度

	$f=100\mathrm{Hz},T=(40+M)\times10^{-3}\times9.8\mathrm{N}$		
驻波段数 n	1	2	3
弦线长 $L(\mathrm{m})$			
线密度 $\rho(\mathrm{kg/m})$			
平均线密度 $\rho(\mathrm{kg/m})$			

2. 确定频率,改变弦线张力,测量弦线上的横波速度,并用作图法求出弦线线密度

	$f=75\mathrm{Hz}$									
$T(9.8\times10^{-3}\mathrm{N})$	10+M		20+M		30+M		40+M		50+M	
驻波段数 n	1	2	1	2	1	2	1	2	1	2
弦线长 $L(\mathrm{m})$										
传播速度 $v(\mathrm{m/s})$										
平均传播速度 $v(\mathrm{m/s})$										
$v^2(\mathrm{m/s})^2$										

用毫米方格纸作 T—v^2 拟合直线图,求 $\rho=\dfrac{\Delta T}{\Delta v^2}$。

3. 确定弦线张力,改变频率,测量弦线上的横波速度

	$T=(10+M)\times10^{-3}\times9.8N$									
频率 f(Hz)	50		75		100		125		150	
驻波段数 n	1	2	1	2	1	2	1	2	1	2
弦线长 L(m)										
横波速度 v(m/s)										
平均横波速度 v(m/s)										

◆ **注意事项**

1. 改变挂在弦线一端的砝码后,要使砝码稳定后再测量;

2. 在移动劈尖调整驻波时,磁钢应在两劈尖之间,且不能处于波节位置;

3. 驻波波形稳定且振幅最大时,记录数据。

◆ **思考题**

1. 什么是驻波?驻波的形成条件是什么?

2. 在弦振动形成稳定驻波的情况下,移动磁钢观察驻波有何变化?

二、弦音仪实验

◆ **实验目的**

1. 了解均匀弦振动的传播规律,加深振动与波和干涉的概念。

2. 观察固定均匀弦振动共振干涉形成驻波时的波形,加深对干涉的特殊形式——驻波的认识。

3. 测量弦线上横波的传播速度及弦线的线密度 ρ、弦长 L 和弦的张力 T 的关系,聆听相关频率的声音。

◆ **实验装置**

实验装置如图 3 所示。吉他上有四支钢质弦线,中间两支是用来测定弦线张力,旁边两支用来测定弦线线密度。实验时,弦线 3 与音频信号源接通。这样,通有正弦交变电流的弦线在磁场中就受到周期性的安培力的激励。根据需要,可以调节频率选择开关和频率微调旋钮,从显示器上读出频率。移动劈尖的位置,可以改变弦线长度,并可适当移动磁钢的位置,使弦振动调整到最佳状态。

根据实验要求:挂有砝码的弦线可用来间接测定弦线线密度或横波在弦线上的传播速度;利用安装在张力调节旋钮上的弦线,可间接测定弦线的张力。

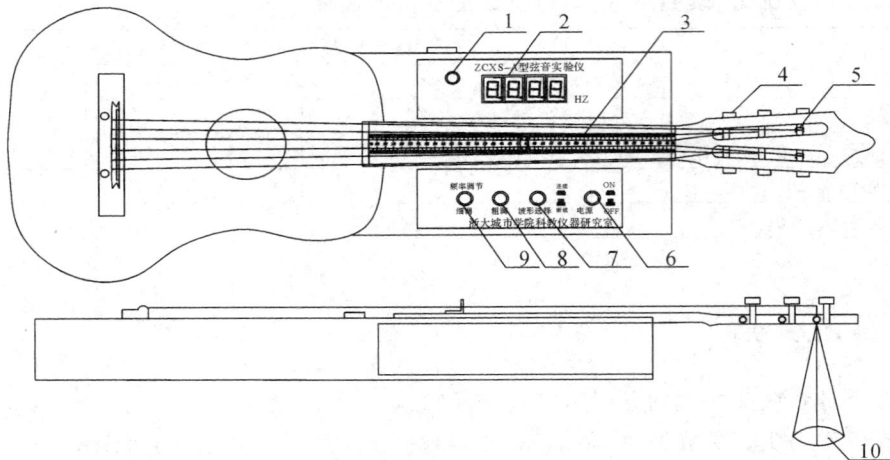

1. 接线柱插孔；2. 频率显示；3. 钢质弦线；4. 张力调节旋钮；5. 弦线导轮；6. 电源开关；

7. 波型选择开关；8. 频段选择开关；9. 频率微调旋钮；10. 砝码盘

图 3 实验装置示意图

◆ **实验原理**

如图 3 所示，实验时，将弦线 3（钢丝）绕过弦线导轮 5 与砝码盘 10 连接，并通过接线柱 4 接通正弦信号源。在磁场中，通有电流的金属弦线会受到磁场力（称为安培力）的作用，若弦线上接通正弦交变电流时，则它在磁场中所受的与磁场方向和电流方向均为垂直的安培力，也随之发生正弦变化，移动劈尖改变弦长，当弦长是半波长的整倍数时，弦线上便会形成驻波。移动磁钢的位置，将弦线振动调整到最佳状态，使弦线形成明显的驻波。此时我们认为磁钢所在处对应的弦为振源，振动向两边传播，在劈尖与吉他骑码两处反射后又沿各自相反的方向传播，最终形成稳定的驻波。

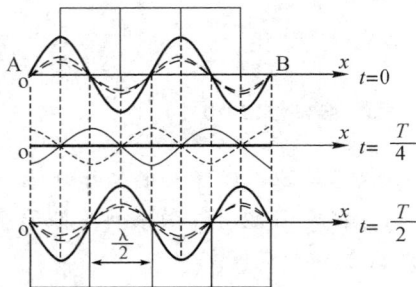

图 4

考察与张力调节旋钮相连时的弦线 3 时，可调节张力调节旋钮改变张力，使驻波的长度产生变化。

为了研究方便，当弦线上最终形成稳定的驻波时，我们可以认为波动是从骑码端发出的，沿弦线朝劈尖端方向传播，称为入射波，再由劈尖端反射沿弦线朝骑码端传播，称为反射波。入射波与反射波在同一条弦线上沿相反方向传播时将相互干涉，移动劈尖到适合位置。弦线上就会形成驻波。这时，弦线上的波被分成几段形成波节和波腹。如图 4 所示。

设图中的两列波是沿 X 轴相向方向传播的振幅相等、频率相同、振动方向一致的简谐波。向右传播的用细实线表示，向左传播的用细虚线表示，当传至弦线上相应点时，位相差为恒定时,它们就合成驻波用粗实线表示。由图 4 可见,两个波腹或波节间的距离都是等于半个波长,这可从波动方程推导出来。

下面用简谐波表达式对驻波进行定量描述。设沿 X 轴正方向传播的波为入射波,沿 X 轴负方向传播的波为反射波,取它们振动相位始终相同的点作坐标原点"O",且在 $X=0$ 处,振动质点向上达最大位移时开始计时,则它们的波动方程分别为:

$$Y_1 = A\cos 2\pi(ft - x/\lambda)$$
$$Y_2 = A\cos[2\pi(ft + x/\lambda) + \pi]$$

式中 A 为简谐波的振幅,f 为频率,λ 为波长,X 为弦线上质点的坐标位置。两波叠加后的合成波为驻波,其方程为:

$$Y = Y_1 + Y_2 = 2A\cos[2\pi(x/\lambda) + \pi/2]\cos(2\pi ft + \pi/2) = 2A\sin 2\pi(x/\lambda) \cdot \sin 2\pi ft \quad (1)$$

由此可见,入射波与反射波合成后,弦上各点都在以同一频率作简谐振动,它们的振幅为 $|2A\sin[2\pi(x/\lambda)]|$,只与质点的位置 X 有关,与时间无关。

由于波节处振幅为零,即 $|\sin[2\pi(x/\lambda)]| = 0$

$$2\pi(x/\lambda) = k\pi \quad (k = 0,1,2,3,\cdots)$$

可得波节的位置为: $\qquad x = k\lambda/2 \qquad (2)$

而相邻两波节之间的距离为:

$$x_{k+1} - x_k = (k+1)\lambda/2 - k\lambda/2 = \lambda/2 \quad (3)$$

又因为波腹处的质点振幅为最大,即 $\quad |\sin[2\pi(x/\lambda)]| = 1$

$$2\pi(x/\lambda) = (2k+1) \cdot \frac{\pi}{2} \quad (k = 0,1,2,3,\cdots)$$

可得波腹的位置为:

$$x = (2k+1)\lambda/4 \quad (4)$$

这样相邻的波腹间的距离也是半个波长。因此,在驻波实验中,只要测得相邻两波节(或相邻两波腹)间的距离,就能确定该波的波长。

在本实验中,由于弦的两端是固定的,故两端点为波节,所以,只有当均匀弦线的两个固定端之间的距离(弦长)等于半波长的整数倍时,才能形成驻波,其数学表达式为:

$$L = n\lambda/2 \,(n = 1,2,3,\cdots)$$

由此可得沿弦线传播的横波波长为:

$$\lambda = 2L/n \quad (5)$$

式中 n 为弦线上驻波的段数,即半波数。

根据波动理论,弦线横波的传播速度为:

$$V = (T/\rho)^{1/2} \quad (6)$$

即: $\quad T = \rho V^2$

式中 T 为弦线中张力,ρ 为弦线单位长度的质量,即线密度。

根据波速、上面频率及波长的普遍关系式 $V = f\lambda$,将式(5)代入可得:

$$V = 2Lf/n \quad (7)$$

再由(6)(7)式可得

$$\rho = T(n/2Lf)^2 \quad (n = 1,2,3,\cdots) \quad (8)$$

即：$T = \rho(2Lf/n)^2 \; (n=1,2,3,\cdots)$

由式(8)式可知，当给定 T、ρ、L，频率 f 只有满足该式关系才能在弦线上形成驻波。

当金属弦线在周期性的安培力激励下发生共振干涉形成驻波时，通过骑码的振动激励共鸣箱的薄板振动，薄板的振动引起吉他音箱的声振动，经过释音孔释放，我们能听到相应频率的声音，当用间歇脉冲激励时尤为明显。

常见的音阶由 7 个基本的音组成，用唱名表示即：do，re，mi，fa，so，la，si，用 7 个音以及比它们高一个或几个八度的音、低一个或几个八度的音构成各种组合就成为"曲调"。

振动的强弱（能量的大小）体现为声音的大小，不同物体的振动体现为声音音色的不同，而振动的频率 f 则体现声音的高低。$f = 261.63\text{Hz}$ 的音在音乐里用字母 c^1 表示。其相应的音阶表示为：c，d，e，f，g，a，b，在将 c 音唱成"do"时定为 c 调。人声及器乐中最富有表现力的频率范围约为 $60\text{Hz} \sim 1000\text{Hz}$。c 调中 7 个基本音的频率，以"do"音的频率 $f = 261.63\text{Hz}$ 为基准，其他各音的频率为其倍数，其倍数值如下表所示：

音名	C	D	E	F	G	A	B	C
频率倍数	1	$(\sqrt[12]{2})^2$	$(\sqrt[12]{2})^4$	$(\sqrt[12]{2})^5$	$(\sqrt[12]{2})^7$	$(\sqrt[12]{2})^9$	$(\sqrt[12]{2})^{11}$	2

◆ **实验内容**

1. 频率 f 一定，测量两种弦线的线密度 ρ 和弦线上横波传播速度（弦线 a、a' 为同一种规格，b、b' 为另一种规格）

测弦线 a' 的线密度：波形选择开关 7 选择连续波位置，将信号发生器输出插孔 1 与弦线 a' 接通。选取频率 $f = 240\text{Hz}$，张力 T 由挂在弦线一端的砝码及砝码钩产生，以 100g 砝码为起点逐渐增加至 180g 为止。在各张力的作用下调节弦长 L，使弦线上出现 $n=2$，$n=3$ 个稳定且明显的驻波段。记录相应的 f、n、L 的值，由公式 $\rho = T(n/2Lf)^2$ 计算弦线的线密度 ρ。

弦线上横波传播速度 $V = 2Lf/n$

＊作 $T - \bar{V}^2$ 拟合直线，由直线的斜率亦可求得弦线的线密度。（$T = \rho V^2$）

测弦线 b' 的线密度：将信号发生器输出插孔 1 与弦线 b' 接通，选取频率 $f = 200\text{Hz}$。

2. 张力 T 一定，测量弦线的线密度 ρ 和弦线上横波传播速度 V

在张力 T 一定的条件下，改变频率 f 分别为 200Hz、220Hz、240Hz、260Hz、280Hz，移动劈尖，调节弦长 L，仍使弦线上出现 $n=2$，$n=3$ 个稳定且明显的驻波段。记录相应的 f、n、L 的值，由公式(7)可间接测量出弦线上横波的传播速度 V。

＊**3. 测量弦线张力 T**

选择与张力调节旋钮 4 相连的弦线 a 或者 b，与信号发生器输出插孔 1 连接，调节频率 $f = 200\text{Hz}$ 左右，适当调节张力调节旋钮，同时移动劈尖改变弦长 L，使弦线上出现明显驻波。记录相应的 f、n、L 的值，可间接测量出这时弦线的张力：$T = \rho(2Lf/n)^2$。

＊**4. 聆听音阶高低**

在频率较低情况下形成驻波时，波形选择开关 7 由连续调节至断续位置，聆听其音；然后在频率较高情况下形成驻波时，波形选择开关 7 由连续调节至断续位置，聆听其音阶。

◆ 数据记录与处理

砝码钩的质量 m＝ ____ kg

重力加速度 $g＝9.8\mathrm{m/s}^2$

1. 频率 f 一定，测弦线的线密度 ρ 和弦线上横波传播速度 V

弦线 a' 线密度的测定：

	$f＝240\mathrm{Hz}$									
$T(9.8\mathrm{N})$	0.100＋m		0.120＋m		0.140＋m		0.160＋m		0.180＋m	
驻波段数 n	3	4	3	4	3	4	3	4	3	4
弦线长 $L(10^{-2}\mathrm{m})$										
线密度 $\rho＝T(n/2Lf)^2(\mathrm{kg/m})$										
平均线密度 $\bar{\rho}(\mathrm{kg/m})$										
传播速度 $V＝2Lf/n(\mathrm{m/s})$										
平均传播速度 $\bar{V}(\mathrm{m/s})$										
$\bar{V}^2(\mathrm{m/s})^2$										

＊作 $T\sim\bar{V}^2$ 拟合直线，由直线的斜率 $\Delta T/\Delta v^2$ 求弦线的线密度。（$T＝\rho V^2$）

弦线 b' 线密度的测定：$f＝200\mathrm{Hz}$，数据记录表格同 a'。

2. 张力 T 一定，测量弦线的线密度 ρ 和弦线上横波传播速度 V

	$T＝(0.150＋m)\times9.8\mathrm{N}$									
频率　$f(\mathrm{H_z})$	200		220		240		260		280	
驻波段数 n	2	3	2	3	2	3	2	3	2	3
弦线长 $L(10^{-2}\mathrm{m})$										
横波速度 $V＝2Lf/\mathrm{n(m/s)}$										

平均横波速度 $\bar{V}＝$ ____ (m/s) ，$\bar{V}^2＝$ ____ (m/s)^2

线密度 $\rho＝\dfrac{T}{\bar{V}^2}＝$ ____ (kg/m)

＊3. 测量弦线张力 T

$f(\mathrm{Hz})$	驻波段数 n	弦线长 $L(10^{-2}\mathrm{m})$	弦线张力 $T(\mathrm{N})$
			$T＝\rho\left(\dfrac{2Lf}{n}\right)^2＝$

◆ 注意事项

1. 由源夹钳与弦线连接时，应避免与相邻弦线短路。

2. 改变挂在弦线一端的砝码后，要使砝码稳定后再测量。

3. 磁钢不能处于波节下位置。要等波稳定后，再记录数据。

实验六　直流电桥原理与应用

一、惠斯通电桥

电桥电路是一种基本电路,在测量技术和自动化控制方面有着广泛的应用。电桥从结构来分,有单臂电桥和双臂电桥;从指示状态来分,有平衡电桥和不平衡电桥;从使用电源性质来分,有直流电桥和交流电桥。惠斯通电桥属直流平衡电桥。

惠斯通(Sir Charles Wheatstone,1802—1875)是英国科学家。1843 年,他开始用电桥电路测量电阻,因此称他所用的电路为惠斯通电桥。惠斯登电桥属于直流平衡单臂电桥。现在一般用惠斯通电桥测量 $1 \sim 10^6 \, \Omega$ 范围内的电阻。

◆　**实 验 目 的**

图 1　惠斯通

1. 掌握惠斯通电桥的原理。
2. 了解惠斯通电桥的仪器误差的来源。
3. 正确使用盒式惠斯通电桥测量电阻。
4. 组装惠斯通电桥。
5. 学习实验的记录和结果的误差分析。

◆　**实 验 原 理**

1. 惠斯通电桥原理

惠斯通电桥电路图如图 2 所示。电阻 R_1、R_2、R 和一个待测电阻 R_x 连接成四边形 ABCD,在四边形的一对顶点 A 和 C 之间接有直流电源 E;在四边形的另一对顶点 B 和 D 之间接有检流计 G。

如果 B 和 D 之间断路,则这一电路可以简化为串联和并联这两种基本电路的组合(R_1 和 R_x 串联,R_2 和 R 串联;然后并联)。在 B 和 D 之间接上检流计 G,就好比在通路 ABC 和 ADC 之间架了一座桥,这就是所谓的电桥电路。电桥电路是一种基本电路,不能再简化为串联和并联的组合。

电桥电路上的检流计 G 直接用于比较 B、D 两点的电

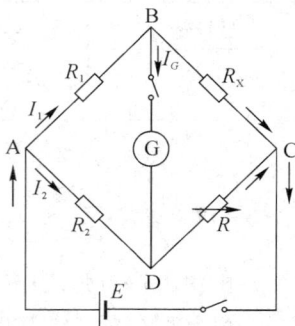

图 2　惠斯通电桥电路

势,所以又称为测量对角线。若 B、D 两点的电位相等,称电桥平衡;反之,若 B、D 两点的电位不相等,称电桥不平衡。

调整电阻 R_1、R_2、R,就有可能使得检流计 G 中电流为零($I_G=0$),电桥平衡。此时,B、D 两点的电位相等。

则由 $U_{AB}=U_{AD}$,有 $I_1R_1=I_2R_2$;由 $U_{BC}=U_{DC}$,$I_1R_X=I_2R$

两式相除,得:
$$R_X=\frac{R_1}{R_2}\times R=k_rR \tag{1}$$

用电桥测量电阻,通常是在设定的 R_1/R_2 情况下,调整 R 使得电桥平衡,即用 R 来与 R_X 进行比较。这与用天平(包括不等臂天平)测量质量类似。人们又将四边形 ABCD 的每一个边称为电桥的一个臂。通常设定 R_1/R_2 为固定的比例,如 0.01、0.1、1、10、… 称 R_1、R_2 为比率臂,$k_r=R_1/R_2$ 称为电桥的量程倍率(又称量程因数);R 称为比较臂;R_X 称为待测臂。式(1)称为电桥的平衡条件,它将待测电阻 R_X 用三个已知的标准电阻的阻值表示出来。

常用盒式惠斯通电桥的电路图原理图如图 3。

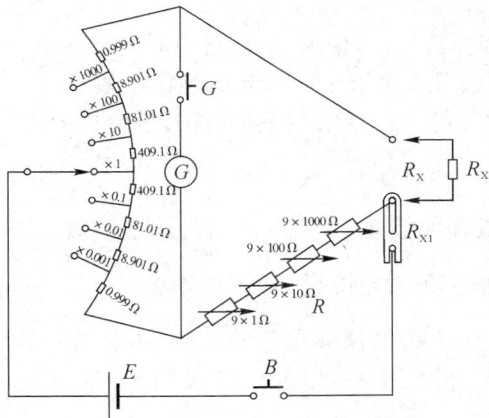

图 3   常用盒式惠斯通电桥电路原理图

2. 惠斯通电桥的仪器误差

惠斯通电桥的仪器误差主要有两类。

一类仪器误差是由电桥的灵敏度有限而引起的。电桥是否平衡是人们通过观察检流计有无偏转来判断的,而这一判断是相对的。假设电桥调到平衡,有 $R_X=(R_1/R_2)\times R$,若把 R 改变一个微小量 ΔR,则电桥失去平衡,从而有电流 I_g 流过检流计。但是如果 I_G 很小,则人们觉察不出检流计有偏转,仍然认为电桥还是平衡的,得到 $R_X=(R_1/R_2)\times(R+\Delta R)$。这样,$\Delta R_X=(R_1/R_2)\times\Delta R$ 就是由于电桥的灵敏度不够高而带来的误差。

我们可以引入电桥相对灵敏度的概念,来对这一误差进行估计。定义电桥灵敏度为:
$$S=\frac{\Delta n}{\dfrac{\Delta R_X}{R_X}} \tag{2}$$

其中 ΔR_X 是在电桥平衡后 R_X 的微小改变量，Δn 是由于电桥偏离平衡时检流计的偏转格数。从定义可以看出，S 越大则电桥灵敏度越高。

为看清相对灵敏度的来源，可将 S 做以下变换：

$$S=\frac{\Delta n}{\dfrac{\Delta R_X}{R_X}}=\frac{\Delta n}{\Delta I_G}\left(\frac{\Delta I_G}{\dfrac{\Delta R_X}{R_X}}\right)=S_1 \cdot S_2$$

其中是 S_1 检流计自身的灵敏度；S_2 则由电桥决定。可以证明，S_2 和电源电压、检流计内阻和桥臂电阻有关。为减小仪器误差，通常应选用灵敏度较高的检流计，适当的电源电压，较大的桥臂电阻。

实际上，在确定相对灵敏度时，待测臂 R_X 是不能改变的。根据式（1）可将 S 的表达式变换为：

$$S=\frac{\Delta n}{\dfrac{\Delta R}{R}} \tag{3}$$

这样，在电桥平衡后，有意识的将 R 改变 ΔR，造成电桥不平衡，检流计偏转 Δn 格，即可计算相对灵敏度。S 的单位是"格"。

一般来讲，检流计指针偏转 0.2 格，人们就可以觉察出来。所以，我们可以用 $\Delta_{R_{X1}}=0.2\times(R_X/S)$ 作为由电桥的灵敏度有限而引起的仪器误差限。

另一类仪器误差是由于桥臂电阻的误差引起的。桥臂电阻 R_1、R_2、R 都是旋钮式电阻箱，其本身有仪器误差，大小可以根据 $\Delta_{\text{仪}}=\left(a+b \cdot \dfrac{m}{R}\right)\% \cdot R$ 计算。其中，R 是电阻箱的读数，a 是所用电阻箱的准确度等级，m 是所使用的旋钮的数目，b 是相应的常数。因为我们取较大的电阻，所以后面一项的影响很小，将其忽略，取 $\Delta_{\text{仪}}=a\%R$，即 $\dfrac{\Delta_{\text{仪}}}{R}=a\%$。

桥臂电阻的误差对整个电桥的仪器误差的影响，可从式（1）和间接测量的误差传播公式求得：

$$E=\frac{\Delta_{R_{X2}}}{R_X}=\frac{\Delta_{R_1\text{仪}}}{R_1}+\frac{\Delta_{R_2\text{仪}}}{R_2}+\frac{\Delta_{R\text{仪}}}{R}, \quad \Delta_{R_{X2}}=R_X\times E \tag{4}$$

以上两类误差可以合成为：

$$\Delta_{\text{仪}}=\Delta_{R_{X_1}}+\Delta_{R_{X_2}} \tag{5}$$

这样，单次测量电阻 R_X 的测量结果表达式可以写为：

$$R_X=\frac{R_1}{R_2}\times R \pm \Delta_{\text{仪}} \quad (U=3u=\Delta_{\text{仪}}) \tag{6}$$

盒式惠斯通电桥已综合以上两方面的仪器误差，定出准确度等级 a。所以其仪器误差可由下式计算：

$$\Delta_{\text{仪}}=R_X\times a\% \qquad （准确度 a 值由仪器的铭牌上读得） \tag{7}$$

◆ **实验内容**

1. 组装电桥测电阻

①将 R_1、R_2（四旋钮电阻箱），R（六旋钮电阻箱），待测电阻 R_X，检流计，稳压电源连接

成惠斯通电桥。

接线时一定要按回路接。在本实验中,应将电阻箱,检流计,电源都按图2布置好后,先连接四边形,再接检流计对角线,最后接电源对角线。因实验中没有开关,故电源对角线只准先接一端,另一个端空着,实验时当开关用。接线前电流计应先"调零",电源电压选用5V。

②按色码电阻识别法读出待测电阻 R_X 的标称值,设定比率臂 R_1/R_2,测出 R_X 的精确值。应注意保护检流计。

③利用式(3)测定组装电桥的相对灵敏度 S。

④计算仪器误差,写出结果表达式。

数据	R_1	R_2	R	ΔR	Δn
记录					

四钮电阻箱的准确度等级: 　　　　　　　　六钮电阻箱的准确度等级:

电桥的相对灵敏度: $S = \dfrac{\Delta n}{\dfrac{\Delta R}{R}} =$

电阻 R_X 的测量值: $R_X = \dfrac{R_1}{R_2} \times R =$

电阻测量值的误差: $\Delta_{R_{X_1}} = 0.2 \times (R_X/S) =$

电阻箱引起的测量误差 $\Delta_{R_{X_2}}$,由下式计算:

$$E = \frac{\Delta_{R_{X_2}}}{R_X} = \frac{\Delta_{R_1仪}}{R_1} + \frac{\Delta_{R_2仪}}{R_2} + \frac{\Delta_{R_仪}}{R} = \qquad \Delta_{R_{X2}} = R_X \times E =$$

$$\Delta_仪 = \Delta_{R_{X_1}} + \Delta_{R_{X_2}} =$$

测量结果表达式: $R_X = R_X \pm \Delta_仪 =$

2. 利用盒式电桥测量上面测过的同一个电阻 R_X 的值,再根据电桥准确度算出误差 Δ_{R_X},并写出结果的表达式。

注意:①电桥未平衡时,B(电源开关)、G(电流计开关)键只能瞬时按下;

②接通时,先接 B,后接 G;断开时先放 G,后放 B(为什么?);

③判断平衡时最好不要以电流计指针"指零"为依据,而是以 G 接通,断开,变化时指针动与不动为依据(为什么?)。

④调节平衡的过程必须先粗调后细调,先确定比率臂,再确定比较臂。具体操作是先将比较臂调到最大,找到能使电流计指针偏转相反的两档,取用大的一档,再从大到小依次调节比较臂,每次找到能使电流计指针偏转相反的两档时,均取用大的一档,直到平衡。

⑤按式(7)求出 ΔR_X 值。

◆ **数 据 记 录 与 处 理**

记录	倍率(R_1/R_2)	R	准确度等级 a	R_X
数据				

电阻测量值的误差　　　$\Delta_{仪} = R_X \times a\% =$

测量结果表达式：　　　$R_X = R_X \pm \Delta_{仪} =$

3. 利用盒式电桥测定测试板上标称值相同的八只电阻的阻值，并确定这批电阻值的离散程度，写出正确的结果表达式。

i	1	2	3	4	5	6	7	8
R_{Xi}								
准确度等级 a								

平均值：$\overline{R_X} = \dfrac{\sum R_{Xi}}{n} =$

$S = \sqrt{\dfrac{\sum (R_{Xi} - \overline{R_X})^2}{n-1}} = \qquad \Delta_{仪} = \overline{R_X} \cdot a\% = \qquad u = \sqrt{S^2 + (\Delta_{仪}/3)^2} =$

测量结果表达式：$R = \overline{R} \pm 2u =$

◆ **选做内容**

1. 交换法减小和修正组装电桥系统误差。

根据式（4），桥臂电阻 R_1、R_2、R 的仪器误差对最终结果的影响是一样大的。当 $R_1/R_2 = 1$ 时，我们可以用交换法来减小 R_1、R_2 的影响。

先将电桥在电桥平衡后，读出 R；互换 R_1、R_2，再次将电桥调平衡，此时的比较臂计为 R'，根据 $R_X = (R_1/R_2)R$、$R_X = (R_2/R_1)R'$，得：$R_X = \sqrt{R \cdot R'}$

这样，$\dfrac{\Delta_{R_{X2}}}{R_X} = \dfrac{1}{2}\left(\dfrac{\Delta_R}{R} + \dfrac{\Delta_{R'}}{R'}\right)$ 仅与比较臂 R 的仪器误差有关。实验中，选用六钮电阻箱作为比较臂，系统误差大大减小。

自行设计数据记录与处理表格，用交换法测量电阻。

2. 三端接法测电阻。

测量远处电阻时，由于导线很长，导线的电阻不能忽略。可采用三端接法来消除长导线电阻的影响。电路原理图如图 5。采用三端接法时，量程倍率为"×1"档时，有：

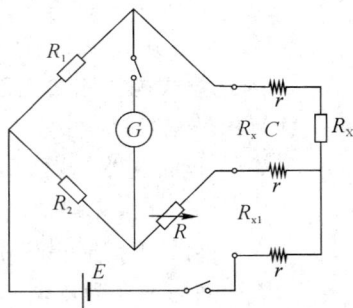

图 5　三端接法测电阻

$$R_X + r = \frac{R_1}{R_2} \times (R+r) = R+r$$

所以，$R_X = R$。请用电阻测试板模拟长导线，体会三端接法的作用。

◆ **思考题**

1. 在组装惠斯通电桥测电阻实验中，待测电阻为 $10^5\,\Omega$ 左右，比例臂可设为 1/1。如果将比例臂电阻设为 $1\,\Omega$ 和 $1\,\Omega$，是否合理，为什么？

附：色标法

色标法是指用不同颜色表示元件不同参数值的方法。

在电阻器上，不同的颜色代表不同的标称值和偏差。色标法可以分为：色环法和色点法，其中，最常用的是色环法。色环电阻器中，根据色环的环数多少，又分为四色环表示法和五色环表示法。

色标法不但用在电阻上，还常用在表示电感和电容的数值上。

四色环表示法：普通精度的元件用四条色环表示，其中三条表示其数值，一条表示其偏差。如图表所示：

1. 第一色环表示电阻值的是第一位有效数字；第二色环表示第二位有效数字；第三条色环表示 10 的指数值，也即数字后"0"的个数。

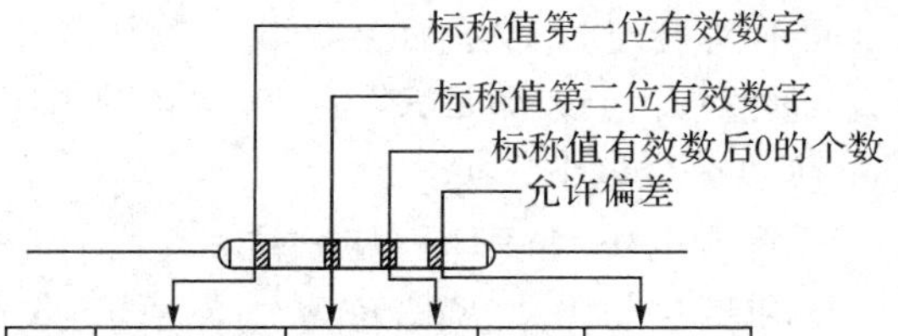

颜色	第一有效数	第二有效数	倍数	允许偏差
棕	1	1	$\times 10^1$	
红	2	2	$\times 10^2$	
橙	3	3	$\times 10^3$	
黄	4	4	$\times 10^4$	
绿	5	5	$\times 10^5$	
蓝	6	6	$\times 10^6$	
紫	7	7	$\times 10^7$	
灰	8	8	$\times 10^8$	
白	9	9	$\times 10^9$	+50% −20%
黑	0	0	$\times 10^0$	
金			$\times 10^{-1}$	±5%
银			$\times 10^{-2}$	±10%
无色				±20%

图 1　四色环表示法

2. 第四条色环表示该元器件的允许偏差：金色表示±5％；银色表示±10％；无色表示±20％。

二、非平衡电桥

电桥是可将电阻、电容、感等电参数变化量变换成电压或电流变化量。非平衡电桥在传感技术和非电量电测技术中被广泛用做测量信号的转换，在检测和自动控制技术中应用非常广泛。

◆ 实验目的

1. 了解直流非平衡电桥的工作原理。
2. 研究非平衡电桥的电压输出特性。
3. 用非平衡电桥测量铜电阻 Cu_{50} 的温度系数 α_R。

◆ 实验原理

惠斯通电桥为直流单臂平衡电桥，如果电阻 R_1、R_2、R_3、R_4（为被测电阻 R_X）组成一电桥，AC 两端由恒定的直流电源 U_S 供电。B、D 之间接有检流计 G；当电桥平衡时，即 G 中无电流，B、D 等电位。可得 $R_4 = R_X = \dfrac{R_1}{R_2} \times R_3$。直流非平衡电桥与惠斯通电桥的区别是

B、D 间不是检流计而是加上负载电阻 R_g，如图 6 所示，它通过 I_g、U_g 来测量 R_X 的值，按各臂电阻选择的不同，可以分成以下三类：

1. 等臂电桥 $R_1=R_2=R_3=R_4=R$
2. 卧式电桥 $R_1=R_4=R$，$R_2=R_3=R'$，$R\neq R'$
3. 立式电桥 $R_1=R_2=R$，$R_3=R_4=R'$，$R\neq R'$

当电桥平衡时，B、D 电位相等，B、D 的电位差 U_g $=0$，如果 R_4（即 R_X）的阻值为温度的函数，当温度从 t $\rightarrow t+\Delta t$ 时，$R_4 \rightarrow R_4+\Delta R$，此时，电桥失去平衡电路中 B、D 两点间出现了一定的电势差 U_g，该电势差即为电桥不平衡时输出的电压。

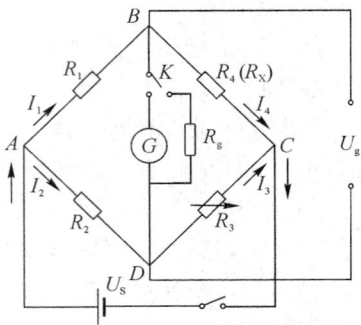

图 6 非平衡电桥

设电桥供电电源的电压为 U_S，根据串联电阻的分压原理，以图 6 中 C 点为零电势参考点，则电桥的输出电压 U_g 为

$$U_g=U_{BC}-U_{DC}=(\frac{R_4+\Delta R}{R_4+\Delta R+R_1}U_S-\frac{R_3}{R_2+R_3}U_S)$$

$$=\frac{\Delta R R_2}{(R_4+\Delta R+R_1)(R_2+R_3)}U_S$$

$$=\frac{\Delta R}{R(1+\frac{\Delta R}{R}+\frac{R_1}{R_4})(1+\frac{R_3}{R_2})}U_S \tag{1}$$

(1)对于等臂电桥或卧式电桥：$\frac{R_1}{R_4}=\frac{R_2}{R_3}=1$，又 $\Delta R \ll R$，所以

$$U_g=\frac{U_S}{4} \cdot \frac{\Delta R}{R} \tag{2}$$

(2)对于立式电桥：$\frac{R_1}{R_4}=\frac{R}{R'}=K$，$\frac{R_3}{R_2}=\frac{R'}{R}=\frac{1}{K}$，又 $\Delta R \ll R$，所以

$$U_g=\frac{KU_S}{(1+K)^2}\frac{\Delta R}{R} \tag{3}$$

可见对于非平衡电桥输出的电压 U_g 与 $\frac{\Delta R}{R}$ 成线性关系。又定义 $S_\mu=\frac{U_g}{\Delta R}$ 为电桥的输出灵敏度，由式(2)可知 $S_\mu=\frac{U_S}{4R}$。可见 R 越小输出电压灵敏度越高，一般为几十到几百欧姆。

本实验采用卧式电桥。实验中可以通过测量输出电压经公式(2)计算得出 Δ_{R_1}，从而求出在 $t_1 \rightarrow t_1+\Delta t$ 时，$R(t_1)=R+\Delta R_1$。同样在不同的温度下，由非平衡电桥测出对应的输出电压 U_{gi}，由公式(2)计算出 ΔR_i，得出对应温度下的电阻值。$R(t_i)=R+\Delta R_i$。作 $R(t_i)-t_i$ 图，用图解法求出 0℃时的 R_0 和电阻温度系数 $\alpha_R=\frac{k}{R_0}$，其中 k 为直线斜率，得出 Cu_{50} 电阻温度方程：$R(t)=R_0(1+\alpha_R t)$

◆ **实验仪器**

FQJ-1 型实验仪由一个简单的惠斯通电桥和一个非平衡电桥构成,它的结构如图 7,惠斯画电桥和非平衡电桥的功能由开关 K 来完成,惠斯通电桥使用与以前实验的惠斯登电桥一样,这里不再重叙,非平衡电桥的使用方法如下:

通过转换开关 K 转向非平衡的"电桥",这样仪器就工作于非平衡电桥,输出为电压值,电阻 R_1、R_2、R_3 及 R_g 均由粗细两个调节旋钮组成,粗调旋钮连 $10\text{k}\Omega$ 多圈电位器;细调旋钮连 100Ω 多圈电位器,通过配合调节,可以方便地调节到所需的电阻值。在本次实验中,要预先设定各臂电阻的阻值,可先将转换开关置于非平衡的电压挡(此时 R_g 在电桥中开路),在不接 $R_4(=R_x)$ 的场合下,用万用表测试棒插入电阻的引出接线柱,调节电阻的粗、细调节旋钮,调至所需的阻值。

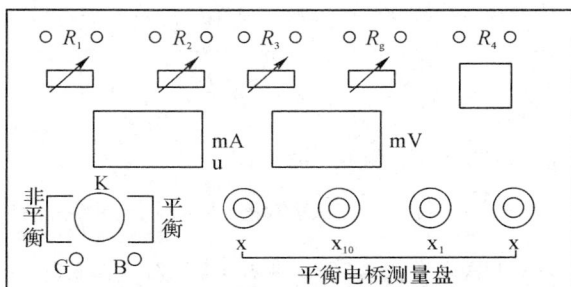

图 7　实验仪

另外仪器中间有两只电压和电流数字显示表,以便记录实验所需的数据,仪器还配有被测铜电阻 Cu_{50} 和热敏电阻$(2.7\text{k}\Omega)MF_{11}$。热敏电阻 MF_{11} 是非线性电阻,其测量和数据处理更为繁复,这里不作要求。

◆ **实验内容**

用非平衡电桥(卧式电桥)测量铜 Cu_{50} 的电阻 $R(t)$ 并作 $R(t)-t$ 图,用图解法求 R_0 及 k(斜率),写出铜 Cu_{50} 的电阻与温度关系经验公式:

$$R(t) = R_0(1 + \alpha_R t)$$

(1)设定各臂电阻值 $R_1 = 50\Omega$,$R_2 = R_3 = R' = 30\Omega$,$R_4(R_x)$ 为外接铜 Cu_{50} 电阻(这些数据仅供参考,实验中也可自行设计其他值,但必需使 $R_1 = R_4 = R$,$R_2 = R_3 = R'$)。

(2)平衡调节:将功能开关 K 打向"非平衡电桥"一边的电压挡,按下 G、B,调节 R_1 的电阻微调旋钮,使输出电压为零。

(3)测量铜 Cu_{50} 电阻 R_4 的数值(采用平衡电桥测),将 K 打向平衡电桥×0.1 档,调节电桥平衡臂,使电桥电流(电压)为零,测得 Cu_{50} 的阻值作为公式(2)中的计算电阻 R。

(4)将 K 转入非平衡电压挡,测量电桥工作电源电压 U_s 的数值(1.3V 左右)。

(5)用电桥配有的专门升温加热炉及控制装置对铜 Cu_{50} 调控加热,每隔 10℃测一次,

记录对应的温度 t_i 及非平衡输出电压值 U'_{gi}。

（6）将 Cu_{50} 取出放入降温炉内，关闭加热开关，同样每降 $10℃$ 测一次，记录相应的温度 t_i 及输出电压 U''_{gi}。

（7）取 U'_{gi} 和 U''_{gi} 平均值，由公式（2）计算出各点的 ΔR 与 $R(t)=R+\Delta R$。

◆ **数据记录与处理**

1. 数据记录

常温 $t=$ ___ ℃，电桥电源电压 $U_s=$ ___ V，常温时 Cu_{50} 电阻 $R=$ ___ Ω

升温℃	$t+10$	$t+20$	$t+30$	$t+40$	$t+50$
升温时 U'_g (mV)					
降温时 U''_g (mV)					
$\Delta R(\Omega)$					
$R(t)=R+\Delta R(\Omega)$					

2. 数据处理

（1）作 $R(t)-t$ 图

（2）求图线在 R 轴上的截距 R_0 为 0℃时电阻值。

（3）求图线的斜率 $k=\dfrac{\Delta R(t)}{\Delta t}\Omega/℃$，和温度电阻系数 $\alpha_R=\dfrac{k}{R_0}$。

（4）铜 Cu_{50} 电阻与温度的函数式为 $R(t)=R_0(1+\alpha_R t)$ 或 $R(t)=R_0+kt$。

◆ **注意事项**

1. 设定 R_1，R_2，R_3 时不接 R_X，转换开关置于非平衡电压挡，此时 R_g 在电桥中开路。

2. 温度设定不易过高，应阶梯式跟进，使温度变化与电阻变化同步。

三、开尔文电桥

开尔文（William Thomson、Lord Kelvin，1824—1907）是爱尔兰科学家。开尔文电桥属直流平衡双臂电桥（简称双臂电桥），是一种测量低电阻（一般在 $10^{-5}\Omega\sim1\Omega$ 之间）的常用仪器，测量准确度较高。在电气工程中，例如，测量金属的电导率、分流器的电阻值、电机和变压器绕组的电阻以及各类阻值线圈的电阻等，都是属于低电阻的范围。测量这种电阻时，连接线的电阻、接头的接触电阻（一般为 $10^{-3}\Omega\sim10^{-4}\Omega$ 的数量级）将给测量结果带来不可小看的误差。测量低电阻时，就必须想办法消除或减小接线电阻和接触电阻对测量结果的影响。双臂电桥就是为了解决这些矛盾而设计出来的。

图 7　开尔文

◆ **实 验 目 的**

1. 了解四端接法的意义及双臂电桥的结构。
2. 了解单臂电桥与双臂电桥的关系和区别。
3. 掌握双臂电桥测量低电阻的原理。
4. 学习用作图法处理数据。

◆ **实 验 原 理**

1. 四端接法

考虑在测量低电阻时,接触电阻和引线电阻对
测量结果的影响,我们用四端接法,如图 8 所示,其
中 C_1,和 C_2 称为电流接头,而 P_1、和 P_2 称为电位
接头,介于电位接头间的电阻才是实测的低电阻。

图中─W─为导线电阻和连接处的接触电阻。

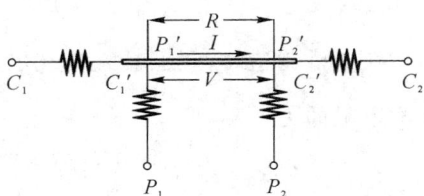

图 8 四端接法

2. 双臂电桥测量低电阻

双臂电桥正是把四端引线法和电桥的平衡比
较法结合起来精密测量低电阻的一种电桥。

把四端接法的低电阻(如待测低电阻和比较臂低电阻)接入原单臂电桥,如图 9 所示。

这样就多了一臂,最后就演变成为图 10 的
双臂电桥的电原理图,从原理图中易见:为了进
一步考虑有关引线电阻和接触电阻的影响,而
接入电阻 R_3 和 R_4,而且它们的值务必大于
10Ω。且为考虑电桥平衡时 R_4/R_2 与 R_3/R_1 的
差别对测量结果的影响,使分流电流 I_3 值较小
(见式(1)),我们就用小于 0.001Ω 的粗导线 R
来连接电阻 R_n 和 R_x。为增加灵敏度,加接一放
大电路,使不平衡电流 I_0,通过放大后再由检流
计指示。

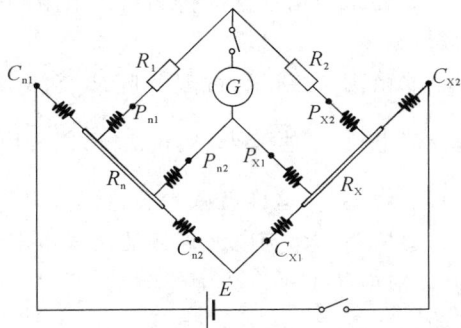

图 9 双臂电桥

当电桥达到平衡时,通过检流计中的电流,
$I_0 = 0$ 说明 C,D 两点电位相等,设计时 R_1、R_2、R_3、R_4 均远大于附加引线和接触电阻,根
据基尔霍夫第二定律,可以得出下列方程组:

即
$$\begin{cases} I_n R_x = I_1 R_2 - I_3 R_4 \\ I_n R_n = I_1 R_1 - I_3 R_3 \end{cases}$$

解得

$$R_X = \frac{R_2}{R_1} R_n \times \left[\frac{I_1 - I_3 \dfrac{R_4}{R_2}}{I_1 - I_3 \dfrac{R_3}{R_1}} \right] \qquad (1)$$

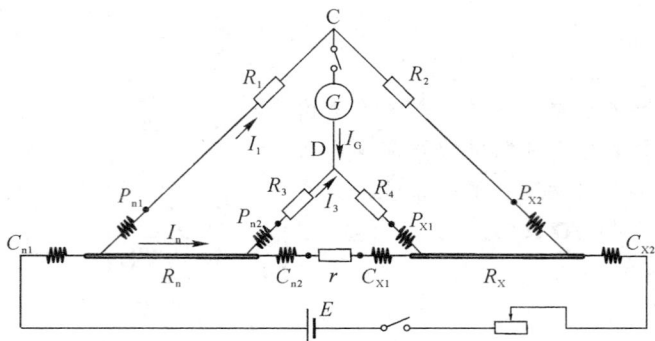

图 10　双臂电桥电路原理图

在电桥制造时，我们总是使在电桥调节平衡过程中保持 $\dfrac{R_3}{R_1} = \dfrac{R_4}{R_2}$，由式（1）可知，这时被测电阻即为：

$$R_X = \frac{R_2}{R_1} R_n = \frac{R_4}{R_3} R_n \tag{2}$$

为了保证电桥在调节平衡过程中，$\dfrac{R_3}{R_1} = \dfrac{R_4}{R_2}$，通常都采用两个机械联动转换开关，同时也就一定在相等的比率 $\dfrac{R_3}{R_1} = \dfrac{R_4}{R_2}$ 这样电桥有个两个比率臂，故有双臂电桥之称。

为什么利用双臂电桥测量低电阻时能够排除或减小接线电阻和接触电阻对测量结果的影响？

①由图 10 所示：被测电阻 R_X 和标准电阻 R_n 之间用阻值小于 0.001Ω 的粗导线接线使分流电流 I_3 值较小，从式（1）可以看出，即使 $\dfrac{R_3}{R_1} = \dfrac{R_4}{R_2}$ 有很小的差别，被测电阻总是按式（2）进行计算。这样就减少了这部分电阻和接触电阻对测量结果的影响。

②R_X 和 R_n 与电源连接的接线电阻，C_{n_1} 和 C_{x_2} 的接触电阻，只对总的工作电流 I 有影响，而对电桥的平衡是无影响的，所以，这部分导线电阻和接触电阻对测量结果也是没影响的。

③电位接头 P_{n2}，P_{n2}，P_{X1}，P_{X2} 的接触电阻以及导线电阻包括在相应的桥臂支路；由于电阻 R_1，R_2，R_3，R_4 都选择在 10Ω 以上，接触电阻和导线电阻同这个数值比较起是微不足道的，所以对测量结果的影响也极微小。这样就减少了这部分接触电阻和导线对测量结果的影响。

◆ **实验内容**

1. 组装双臂电桥测量测定金属棒的电阻率和电导率

如图 10 所示接线。将可调标准电阻、被测电阻，按四端连接法，与 R_1、R_2、R_3、R_4 连接，注意 C_{n2}、C_{X1} 之间要用粗短连线。

打开专用电源和检流计的电源开关，加电后，等待 5 分钟，调节检流计"零位"调整键筑物,使指针指在零位上。在测量未知电阻时,为保护检流计指针不被打坏,检流计的灵敏度调节旋钮应放在最底位置,使电桥初步平衡后再增加检流计灵敏度。在改变检流计灵敏度或环境等因素变化时,有时会引起检流计指针偏离零位,在测量之前,随时都应调节检流计指零。

估计被测电阻值大小,选择适当 R_1、R_2、R_3、R_4 的阻值,注意 $R_1 = R_3$,$R_2 = R_4$ 的条件。先按下"G"开关按钮,再正向接通开关,接通电桥的电源 B,调节步进盘和划线读数盘,使检流计指针指在零位上,电桥平衡。注意:测量低阻时,工作电流较大,由于存在热效应,会引起被测电阻的变化,所以电源开关不应长时间接通,应该间歇使用。记录 R_1、R_2、R_3、R_4 和 R_n 的阻值。

$R_X = R_2/R_1 \times R_n$(步进盘读数+滑线盘读数)

改变 P_1、P_2 的距离,测出不同长度铜棒的电阻,计算电阻率和电导率。电阻率 $\rho = R \cdot \dfrac{S}{l}$。电导率 $\sigma = \dfrac{1}{\rho}$。

2. 用 QJ—44 双臂电桥测定金属的电阻温度系数

双臂电桥使用见仪器铭牌。

开始时为了保护检流计,电桥灵敏度旋至最低,每调节电桥一次平衡,提高一些灵敏度,并调准零点。最后务必设置电桥于最高灵敏度,并调得电桥平衡,这时测得的阻值才达到了仪器的准确度。

导体的电阻随温度不同有所改变,金属的电阻随温度的变化关系为:

$$R = R_0(1 + at) \quad \text{或} \quad \rho = \rho_0(1 + at)$$

式中的 R 和 R_0 分别表示 $t℃$ 和 $0℃$ 时的电阻。

a:是常数,即待测材料的电阻的温度系数。

测量步骤:

(1) 被测电阻封接在加热炉内,加热炉温度显示在温控仪上。

(2) 引出两根 C_1,C_2(蓝线)"电流接头"和两根 P_1,P_2(红线)"电压接头",要分别接在 QJ—44 型双臂电桥的 C_1,C_2,P_1,P_2 接线柱上,仪器操作详见 QJ—44 型双臂电桥使用说明书。

(3) 每增加设定温度为 $10℃$,待炉温稳定后测电阻值,且记录之。

(4) 求出 a 值。

◆ **数 据 记 录 与 处 理**

1. 测定金属的电阻率和电导率　材料:＿＿＿＿＿＿＿＿

l (cm)	倍率	$R_n(\Omega)$	$R_X(\Omega)$	$d(\text{cm})$	$S = \pi d^2/4(\text{cm}^2)$	$\rho_i = R_X S/l(\Omega \cdot \text{cm})$	$\sigma = \dfrac{1}{\rho}/(\Omega \cdot \text{cm})$
8.0							
16.0							
24.0							
32.0							
40.0							

(1)写出金属材料的电阻率的结果表达式

$\bar{\rho}=$ _____ （$\Omega \cdot cm$）；　标准偏差：$S=\sqrt{\dfrac{\sum (\rho_i - \bar{\rho})^2}{n-1}}=$ _____

$\because \rho = R_X (\pi d^2 / 4)/l$

$\therefore$ 取仪器误差为：$\Delta \rho_{仪} = \left[\left(\dfrac{\Delta_{R_X}}{R_X} \right) + 2 \left(\dfrac{\Delta_d}{d} \right) + \dfrac{\Delta_l}{l} \right] \cdot \bar{\rho}$

本实验中 $\dfrac{\Delta_{R_X}}{R_X}$ 仪器倍率盘查下表得到。

量程因素	有效量程（Ω）	测量准确度（%）
×100	1～11	0.2
×10	0.1～11	0.2
×1	0.01～0.11	0.2
×0.1	0.001～0.011	0.5
×0.01	0.0001～0.0011	1

Δ_l 取 1mm，Δ_d 为游标卡尺仪器误差。

写出最终结果表达式：$\rho = \bar{\rho} \pm 3u$ （$\Omega \cdot cm$），式中含成不确定度 $u = \sqrt{\Delta_A^2 + \Delta_B^2}$ $= \sqrt{S^2 + (\Delta \rho_{仪}/3)^2}$ 。

(2)写出金属材料电导率的结果表达式

$\bar{\sigma}=$ _____ /$\Omega \cdot cm$；标准偏差：$S = \sqrt{\dfrac{\sum (\sigma_i - \bar{\sigma})^2}{n-1}}=$ _____

仪器误差：$\Delta \sigma_{仪} = \left[\left(\dfrac{\Delta_{R_X}}{R_X} \right) + 2 \left(\dfrac{\Delta_d}{d} \right) + \dfrac{\Delta_l}{l} \right] \cdot \bar{\sigma}$

本实验中 $\dfrac{\Delta_{R_X}}{R_X}$ 按仪器倍率盘的设置计算，即为：1%～0.2%，

$\sigma = \bar{\sigma} \pm 3u$ _____ /$\Omega \cdot cm$，式中 $u = \sqrt{S^2 + (\Delta \sigma_{仪}/3)^2}$ 。

2. 测定金属的电阻温度系数　　材料：_____

i	t（℃）	倍率	R_n（Ω）	R_t（Ω）
1				
2				
3				
4				
5				
6				

(1) 作图法求 α

用毫米方格纸作图，从图中直线 $R_t = R_0 + \alpha R_0 t$ 的截距求出 R_0，再求出直线斜率

$$k = \frac{\Delta R}{\Delta t} = \alpha R_0, \text{求得} \ \alpha = \frac{k}{R_0} = \quad\quad (1/℃)。$$

（2）用计算器直线拟合功能求 α

$$y = A + Bx, \text{即} \ R_t = R_0 + \alpha R_0 t, \text{求得} \ \alpha = \frac{B}{R_0} = \quad\quad (1/℃)。$$

有关材料的电阻率及其温度系数[*]

名称	电阻率 $\rho_0 (10^{-6} \ \Omega \cdot cm)$	温度系数 $\alpha (10^{-5}/℃)$
银	1.47(0℃)	430
铜	1.55(0℃)	433
金	2.01(0℃)	402
铝	2.50(0℃)	460
钨	4.89(0℃)	510
锌	5.65(0℃)	417
铁	8.70(0℃)	651
铅	19.2(0℃)	428
黄铜	8.00(18～20℃)	100
康铜	49.0(18～20℃)	—4.0+1.0

[*] 金属电阻率与温度的关系 $\rho_{t2} = \rho_{t1}[1 + \alpha(t_2 - t_1)]$，电阻率与金属中的杂质有关。

◆ **思考题**

1. 双臂电桥与惠斯通电桥有哪些异同？

2. 双臂电桥怎样消除导线附加电阻的影响？

3. 如果待测电阻的两个电压端引线电阻较大，对测量结果有无影响？

4. 如何提高测量金属丝电阻率的准确度？

附表4　温度测量

测温仪表	主要技术参数	简要说明
玻璃液体温度计　水银温度计	测量范围：－200～600℃ 测量范围：－35～500℃ 对于测量范围在 0～100℃ 范围的温度计，分度值为 0.1℃ 时示值误差限为 0.2℃，分度值不小于 0.5℃ 时示值误差限等于分度值。	工作原理基于液体在玻璃外壳中的热膨胀作用。当贮液泡的温度发生变化时玻璃管内液柱随之升高或降低，通过温度标尺便可读出温度值，感温介质有汞、酒精、甲苯等液体。由于结构简单、使用方便、成本低廉，得到广泛应用，一等标准水银温度计，测量范围 24～101℃ 内，最小分度值 0.05℃，允许误差±0.10℃。
酒精温度计	测量范围：－80～80℃	
双金属温度计	测量范围：－80～600℃ 精度等级 1.0、1.5、2.5 分度值最小 0.5℃ 最大 20℃	两种不同膨胀系数的金属片焊接在一起，将一端固定，当温度变化时，膨胀系数较大的金属片伸长较多，致使其未固定端向膨胀系数较小的金属片一方弯曲变形，由变形大小可测出温度高低，由于无汞害、便于维护、坚固耐用，广泛用于工业生产和科研。

续表

测温仪表	主要技术参数	简要说明
压力式温度计： 气体压力式 液体压力式 蒸气压力式	测量范围：−100～500℃ 精度等级 1.0、1.5、2.5	当温度变化时，装入密闭容器内的感温介质的压力随之变化，致使弹簧管变形，经传动机构带动指针偏转而测温。用作感温介质的有氮、低沸点蒸发液体丙酮、乙醚等。由于能防爆、远距离测温、读数清晰、使用方便，多用于固定的工业生产设备中。
电阻温度计： 铂热电阻 铜热电阻 热敏电阻 铑铁电阻	常用的测量范围：−200～650℃ 测量范围：−259.3～630.70℃ 测量范围：−50～150℃ 测量范围：−40～150℃ 测量范围：0.1～273K	利用物质的电阻随温度而变化的特性制成的测温仪器。由于测温精度高、范围宽、能远距离测量、便于实现温度控制可自动启示，故应用较广泛。国际实用温标规定复现 13.81K 到 630.74℃ 这个温区的温度量值，采用基准铂电阻温度计。 典型的标准铂电阻具有 25.5℃ 的冰点电阻，平均灵敏度为 0.1Ω/℃（0～100℃）或 200μV/℃（工作电流为 2mA）。
热电偶温度计： 铂铑 10—铂 镍铬—镍硅 铜—康铜	测量范围：1K～2800℃ 测量范围：0～1600℃ 微分电势 5～12μV/℃，1100℃ 以下时准确度为 0.3℃ 常用测量范围：0～1300℃ 400℃ 以下工业用热电偶的允许误差一般为 3℃ 测量范围：−200～350℃，微分电势不小于 16μV/℃，准确度常为 0.1℃	热电偶是由两种不同的金属或合金制成的，它们的一个焊接在一起形成测温端，另一端置于标准温度下。当两个端点置于不同温度处，热电偶回路中就会有电动势产生。金属种类和成分确定后，温差和电动势的关系一般即确定，因此，测出电动势便可测得温差。由于结构简单、体积小、测温范围广、灵敏度高、能直接将温度量转换为电学量，适用于自动控温，已成为目前应用最为广泛的测温元件。铂铑 10—铂热电偶是国际实用温标复现 630.755～1064.43℃ 温区的温度量值的基准仪器。
光学高温计	测量范围 700～3 200℃ 一般工作距离 ≥700mm 精密光学高温计在 900～1 400℃ 范围内基本误差可小于 ±8℃	被测高温物体的热辐射表现为一定的亮度，经物镜聚焦在灯丝平面上，改变灯丝电流来改变灯丝亮度，并且与被测物亮度比较，当亮度一致时，灯丝隐没于被测物的亮背景之中，此时的电流值即可指示被测物相应的亮度温度。它是非接触测温仪表，是目前高温测量中应用较广的一种测温仪器。
光电高温计	测量范围宽，测量下限值低于光学高温计和辐射温度计	由于采用单色滤光器体、光电探测器等改进了光学高温计，大大提高了灵敏度和准确度。测金属凝固点温度（1 064.43℃）不确定度达 0.04℃，分辨率为 0.005℃，是复现 1 064.43℃ 以上的国际实用温标的基准仪器。
辐射温度计	测量范围 100～2 000℃ 常用的辐射高温计在 1 000～2 000℃ 范围内基本误差不大于 20℃	被测物体的辐射能，经过透镜聚焦在热电堆的受热片上（有许多串联的热电偶接点），受热片接受辐射能量转为热能而温度升高，热电堆中产生相应的热电势。利用物体辐射强度与温度四次方成正比的规律，能较精确地测出温度。它也是非接触测温仪表之一。

实验七　电子示波器的使用

测试电压、电流的仪表通常用机械部件来指示(如指针、反射镜或绘图笔)这些部件由于惯性大,只适用于描绘低频电压信号或只能测量电压平均值或有效值。电子示波器利用电场对电子运动的影响来反映电压的瞬变过程。由于电子惯性小,荷质比大,因此示波器具有较宽的频率响应,用以观察变化极快的电压瞬变过程。电子示波器有通用示波器、双踪示波器和存储记忆示波器,它具有较广的应用范围,所有可以转换为电压信号的物理量的瞬变过程都可用示波器来显示和记录;示波器还可以用来显示两个电压量的函数关系。本实验通过对信号波形的观察,扫描波频率的测定和用不同频率的正弦变化电压信号正交合成李萨如图形观察和待测频率的测定,掌握双踪示波器的基本原理和基本使用方法。

◆ 实验目的

1. 学习电子示波器显示波形的基本原理,学会使用信号发生器。
2. 电子束垂直正弦振动合成的轨迹(李萨如图形),并测定待测正弦波的频率。
3. 利用双踪示波器观察构成李萨如图形的垂直正交的两个波形,学习双踪示波器基本功能键的使用。

◆ 示波器的结构和原理

示波器由两大部分组成:示波管和控制示波管工作的电路,示波管控制电路主要有聚焦调节、辉度控制、位移调节;信号处理电路主要有信号放大器、扫描信号发生器、同步系统以及电源等组成,如图1双踪显示时垂直显示选择开关 S_Y 定时 CH1 和 CH2 相继接通所示。

1. 示波管

(1) 基本结构

示波管是示波器的主要部件,其结构如图 2 所示。由电子枪、两组互相垂直的偏转板和涂有发光物的荧光屏组成,当高速的电子撞击荧光屏时,电子会使荧光物质发出光,在屏上显示亮点,电子束随偏转板间的电场力变化而变的运动轨迹情况,在荧光屏上显示出曲线。

为了使电子运动尽可能少与空气分子碰撞,以上部件被安装在抽成真空的玻璃泡里。

(2)电子枪的辉度控制及聚焦调节

电子枪由灯丝 H 阴极 K、栅极 G、阳极 $A(A_1、A_2)$所组成,灯丝 H 通电后被加热发射电子,而栅极 G 的电势较阴极 K 低,改变栅极 G 电势的大小,可以控制发射电子的数量,这称为辉度控制;阳极电势高于阴极,所以电子被阳极加速,改变阳极电势,可以使不同发射方向的电子恰好汇聚在荧光屏的一点上,这称为聚焦调节。示波器面板上设置有"辉

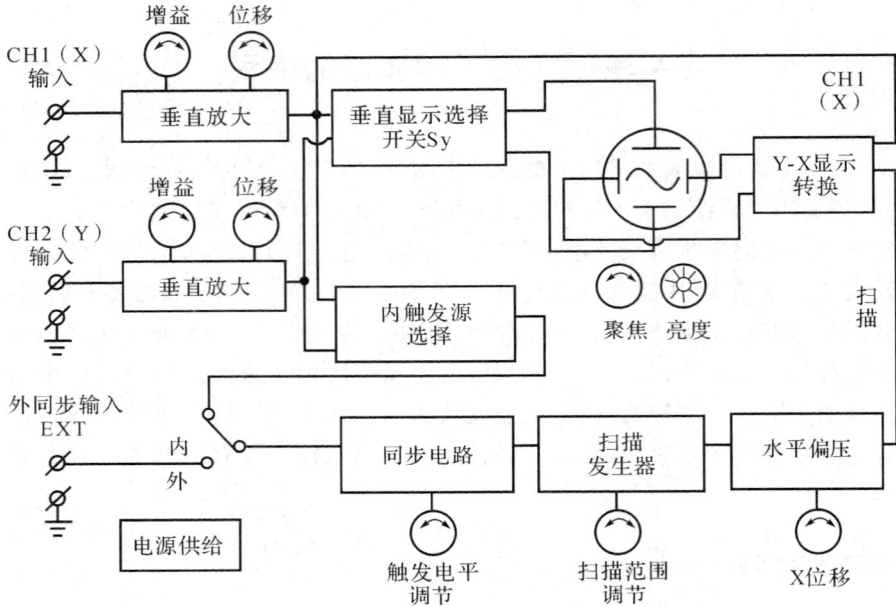

图 1　双踪电子示波器组成与调节旋钮示意图

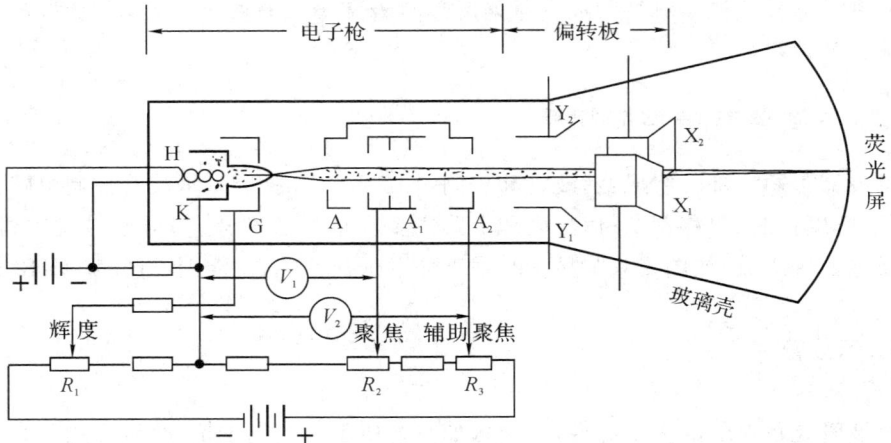

图 2　示波管示意图

度"、"聚焦"旋钮,分别控制和调节荧光屏上亮点的亮暗程度和焦点。

　　(3)偏转极中电子束 X、Y 位移调节

　　电子枪发射的电子,在撞击荧光屏前还要经过相互垂直的 X 极板间和 Y 极板间,当极板上电压为零时,电子束射向荧光屏正中的 P_0 点,如图 3(a)。如果极板加上电压,则电子束受到电场的作用,运动方向发生偏移 P_1 点,如图 3(b)。因此,如果改变 X 极板间或 Y 极板间的直流偏压,就能改变电子束在荧光屏上显示位置。在示波器面板上设置有X、Y位移调节旋钮。分别控制和调节荧光屏上显示信号波形 X、Y 向的位置。

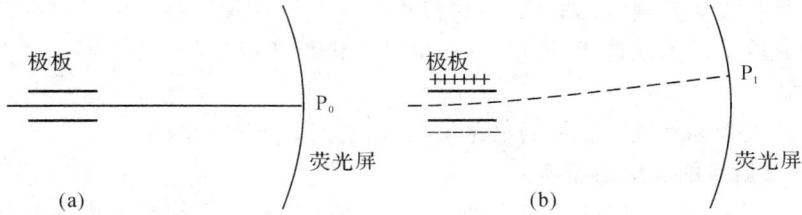

图 3 极板间的电势差使电子束发生偏转

2. 示波器信号处理电路

主要由信号放大器、扫描信号发生器、同步、触发器和电源等电路组成。

（1）Y（垂直）信号放大器

信号放大器也称为垂直放大器，信号进入示波器前，首先要不失真地放大或衰减待测信号，使待测信号符合示波器测量灵敏度的要求。在输入端与信号放大器之间有一个衰减器，其作用是衰减过大的输入信号（待测信号），以适应放大器的要求，经放大器送到示波管垂直极板，荧光屏显示待测信号。衰减器安装在仪器面板上，可选择 Y 轴衰减的刻度值，荧光屏上的一格的电压值与 Y 轴衰减器选择刻度值相对应。

示波器显示信号灵敏度单位为 V/div 或 mV/div（div 为荧光屏上的一格的长度）。

例如示波器的 Y 轴衰减器旋钮设置在 0.5V/div 的位置（微调旋钮设置在校准位置），荧光屏上的竖直方向显示光迹长度达 4 格位置。则 Y 极板输入的被测信号的峰—峰值为 2 V。

（2）扫描信号发生器与 X（水平）信号放大器

扫描信号发生器安装在示波器内部，产生良好线性、频率连续可调的锯齿波信号（见图 4），作为波形显示的时间基线。X 信号放大器将锯齿波信号放大，输送到水平偏转板，以保证扫描基线有足够的宽度。并可以直接放大外来的信号作 X—Y 显示之用。

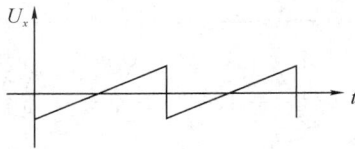

图 4 扫描波（锯齿波）

例如，示波器的扫描旋钮设置在 0.5ms/div 的位置，（微调旋钮设置在校准位置）荧光屏上的水平方向显示一个周期信号达 4 格位置，则被测信号周期为 T＝2 ms，频率为 f＝500Hz。

（3）同步系统

同步电路从垂直放大电路中取出部分待测信号，输入到扫描信号发生器，迫使锯齿波与待测信号同步，根据同步源的不同，示波器可设置为内同步、外同步和电源同步。为了有效地稳定显示波形，目前多数的示波器都采用触发扫描电路来达到同步目的，操作时，使用"电平"（LEVEL），改变触发电平大小，当待测信号电压上升到触发电平时，扫描信号发生器便开始扫描。扫描时间的长短,由扫描速度选择开关控制。由于每次波形的扫描起点都在荧光屏上的固定位置,所以,显示的波形极为稳定。

(4)电源

电源为示波管和示波器各控制电路供电,使它们能正常工作。

3. 示波器显示的波形的原理

当示波器 Y 极板上加上正弦电压时,可以想象,荧光屏上的亮点也随时间作上下谐振动,如图 5(a)所示。如果同时在 X 轴方向加一个与时间成正比的周期性电压时,光点

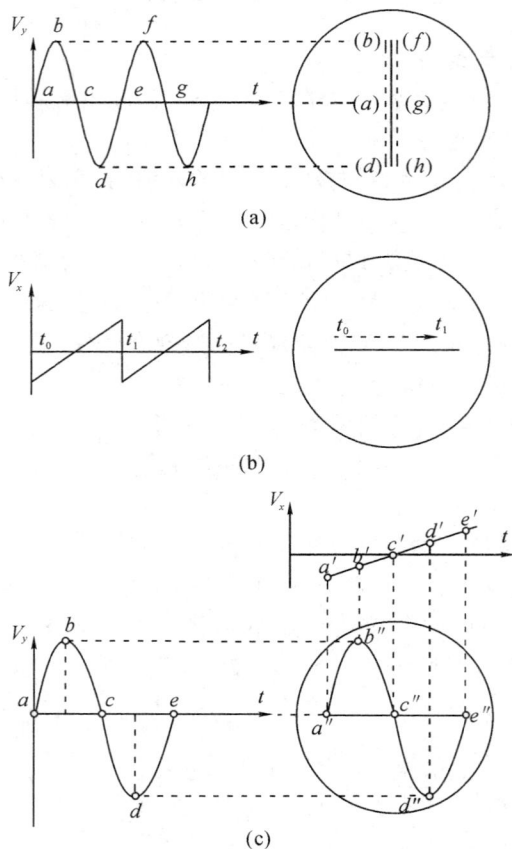

(a)

(b)

(c)

图 5　示波器显示波形的原理

不仅沿 Y 轴随时间作正弦运动,而且同时作水平匀速运动,光点在这两个方向的运动合成下,即为电压信号随时间变化的波形图,如图 5(c)。X 轴方向与时间成正比的电压的作用就是扫描作用。而 X 轴方向的线性电压不是随时间无限增加的,当光点从荧光屏左端移到右端时,必须迅速移回到原左端位置重复上述过程,这样 X 轴的扫描电压必须是锯齿形波形。为了观察到稳定的波形,被测信号频率 f_y 必须是扫描电压频率 f_x 的整倍数($f_y = nf_x$),即锯齿波的周期是被测信号周期的整倍数,这样锯齿波在被测信号的每个周期的同一时刻开始扫描,每次扫描的图像重合,波形稳定显示。如果不满足整数倍关

系,则每次扫描得到的波形不重合,观察到的波形向右或向左移动,如图6所示。

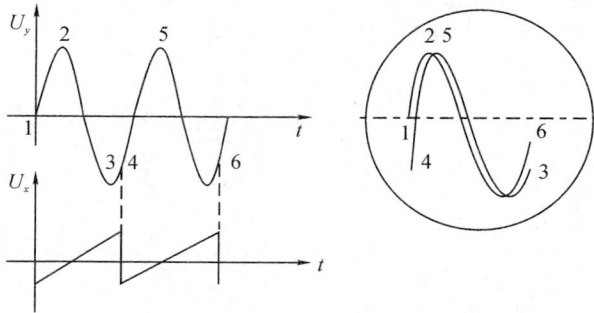

图6　波形移动图

4. 李萨如图形观察

当 X 轴输入扫描信号(通常由示波器内部扫描信号发生器产生)时,示波器显示 Y 轴输入讯号的瞬变过程。从图1双踪电子示波器组成与调节旋钮示意图中可见:双踪电子示波器的水平放大器通过 X－Y 显示转换开关或按钮也可与外接 X 轴输入端(通常为CH1 端)相接,若 X 轴输入一正弦信号,Y 轴输入另一正弦信号,两者信号频率成简单整倍数时,观察到的是电子束的运动是受两个互相垂直的简谐振动的合成信号。这种图形称李萨如图形,如图7中每一行的图形分别是信号频率不同之比如:$f_y : f_x = 1 : 2$;$f_y : f_x = 1 : 3$;$f_y : f_x = 2 : 3$所示,同一行中它们的形状不同是由于它们相位差的不同所致,但是它们还是有一定规律的。

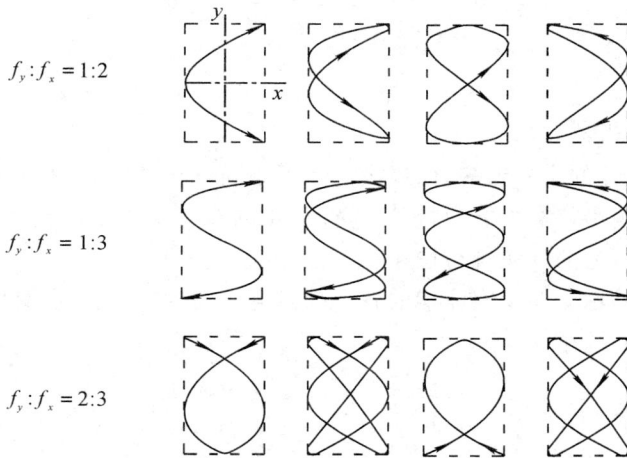

图7　李萨如图形

令 f_y 和 f_x 分别代表在 Y 方向和 X 方向正弦信号的频率,当荧光屏上显示出瞬时的李萨如图形时,在水平和垂直方向分别作二直线与图形相切或相交,数出此二直线与图形的切点数或交点数则:

$$\frac{f_y}{f_x} = \frac{水平直线与图形相切（或相交）的点数}{垂直直线与图形相切（或相交）的点数}$$

如图 8(a)水平直线与图形相切点数为 1 点(a)；垂直直线与图形的相切点数为 2 点(b,c)。

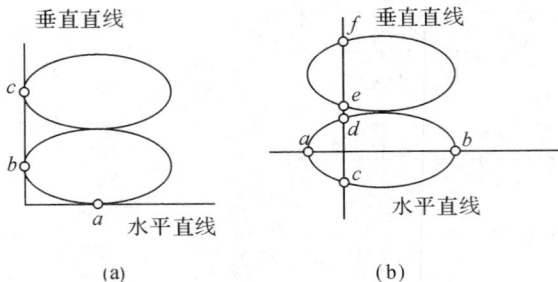

图 8　从已知频率求另一频率

$$\frac{f_y}{f_x} = \frac{1}{2}$$

如图 8(b)水平直线与图形的相交点数为 2 点(a、b)；垂直直线与图形的相交点数为 4(c、d、e、f)。

$$\frac{f_y}{f_x} = \frac{2}{4} = \frac{1}{2}$$

在荧光屏上数得水平直线与图形的切点数（或相交点数）和垂直直线与图形的切点数（或相交点数），就可以从一已知频率 f_x（或 f_y）求得另一频率 f_y（或 f_x）。

◆　**实验仪器**

示波器、信号发生器。

示波器：因示波器的型号繁多，面板设计各不相同，一个实验室就有好几种示波器，更重要的是培养同学使用仪器的能力，请同学按图 1 的双踪电子示波器组成与调节旋钮示意图对照示波器面板上的旋钮进行操作。

信号发生器提供示波器观察波形的各种信号电压，它可以输出各种波形，对同一种波形又可输出各种不同频率。

◆　**实验内容**

1. 双踪示波器的调节使用

(1)将示波器电源接上 220V 电源，按电源开关键，指示灯亮，预热一、二分钟。

(2)按触发单元"自动"键（准备灯息），按水平方式单元"A"键，置功能键方式于"双踪"。

(3)调节水平位移和垂直位移旋钮，令波形在示波器上显示。

(4)调节亮度旋钮和聚集旋钮，使双光迹清晰可见。

2. 用直接读数法测定待测试验信号峰—峰值 V_{pp} 和周期 T

(1)把函数信号发生器接上 220 伏市电,打开电源开关,指示灯亮。

(2)把被测信号加到示波器 CH2,调整扫描时间选择旋钮,观察到 1 个,2 个,…,n 个完整波形($n \geqslant 1$)。

(3)调节 CH2(Y)衰减器旋钮和扫描时间选择旋钮,获得稳定波形。(注:微调旋钮皆置于校准位置)

(4)根据旋钮的(V/div)值与屏幕刻度,读出电压峰—峰值 V_{pp};根据旋钮的(Time/div 值)与屏幕刻度,读出信号周期 T。

数据表格:

n	1	2	3	平均
格数(竖向)				
每格电压值(V/div)				
峰—峰值 V_{pp}(V)				
格数(横向)				
每格时间值(time/div)				
周期 T(s)				
频率 f(Hz)				

3. 用李萨如图测定被测信号频率(同时比较法)

在荧光屏上数得水平直线与图形的切点数(或相交点数)和垂直直线与图形的切点数(或相交点数),就可以从一已知频率 f_x(或 f_y)求得另一频率 f_y(或 f_x)。具体操作如下:

(1)将"被测信号"接入"CH2(Y)",即被测信号接入"Y 轴"。把示波器设置于 X−Y方式。

(2)选择信号发生器处于正弦波,并将其"输出"接到示波器的"CH1(X)",此时低频信号发生器的正弦电压由 X 轴输入。

(3)把函数信号发生器的输出频率分别设置在 250、500、750 或 1 000、1 500Hz 左右,通过频率调节旋钮,以获得蠕动最慢的李萨如图形,分别观察且画出相对稳定的瞬间图形,记下相应的 f_x 数值,并注明 Y 方向和 X 方向正弦波的频率比。求出试验信号的频率值 f_y。

数据记录表格:

李萨如图					
$f_y : f_x$					
f_x(Hz)					
f_y(Hz)					
$\overline{f_y} =$			(Hz)		

注:f_x—低频信号发生器输出频率(已知);

f_y—被测试验信号频率(未知)。

A 类不确定度：$S = \sqrt{\dfrac{\sum (f_y - \overline{f}_y)^2}{n-1}}$

B 类不确定度：由信号发生器 f_x 显示值的末位数 ± 1 单位，记录 Δf_x 变化值，再按表中 $f_y : f_x$ 比值计算出 Δf_y，取最大值。

得 $\qquad u = \sqrt{S^2 + (\Delta f_y / 3)^2}$

写出被测信号频率的测量结果表达式：

$\qquad f(\overline{f} \pm U) \quad$ Hz

实验八　薄透镜焦距的测量

一、用自准直法测薄凸透镜焦距

透镜是组成光学仪器中最基本的元件,焦距是反映透镜性质的一个重要参数。了解透镜成像规律,掌握光路调整和焦距测量方法,对于了解、使用和设计光学仪器有很大的帮助。本实验仅测量薄凸透镜的焦距。

◆　**实验目的**

1. 了解简单光路的调整原则与方法——"同轴等高"调节。
2. 了解、掌握自准直法测凸透镜焦距的原理及方法。

◆　**实验原理**

当发光点(物)处在凸透镜的焦平面时,它发出的光线通过透镜后将成为一束平行光。若用与主光轴垂直的平面镜将此平行光反射回去,反射光再次通过透镜后仍会聚于透镜的焦平面上,其会聚点将在发光点相对于光轴的对称位置上。

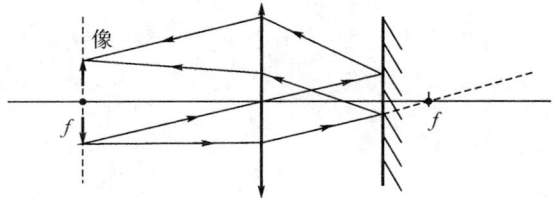

图 1　自准直法

◆　**实验装置**

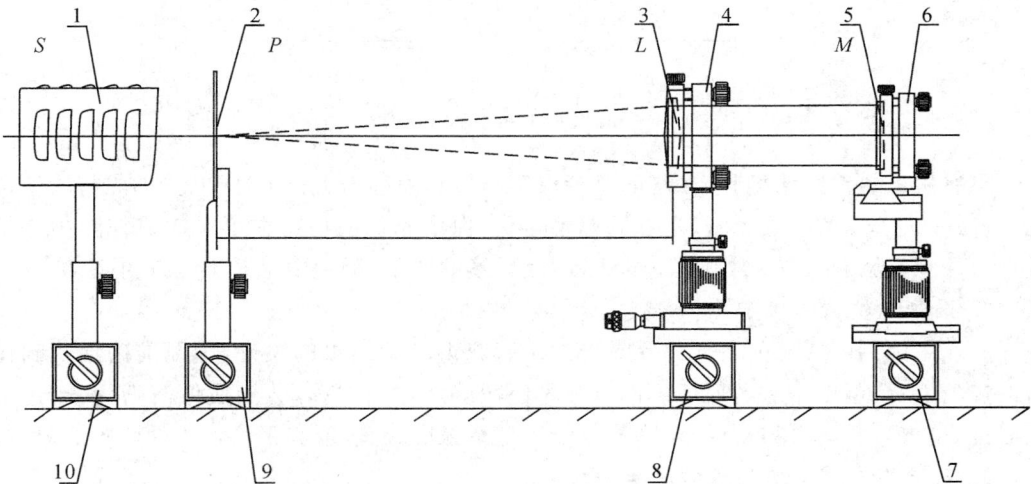

1. 白光源 S(GY-6A)　2. 物屏 P(SZ-14)　3. 凸透镜 L(f'=190mm)　4. 二维架(SZ-07)或透镜架(SZ-08)

5. 平面反射镜镜(SZ-04)　6. 三维调节架(SZ-16)　7. 二维平移底座(SZ-02)　8. 三维平移底座(SZ-01)

9-10. 通用底座(SZ-04)

图 2　自准直法透镜焦距测量装置

◆ **实验内容**

1. 实验测试前,调整"共轴等高"可分两步进行

(1)粗调:

先将透镜等元器件向光源靠拢,调节高低、左右位置,凭目视使光源、物屏上的透光孔中心、透镜光心、像屏的中央大致在一条光学平台平行的直线上,并使物屏、透镜、像屏的平面相互平行。

(2)细调:

利用透镜二次成像法来判断是否共轴,并进一步调至共轴。当物屏与像屏距离大于 $4f$ 时,沿光轴移动凸透镜,将会成两次大小不同的实像。若物的中心 P 偏离透镜的光轴,则所成的大像和小像的中心 P' 和 P'' 将不重合,但小像位置比大像更靠近光轴(如图 3 所示)。就垂直方向而言,如果大像中心 P' 高于小像中心 P'',说明此时透镜位置偏高(或物偏低),这时应将透镜降低(或把物升高)。反之,如果 P' 低于 P'',便应将透镜升高(或将物降低)。

调节时,以小像的中心位置为参考,调节透镜(或物)的高低,逐步逼近光轴位置。当大像中心 P' 与小像中心 P'' 重合时,系统即处于共轴状态。

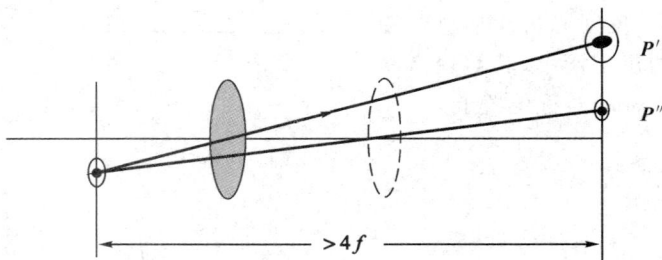

图 3 同轴等高判断示意图

当有两个透镜需要调整(如测凹透镜焦距)时,必须逐个进行上述调整,即先将一像情况,对后一个透镜的位置上下、左右的调整,直至像中心仍旧保持在第一次成像黔中心位置上。注意,已调至同轴等高状态的透镜,在后续的调整、测量中绝对不允许再变动。

2. 清晰像位置的确定

能够正确判断成像的清晰位置是光学实验获得准确结果的关键,为了准确地找到像为最清晰位置,可采用左右逼近法读数。先使像屏从左向右移动,到成像清晰为止,记下像屏位置,再自右向左移动像屏,到像清晰再记录像屏位置,取其平均作为最清晰的象位。

3. 自准直法测量薄凸透镜焦距

(1)按照装置图 2,沿米尺在光学平台上装妥各光学元件,按前述方法调节光学元件同轴等高;

(2)移动凸透镜,直至在物屏上获得镂空图案的倒立实像;

(3)调节平面反射镜,并微动凸透镜,使像最清晰且与物等大(充满同一圆面积),此时移

动平面反射镜,像大小不变。记下物屏位置 a_1 和凸透镜中心位置 a_2,得焦距 $f_a = |a_2 - a_1|$;

(4)改变透镜至光源之间的距离,重复上述步骤,测 f_a 值 3 次;

(5)将物屏和凸透镜反转 180°之后,重复做前 4 步,记下物屏位置 b_1 和凸透镜的位置 b_2,得焦距 $f_b = |b_2 - b_1|$;测 f_b 值 3 次;

(6)计算凸透镜焦距

◆ **数据记录与处理**

测量次数	物屏位置/cm a_1(或 b_1)	透镜位置/cm a_2(或 b_2)	$f_a = |a_2 - a_1|$ $f_b = |b_2 - b_1|$	焦距平均值 /cm	误差值/cm
1					标准偏差 $S =$
2					
3					
4					仪器误差 $\Delta_{仪} =$
5					
6					

结果表达:$f = \overline{f} \pm 2u$

◆ **思考题**

1. 实验测量中,为何要将物屏和凸透镜转 180°后重复测量?

2. 自准直法调节好后,移动平面反射镜,像的大小不变,为什么?

二、用物距—像距法测凹透镜焦距

凹透镜是发散透镜,无法成实像,因而无法直接测量其焦距,往往采用一凸透镜作辅助透镜来测量。

◆ **实验目的**

1. 掌握简单光路的分析和调整方法。

2. 用物距-像距法测凹透镜焦距。

◆ **实验原理**

辅助透镜成像法

设物屏 A 发出的光,经辅助凸透镜 L_1 成实像于 A′处,放入待测焦距的凹透镜 L_2 成实像于 A″处,则 A′和 A″相对于 L_2 来说分别是虚物和实像。分别测出 L_2 到 A′和 A″距离

u 和 v，根据（1）式，就可以算出焦距 f。如图 1 所示：

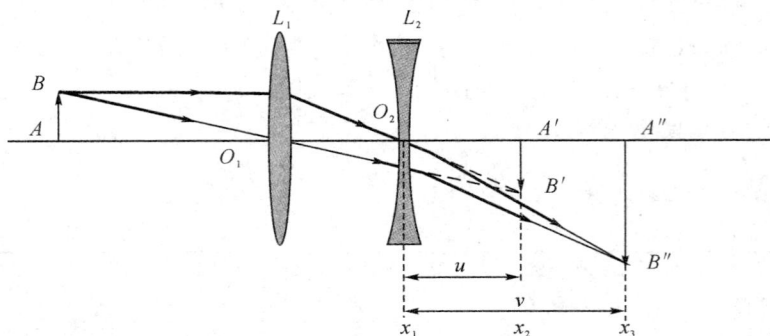

图 1　测量凹透镜焦距光路图

实物 AB 经凸透镜 L_1 成像于 A′B′。在 L_1 和 A′B′ 之间插入待测凹透镜 L_2，就凹透镜 L_2 而言，虚物 A′B′ 又成像于 A″B″。实验中，调整 L_2 及像屏至合适的位置，就可找到透镜组所成的实像 A″B″。因此可把 O_2A′ 看为凹透镜的物距 u，O_2A″ 看为凹透镜的像距 v，则由成像公式可得

$$-\frac{1}{u}+\frac{1}{v}=\frac{1}{f} \qquad （虚物的物距为负） \tag{1}$$

$$f=\frac{u \cdot v}{u-v} \tag{2}$$

由于 $u < v$，求出的凹透镜 L_2 的焦距 f 为负值。

◆　**实验内容**

1. 调节同轴等高；

2. 凸透镜成像

在不放置凹透镜时，使毫米尺 P_1 和像屏 P_2 的距离稍大于凸透镜焦距的 4 倍（推荐 35cm 左右），得到一清晰的放大或者缩小的毫米尺像。记下凸透镜 L_1 和像屏 P_2 的位置 X_0、X_2；

3. 凹透镜成像

向稍远处（约 2～5cm）移动像屏 P_2，在凸透镜 L_1 和像屏 P_2 之间加入待测的薄凹镜 L_2，移动凹透镜，直至屏上又出现清晰的像，记下 L_2 和像屏 $P_2′$ 的位置 X_1、$X_2′$；

4. 改变凸透镜 L_1 位置，重复上述（2）～（3）步骤，获得 3 组测量数据；

5. 以 $L_2 P_2$ 的距离为物距 $-u$，以 $L_2 P_2′$ 的距离为像距 v，计算被测凹透镜的焦距；

6. 把凸透镜 L_1、凹透镜 L_2、像屏 P_2 转过 180°，重复上述（2）～（5）测量步骤，并记录相应数据。

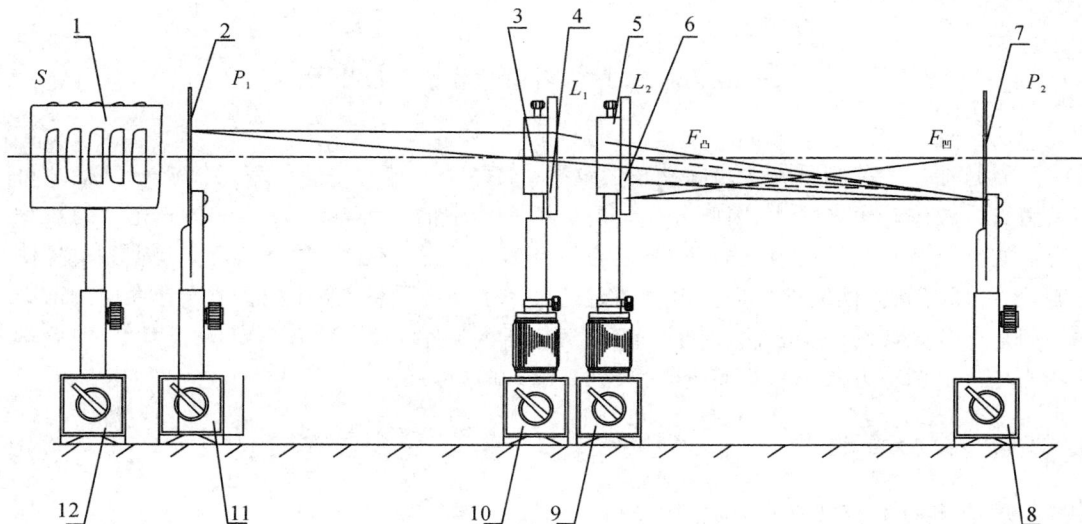

1. 白光源 S 2. 毫米尺 3. 凸透镜($f=70\text{mm}$) 4. 透镜架(SZ-08) 5. 凹透镜($f=-60\text{mm}$) 6. 透镜架(SZ-08)
7. 像屏(SZ-13) 8. 普通底座(SZ-04) 9~10. 升降调节座(SZ-03) 11~12. 普通底座(SZ-04)

图 2 凹透镜焦测量装置

◆ **数据记录与处理**

测量次数	X_o/cm	P_2 位置 X_2/cm	凹透镜位置 X_1/cm	P_2' 位置 X_2'/cm	$u=\|X_2-X_1\|$ /cm	$v=\|X_2'-X_1\|$ /cm	凹透镜焦距 f/cm
1							
2							
3							
4							
5							
6							
f 平均值/cm			标准偏差 $S=$			仪器误差 $\Delta_{仪}$	

结果表达:$f=\overline{f}\pm 2u$

◆ **思考题**

1. 为什么需保证凹透镜与凸透镜成像时 P_2 的位置读数距离小于凹透镜的焦距?

2. 想想还有什么其他方法可以测量凹透镜的焦距?

实验九　分光计的调整和使用

　　分光计是一种测量光线之间夹角的仪器。不少物理量,如折射率、光波长等,往往可以用光线的偏转角来量度,因此分光计是光学实验中的一种基本仪器。在分光计的载物台上放置色散棱镜或衍射光栅,它就成为一台简单的光谱仪器;在分光计上装上光电探测器,还可以对光的偏振现象进行定量的研究。为了保证测量的准确度,分光计在使用前必须调整。分光计的调整方法,对于一般光学仪器的调整来说,具有一定的通用性,因此学习分光计的调整方法也是使用光学仪器的一种基本训练。

◆　实验目的

1. 了解分光计的结构和测量原理。
2. 掌握分光计调整的原理和方法。
3. 用分光计测量三棱镜的棱角。

◆　实验仪器

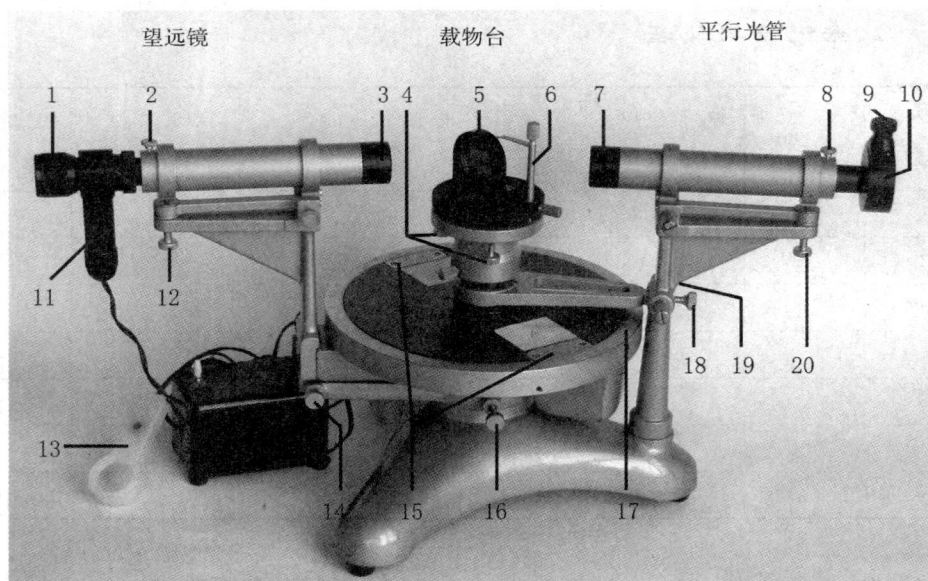

　　1. 望远镜目镜　2. 望远镜目镜锁紧螺钉　3. 望远镜物镜　4. 平台倾斜度调节螺钉　5. 双面镜
　6. 光学元件固定架　7. 平行光管会聚透镜　8. 平行光管锁紧螺钉　9. 狭缝宽度调整螺钉　10. 狭缝
　　11. (内装)小灯　12. 望远镜倾斜度调节螺钉　13. 带小灯的放大镜　14. 望远镜微调螺钉
　15. 互成180度的两个游标　16. 望远镜止动螺钉(另一侧对应位置为度盘止动螺钉)　17. 度盘
　　18. 游标盘止动螺钉　19. 游标盘微调螺钉　20. 平行光管倾斜度调节螺钉

图1　分光计

分光计由平行光管、载物台、望远镜、读数系统四大部分组成。现将各部分逐一介绍。

1. 平行光管

平行光管的作用是产生平行光,它由可调狭缝和会聚透镜组成。若狭缝恰好位于透镜焦平面处,则透过狭缝的光经透镜后将成为平行光。狭缝宽度可调节,狭缝至透镜的距离可调节,平行光管倾斜度可调节。

2. 载物台

载物台用来摆放光学元件,如三棱镜、光栅等。载物台可升降,有锁紧螺钉固定位置。顶部的平台架在三只螺钉 a、b 和 c 上。可调节螺钉改变平台倾斜度。

3. 望远镜

望远镜用于观察平行光行进的方向。它由物镜与目镜组成。改变物镜至目镜的距离,可以使不同距离处的物体成像清晰。望远镜对焦于无穷远时,则可使从无穷远处来的平行光成像最清晰。

为了便于调节和测量,目镜与物镜之间有分划板,目镜到分划板,及目镜和分划板到物镜的距离均可调节。分划板上刻有两横一竖的刻线,下横线和竖线的交点在望远镜的光轴上。分划板与目镜之间,装有全反射小三棱镜。三棱镜的一个直角面紧贴着分划板,这个面上有十字型透光的叉丝。三棱镜的另一个直角面处,装有小灯。小灯发出的光经小三棱镜反射后将叉丝照亮。见图 2。

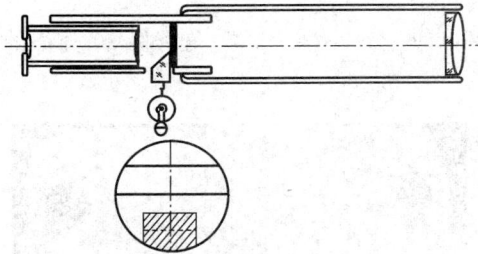

图 2　阿贝目镜

若叉丝正好处在物镜的焦平面上,则从叉丝透过的光经物镜后成一平行光。若前方有一平面镜,则经平面镜反射,再次透过物镜将成像在焦平面上。那么,从目镜中可以同时看清分划板上两横一竖的刻线和叉丝的像,并且没有视差。如图 3 所示。这就是用自准直法调节望远镜使之可以观察平行光的原理。

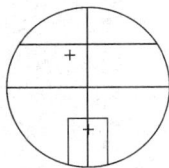

图 3　叉丝成像

分划板的上横线与叉丝的横线到分划板的中间下横线的距离相同。如果望远镜的光轴与平面镜垂直,则叉丝所成的像与分划板刻线上焦平面,且像与物上下对称。如图 4 所示。

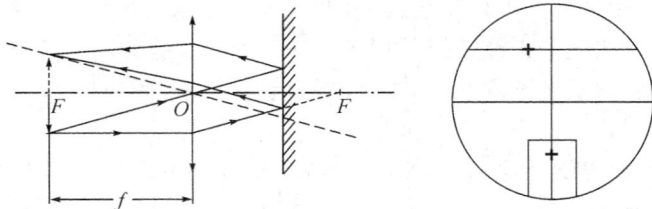

图 4　叉丝正确成像的位置

　　望远镜倾斜度可通过螺钉进行调节。望远镜可绕分光计中心轴转动并有止动螺钉,拧紧望远镜止动螺钉后,再转动其微调螺钉,则望远镜就能转动微小角度(游标盘也可类似转动),见图 1。

4. 读数装置

　　相应的止动螺钉拧紧后,望远镜和载物台可分别与度盘和角游标固定在一起,它们的相对转动角度可从游标读出。角游标有两个,记为 A、B,它们相隔 180°,见图 1。从 A,B 两游标可分别读得望远镜转过的角度,然后取平均值,这样可消除中心轴偏心带来的误差。

　　本实验室中分光计刻度盘上每小格为 30′,角游标 30 分格的弧长与刻度盘 29 分格的弧长相等,见图 5。

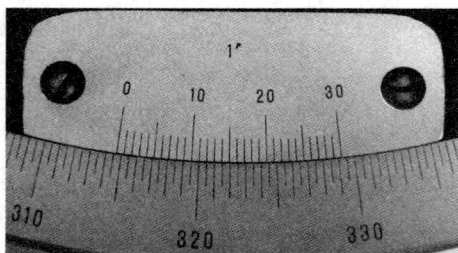

图 5　角游标尺

　　例如图 5 中的读数应为:
　　$314°30′+11′=314°41′$

◆ 实验内容

1. 分光计的调整
(1) 调整分光计的目的
分光计通常用来测量线光源光线经各种光学元件(如狭缝、光栅、棱镜等)后的偏转角度。测量时,转动望远镜,使之对准偏转光线,由读数窗所得读数变化即得角度。

但是,所得角度与实际光线之间角度一致是有条件的。参考图 6,Π_1、Π_2 是两束线光源光线传播的平面,如果 1 和 $1'$ 是波线,则它们之间的夹角 α 是两束光线之间的夹角。如果 2 和 $2'$ 是望远镜光轴,则 α' 是所测得的角度。这两个角度当 $\beta=0$ 时,即平面 Σ_1 和 Σ_2 平行时,才是相等的。所以实验测量前调整仪器目的为了消减系统误差。

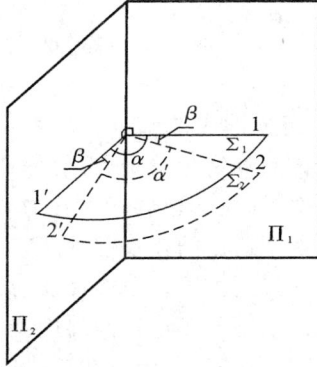

图 6 实际光线与测得光线的夹角

实际上,用分光计进行观测时,其观测系统基本上由下述三个平面构成,如图 7。

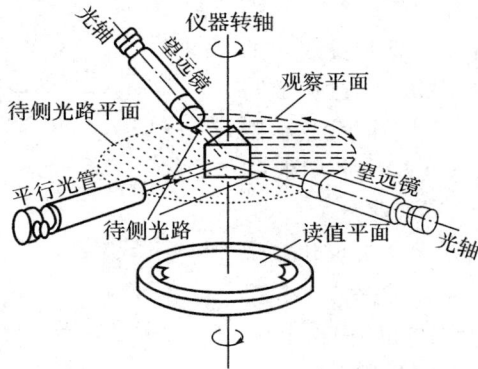

图 7 分光计的观测系统

读值平面:这是读取数据的平面,由度盘和游标内盘绕中心转轴旋转时形成的。对每一具体的分光计,读值平面都是固定的,且和中心转轴垂直。

观察平面:由望远镜光轴绕仪器中心转轴旋转时所形成的。只有当望远镜光轴与中心转轴垂直时,观察面才是一个平面,否则,将形成一个以望远镜光轴为母线的圆锥面。

待测光路偏转平面:经过待测光学元件(棱镜、光栅等)透射、反射、折射和衍射后的光线所确定的平面。它的方位与平行光管光轴、载物台平面有关。

应将此三个平面调节成相互平行。

所以,在使用分光计测量之前,必须对仪器进行精密调整,以保证入射光线是平行光,检测工具能接收平行光,读值平面、观察平面和待测光路平面平行。

按照调整的顺序，分光计调整的目的是：

① 望远镜调焦到无穷远，平行光能成像清晰；

② 望远镜的光轴与分光计中心轴垂直，载物台平面垂直于分光计中心轴；

③ 平行光管发射平行光，其光轴与分光计中心轴垂直。

（2）调整方法

调整分光计前，应先熟悉仪器，了解各个调节螺钉的使用，特别是各个锁紧、止动螺钉的配合使用。

① 望远镜调焦到无穷远，平行光能成像清晰

转动望远镜目镜（即调整目镜到分划板的距离）使分划板上的刻线成像清晰。在载物台上，放上双面镜。在目镜视场中，寻找叉丝的像。注意，调整时应先粗调。粗调就是先从望远镜筒外侧面观察，粗略判断望远镜的镜筒是否垂直于载物台上的平面镜。再转动载物台，眼睛直接从望远镜外侧面找到由平行平面镜反射回来的亮十字叉丝像，若这时眼睛高度比目镜中心高度高（或低），则调节望远镜倾斜度调节螺钉和平台倾斜度调节螺钉，直至眼睛与目镜中心等高。再从望远镜目镜中寻找反射回来的光斑。松开望远镜目镜锁紧螺钉，前后移动目镜（即调整目镜到物镜的距离），使叉丝成像清晰明亮。重复调整目镜、分划板、物镜之间的距离，使分划板刻线和叉丝像无视差。

② 望远镜的光轴与分光计中心轴垂直，载物台平面垂直于分光计中心轴

这一步仍要借助双面镜来调整。双面镜前后两个反射面是互相平行且与其底座的底面垂直的。若望远镜及载物台均已调成与分光计中心轴垂直，见图 8，则平面镜放在载物台任意位置上，都应看到如图 4 所示图像。将载物台转过 180°观察，也应如此。

若没有达到上述调整要求会出现什么现象呢？我们不妨讨论二种特殊情况：

（a）若载物台平面与分光计中心轴垂直，而与望远镜光轴不垂直，则当转动载物台时，无论哪个反射面对准望远镜，在望远镜中看到的叉丝像总是偏上或总是偏下，见图 9。

（b）若望远镜光轴与分光计中心轴垂直，而载物台平面不垂直，则当转动载物台，使一个反射面正对望远镜时若叉丝像偏下；转过 180°，使另一个反射面正对望远镜，叉丝像必偏上，见图 10。

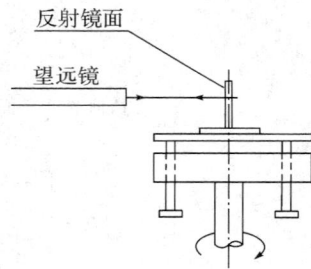

图 8　望远镜光轴及载物台平面与
分光计中心轴垂直

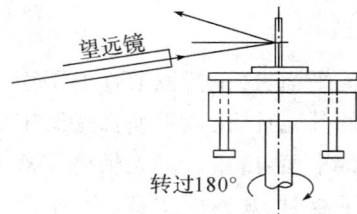

图 9　望远镜与载物台转轴不垂直

一般情况下，上述（a）、（b）两种没有调好的因素均存在，所以调整时要根据观察到的叉丝像的现象进行分析，针对原因进行调整。调整通常可分两步：

第一步，在载物台三只倾斜度调整螺钉 a、b、c 中选任二只调节，例如 a、c，将双面镜镜

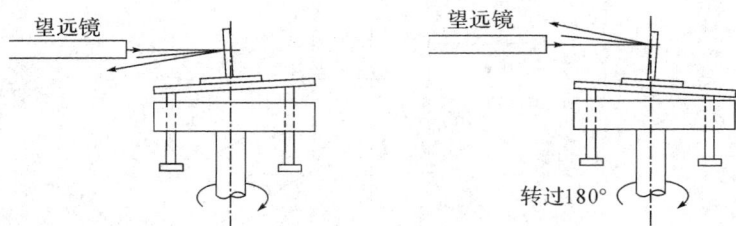

图 10　载物台不垂直

面放在 a、c 连线的中垂线上，见图 11(a)，并将望远镜正对双面镜，左右微微转载物台，从
目镜中找到叉丝像。然后将载物台转过 180°，注意应将载物台底座与游标盘锁紧，转动
游标盘，带动载物台底座、平台、双面镜同时转动。这时双面镜的另一反射面正对望远镜，
同样找到叉丝像。找叉丝像时，注意应先粗调。在两个反射面都能找到叉丝像后（为什
么?），仔细观察叉丝反射像相对于分划板的上横线的位置，调节载物台倾斜螺钉 a 或 c，
使叉丝像的水平线与分划板的上横线的距离减小一半，调节望远镜倾斜度螺钉使叉丝像
的水平线与分划板的上横线重合。将载物台转过 180°，重复以上调节。直至两叉丝像的
水平线均与分划板的上横线重合为止。

　　以上调节还不能决定载物台平面垂直于中心转轴，需进行第二步调整。将双面镜转
动 90°，即放在与 a、c 连线平行的直径上，见图 11(b)。调节螺钉 b，使反射像与叉丝重合。
注意此时不能再调螺钉 a、c 及望远镜倾斜度调节螺钉了（为什么?）

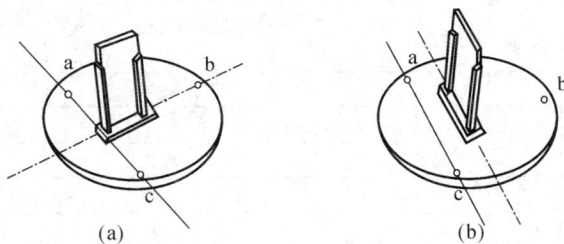

图 11　调节载物台

　　望远镜和载物台调好后，它们的倾斜度调节螺钉都不能再动了。
　　③ 平行光管发射平行光，其光轴与分光计中心轴垂直
　　这一步可用已调好的望远镜作为基准。调节平行光管狭缝至透镜的距离，使在望远
镜中能看到狭缝清晰的像，且缝像与分划板上的刻线无视差。这时平行光管已发射平行
光（为什么?）。再调节平行光管倾斜度调节螺钉，使狭缝像处于分划板上下横线上（此时
应将原先竖着的狭缝旋转 90°，成水平状，调整好还应将其恢复到原位置）。这样平行光
管光轴就垂直于分光计中心轴了（为什么?）。

2. 分光计的使用——测量三棱镜棱角 A

　　用一束平行光入射到三棱镜的棱角，如图 12 所示，光线(1)经 AB 面反射，光线(2)经
AC 面反射，二反射光线的夹角为 α，α 与棱角 A 的关系很容易从几何光学中求得。

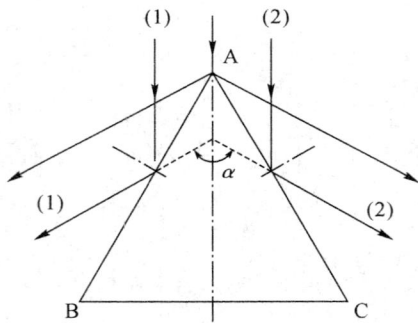

图 12　一束平行光 λ 射到三棱镜的棱角

$$\angle A = \frac{\angle \alpha}{2}$$

◆ **数据记录与处理**

棱镜安放如图 13(a)，棱角 A 对准平行光管的中心，使平行光分成两部分，在 AB 和 AC 面上反射出去，并且棱角 A 应接近平台中心，否则望远镜中会看不到反射光。测量左右两反射光线的角位置，就可算得棱角。测量时稍微改变棱角 A 接近平台中心的位置（左右，前后），反复测五次。

角度 次数	左		右		$\|左_A - 右_A\|$	$\|左_B - 右_B\|$	$\angle A = \dfrac{\|左_A - 右_A\| + \|左_B - 右_B\|}{4}$
	A 窗	B 窗	A 窗	B 窗			
一							
二							
三							
四							
五							

标准偏差 S＝

仪器误差为 $\Delta_{仪} = 1'$

$$u = \sqrt{S^2 + (\Delta_{仪}/3)^2}$$

$$\angle A = \overline{\angle A} \pm U \qquad (P = \qquad)$$

注意，在望远镜角位置读数时，当游标顺向（即读数增大方向）或反方向（即读数减小方向）转过刻度盘上 360°时的那个刻度应加上 360°或减去 360°。

如　　左$_A$＝150°0′　　　　左$_B$＝330°0′
　　　右$_A$＝270°0′　　　　右$_B$＝90°0′

由于 B 游标的读数 从 330°0′顺向通过 360°0′而达到 90°0′的位置，所以

右$_B$＝360°0′＋90°0′＝450°0′

故实际上转过角度∠α＝（360°0′＋90°0′）－330°0′＝120°0′，即∠α＝450°0′－330°0′＝120°0′

◆ **思考题**

1. 列出分光计调整的目的、方法、判据。

2. 为什么当调到叉丝经过平面镜反射后所成的像仍在原叉丝平面内时,望远镜就可以观察平行光了?

3. 利用小反射镜调节望远镜和载物台时,为什么反射镜的放置要选择 ac 的垂直平分线和平行于 ac 这二个位置? 随便放行不行? 为什么?

4. 在测量三棱镜的棱角时,我们有几个隐含的假设,即双面镜的两面是严格平行的、双面的镜面是和底面严格垂直的,三棱镜的棱边是和底面严格垂直的。 实际上,这是不可能的。用自准直法测三棱镜的棱角,不需要这些假设。请参考有关资料,说明怎样用自准直法测三棱镜的棱角。

5. 根据图 13 说明测量三棱镜顶角时,应如何放置三棱镜? 为什么?

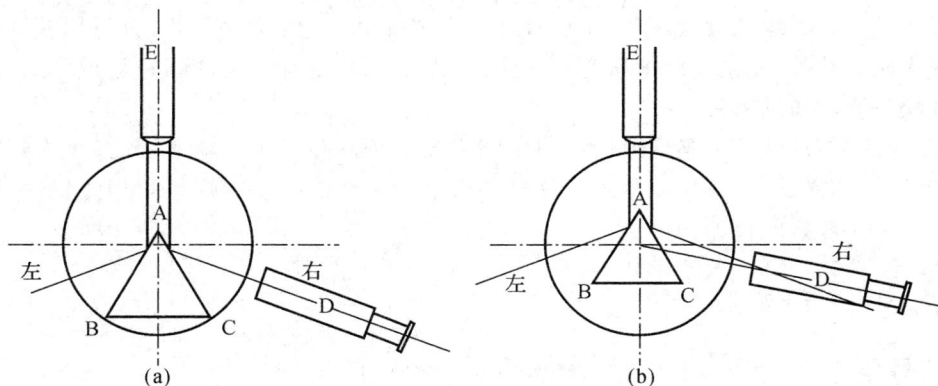

图 13   三棱镜放置对测量的影响

◆ **附录   圆刻度盘的偏心差**

用圆刻度盘测量角度时,为了消除圆度盘的偏心差,必须由相差为 $180°$ 的两个游标分别读数。我们知道,圆度盘是绕仪器主轴转动的,由于仪器制造时不容易做到圆度盘中心准确无误的与主轴重合,这就不可避免地会产生偏心差。圆度盘上的刻度均匀地刻在圆周上,当圆度盘中心与主轴重合时,由相差 $180°$ 的两个游标读出的转角刻度数值相等。而当圆度盘偏心时,由两个游标读出的转角刻度数值就不相等了,所以,如果只用一个游标读数就会出现系统误差。如图 14 所示,用 $\overset{\frown}{AB}$ 的刻度读数,则偏大,$\overset{\frown}{A'B'}$ 的刻度读数又偏小。由平面几何很容易证明:

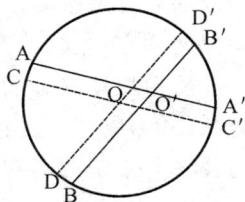

图 14   圆度盘偏心时
游标读数有误差

$$\frac{1}{2}(\overset{\frown}{AB}+\overset{\frown}{A'B'})=\overset{\frown}{CD}=\overset{\frown}{C'D'}$$

第四篇 综合性实验

实验十 阻尼运动与受迫振动特性研究
——波尔共振仪的应用

在机械制造和建筑工程等科技领域中,受迫振动所导致的共振现象引起工程技术人员的极大关注。共振既有破坏作用,也有许多实用价值。众多电声器件,是运用共振原理设计制作的。此外,在微观科学研究中,"共振"也是一种重要手段,例如利用核磁共振和顺磁共振研究物质结构等。

表征受迫振动性质的是受迫振动的振幅—频率特性和相位—频率特性(简称幅频和相频特性)。本实验中,采用波尔共振仪定量测定机械受迫振动的幅频和相频特性,并利用频闪方法来测定相位差。

◆ **实 验 目 的**

1. 研究波尔共振仪中弹性摆轮受迫振动的幅频、相频特性。
2. 研究不同阻尼力矩对受迫振动的影响,观察共振现象。
3. 学习用频闪法测定运动物体的相位差。
4. 学习用计算机软件处理数据和分析误差。

◆ **实 验 原 理**

物体在周期外力的持续作用下发生的振动称为受迫振动,这种周期性的外力称为强迫力。如果外力按简谐振动规律变化,那么稳定状态时的受迫振动也是简谐振动,此时,振幅保持恒定,振幅的大小与强迫力的频率、原振动系统的固有振动频率和阻尼系数有关。在受迫振动状态下,系统除了受到强迫力的作用,还受到回复力和阻尼力的作用。在稳定状态时,物体的位移、速度变化与强迫力变化不是同相位的,存在一个相位差。当强迫力频率与系统的固有频率相同时产生共振,此时振幅最大,这时受迫振动的角位移和强迫力矩的相位差为 $\pi/2$。

实验采用摆轮在弹性力矩作用下自由摆动,在电磁阻尼力矩作用下作受迫振动来研究受迫振动特性,可直观地显示机械振动中的一些物理现象。

实验所采用的波尔共振仪的外型结构如图 1 所示。当摆轮受到周期强迫外力矩 M

$=M_0\cos\omega t$ 的作用,并在有空气阻尼和电磁阻尼的媒质中运动时(阻尼力矩为$-b\dfrac{\mathrm{d}\theta}{\mathrm{d}t}$),其运动方程为

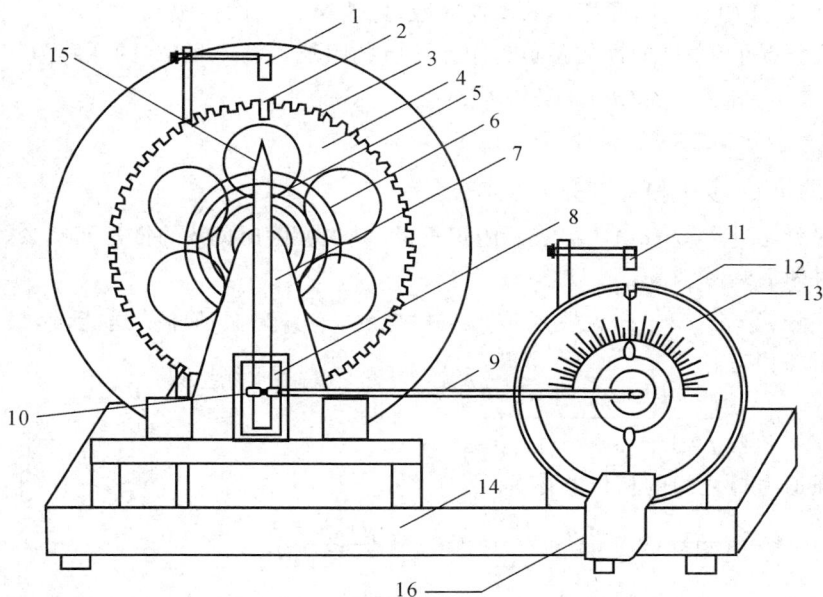

1. 光电门 H　2. 长凹槽 D　3. 短凹槽 D　4. 铜质摆轮 A　5. 摇杆 M　6. 蜗卷弹簧 B
7. 支承架　8. 阻尼线圈 K　9. 连杆 E　10. 摇杆调节螺丝　11. 光电门 I　12. 角度盘 G
13. 有机玻璃转盘 F　14. 底座　15. 弹簧夹持螺钉 L　16. 闪光灯

图 1　波尔共振仪结构图

$$J\frac{\mathrm{d}^2\theta}{\mathrm{d}t^2}=-k\theta-b\frac{\mathrm{d}\theta}{\mathrm{d}t}+M_0\cos\omega t \tag{1}$$

式中,J 为摆轮的转动惯量,$-k\theta$ 为弹性力矩,M_0 为强迫力矩的振幅,ω 为强迫力矩的圆频率。

令　　　　$\omega_0^2=k/J$,　$2\beta=b/J$,　$m=M_0/J$,
则式(1)变为

$$\frac{\mathrm{d}^2\theta}{\mathrm{d}t^2}+2\beta\frac{\mathrm{d}\theta}{\mathrm{d}t}+\omega_0^2\theta=m\cos\omega t \tag{2}$$

①当 $\beta=0,M_0=0$ 时,即在无阻尼情况时式(2)变为简谐振动方程,ω_0 即为系统的固有频率。

②当 $\beta\neq0$ 时,$M_0=0$ 时,无强迫力矩作用下,式(2)即为自由阻尼振动方程。
此时方程(2)的通解为

$$\theta=\theta_1 e^{-\beta t}\cos(\omega_0 t+\alpha) \tag{3}$$

可见其振幅随时间 t 的推延而减少,阻尼振动经过一段时间后衰减消失。指数中的 β 值越大,衰减越快,故称 β 为振动系统的阻尼系数。

在实验中,可让摆轮做自由阻尼振动,每隔一个阻尼振动周期 T 记下振幅数值 θ_0、θ_1、

$\cdots$、θ_n，利用公式

$$\ln \frac{\theta_0}{\theta_n} = \ln \frac{\theta_0 e^{-\beta t}}{\theta_0 e^{-\beta(t+nT)}} = n\beta T \tag{4}$$

求出 β 值（式中 n 为阻尼振动的周期次数，θ_n 为第 n 次的振幅）。

③一般情况下，在周期性的强迫力矩作用下的阻尼振动方程(2)的通解为

$$\theta = \theta_1 e^{-\beta t} \cos(\omega_f t + \alpha) + \theta_2 \cos(\omega t + \phi) \tag{5}$$

式中 $\omega_f = \sqrt{\omega_0^2 - \beta^2}$

由式(5)可知，受迫振动可分为两部分：

第一部分，$\theta_1 e^{-\beta t} \cos(\omega_f t + \alpha)$ 表示阻尼振动，其振幅随时间 t 的推延而减少，阻尼振动经过一段时间后衰减消失。

第二部分，$\theta_2 \cos(\omega t + \varphi)$ 说明强迫力矩对摆轮作功，向振动体传送能量，最终达到一个稳定的振动状态。

振幅　　　$\theta_2 = \dfrac{m}{\sqrt{(\omega_0^2 - \omega^2)^2 + 4\beta^2\omega^2}}$ $\tag{6}$

它与强迫力矩之间的相位差 φ 为

$$\varphi = \arctan\left(\frac{-2\beta\omega}{\omega_0^2 - \omega^2}\right) = \arctan\left[\frac{-\beta T_0^2 T}{\pi(T^2 - T_0^2)}\right] \tag{7}$$

由式(6)和式(7)可看出，振幅与相位差的数值取决于强迫力矩 M、频率 ω、系统的固有频率 ω_0 和阻尼系数 β 四个因素，而与振动起始状态无关。

由 θ_2 的极值条件 $\dfrac{\partial\theta_2}{\partial\omega} = 0$ 且 $\dfrac{\partial^2\theta_2}{\partial\omega^2} < 0$，结合(6)式可得出，当强迫力的圆频率 $\omega = \sqrt{\omega_0^2 - 2\beta^2}$ 时，产生共振，振动稳定后 θ 有极大值。若共振时圆频率和振幅分别用 ω_r、θ_r 表示，则

$$\omega_r = \sqrt{\omega_0^2 - 2\beta^2} \tag{8}$$

$$\theta_r = \frac{m}{2\beta\sqrt{\omega_0^2 - \beta^2}} \tag{9}$$

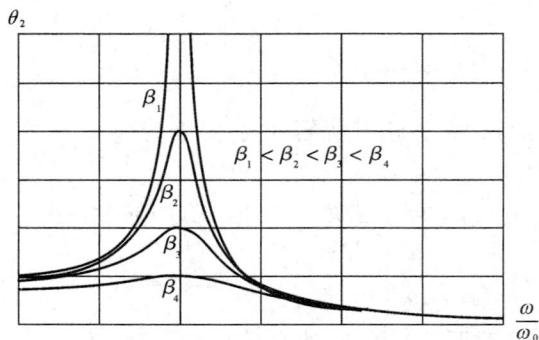

图 2　受迫振动的幅频特性

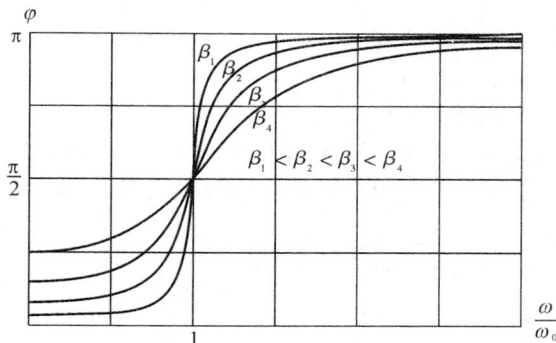

图 3   受迫振动的相频特性

式(8)、式(9)表明,阻尼系数 β 越小,共振时圆频率越接近于系统固有频率,振幅 θ_r 也越大。图 2 和图 3 表示出不同 β 时受迫振动的幅频特性和相频特性。

◆ **实验仪器**

波尔共振仪由振动仪和电器控制箱两部分组成。振动仪部分如图 1 所示。由铜质圆形摆轮 A 安装在机架上,弹簧 B 的一端与摆轮 A 的轴相联,另一端可固定在机架支柱上,在弹簧弹性力的作用下,摆轮可绕轴自由往复摆动。在摆轮的外围有一圈槽型缺口,其中一个长形凹槽 C 比其他凹槽 D 长出许多。在机架上对准长形缺口有一个光电门 H。它与电气控制箱相联接,用来测量摆轮的振幅(角度值)和摆轮的振动周期。在机架下方有一对带有铁芯的线圈 K,摆轮 A 恰巧嵌在铁芯的空隙。利用电磁感应原理,当线圈中通过直流电流后,摆轮受到一个电磁阻尼力的作用。改变电流数值即可使阻尼大小相应变化。为使摆轮 A 作受迫振动,在电机轴上装有偏心轮,通过连杆 E 带动摆轮 A,在电动机轴上装有带刻度线的有机玻璃转盘 F,它随电机一起转动。由它可以从角度读数盘 G 读出相位差 φ。调节控制箱上的十圈电机转速旋钮,可以精确改变加于电机上的电压,使电机的转速在实验范围(30~45 转/分)内连续可调。由于电路中采用特殊稳速装置,电动机采用惯性很小的带有测速发电机的特种电机,故转速极为稳定。电机的有机玻璃转盘 G 中央上方 90°处也装有光电门(强迫力矩信号),并与控制箱相连,以测量强迫力矩的周期。

实验中利用小型闪光灯来测量摆轮受迫振动时与外力矩的相位差。闪光灯受摆轮信号光电门 H 控制,每当摆轮上长型凹槽 C 通过平衡位置时,光电门 H 接受光,引起闪光。闪光灯放置位置如图 1 所示,要搁置在底座上,切勿拿在手中直接照射刻度盘。在稳定情况时,由闪光灯照射下可以看到有机玻璃指针 F 好像一直"停"在某一刻度处,这一现象称为频闪现象,刻度数值可直接从刻度盘上读出,误差不大于 2°。

摆轮振幅 θ 是利用光电门 H 测出摆轮读数 A 处圈上凹型缺口个数,并有数显装置直接显示出此值,精度为 2°。

◆ **实验内容**

1. 测摆轮固有周期与振幅关系

将阻尼选择放在"0"处,角度盘指针 F 放在 0°位置,用手把摆轮拨到振幅较大处(约 $140°\sim160°$),然后放手,让摆轮做自由振动,读出振幅值和相对应的振动周期。

2. 测定阻尼系数 β

角度盘指针 F 仍放在 0°位置,将阻尼开关拨向"1"或"2",用手把摆轮拨到振幅较大处,让摆轮做阻尼振动,记下振幅数值 $\theta_0,\theta_1,\cdots,\theta_n$,利用公式 4 得:

$$n\beta T=\ln\frac{\theta_0}{\theta_n} \tag{13}$$

求出 β 值,式中 n 为阻尼振动的周期次数,θ_n 为第 n 次的振幅,T 为阻尼振动周期的平均值,可测出 10 个摆轮振动周期,然后取其平均值。

3. 测定受迫振动的幅频和相频特性曲线

保持阻尼开关位置不变,改变强迫力矩频率。当受迫振动稳定后,读取摆轮的振幅值,并利用频闪现象测定受迫振动位移与强迫力之间的相位差。强迫力的频率可从摆轮振动周期算出,也可将周期选择开关拨向"10"处直接测定强迫力矩的 10 个周期后算出,在达到稳定状态时,两者数值应相等(一般 10 个周期显示重复 3 次尾数相差不超过 5,即可测量)。在共振点附近曲线变化较大,因此测量数据要相对密集些,此时电机转速的微小变化会引起相位差的较大变化。

◆ **数据记录与处理**

1. 测摆轮固有周期(T_0)与振幅关系

阻尼开关位置:"___0___"档

i	振幅 θ 值	固有周期 T_0(s)	固有圆频率 $\omega_0=\dfrac{2\pi}{\tau_0}$($s^{-1}$)
1			
2			
3			
4			
5			
6			
7			
8			
9			
10			

2. 测定阻尼系数 β

阻尼开关位置:"_____"档

1）摆轮 10 次振动周期

　　　　$10T=$ ＿＿＿＿＿＿＿ s $, \overline{T}=$ ＿＿＿＿＿＿ s

2）摆轮作阻尼振动时，阻尼系数的测定

θ_i	振幅 θ 值（°）	θ_{i+5}	振幅 θ 值（°）	$\ln\dfrac{\theta_i}{\theta_{i+5}}$	$\beta=\dfrac{\ln\dfrac{\theta_i}{\theta_{i+5}}}{5\overline{T}}（\mathrm{s}^{-1}）$
θ_0		θ_5			
θ_1		θ_6			
θ_2		θ_7			
θ_3		θ_8			
θ_4		θ_9			

$$\overline{\beta}= \qquad\qquad S=\sqrt{\frac{\sum(\beta_i-\beta)^2}{n-1}}=$$

试写出振动系统阻尼系数 β 的测量结果表达式：

3．描绘受迫振动的幅频和相频特性曲线

作幅频特性 $\theta\sim\omega/\omega_0$ 曲线和相频特性 $\varphi\sim\omega/\omega_0$ 曲线。

阻尼开关位置：" ＿＿＿ "档

i	强迫力矩 10 次振动周期 10T（秒）	振幅 θ（°）	弹簧对应的固有振动周期 T_0（秒）	φ 的测量值（°）	φ 的计算值（°）（7）式	$\dfrac{T_0}{T}$
1						
2						
3						
4						
5						
6						
7						
8						
9						
10						
11						
..						
..						

注：1．多圈电位器的电机转速刻度值即用来调节强迫力周期。

2. 弹簧对应的固有振动周期应根据稳定后的振幅在数据记录表 1 中对应查询。

3. φ 既可由频闪法直接测量读数即 φ 的测量值，也可根据 7 式由直接测量值 T、T_0、β 计算而得，即 φ 的计算值。

4. 由于幅频和相频特性曲线都是曲线图形，所以最好不要全部等间距地选取实验点。请根据图像特点，有疏有密地选取实验点。最好能在峰值附近多测几组数据。

◆ **注意事项**

1. 在测摆轮固有周期与振幅关系时，由于周期末位数变化 1 属于正常情况，因此在记录时偶尔会出现跳跃情况，例如 1.685→1.686→1.684→1.685，中间 1.684 可忽略不计。

2. 测定阻尼系数时，阻尼选择开关选定后，在实验过程中不能任意改变，或将整机电源切断，否则由于电磁铁的磁滞效应，将引起 β 值的变化。

◆ **思考题**

1. 实验中如何用频闪原理来测量相位差 φ 的？

2. 为什么实验时，选定阻尼电流后，要求阻尼系数和幅频特性、相频特性的测定一起完成，而不能先测定不同电流时的 β 值，再测定相应阻尼电流时的幅频和相频特性？

实验十一　声速的测定
——气体、液体、固体中的声速测量

声波是一种在弹性介质中传播的纵波,声波的波长、强度、传播速度等是声波的重要性质。测量声速可以利用声速、振动频率 f 和波长 λ 之间的关系式($v=\lambda f$),也可以利用时差法 $v=L/t$,L 为声波传播的路程,t 为声波传播的时间。本实验要测量超声波在空气和液体中的传播速度。超声波是频率介于 $2\times10^4\sim10^9$ Hz 的机械波,它具有波长短、能定向传播等优点。在实际应用中,对于超声波测距、定位、测液体流速、测材料弹性模量、测量气体温度瞬间变化和高强度超声波通过会聚作医学手术刀等方面,超声波传播的速度都具有重要意义。

图 1　皮埃尔·克鲁

◆ **实验目的**

1. 测定声波在空气中传播的速度,了解声波的特性。
2. 通过实验了解作为传感器的压电陶瓷的功能。
3. 加深对振动合成、波动干涉等理论知识的理解。
4. 进一步掌握示波器、低频信号发生器和数字频率计的使用。

◆ **实验原理**

1. 声波与压电陶瓷换能器

频率 20Hz～20kHz 的机械波振动在弹性介质中传播时形成声波,低于 20Hz 的称为次声波,高于 20kHz 的称为超声波,而超声波具有波长短,易于定向发射和会聚等优点,声速实验所采用的声波频率一般都在 20～60kHz 之间。在此频率范围内,采用压电陶瓷换能器作为声波的发射器和接收器,效果最佳。

图 2　纵向压电陶瓷换能器

压电陶瓷是由一种多晶结构的压电材料(如石英、锆钛酸铅陶瓷等)制成的。它在应力作用下产生电场(称正压电效应);在电场作用下又能产生应变(称逆压电效应)。利用上述可逆效应可将压电材料制成压电换能器,以实现声能与电能的相互转换。压电陶瓷换能器可以把电能转换为声能,也可把声能转换为电能。

压电陶瓷换能器根据它的工作方式,可分为纵向(振动)换能器、径向(振动)换能器及弯曲振动换能器。图 2 为纵向换能器的结构简图。

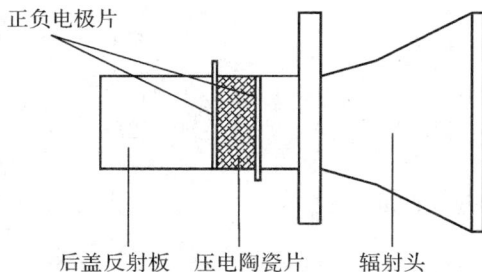

2. 共振干涉(驻波)法测声速

实验装置如图 3 所示,图中 S_1 和 S_2 为压电陶瓷超声换能器。S_1 作为超声源(发射端),低频信号发生器输出的正弦电压信号接到换能器 S_1 上,使 S_1 发出一平面波。S_2 作为超声波接收端,把接收到随时间变化的声压转换成正弦电压信号后输入示波器。S_2 在接收超声波的同时还反射一部分超声波。这样,由 S_1 发出的超声波和由 S_2 反射的超声波在 S_1 和 S_2 之间形成定域干涉,当条件合适时就形成驻波。从理论上看,当假设入射波振幅 A_1 与反射波振幅 A_2 相等,即 $A_1 = A_2 = A$ 时,某一位置 x 处的合振动方程为

$$Y = Y_1 + Y_2 = \left(2A\cos\frac{2\pi}{\lambda}x\right)\cos\omega t \tag{1}$$

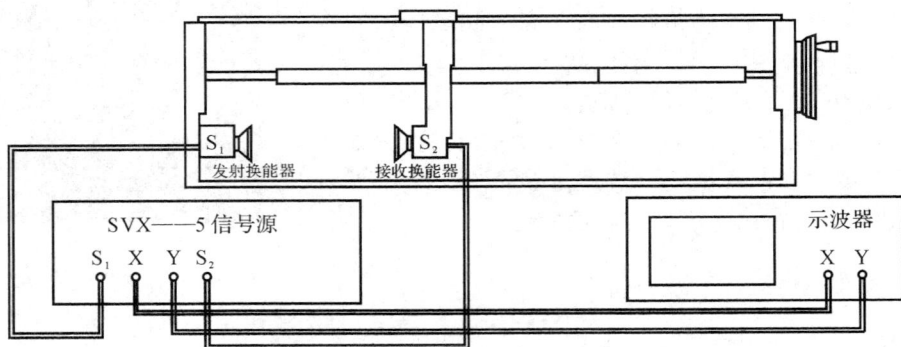

图 3　测声速的实验装置

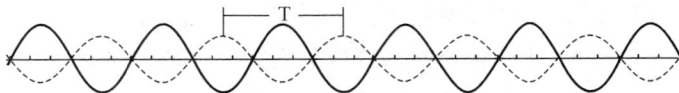

图 4　发射器和接收器的信号波形

由(1)式可知,当 $2\pi\dfrac{x}{\lambda} = (2k+1)\dfrac{\pi}{2}$　$k = 0, 1, 2, 3, \cdots$ (2)

即 $x = (2k+1)\dfrac{\lambda}{4} = 0, 1, 2, 3, \cdots$ 时,振幅为零,这些点叫做波节。

当 $2\pi\dfrac{x}{\lambda} = k\pi$　$k = 0, 1, 2, 3, \cdots$ (3)

即 $x = k\dfrac{\lambda}{2} = 0, 1, 2, 3, \cdots$ 时,振幅最大,等于 2A,这些点叫做波腹。

从这里我们可以看出,相邻波腹(或波节)的距离均为 $\lambda/2$。

对一个振动系统来说,当激励频率与系统固有频率相近时,系统将发生产生共振,此时振幅最大。本实验的驻波场可看作一个振动系统,当信号发生器的激励频率等于驻波系统固有频率,且产生驻波共振时,接收换能器处在纵波驻波波节处则压强变化最大。

当 S_1 和 S_2 之间的距离 L 恰好等于半波长的整数倍时,即

$$L = k\frac{\lambda}{2}　　k = 0, 1, 2, 3, \cdots$$

形成驻波,示波器上可观察到较大幅度的信号,不满足此条件时,观察到的信号幅度较小。

移动 S_2,对某一特定波长,驻波场将相继出现一系列共振态,任意两个相邻的共振态之间,S_2 的位移为:

$$\Delta L = L_{k+1} - L_k = (k+1)\frac{\lambda}{2} - k\frac{\lambda}{2} = \frac{\lambda}{2} \tag{4}$$

所以当 S_1 和 S_2 之间的距离 L 连续改变时,示波器上的信号幅度每一次周期性变化,相当于 S_1 和 S_2 之间的距离改变了 $\frac{\lambda}{2}$。再利用已知的超声频率,就可以测出声速。

3. 相位比较法

实验装置如图 3 所示,S_1 接低频信号发生器后,接示波器的 X 轴,S_2 接示波器的 Y 轴,当 S_1 发出的超声波通过媒质到达接收器 S_2,接收波和发射波的相位差为:

$$\Delta\varphi = \varphi_1 - \varphi_2 = 2\pi\frac{L}{\lambda} = 2\pi f\frac{L}{v} \tag{5}$$

因此可以通过测量 $\Delta\varphi$ 来求得声速。

$\Delta\varphi$ 的测定可用相互垂直振动合成的李萨如图形来进行。设输入 X 轴的入射波振动方程为:

$$x = A_1\cos(\omega t + \varphi_1) \tag{6}$$

输入 Y 轴的是由 S_2 接收到的声压随时间的变化信号,其振动方程为:

$$y = A_2\cos(\omega t + \varphi_2) \tag{7}$$

上两式中:A_1 和 A_2 分别为 X、Y 方向振动的振幅;ω 为角频率;φ_1 和 φ_2 分别为 X、Y 方向振动的初位相,则合成振动方程为

$$\frac{x^2}{A_1^2} + \frac{y^2}{A_2^2} - \frac{2xy}{A_1 A_2}\cos(\varphi_2 - \varphi_1) = \sin^2(\varphi_2 - \varphi_1) \tag{8}$$

此方程轨迹为椭圆,椭圆长、短轴和方位由相位差 $\Delta\varphi = \varphi_1 - \varphi_2$ 决定。当 $\Delta\varphi = 0$ 时,由式得 $y = \frac{A_2}{A_1}x$,即轨迹为处于第一、三象限的直线,如图 5 所示;$\Delta\varphi = \pi$ 时,得 $y = -\frac{A_2}{A_1}x$,则轨迹为处于第二、四象限的直线,如图 5 所示。改变 S_1 和 S_2 之间的距离 L,相当于改变了发射波和接受波之间的相位差,荧光屏上的图形也随 L 不断变化。显然,当 S_1、S_2 之间距离改变半个波长 $\Delta L = \lambda/2$,则 $\Delta\varphi = \pi$。随着振动的位相差从 $0\sim\pi$ 的变化,李萨如图形从斜率为正的直线变为椭圆,再变到斜率为负的直线。因此,S_2 每移动半个波长,屏幕就会重复出现斜率符号相反的直线,测得了波长 λ 和频率 f,根据式 $v = \lambda f$ 可计算出室温下声音在媒质中传播的速度。

图 5 李萨如图形

由于接收距离的变化,造成接收信号的强度变化,出现李萨如图形偏离示波屏中心或

图形不对称的情况时,可调节示波器使图形变得更美观。

4．时差法

如果用多脉冲信号激励发射换能器,产生声波在介质中传播,经过 t 时间后,到达距离为 L 处的接收换能器引成受迫振动。可以用以下公式求出声波在介质中传播的速度。

速度 V ＝距离 L/时间 t

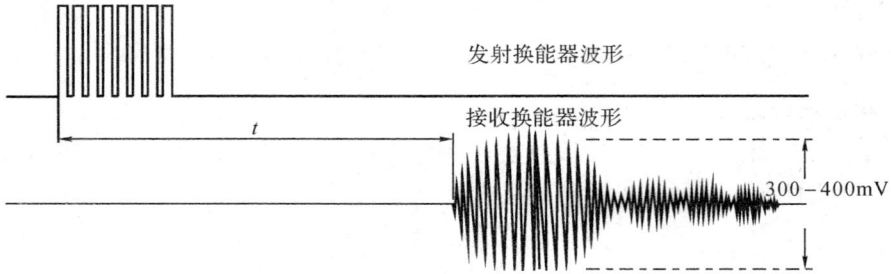

图 6　时差法测声速

用时差法测声波在固体中传播速度:

$$V = \frac{\Delta L}{\Delta t}$$

实验时,被测固体两面需涂上耦合剂白油有利于声波在缝隙间传播。

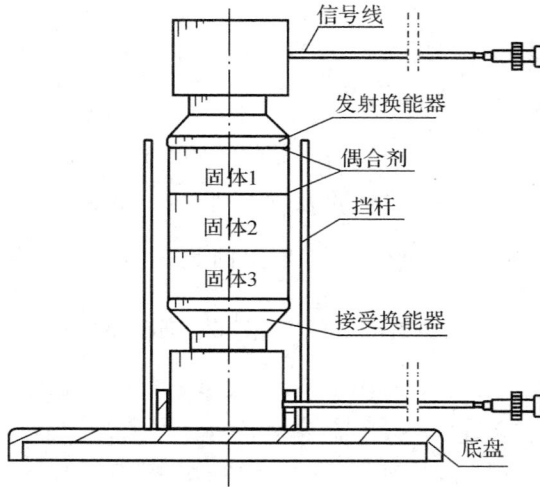

图 7　被测固体安置图

◆ **实验步骤及内容**

1．声速测试仪系统的连接装配与调试

在接通电源后,仪器自动工作在连续波方式,选择的介质为空气的初始状态,预热 15min,连接装配。声速测试仪和信号源以及双踪示波器之间的连接如图 3 所示。

（1）连接测试架上的换能器与声速测试仪信号源 S

信号源面板上的发射端换能器接口(S_1),用于输出一定频率的功率信号,接至测试架左边的发射换能器(S_1);仪器面板上接收端的换能器接口(S_2),请连接到测试架上的接收换能器(S_2)。

(2)连接示波器与声速测试仪信号源

信号源面板上的发射端的发射波形(Y1),接至示波器的 CH1(X),用于观察发射波形;信号源面板上的接收端的接收波形(Y2),接至示波器的 CH2(Y),用于观察接收波形。

2. 测定压电陶瓷换能器系统的最佳工作点

只有当换能器 S_1 和 S_2 发射面与接收面保持平行时才有较好的接收效果;为了得到较清晰的接收波形,应将外加的驱动信号频率调节到发射换能器 S_1 谐振频率点处时,才能较好地进行声能与电能的相互转换,以得到较好的实验效果。按照调节到压电陶瓷换能器谐振点处的信号频率,估计一下示波器的扫描时间 t/div 并进行调节,以便在示波器上获得稳定波形。

超声换能器工作状态的调节方法为:各仪器都正常工作以后,首先调节声速测试仪信号源输出电压,保证接收端的信号不出现畸变,其次调节信号频率,同时观察接收端的信号幅度变化,在某一频率点处信号幅度出现极大,此频率即是与压电换能器 S_1、S_2 相匹配的频率点,记录频率 f_N,改变 S_1 和 S_2 之间的距离,选择接收信号再次出现极大值的位置,重复上述调整,再次测定工作频率,共测 5 次,取平均频率作为工作频率。

3. 共振干涉法(驻波法)测量波长

将测试方法设置到连续波方式,设定工作频率,观察示波器,转动鼓轮移动接收端,这时波形的幅度会发生变化,记录幅度为极大值时的位置 L_1,位置由数显尺上直接读出或在机械刻度上读出,再同向移动接收端,当接收信号再次出现极大值时,记录此时的 L_2。波长 $\lambda = 2|L_2 - L_1|$,多次测定后用逐差法处理数据。根据 $V = \lambda f$ 求出声速。

4. 相位比较法(李萨如图形)测量波长

首先设置双踪示波器于观察李萨如图形功能档

把超声换能器的信号源设置到连续波方式,设定最佳工作频率,转动调节鼓轮,观察示波器,当波形变为一条斜线时,记录下接收端的位置 L_1,再同向移动接收端,使观察到的波形变为同一方向的斜线,这时来自接收换能器 S_2 的振动波形发生了 2π 相移,即发生了 λ 的位移,记录此时的位置 L_2,波长 $\lambda = |L_2 - L_1|$,多次测定后用逐差法处理数据。根据 $V = \lambda \cdot f$ 求出声速。

5. 时差法测量声速

首先设置示波器于双踪信号观察功能档

把超声换能器的信号源转换到脉冲波方式,将 S_1 和 S_2 之间的距离调到 50mm 以上。调节接收增益,使接收波信号幅度在 $300 \sim 400$mV 左右,使计时器的数值保持稳定。然后记录此时的距离和显示的时间值 L_1、t_1(时间从声速测试仪时间显示窗口直接读出)。移动 S_2,同时调节接收增益,使接收波信号幅度始终保持不变,记录下这时的距离值和显示的时间值 L_2、t_2。则声速 $V_i = (L_2 - L_1)/(t_2 - t_1)$。

当使用的介质分别为液体和固体,为液体时,必须将换能器完全浸没,任何部分不能超过液面线;为固体时,请按图 7 按置,即可进行实验,步骤相同。

注意:

①在液体作为传播介质测量时,严禁将液体滴到数显杆和数显表头,如果不慎将液体滴到数显尺杆或数显表头,请先将其烘干,方可使用。

②应避免液体接触到其他金属件,以免金属物件被腐蚀。

◆ **数据记录与处理**

1. 压电陶瓷换能器系统最佳工作频率

$$f = \qquad \text{kHz}$$

2. 共振干涉法(驻波法)测量空气(或液体)中的声速(相位差为 π),介质名称:_____

No.	1	2	3	4	5	6
L_i (cm)						

$$\Delta L_i = L_{i+3} - L_i \qquad \bar{\lambda} = 2 \times \frac{1}{3}\left(\frac{1}{3}\sum \Delta L_i\right)$$

$$V_{\text{实}} = f \times \bar{\lambda} \qquad E_V = \frac{|V_{\text{实}} - V_{\text{标}}|}{V_{\text{标}}} \times 100\%$$

3. 相位比较法测量空气(或液体)中的声速(相位差为 2π),介质名称:_____

No.	1	2	3	4	5	6
L_i (cm)						
李萨如图形						

$$\Delta L_i = L_{i+3} - L_i \qquad \bar{\lambda} = \frac{1}{3}\left(\frac{1}{3}\sum \Delta L_i\right)$$

$$V_{\text{实}} = f \times \bar{\lambda} \qquad E_V = \frac{|V_{\text{实}} - V_{\text{标}}|}{V_{\text{标}}} \times 100\%$$

4. 时差法测量空气(或液体、固体)中的声速,介质名称:_____

No.	1	2	3	4	5	6
L_i (cm)						
t_i (μs)						

利用实验所得数据作图:t 作为自变量,L 作为应变量,进行直线拟合,

从直线斜率 $k = \dfrac{\Delta L}{\Delta t}$,求声速 $V_{\text{实}}$。

与 $V_{\text{标}}$ 比较:$E_V = \dfrac{|V_{\text{实}} - V_{\text{标}}|}{V_{\text{标}}} \times 100\%$

附:声速测量值与公认值比较

(1) 已知声速在标准大气压下与传播介质空气的温度关系为:

$$V = (331.45 + 0.54t) \text{m/s}$$

式中 t 为室温。

(2) 液体中的声速

液　体	t_0(℃)	v(m/s)
海　水	17	1510～1550
普通水	25	1497
菜籽油	30.8	1450
变压器油	32.5	1425

注:参考书后的附表 9 常用物理数据中 4。

实验十二　　液体比热容、气体比热容比 C_p/C_v 的测定

一、液体比热容

物质由液态相转化为气态相的过程称为汽化,液体的汽化有蒸发和沸腾两种不同的形式。不管是哪种汽化过程,在汽化过程中液体都要吸收热量。通常定义单位质量的液体在温度保持不变的情况下转化为气体时所吸收的热量称为该液体的比汽化热。

◆ **实验目的**

1. 学习热学实验的要求。
2. 学习校正曲线的描绘。
3. 理解并测量液体的比汽化热。

◆ **实验原理**

物质由气态相转化为液态相的过程称为凝结,凝结时释放出的热量与同一条件下汽化时所吸收的热量相同,因而可以通过测量凝结时放出的热量来计算液体汽化时的比汽化热。

本实验采用混合法测定水的比汽化热。方法是将烧瓶中约为 100℃ 的水蒸气,通过短玻璃管加接一段很短的橡皮管(或乳胶管)接入到量热器内杯中。如果水和量热器内杯的初始温度为 t_1,而质量为 M 的温度为沸点的水蒸气进入量热器的水中被凝结成水,设当水和量热器内杯温度一致时,其温度值为 t_2,

∵ 放出热量＝吸收热量

∴ $ML + MC_W(t_3 - t_2) = (mC_W + m_1 C_{Al} + m_2 C_{Al}) \cdot (t_2 - t_1)$ 　　　　　(1)

其中 C_W 为水的比热容,m 为原先在量热器中水的质量,C_{Al} 为铝的比热容,m_1 和 m_2 分别为铝量热器和铝搅拌器的质量,t_3 为水蒸气的温度,L 为水的比汽化热。

◆ **实验装置**

本温度传感器 AD590(以下简称温度传感器)由多个参数相同的三极管和电阻组成。当该器件的两引出端加有某一直流工作电压时(一般工作电压可在 4.5V～20V 范围内),它的输出电压的变化与温度变化满足如下关系:

$$\varepsilon = k \cdot t + b \qquad\qquad (2)$$

其中 ε 为温度传感器的输出电压,单位是 mV;t 为摄氏温度,k 为斜率,b 为摄氏零度时的电流值。利用传感器的上述特性,可以通过测量电压的大小来确定相应的温度。

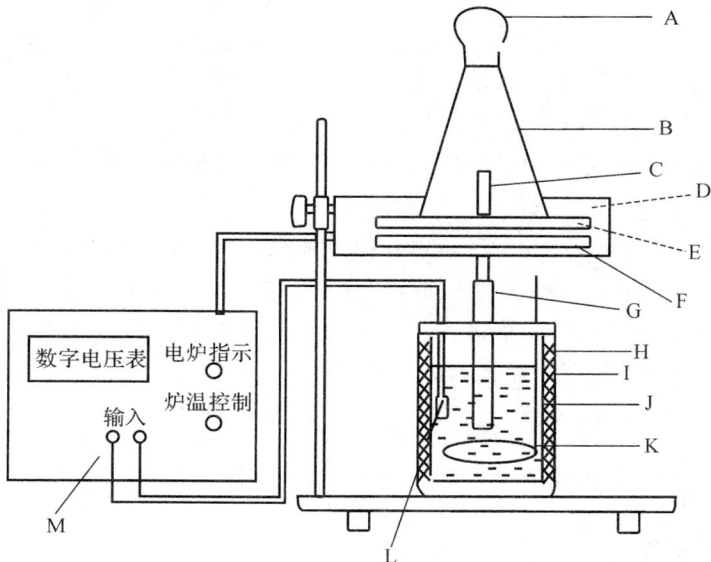

A:烧瓶盖 B:烧瓶 C:通气玻璃管 D:托盘 E:电炉 F:绝热板 G:橡皮管
H:量热器外壳 I:绝热材料 J:量热器内杯 K:铝搅拌器 L：AD590 M:温控和测量仪器

图 1　液体比容实验装置

◆ **实验内容**

1. 温度传感器的定标,画出 $t-mV$ 拟合直线

(1) 首先将水银温度计和传感器置于量热器内,分别读出水银温度计和数字电压表的显示值。

(2)将适量温度低于 50℃ 的热水倒入量热器的内杯中,用搅拌器搅动,待温度稳定时读出水银温度计和数字电压表的显示值。

(3)本实验采用降温法,测出温度 t 和传感器输出 U 之间的关系。倒入少量的冷水,待温度较稳定时再读出 t 和 ε 的值。

(4) 测量 4~5 组 t 和 ε 的值。

(5) 用毫米方格纸描绘 $t-\varepsilon$ 集成电路温度传感器的校正曲线。

2. 水比汽化热的实验

(1) 用天平秤量热器内杯和搅拌器的质量 m_1+m_2,然后在量热杯内杯中加一定量的水,再秤出盛有水的量热器和搅拌器的质量减去 m_1+m_2 得到水的质量 m。将装有水的内杯放入量热器内,称出总质量 M_0。

(2)将预冷过的内杯放还量热器内再放在水蒸气管下,使通气橡皮管插入水中约 1cm 深,注意气管不宜插入太深,以防止通气管被堵塞。

(3)将盛有水的烧瓶加热,开始加热时可以通过温控电位器顺时针调到底以增大加热电压,此时将瓶盖移去,使低于 100℃ 的水蒸气从瓶口逸出。当烧瓶内水沸腾时可以适当调节温控器旋钮,减小加热电压,保证水蒸气输入量热器的速率符合实验要求,避免在量热器的上表面形成水珠。这时要首先记录数字电压表的数值 ε_1。接着把瓶盖盖好继续让水沸腾,向量热器的水中通入水沸腾时的蒸汽,并搅拌量热器中的水(通过调节加热时间长短,以尽可能使量热器中水的末温度 t_2 与室温的温差同室温与初温 t_1(低于室温)差值相近,这样可使实验过程中量热器内杯与外界热交换相互抵消,以便减小热学实验的系统误差)。

(4)待水温约高于室温 20℃左右,停止电炉通电,并打开瓶盖不再向量热器内通气,继续搅拌量热器内杯的水,待温度稳定时,记录数字电压表的数值 ε_2。再一次称,量出量热器的总质量 $M_总$。经过计算,求得量热器中由水蒸气凝聚成的水的质量 $M=M_总-M_0$。(M_0 为未通气前,量热器、搅拌器和水的总质量)。

(5)将所有得到的测量结果代入公式(1),即可求得结果。

◆ 数据记录与处理

1. 传感器的定标

n	1	2	3	4	5
$t/℃$					
ε/mV					
I/uA					

用毫米方格纸描绘 $t-\varepsilon$ 拟合直线,求出直线斜率 k 和截距 b。

2. 水的比汽化热的测量

$m_1=$ 　　　　　　$m_2=$ 　　　　　　$t_3=100℃$(一个标准大气压下)

n	$m(g)$	$\varepsilon_1(mV)$	$t_1(℃)$	$\varepsilon_2(mV)$	$t_2(℃)$	$M_总(g)$	$M(g)$	$L(J/kg)$	百分差
1									
2									
3									

已知:$C_w=4.187\times10^3 J/(kg \cdot ℃)$;$C_{Al}=0.9002\times10^3 J/(kg \cdot ℃)$

水在 100℃时的比汽化热公认值:$L=2.25\times10^3 J/kg$

◆ 思考题

你认为产生本实验系统误差的因素有哪些? 可以采取哪些方法尽可能减少误差?

二、气体比热容比 C_p/C_v 的测定

比热容是物质的重要参量,在研究物质结构、确定相变、鉴定物质纯度等方面起着重要的作用。本实验将介绍洛夏德在 1929 年利用物体在特定的容器中力学简谐振动原理来测量绝热指数的方法。实践证明这个方法是一种较新颖而有效的测量气体比热容的方法。

◆ **实 验 目 的**

测定气体分子的定压比热容 C_P 与定容比热容 C_V 之比,即气体比热容比:$\gamma = C_P/C_v$ 值。

◆ **实 验 原 理**

气体的定压比热容 C_P 与定容比热容 C_V 之比 $\gamma = C_P/C_V$,在热力学过程中,特别是绝热过程中是一个很重要的参数,其测定的方法有好多种,这里介绍一种较新颖的方法,通过测定物体在特定容器中的振动周期来计算 γ 值。

实验基本装置如图 2 所示,振动物体小球 A 的直径比玻璃管 B 直径仅小 $0.01\sim0.02$mm。它能在此精密的玻璃管中上下移动,在瓶子的壁上有一小口,并插入一根细管 C,通过它各种气体可以注入到储气瓶中。

钢球 A 的质量为 m,半径为 r,瓶子内压力 p,在满足一定的条件时,钢球 A 处于力平衡状态,这时 $p = p_0 + \dfrac{mg}{\pi \times r^2}$(式中 p_0 为大气压强)。为了补偿由于空气阻尼引起振动物体 A 振幅的衰减,通过 C 管一直注入一个小气压的气流,在精密玻璃管 B 的中央开设有一个小孔。当振动物体 A 处于小孔下方的半个振动周期时,注入气体使储气瓶的内压力增大,引起小球 A 向上移动,而当小球 A 处于小孔上方的半个振动周期时,容器内的气体将通过小孔流出,造成储气瓶的内压力减小,使小球下沉。以后重复上述过程,只要适当控制注入气体的流量,物体 A 能在玻璃管 B 的小孔上下作简谐振动,振动周期可利用光电计时装置来测得。理论分析如下:

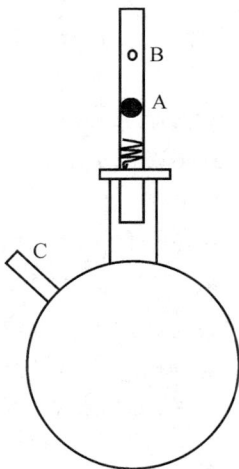

图 2 气体比热容
实验装置

若物体偏离平衡位置一个较小距离 x,则容器内的压力变化 Δp,物体的运动方程为:

$$m \frac{\mathrm{d}^2 x}{\mathrm{d}t^2} = \pi r^2 \mathrm{d}p \tag{1}$$

因为物体振动过程相当快,所以可以看作绝热过程,绝热方程

$$pV^\gamma = 常数 \tag{2}$$

将(2)式求对数微分法得出:

$$\frac{\mathrm{d}p}{p} + \gamma \frac{\mathrm{d}V}{V} = 0$$

经整理可得:

$$\mathrm{d}p = -\frac{p\gamma \mathrm{d}V}{V} \quad 其中 \quad \mathrm{d}V = \pi r^2 x \tag{3}$$

将(3)式代入(1)式得:

$$\frac{\mathrm{d}^2 x}{\mathrm{d}t^2} + \frac{\pi^2 r^4 p\gamma}{mV} x = 0$$

此式即为熟知的简谐振动方程,它的角频率 ω 为:

$$\omega = \sqrt{\frac{\pi^2 r^4 p\gamma}{mV}} = \frac{2\pi}{T}$$

$$\gamma = \frac{4mV}{T^2 pr^4} = \frac{64mV}{T^2 pd^4} \tag{4}$$

式中各量均可方便测得,因而可算出 γ 值。由气体运动论可以知道,γ 值与气体分子的自由度有关,对单原子气体(如氩气)只有三个平均自由度,双原子气体(如氢气)除上述 3 个平均自由度外还有 2 个转动自由度。对多原子气体,则具有 $3n$ 个转动自由度(n 为原子数),比热容比 γ 与自由度 f 的关系为

$$\gamma = \frac{C_p}{C_v} = \frac{\frac{f}{2}RT + RT}{\frac{f}{2}RT} = \frac{f+2}{f} \tag{5}$$

上式中 R 是普适常数,T 是温度。根据理论公式(5)可以得到下面的结论,该数据与测试环境温度无关。

单原子气体(Ar,He) $f = 3$ $\gamma = 1.67$

双原子气体(N_2,H_2,O_2) $f = 5$ $\gamma = 1.40$

多原子气体(CO_2,CH_4) $f = 6$ $\gamma = 1.33$

振动周期采用可预置测量次数的数字计时仪,采用重复多次测量。振动物体直径采用螺旋测微计测出,质量用物理天平称量,储气瓶容积由实验室给出,大气压力由气压表自行读出,并换算成国际单位制 $Pa(N/m^2)$(注:$760mmHg = 1.013 \times 10^5 N/m^2$)。

◆ **实验内容**

1. 实验仪器与调整

气体比热容比测定仪一套。其结构和连接方式见图3。

(1)将气泵、储气瓶用橡皮管连接好,装有钢球的玻璃管插入球形储气瓶。将光电接收装置利用方形连接块固定在立杆上,固定位置于空芯玻璃管的小孔附近。当气泵的压力足够大时,为避免气压太大把钢球冲出,气泵出口的三通可暂时不用,采用单通道供气。

(2)接通气泵电源,缓慢调节气泵上的调节旋钮,数分钟后,待储气瓶内注入一定压力的气体后,玻璃管中的钢球浮起离开弹簧,向管子上方移动,此时适当调节进气的大小,使钢球在玻璃管中以小孔为中心上下振动,即维持简谐振动状态。

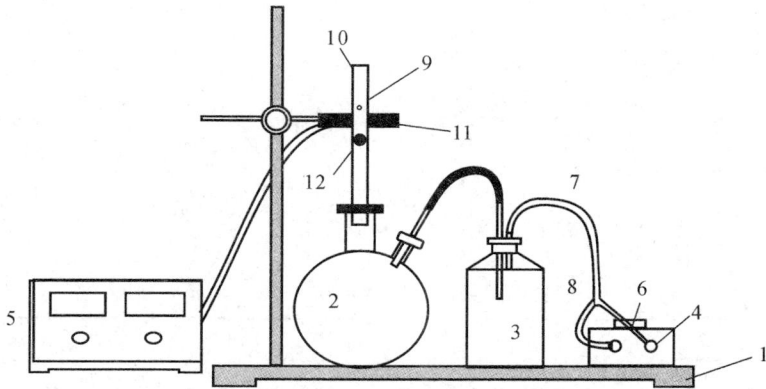

1.底座；2.储气瓶Ⅰ；3.储气瓶Ⅱ；4.气泵出气口；5.数显计数计时毫秒仪；6.气泵及气量调节旋钮
7.橡皮管；8.三通；9.系统气压动平衡调节气孔；10.钢球简谐振动腔；11.光电传感器；12.不锈钢球
图 3　气体比热容比测定仪整机结构示意图

2. 振动周期测量

接通数显计数计时毫秒仪的电源，把光电接收装置与毫秒仪连接。合上毫秒仪电源开关，预置测量次数为 50 次（可根据实验需要从 1～99 次任意设置），设置计数次数时，可分别按"置数"键的十位或个位按钮进行调节，设置完成后自动保持设置值（直到再次改变设置为止）。在不锈钢球正常振动的情况下，按"执行"键，毫秒仪即开始计时，每计量一个周期，周期显示数值逐 1 递减，直到递减为 0 时，计时结束，毫秒仪显示出累计 50 个周期的时间。（毫秒仪计时范围：0～99.999s，分辨率 1ms。）重复以上测量 5 次，将数据记录到表 2 中。

3. 其他测量与注意事项

用螺旋测微计和物理天平分别测出钢球的直径 d 和质量 m，其中直径重复测量 5 次。

注：

（1）如需测钢球的质量可先拔出护套，取出钢球，待测量完毕，钢球放入后，重新装好护套。

（2）若不计时或不停止计时，可能是光电门位置放置不正确，造成钢球上下振动时未能挡光，如果因外界光线过强，可拉上窗帘适当遮光。

（3）本实验仪器容器的容积由每台仪器上标注的数值规定。

◆ **数 据 记 录 与 处 理**

1. 求钢珠质量、直径及其不确定度

单次测量 m：　　$m \pm \Delta_m =$ _____（$\times 10^{-3}$ kg）

项目　　　　　n	1	2	3	4	5	平均值
直径 d（$\times 10^{-3}$ m）						

平均值：$\overline{d} = \dfrac{\sum d_i}{n}$

不确定度：$\Delta_A = S = \sqrt{\dfrac{\sum (d_i - \overline{d})^2}{(n-1)}}$ $\qquad \Delta_仪 = \dfrac{\Delta_仪}{3}$ $\qquad u_d = \sqrt{\Delta_A^2 + \Delta_B^2}$

$$d = \overline{d} \pm 2u_d \, (\text{m})$$

质量采用单次测量的结果： $\qquad\qquad m \pm \Delta_m (\times 10^{-3} \text{kg})$

2. 钢球振动周期 T

设置测量周期个数 N＝_____

项目 n	1	2	3	4	5	平均值
N 周期时间 $t(s)$						
振动周期 $T(s)$						

钢球振动周期：$T_i = \dfrac{t_i}{N}$ $\qquad\qquad$ 周期平均值：$\overline{T} = \dfrac{\sum T_i}{n}$

不确定度：$\Delta_A = S = \sqrt{\dfrac{\sum (T_i - \overline{T})^2}{(n-1)}}$ $\quad \Delta_B = \dfrac{0.001}{3} \text{s} \quad u_T = \sqrt{\Delta_A^2 + \Delta_{BT}^2}$

结果：$T = \overline{T} \pm 2u_T \, (\text{s})$

3. 在忽略储气瓶体积 V、大气压 P 测量误差的情况下估算空气的比热容及其不确定度

将各测量数据代入（4）式，并用下式（6）计算其不确定度与结果。

$$\frac{\Delta_r}{r} = \sqrt{\left(\frac{\Delta_m}{m}\right)^2 + 4\left(\frac{\Delta_T}{T}\right)^2 + 16\left(\frac{\Delta_d}{d}\right)^2} \qquad\qquad (6)$$

结果：$\gamma = \overline{\gamma} \pm \Delta_\gamma$

◆ **思考题**

1. 注入气体流量的多少对小球的运动情况有没有影响？

2. 在实际问题中，物体振动过程并不是十分理想的绝热过程，这时测得的值比实际值大还是小？为什么？

实验十三　固体导热系数的测定

导热系数是表征物质热传导性质的物理量。材料的结构变化、杂质的含量都对导热系数有明显的影响,另外导热系数还随环境温度而变化。导热系数大的物体具有良好的导热性能,称为良导体;导热系数小的物体称为不良导体。一般说来,金属的导热系数比非金属的大,固体的导热系数比液体的大,气体的导热系数最小。在高科技中,对绝热材料的研究尤为关注。测量导热系数的方法有稳态法和动态法两类。本实验采用稳态法测量导热系数。

◆　**实 验 目 的**

1. 学会用稳态法测量物质的导热系数。
2. 了解用热电偶测温的原理和方法。
3. 测定空气、橡皮、金属的导热系数。

◆　**实 验 原 理**

测定导热系数的原理是依据法国数学、物理学家约瑟夫·傅里叶给出的导热方程式。该方程式指出,在物质内部,垂直于导热方向上,两个相距为 h,面积为 S,温度分别为 t_1、t_2 的平行平面,在 $\Delta\tau$ 时间内,从一个平面传到另一个平面的热量 ΔQ,满足下述表达式:

$$\frac{\Delta Q}{\Delta\tau}=\lambda\cdot S\cdot\frac{t_1-t_2}{h}$$

该方程式中的 λ 就称为为该物质的导热系数,亦称热导率,其数值上等于两个相距单位长度的平行平面上,当温度相差一个单位时,在单位时间内,垂直通过单位面积的热量。λ 的国际单位是 $W/(m\cdot K)$

本实验采用稳态法,利用热源在待测样品内部形成稳定的温度分布后,进行测量。实验装置如图 1,固定于底座上的三个测微螺旋头支撑着铜散热盘 D,在 D 上安放圆柱(或圆盘)形样品 C,样品 C 上再安放一个圆筒发热体,圆筒发热体由电热板提供热源。实验时发热体底盘 B 将热量通过样品上表面传入样品,样品的下表面不断传热给散热盘 D,散热盘 D 借下方的电扇有效稳定地散热,当样品上表面传入的热量等于下表面散出的热量时,样品处于稳定导热状态,这时发热盘 B、样品内各点及散热盘 D 的温度均为一个定值。

稳定导热状态时,样品 C 上、下表面的温度由热电偶测出,将热电偶一端插入样品 C 的上表面小孔(热端)内,另一端插入真空保温杯中的冰水混合物(冷端)中,即可由数字电压表读出温差电动势 ε_1,类似地用另一热电偶测样品 B 下表面的温差电动势 ε_2。可从附录中查得相应的温度 t_1 和 t_2。

由于稳定导热状态时,各处温度恒定,所以发热盘 B 通过样品上表面传入热量的速率与散热盘 D 向周围环境的散热速率相等,因此可通过测量散热盘 D 在稳定温度 t_2 时的

散热速率求出热流量 $\Delta Q / \Delta \tau$。方法如下,当读得稳态时的 ε_1、ε_2 后,将样品 C 盘抽去,让发热盘 B 的底面与散热盘 D 直接接触,使盘 D 的温度上升到比 ε_2 高出 0.4mV 左右时,再将发热盘 B 移开,复上绝缘圆盘,让散热盘 D 冷却,电扇仍处于工作状态,每隔 30 秒钟记录一次散热盘的温度示值,直到比 ε_2 低 0.4mV 左右。选取临近 ε_2 的数据,求出散热盘 D 在 t_2 时的冷却速率 $\frac{\Delta t}{\Delta \tau} \big|_{t=t_2}$,则 $\frac{\Delta Q}{\Delta \tau} =$

$mc \frac{\Delta t}{\Delta \tau} \big|_{t=t_2}$ 就是散热盘在 t_2 时的散热速率,因此可知:

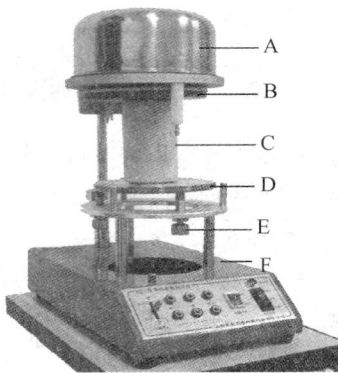

A. 防护罩;B. 带电热板的发热盘;C. 样品;D. 散热盘
E. 螺旋头　　F. 样品支架
图 1　固体导热系数测定装置

$$\lambda = mc \frac{\Delta t}{\Delta \tau} \big|_{t=t_2} \times \frac{h}{t_1 - t_2} \times \frac{4}{\pi D^2}$$

◆ **实验内容**

用稳态法测定物质的导热系数,要使温度稳定大约需要一个小时左右,为缩短时间,先将电热板电源电压打到 220V 档快速加热,几分钟后 $\varepsilon_1 = 4.00$mV 时即可将开关拨至 110V 慢速加热待 ε_1 降至 3.5mV 左右时通过手动调节电热板电压 220V 档、110V 档及 0V 档,使 ε_1 读数稳定在 3.5 ± 0.03mV 范围内,同时每隔两分钟记下样品上下圆盘 B 和 D 的温度 ε_1 和 ε_2 的数值,待 ε_2 的数值在 10 分钟内保持不变即可以认为已达到稳定状态,记下此时的 ε_1 和 ε_2 值。测量之前应先将发热盘、散热盘以及待测物品的表面擦拭干净。

1. 不良导热体(橡胶)导热系数的测量

在圆盘形橡胶样品的两面涂上适量的硅胶,以便于均匀导热。将样品放置于散热盘之上,通过调节三个螺旋头,使其与发热盘 B 和散热盘 D 各处接触良好。然后根据上述步骤进行测量。

2. 金属(纯铝)导热系数的测量

金属样品为圆柱形,侧面面积较大,为减少其散热用绝热材料将其包裹,并在上下两个表面均匀涂抹硅油,便于导热。

测金属的导热系数时 t_1、t_2 值为稳态时金属样品上下两个表面的温度,此时散热盘温度为 t_3 值。注意:样品为金属(或良导体)时,$t_2 \neq t_3$。因此测量 D 盘的冷却速率应为:$\frac{\Delta t}{\Delta \tau} \big|_{t=t_3}$

$$\therefore \lambda = mc \frac{\Delta t}{\Delta \tau} \big|_{t=t_3} \times \frac{h}{t_1 - t_2} \times \frac{4}{\pi D^2}$$

测 t_3 值时可在 t_1、t_2 达到稳定时,将上面测 t_1 或 t_2 的热电偶移下来进行测量。

3.测量散热盘 D 的散热速率

去掉待测样品,用发热盘 B 直接加热散热盘 D 使得散热盘的温度比 t_3(即 ε_3)高出 0.4mV 左右,移开发热盘 B,将绝缘圆盘盖在散热盘上,冷却电扇仍处于工作状态,每隔 30 秒读一次散热盘的温度,直到比 ε_3 低 0.4mV 左右,从而求得 1、2 中两种样品所需要的冷却速率。

◆ **数据记录与处理**

m(散热铜盘)＝ $C_{铜}＝0.39\mathrm{kJ/(kg \cdot K)}$

1. 不良导热体(橡胶)导热系数的测量

	1	2	3	4	5
$h(\mathrm{mm})$					
$D(\mathrm{mm})$					

$\bar{h}=$ (m) $\bar{D}=$ (m)

$\tau(\mathrm{min})$	0	2	4	6	8	10	12	14	16	18	20	22	24
$\varepsilon_1(\mathrm{mV})$													
$\varepsilon_2(\mathrm{mV})$													

$\varepsilon_1=$ (mV) $t_1=$ (℃)

$\varepsilon_2=$ (mV) $t_2=$ (℃)

τ	0	30″	1′	1′30″	2′	2′30″	3′	3′30″	4′	4′30″	5′
$\Delta\varepsilon(\mathrm{mV})$											
$\Delta t(℃)$											

样品为橡胶时,求得:

$$\frac{\Delta Q}{\Delta \tau}=mc\left.\frac{\Delta t}{\Delta \tau}\right|_{t=t_2}=$$

即橡胶的导热系数为 $\lambda=mc\left.\dfrac{\Delta t}{\Delta \tau}\right|_{t=t_2} \times \dfrac{h}{t_1-t_2} \times \dfrac{4}{\pi D^2}=$

2. 金属(纯铝)导热系数的测定

	1	2	3	4	5
$h(\mathrm{mm})$					
$D(\mathrm{mm})$					

$\bar{h}=$ (m) $\bar{D}=$ (m)

$\tau(\mathrm{min})$	0	2	4	6	8	10	12	14
$\varepsilon_1(\mathrm{mV})$								
$\varepsilon_2(\mathrm{mV})$								

$\varepsilon_1 =$		(mV)			$t_1 =$					(℃)
$\varepsilon_2 =$		(mV)			$t_2 =$					(℃)
$\varepsilon_3 =$		(mV)			$t_3 =$					(℃)

τ	0	30″	1′	1′30″	2′	2′30″	3′	3′30″	4′	4′30″	5′
$\varepsilon_3(\text{mV})$											
$t(℃)$											

样品为金属(纯铝)时求得： $\dfrac{\Delta Q}{\Delta \tau} = mc \dfrac{\Delta t}{\Delta \tau}\Big|_{t=t_3} =$

即纯铝的导热系数为：$\lambda = mc \dfrac{\Delta t}{\Delta \tau}\Big|_{t=t_3} \times \dfrac{h}{t_1 - t_2} \times \dfrac{4}{\pi D^2} =$

◆ 注意事项

1. 金属样品上、下表面及发热盘和散热盘上都钻有深度约 3cm 的小孔，供安插热偶用，热电偶要插入小孔最深处并使之接触良好，以保证测温准确。

2. 热电偶冷端插在细玻璃管内，玻璃管再插入装有冰水混合物的真空保温杯中，操作时要小心，以防碰坏玻璃管。

3. 取走样品或移开发热盘前，一定要先关掉电源，避免被温度很高的发热盘烫伤。

4. 铜—康铜热电偶 $\varepsilon - t$ 的分度表见实验十六热电式传感器和热敏电阻式传感器实验的补充材料。实际上在实验中，当温度变化不大时，$\varepsilon - t$ 可近似地看作是线性关系。如设转换系数为 α，则有：

$$\lambda = mc \frac{\Delta t}{\Delta \tau}\Big|_{t=t_2} \times \frac{h}{t_1 - t_2} \times \frac{4}{\pi D^2} = mc \frac{\alpha \Delta \varepsilon}{\Delta \tau}\Big|_{\varepsilon=\varepsilon_2} \times \frac{h}{\alpha(\varepsilon_1 - \varepsilon_2)} \times \frac{4}{\pi D^2}$$

即

$$\lambda = mc \frac{\Delta \varepsilon}{\Delta \tau}\Big|_{\varepsilon=\varepsilon_2} \times \frac{h}{(\varepsilon_1 - \varepsilon_2)} \times \frac{4}{\pi D^2}$$

注：铝基板导热系数 λ，一般为 $1.0\sim1.3\text{W/K}\cdot\text{m}$，最高为 $2.0\text{W/K}\cdot\text{m}$。

实验十四 微观粒子的量子化概念

一、密立根油滴实验

在前人研究电荷基本量的基础上，1909 年美国实验物理学家密立根（Robert Andrews Millikan，1868—1953）首先设计并进行油滴实验。这是近代物理学发展史上的一个十分重要的实验，它证明了任何带电体所带的电荷都是某一最小电荷——基本电荷的整数倍，并精确测定了基本电荷的数值。密立根因为在基本电荷和光电效应方面的工作，获得 1923 年的诺贝尔物理学奖。

密立根油滴实验设计巧妙，原理清楚，设备简单，结果精确，所以它是一个著名而有启发性的物理实验，对提高学生实验设计思想和实验技能都有很大作用。

现在 e 的公认值为：

$$e=1.602\ 176\ 487\ (40)\times10^{-19}C。$$

图 1 密立根

◆ **实 验 目 的**

密立根油滴实验，需要有严谨的科学态度，严格的实验操作，准确的数据处理，才能得到比较好的实验结果。

1. 领会密立根油滴实验的设计思想。

2. 测定电子的电荷值并体会电荷的不连续性。

3. 培养学生进行物理实验时的坚韧精神和严谨的科学态度。

◆ **实 验 原 理**

用喷雾器将油滴喷人两块水平放置的平行金属极板之间如图 2。

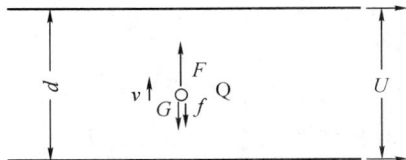

图 2 油滴实验原理图

油滴在喷射时由于摩擦，一般都是带电的。实验喷出的油滴非常小，它的半径约

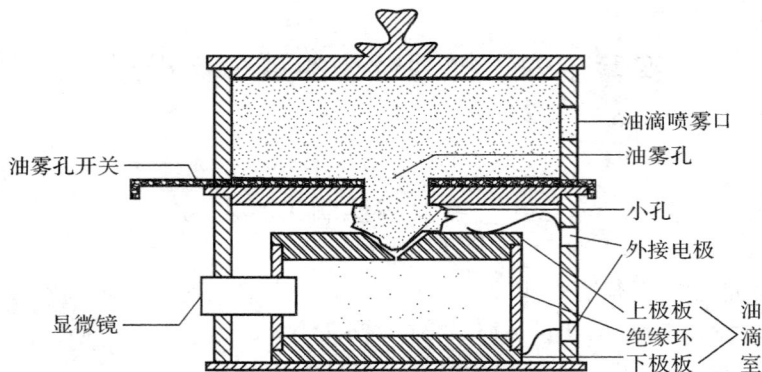

图 3　密立根室油滴运动原理图

$10^{-6} \sim 10^{-7}$ m,质量约 $10^{-15} \sim 10^{-18}$ kg,由于表面张力作用,油滴总是呈小球形。考察油滴竖直方向的运动,油滴受到以下几个力的作用:

(1) 重力 G:大小为 $\rho(\frac{4}{3}\pi r^3)g$,其中 ρ 为油滴密度,r 为油滴半径,g 为重力加速度;方向向下。

(2) 电场力 F:大小为 $Q\dfrac{U}{d}$,其中 Q 为油滴所带电量,U 为极板之间的电压,d 为平行金属极板间的距离;方向与 Q、U 的极性有关,可调节 Q,使其向上。

(3) 空气阻力 f:由斯托克斯定律可知,空气的粘滞性对运动油滴的阻力为 $6\pi r\eta v$,其中 η 为空气粘滞系数;方向与运动方向相反。

(4) 空气浮力,因空气密度与油的密度相比很小,可忽略不计。

考虑以下油滴运动情况:

当油滴在无电场的空间中以匀速 v_1 下落时,重力与空气阻力相平衡,则有:

$$\rho(\frac{4}{3}\pi r^3)g = 6\pi r\eta v_1 \tag{1}$$

当油滴在电场空间中以匀速 v_2 上升时,显然电场力与重力、空气阻力方向相反,则有:

$$Q\frac{U}{d} = \rho(\frac{4}{3}\pi r^3)g + 6\pi r\eta v_2 \tag{2}$$

若 $v_2 = 0$,则(2)式变为:

$$Q\frac{U}{d} = \rho(\frac{4}{3}\pi r^3)g \tag{3}$$

以上公式中,g、η、ρ 可由其他实验测定,大小分别为:

$$g = 9.79 \text{ m/s}^2, \eta = 1.82 \times 10^{-5} \text{ N} \cdot \text{s/m}^2, \rho = 981 \text{ kg/m}^3.$$

U、d 可直接测量,v_1、v_2 可根据油滴运动的距离 l 和时间 t 算得,这样只留下 Q、r 两个未知量,其中 Q 正是我们要求的。

根据以上分析,测量油滴的带电量时可采用如下两种方法:

测量方法 1:测量油滴在电场空间中静止时的极板电压 U 和在无电场空间中匀速下降时的速度 v_1,定出油滴电量 Q。从(1)式解出 r 代入(3)式,可得

$$Q = 9\sqrt{2}\,\pi\,\sqrt{\frac{\eta^3}{\rho g}}\,\frac{d}{U}v_1^{\frac{3}{2}} \tag{4}$$

测量方法 2:测量油滴在无电场空间中匀速下降的速度 v_1,和在有电场空间中匀速上升的速度 v_2,此时的板压 U,定出油滴电量 Q。

从(1)式解出 r 代入(2)式,可得:

$$Q = 9\sqrt{2}\,\pi\,\sqrt{\frac{\eta^3}{\rho g}}\,\frac{d}{U}(v_1 + v_2)\sqrt{v_1} \tag{5}$$

◆ 实验内容

1. 仪器安排和调整

① 接好电源。

② 旋转水平调节支脚,利用水平仪调平密立根仪。

③ 将供电电源与密立根仪进行连接,平行极板电压选择开关先选择"平衡"档。平衡电压旋钮先逆时针转到最小,启动 220V 电源开关。

④ 接通监视器电源,调节监视器看清分划板刻度线。

⑤ 从喷油器向密立根室喷射油滴在显微镜视场中出现"夜空繁星",微调显微镜可观察到清晰的油滴。

2. 测量练习

① 练习控制油滴:平行极板间加上适当电压,驱走一些油滴,直到剩下几颗为止。注视其中一颗,去掉电压,使油滴匀速下降。下降一段距离后再加上电压使油滴匀速上升。如此反复练习数次,掌握控制油滴方法,再仔细调节平衡电压使油滴静止平衡(250V 左右)。

② 练习选择油滴:要做好实验很重要的一点是选择油滴大小。油滴太大,匀速下降快,必须使平行板带上高压才能使此带电油滴静止平衡或匀速上升,结果不易测准。但油滴也不能太小,太小则受热运动和布朗运动影响,涨落很大,也不容易测准。选择油滴时可根据板压大小和匀速快慢来判断,需多次练习才能选好。

为方便起见:建议 U 和 l 取为定值,这样只需记时间 t。平衡电压 U 一般取 200～300V 左右,$l=1.5\text{mm}$,选择 t 为 8s～20s 的油滴。

③ 练习测试时间:使用电子钟测出油滴升降一段距离所需时间,练习几次,以便准确控制钟的起动和停止。

3. 正式测量

由公式(4)可知,本试验需测量的物理量有板压 U、油滴匀速升降的距离 l 和所需时间 t。

油滴静止平衡时的电压 U 必须仔细调节,使油滴长时间悬浮平衡在某刻度上。

为保证油滴升降时速度均匀,让它升降一小段距离后,再测量经过 l 所需 t,所选定的 l 应该在平行极板电容器的中间部分,即分划刻度板的中央部分。

由于油滴运动涨落及按钮控制快慢的影响,对于同一颗油滴必须进行多次测量。同时对不同油滴进行同样测量以便验证不同油滴所带电荷是否都是电子电荷的倍数。

如果配有汞灯,可以尝试用汞灯射线照射,通过光电效应来改变油滴所带电荷量。

◆ 数据记录与处理

1. 验证所测得的油滴电量是基本电量的整数倍

油滴	平衡电压 $U(V)$	下降距离 l(mm)	下降时间 t(s)	下降速度 v_1 ($\times 10^{-3}$ m/s)	油滴电量 $Q=9\sqrt{2}\,\pi\sqrt{\dfrac{\eta^3}{\rho g}}\dfrac{d}{U}v_1^{\frac{3}{2}}$ ($\times 10^{-19} C$)	$\dfrac{Q}{e}$
1						
2						
3						
4						
5						
6						
7						
8						
9						
10						
...						

计算 Q 时,可先计算系数 $9\sqrt{2}\,\pi\sqrt{\dfrac{\eta^3}{\rho g}}$,避免重复计算,并采用验证法,$e$ 值取 $e=1.602\times 10^{-19} C$。

考察最后一列数与整数的接近程度,并进行讨论。

2. 探索性的数据记录与处理

请自行设计。

采用探索性研究计算电子电荷量见附录。

◆ 思考题

1. 如何判断平行极板电容器是否水平? 不水平对实验有何影响?

2. 如何选择合适的油滴进行测量? 油滴太大,带电量太多对测量有何影响? 油滴太小对实验又有何影响?

◆ **附 录**

从原则上说,对实验所测得的各个油滴的电荷值求最大公约数,即可求得基本电荷,看到电荷的不连续性。但由于实验有误差,求最大公约数有一定困难。故用"逐次相减法"求最大公约数。例如我们对 10 个油滴测量所得电量如表中第二列所示(按电量大小排列)。

序号	$q_i(\times 10^{-19}C)$	$\Delta q = (q_{i+1} - q_i) \times 10^{-19}C$	n 计算值	n 取整数	$e_i(10^{-19}C)$
1	3.06	1.55	1.97	2	1.53
2	4.61	0.01	2.97	3	1.54
3	4.62	0.12	2.98	3	1.54
4	4.74	1.62	3.06	3	1.58
5	6.30	1.55	4.10	4	1.59
6	7.81	1.30	5.04	5	1.56
7	9.11	0.28	5.88	6	1.52
8	9.39	0.26	6.06	6	1.56
9	9.65	4.14	6.23	6	1.61
10	13.79		8.90	9	1.53

表中第三列 $\Delta q = q_{i+1} - q_i$ 是逐次相减的结果,并考虑到实验误差,可将基本电荷估计为 $1.55 \times 10^{-19}C$,从而确定各个油滴的基本电荷数 $n = q_i/1.55 \times 10^{-19}C$。如果依次相减还看不出基本电荷的范围,可再进行依次"逐次相减法";若有负值,则取相对值进行分析。于是电子电荷为:

$$\bar{e} = \frac{\sum_{i=1}^{10} e_i}{10} = 1.57 \times 10^{-19}C$$

与国际公认标准值 $1.602 \times 10^{-19}C$ 比较,实验的结果百分误差为:

$$\frac{(1.60 - 1.57) \times 10^{-19}}{1.60 \times 10^{-19}} \times 100\% = 1.9\%$$

二、光电效应法测定普朗克常量

普朗克常量 h 是 1900 年普朗克在解决黑体辐射能量分布时提出"能量子"假设中的一个普适常量,是基本适用量子,是粗略地判断一个物体体系是否需用量子力学描述的依据。

普朗克　　　　　爱因斯坦

1905 年爱因斯坦为了正确解释光电效应现象提出了"光量子"假设,即频率为 ν 的光子其能量为 $h\nu$。当物体上的电子吸收了光子的能量 $h\nu$ 之后,一部分消耗于电子的逸出功 W,另一部分转换为电子的动能,即:

$$\frac{1}{2}mv^2 = h\nu - W$$

上式称为爱因斯坦光电效应方程。1916 年密立根首次用实验证实了爱因斯坦光电效应方程,并测得 $h = 6.57 \times 10^{-34}$ J·s,其准确度大约为 0.5%。即使与现在的公认值比也仅差 0.9%。1923 年密立根因这工作而获诺贝尔奖金。

本实验不仅可以帮助我们加深对光的认识,建立"量子化"概念,还使我们学会了一种测量 h 的方法。

◆ **实验目的**

1. 了解光电效应的基本规律,认识光的粒子性。
2. 用光电效应法测定普朗克常量。

◆ **实验原理**

光电效应的实验装置如图 1 所示:其中 GD 为光电管,K 为光电管阴极,A 为光电管阳极,G 为微电流计,V 为电压表,E 为电源,R 为滑线式电位器,调节 R 可以得到实验所需的加速电位差 U_{AK}。单色光是从汞灯光谱中用干涉滤光片获得的,其波长分别为 365nm、405nm、436nm、546nm、577nm。用光照射阴极时,由于阴极释放出电子而形成阴极光电流(简称阴极电流)。加速电位差 U_{AK} 越大,阴极电流越大;U_{AK} 增加到一定量值后,阴极电流不再增大而达到饱和值 I_H,而且 I_H 的大小和照射光的强度成正比(图 2)。加速电势差 U_{AK} 负到一定量值时,阴极电流变为"0";与此对应使光电流为零的反向电势差称为遏止电势差;且用 U_a 来专门表示。U_a 的大小与光的强度无关,而是随着照射光频率的增大而增大(图 3)。

1. 光电效应

(1) 饱和电流的大小与光的强度成正比。

（2）光电子从阴极逸出时具有初动能，其最大值等于它反抗电场力所作的功。即 $m\nu$ $=eU_a$，因为 $U_a\propto\nu$，所以初动能大小与光的强度无关，只随光的频率增大而增大。$Ua\propto\nu$ 的关系根据爱因斯坦公式用下式表示，即

$$U_a=\frac{h}{e}\nu-\frac{W}{e}$$

实验时用不同频率的单色光（ν_1、ν_2、ν_3……）照射阴极，测出相应的遏止电位差（U_{a1}、U_{a2}、U_{a3}……），然后作出 $U_a-\nu$ 图，由此图的斜率即可求得 h。

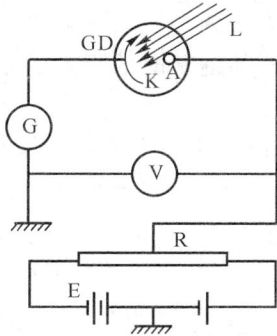

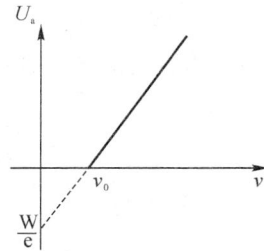

图 1　光电效应实验装置　　　图 2　光电特性　　　图 3　遏止电势差与频率的关系

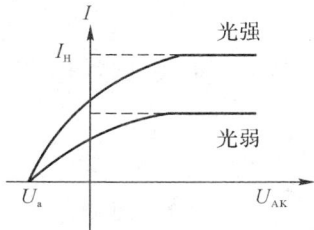

（3）光子的能量 $h\nu=W$ 时，光点子恰好能够逸出，此时的频率称为阴极的红限频率，且用 ν_0（$\nu_0=\frac{W}{h}$）来表示。实验中可以从 $U_a-\nu$ 图的斜率和截距求得阴极的红限频率和逸出功。

本实验的关键是正确测定遏止电势差，作 $U_a-\nu$ 图。至于在实际工作中如何正确决定遏止电势差，则要看使用的光电管而异。下面专对遏止电势差的确定问题进行简要的分析讨论。

2. 遏止电势差的确定

如果所用的光电管对可见光都比较灵敏；暗电流也很小；阳极包围着阴极，即使加速电势差为负时，阴极发射的光电子仍能大部分射到阳极；阳极的逸出功又足够高，可见光照射时不会发射光电子，则其电流特性曲线如图 4。图中电流为零时的电势差就是遏止电势差 U_a。

但是，光电管制造过程中，工艺上很难做到阳极不被阴极材料所沾染，而且这种沾染在光电管使用过程中还会日趋严重。沾染后阳极逸出功降低，当阴极来的散射光照到它时，会发射出光电子而形成阳极光电流。实验测得的电流特性曲线，是阳极光电流和阴极光电流迭加的结果。如图 5 中的实线所示。

由图 5 可见，由于阳极沾染，实验时出现了反向电流。特性曲线与横轴交点的电流虽然等于 0，但阴极光电流并不等于 0；交点的电势差 $U_a{}'$，也不等于遏止电势差 U_a。两者之差由阴极电流上升的快慢和阳极电流的大小所决定。阴极电流上升越快，阳极电流越小，$U_a{}'$ 与 U_a 之差也越小。从实测曲线上看，正向电流上升越快，反向电流越小，则 $U_a{}'$ 与 U_a 之差越小。

由图 5 还可以看到,由于电极结构等各种原因,阳极电流饱和缓慢,在加速电势差降到等于 U_a 时,阳极电流仍未饱和,所以反向电流刚开始饱和时的拐点电势差 U_a'' 也不等于遏止电势差 U_a。两者之差视阳极电流的饱和快慢而异,阳极电流饱和越快,两者之差越小,若在负电压增至 U_a 值之前阳极电流已经饱和,则拐点的电势差就是遏止电势差 U_a。

总之,对于不同的光电管,应根据其电流特性曲线的不同,采用不同的方法去确定其遏止电势差。例如光电特性曲线的正向电流上升很快,反向电流很小,则可用光电特性曲线与暗电流特性曲线交点的电势差 U_a' 近似地当作遏止电势差 U_a(交点法)。若特性曲线的反向电流虽然较大,但其能很快达到饱和,则可用反向电流开始饱和时的拐点电势差 U_a'' 作遏止电势差 U_a(拐点法)。

我们实验室用的光电管正向电流上升很快,反向电流很小,故用交点法来确定遏止电位差。

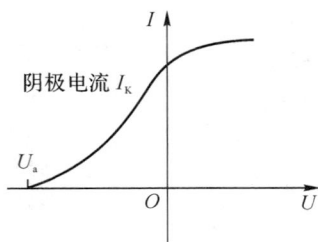

图 4　理想光电流特性曲线　　　　图 5　阴极、阳极和实测光电流曲线

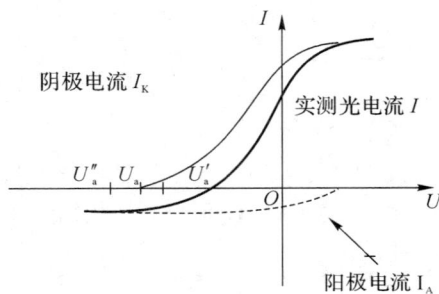

◆　**实验装置**

GD-2 型普朗克常数测定仪为组合式、半开放形仪器。将光源与接收暗箱(干涉滤光片转盘、成像物镜、光电管)安装在带有刻尺的导轨上,可根据需要调节光源与光电管之间的距离。其结构示意图如图 6 所示。

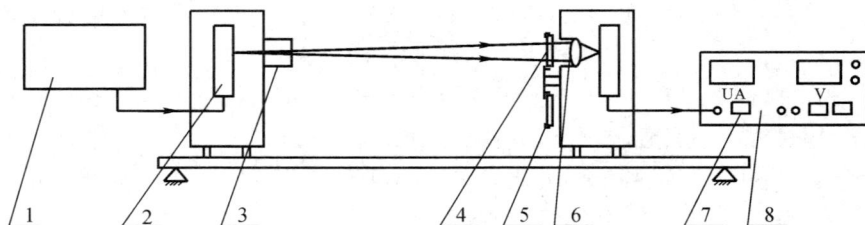

1. 汞灯限流器;2. 汞灯及灯罩;3. 光栏;4. 干涉滤光片
5. 滤光片转盘;6. 成像物镜;7. 导轨;8. 测定仪
图 6　普朗克常数测定仪

◆ **实 验 内 容**

（1）打开汞灯和微电流计电源,均预热 20 分钟左右才能稳定工作。

（2）调节光电管位置,使汞灯清晰地成像在光电管阳极圈中心部位的阴极面上。（实验室已提供此条件）

（3）调整微电流计。

调零,将测量范围选择旋钮调到"短路"位置,将电压电流选择键拨至"＋"极性,调节调零旋钮,使电流示值为 0.0；

调满度,将测量范围调到"满度"位置,调节满度旋钮,使电流示值为 100.0。

调零与调满度一般要反复调几次才能调好。

（4）测量暗电流特性曲线

进光孔用遮光盖盖上,调节加速电压旋钮,从 −2V～0V 之间,每隔 0.2V 记一次相对应的电压、电流值。然后画暗电流特性曲线（如果暗电流读不出来,则横坐标轴即为暗电流特性曲线）。

（5）测量光电流特性曲线

用 365nm 的滤光片替换遮光盖,调节加速电压旋钮,从 −2V～0V 之间每隔 0.1V 记一次相对应的电压、电流值,直到电流计读数满格为止。然后做出光电流特性曲线（在特性曲线的转弯处,可每隔 0.05V 记一次数据）。

（6）确定遏止电位差

找出光电流与暗电流两特性曲线的交点电位差 U_a' 作为遏止电位差。至于 365nm,436nm,546nm,577nm 四条光谱相对应的遏止电位差,也可用同样的方法确定。

（7）利用所测得的数据,设计数据记录表格。根据直线拟合法作 $U_a-\nu$ 图,求出 h 值

◆ **数 据 记 录 与 处 理**

1. 光电流特性曲线的描绘

加速电压(V)	光电流强度	加速电压(V)	光电流强度
−2.0			

实验过程中可根据实际情况适当选择测量次数和测量精度。

2. 遏止电位的测量和普朗克常数的计算

波长（nm）	365	405	436	546	577
频率 $\nu(10^{14} S^{-1})$					
遏止电位 $Ua(V)$					
斜率 $\dfrac{\Delta U}{\Delta \nu}(\dfrac{h}{e})$					
普朗克常 h					
百分误差 E_0					

◆ **注意事项**

1. 汞灯需冷时启动，否则会影响其寿命。

2. 测量暗电流及光电流特性曲线时，微电流计应选用 μA 这一档。

3. 严禁将暗箱的进光孔直接对向窗口或其他光源，以免杂散光照射光电管而影响实验效果。

◆ **思考题**

1. 实验测得的光电流特性曲线与理想的光电流特性曲线有何不同？为什么不同？

2. 为什么会出现反向光电流？如何减少反向光电流？

3. 你所测得的 值是偏大还是偏小？试从实验现象中分析说明产生误差的原因。

实验十五　霍尔效应测磁场与特斯拉计的应用

在工业、国防、科研中都需要对磁场进行测量,测量磁场的方法有不少,如冲击电流计法、核磁共振法、天平法、电磁感应法、霍尔效应法等,本实验介绍霍尔效应法测磁场,它具有测量原理简单,测量方法简便及测试灵敏度较高等优点。

◆ 实验目的

1. 了解用霍尔效应法测量磁场的原理。
2. 了解载流圆线圈的径向磁场分布情况。
3. 测量载流亥姆霍兹线圈的轴线上的磁场分布,进一步掌握磁场叠加知识。
4. 两平行线圈的间距改变为 $d = R/2$ 和 $d = 2R$ 时,测定其轴线上的磁场分布。

◆ 实验原理

1. 载流圆线圈与亥姆霍兹线圈的磁场

(1)载流圆线圈磁场

根据毕奥—萨伐尔定律一半径为 R,通以直流电流 I 的圆线圈,其轴线上离圆线圈中心距离为 X 米处的磁感应强度的表达式为:

$$B = \frac{\mu_0 N_0 I R^2}{2(R^2 + X^2)^{3/2}} \qquad (1)$$

式中 N_0 为圆线圈的匝数,X 为轴上某一点到圆心 O' 的距离,$\mu_0 = 4\pi \times 10^{-7}\,\mathrm{H/m}$,磁场的分布图如图 1 所示,是一条单峰的关于 Y 轴对称的曲线。

(2)亥姆霍兹线圈

两个完全相同的圆线圈彼此平行且共轴,通以同方向电流 I,线圈间距等于线圈半径 R 时,从磁感应强度分布曲线可以看出(理论计算也可以证明):两线圈合磁场在中心轴线上(两线圈圆心连线)附近较大范围内是均匀的,这样的一对线圈称为亥姆霍兹线圈,如图 2 所示。从分布曲线可以看出,在两线圈中心连线一段,出现一个平台,这说明该处是匀强磁场,据霍尔效应可以知道,当霍尔探头放入磁场中时,由于运动电荷受到洛伦兹力作用,电流方向会发生偏离,在某两个端面之间产生的电势差,通过电势差的大小就可以测量磁场的大小。当亥姆霍兹线圈两线圈通有方向

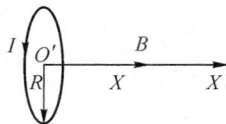

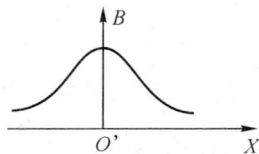

图 1　载流圆线圈磁场分布

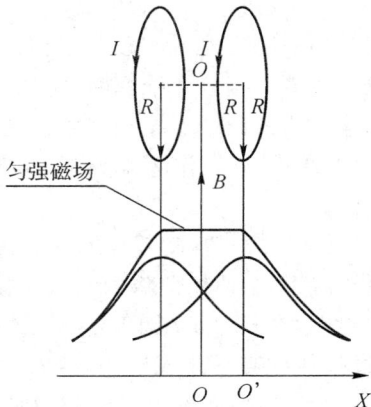

图 2　亥姆霍兹线圈磁场分布

一致的电流时,两线圈形成的磁场方向也一致,两线圈之间就形成均匀磁场,霍尔探头在该区域运动时其测量的数值几乎不变。然而,当两线圈通上相反方向电流,则其间的磁场抵消为零。

由理论计算可知,如果 Z 是离亥姆霍兹线圈中心轴上离中心 O 点的距离,则该点的磁感应强度

$$B = \frac{1}{2}\mu_0 NIR^2 \left\{ \left[R^2 + \left(\frac{R}{2} + Z \right)^2 \right]^{-\frac{3}{2}} + \left[R^2 + \left(\frac{R}{2} - Z \right)^2 \right]^{-\frac{3}{2}} \right\} \tag{2}$$

由该公式推论,当 $Z = 0$ 时,即亥姆霍兹线圈中心轴中心点 O 的磁感应强度为:

$$B_0 = \frac{\mu_0 NI}{R} \times \frac{8}{5^{3/2}} \tag{3}$$

以下是亥姆霍兹线圈两线圈间隔距离等于 $\frac{R}{2}, R, 2R, \cdots$,时线圈中心轴上 O 点的磁感应强度的分布特性曲线

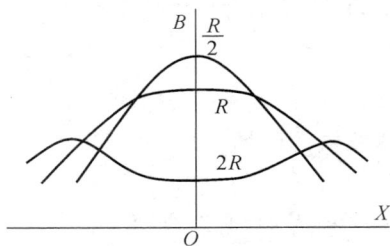

图 3　不同间距下亥姆霍兹线圈磁感应强度分布特性曲线

◆ **实验仪器**

1. 亥姆霍兹线圈磁场实验仪和实验仪信号源

(1)励磁电流 I_M 输出:直流 0～0.500A 恒流输出可调,接到测试架的励磁线圈,提供实验用的励磁电流。励磁电流 I_M 输出端连接到测试架线圈时,可以选择接单个线圈与双个线圈。接双个线圈时,将两线圈串联,即一个线圈的黑接线柱与另一线圈的红接线柱相连。另外两端子接至实验仪的 I_M 端。

(2)霍尔片工作电流 I_S 输出:直流 0～5.00mA 恒流输出可调,用于提供霍尔片的工作电流。

(3)V_H、V_σ(本实验仅用 V_H)测量输入:用于测量霍尔电压 V_H 及霍尔片长度 L 方向的电压降 V_σ。使用前将两输入端接线柱短路,用调零旋钮调零。提醒:I_S 霍尔片工作电流输出端与 V_H、V_σ 测量输入端,连接测试架时,与测试架上对应的接线端子一一对应连接(红接线柱与红接线柱相连,黑接线柱与黑接线柱相连)。

(4)二个换向开关:分别对励磁电流 I_M,工作电流 I_S 进行正反向换向控制。

(5)一个转换开关:对霍尔片的霍尔电压 V_H 与霍尔片长度 L 方向的电压降 V_σ 测量进行转换控制

2. 亥姆霍兹线圈磁场测试架

本测试架的特点是三维可靠调节,见图 4。

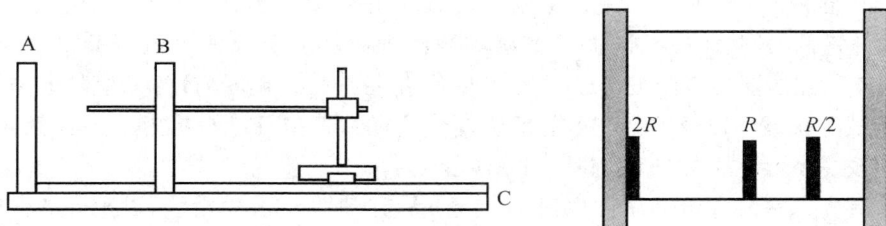

图 4　亥姆霍兹线圈磁场实验仪测试架

（1）亥姆霍兹线圈

两个圆线圈 A、B 安装于底板 C 上，其中圆线圈 A 固定，圆线圈 B 可以沿底板移动，移动范围为 50～200mm，松开圆线圈 B 底座上的紧固螺钉，就可以用双手均匀地移动圆线圈 B，从而改变了两个圆线圈的位置，由面板选择有 $2R$、R、$R/2$ 等位置，移到所需的位置后，再拧紧紧固螺钉。励磁电流通过圆线圈后面的插孔接入，可以做单个和双个线圈的磁场分布。

（2）可移动装置

滑块可以沿导轨左右移动，用于改变霍尔元件 X 方向的位置距离：±200mm。

移动时，用力要轻，速度不可过快，如果滑块移动时阻力太大或松动，则应适当调节滑块上的螺钉的紧度；左右移动即 X 向移动不能影响前后方向即 Y 向位置；必要时，可以锁紧导轨右端的紧定螺钉，防止改变 Y 向位置。

轻推滑块沿导轨均匀移动导轨，可改变霍尔元件 Y 方向的位置移动距离：±70mm；这时，导轨右端的紧定螺钉应处于松开状态。注意：这时不可左右方向用力，以免改变霍尔元件的 X 向位置。

松开紧固螺钉，铜杆可以沿导轨上下移动，移到所需的位置后，再拧紧紧固螺钉，用于改变霍尔元件 Z 方向的位置移动距离±70mm。在做 X 向位置位置移动时，一般将 Z 向标尺置于 0 点，这样霍尔元件正对线圈中心轴线。

（3）霍尔元件

装置采用优质砷化镓霍尔元件，特点是灵敏度高，温度漂移小，既可以做霍尔效应实验，又可作磁场分布实验。霍尔元件安装于铜管的左前端，导线从铜管中引出，连接到测试架后面板上的专用插座。

改变圆线圈的位置进行磁场分布测量实验时，为了读数方便，应该改变铜管的位置。松开紧固螺钉，移动铜管至 R、$2R$ 或 $R/2$ 的位置，对应于圆线圈在 R、$2R$ 或 $R/2$ 的位置，这样做的优点是，在移动滑块时，X 向的读数是以 0 位置为对称的。如果不改变铜管的位置，则应对 X 向位置读数进行修正。

◆　**实验内容与数据处理**

1. 测量单个载流圆线圈 A 在轴线上（X 向）磁场 B_1 的分布

（1）用连接线将厉磁电流 I_M 输出端连接到圆线圈 A，霍尔传感器探头的信号线连接到测试架后面板的专用四芯插座。紧固滑块 B,再拧紧紧固螺钉。

（2）开机前,预热 10 分钟,调节亥姆霍兹线圈磁场实验仪的电流调节,使励磁电流 $I_M=0.000$A,在线圈磁场强度等于零的条件下,把特斯拉计调零（目的是消除地磁场和其他环境杂散干扰磁场以及不平衡电势的影响）,这样特斯拉计就校准好了。注意:如果测量过程中改变了测试架方向,需重复调零步骤。

（3）调节 $I_S=5.00$mA,励磁电流 $I_M=0.5$A,移动 X 向导轨滑块,以 10mm 为间隔距离测量单个线圈通电时轴线上各点的霍尔电压将数据记录在表 1,根据公式

$$B=\frac{V_H}{K_H I_S}$$

计算出各点的磁感应强度,即圆线圈轴线上 B 的分布图,并绘出 B_1-X 曲线。

表 1 中 $\qquad B_1-X \qquad\qquad I_S=5.00$mA $\qquad I_M=0.5$A

X(mm)	V_1(mV) $+Is, I_M$	V_2(mV) $+Is, -I_M$	V_3(mV) $-Is, -I_M$	V_4(mV) $-Is, I_M$	$V_H=\frac{V_1-V_2+V_3-V_4}{4}$mV	B(m T)
……						
−40						
−30						
−20						
−10						
0						
10						
20						
30						
40						
……						

2. 测量单个载流圆线圈 B 在轴线上（X 向）磁场 B_2 的分布

（1）移动载流圆线圈 B 到载流圆线圈 A 距离为 R 的地方,用连接线将励磁电流 I_M 输出端连接到圆线圈 B,霍尔传感器探头的信号线连接到测试架后面板的专用四芯插座。紧固滑块,再拧紧紧固螺钉。

（2）其他连接线也一一对应连接好。移动 X 向导轨,测量单个线圈 B 通电时轴线上各点的磁感应强度,同样采用 10mm 测量一个数据,将数据记录在表 2,B 的计算方法同上,并绘出曲线 B_2-X。

表 2 中 $\qquad B_2-X \qquad\qquad I_S=5.00$mA $\qquad I_M=0.5$A

X(mm)	V_1(mV) $+Is, I_M$	V_2(mV) $+Is, -I_M$	V_3(mV) $-Is, -I_M$	V_4(mV) $-Is, I_M$	$V_H=\frac{V_1-V_2+V_3-V_4}{4}$mV	B(m T)
……						
−40						
−30						
−20						
−10						

$X(mm)$	$V_1(mV)$	$V_2(mV)$	$V_3(mV)$	$V_4(mV)$	$V_H = \dfrac{V_1 - V_2 + V_3 - V_4}{4}$ mV	$B(mT)$
	$+Is, I_M$	$+Is, -I_M$	$-Is, -I_M$	$-Is, I_M$		
0						
10						
20						
30						
40						
……						

3. 测量亥姆霍兹线圈轴线上磁场 B_R 的分布

(1) 首先检查亥姆霍兹线圈的两线圈之间的距离是否为 100mm,要达到这样的设置只需要将铜管位置到 R 处,Y 向导轨,Z 向导轨都置于零,固定螺丝,这样就可以将霍尔传感器位于亥姆霍兹线圈的轴线上。

(2) 将线圈 A,B 同向串联,并通入励磁电流 I_M 及其他所必需的电流。

(3) 与前相同,开机前预热 10 分钟,调节亥姆霍兹线圈磁场实验仪的电流调节,使励磁电流 $I_M = 0.000A$,在线圈磁场强度等于零的条件下,把特斯拉计调零。

(4) 调节 $I_S = 5.00mA$,励磁电流 $I_M = 0.5A$,移动 X 向导轨,以 10mm 为间隔距离测量通电亥姆霍兹线圈轴线上的霍尔电压,记录数据填入表 3,B 的计算方法同上,并绘出 $B_R - X$ 曲线。

表 3 中　　　　　$B_3 - X$　　　　　　　$I_S = 5.00mA$　　　$I_M = 0.5A$

$X(mm)$	$V_1(mV)$	$V_2(mV)$	$V_3(mV)$	$V_4(mV)$	$V_H = \dfrac{V_1 - V_2 + V_3 - V_4}{4}$ mV	$B(mT)$
	$+Is, I_M$	$+Is, -I_M$	$-Is, -I_M$	$-Is, I_M$		
……						
-40						
-30						
-20						
-10						
0						
10						
20						
30						
40						
……						

*4. 比较与验证磁场叠加原理

将表 1 和表 2 中的磁场强度 B_1,B_2 数据按 X 向的坐标位置相加,得到 $B_1 + B_2$,将 B_1,B_2 数据及 $B_1 + B_2$ 数据绘置在一起并与表 3 的 B_R 数据比较。

*5. 测量两线圈不同距离时两线圈轴线上各点的磁感应强度

(1) 移动载流圆线圈 B 到载流圆线圈 A 距离为 50mm,即 $R/2$ 的地方,铜管位置也到

$R/2$ 处,重复前叙内容,并绘出 $B_{R/2}$—X 曲线。表格自拟。

(2)移动载流圆线圈 B 到与载流圆线圈 A 距离为 200mm,即 $2R$ 的地方,铜管位置也到 $2R$ 处,重复前叙内容,并绘出 B_{2R}—X 曲线。表格自拟。

(3)绘出 $B_{R/2}$—X 图、B_{2R}—X 图和 B_R—X 图,并进行比较,分析总结出通电线圈轴线上各点的磁感应强度的分布规律。

*6. 测量亥姆霍兹线圈 Y 方向上磁感应强度的分布

移动载流圆线圈 B 到与载流圆线圈 A 距离为 100mm 处,铜管位置到 R 处,X 向导轨、Z 向导轨均置零。调节 I_S=5.00mA,励磁电流 I_M=0.5A,移动 Y 向导轨以每 10mm 为间隔距离测量一个数据,方法与前类似,绘出 B—Y 曲线。表格自拟。

*7. 测量亥姆霍兹线圈 Z 方向上磁感应强度的分布

线圈 B,线圈 A 的距离、铜管位置均不变,X 向导轨、Z 向导轨均置零。调节 I_S=5.00mA,励磁电流 I_M=0.5A,移动 Z 向导轨,以每 10mm 为间隔距离测量一个数据,方法与前类似,绘出 B—Z 曲线。表格自拟。

*8. 测量亥姆霍兹线圈任意位置上磁感应强度的分布

根据前叙内容,测量线圈 B,线圈 A 的不同距离,任意点的磁感应强度,需要相应调节 X,Y,Z 向导轨,置霍尔传感器于所需要测量的位置上。

◆ **数 据 处 理**

试用毫米方格纸描绘实验曲线

实验十六　传感器的应用

一、热电传感器

随着现代化测量和自动化技术的发展,传感器技术越来越受到人们的重视,它在工业生产自动化、能源、交通、灾害预测、安全防卫、环境保护医疗卫生等领域得到广泛应用。传感器是将各种非电量或易于转换为电量的非电量(物理量、化学量、生物量等)转换为电量,再按一定规律转换成便于处理和传输的一种物理量的装置。本实验利用传感器系统实验仪的热电偶、热敏电阻进行实验。

◆ **实验目的**

1. 观察了解热电偶和热敏电阻的测温原理和工作特性,学会查阅热电偶分度表。
2. 了解热电偶的结构,熟悉热电偶工作特性。
3. 学会用计算机处理数据。

◆ **实验原理**

传感器一般是由敏感元件、转换元件和测量电路三部分组成,有时还需要加辅助电源,用方块图表示,如图1所示:

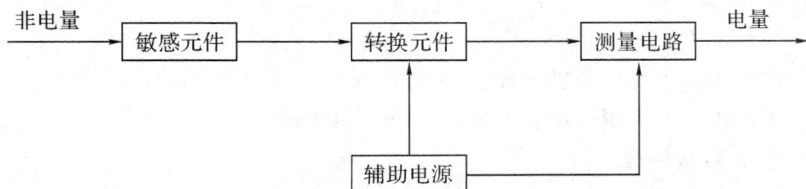

非电量 → 敏感元件 → 转换元件 → 测量电路 → 电量

辅助电源

图 1　传感器的组成

其中,敏感元件:是用来完成从非电量到电量或从非电量转换成为易于转变为电量的非电量元件,又称预变换器;能够感受到的这种转换器件称为转换元件。测量电路则是将转换元件输出的电量变成易于显示、记录、控制和处理的有用电信号的电路。测量电路的类型视转换元件分类而定,经常采用的有电桥、分压电路及其他特殊电路,如振荡电路等。

1. 热电偶工作原理

(1)热电偶概念

热电偶的工作原理就是热电效应,若热端和冷端温度不同时,将产生温差电动势。通过测量此电动势即可知道两端温差。如固定某一端温度(一般固定冷端为室温或 0℃),则另一端的温度就可知,从而实现温度测量。

（2）热电偶结构

热电偶亦称温差电偶，是由 A、B 两种不同成分的金属丝端点彼此紧密接触而组成的。当两接点处于不同温度时，如图 2(a)，在回路中就有直流电动势产生，该电动势称温差电动势或热电动势。它的大小与组成热电偶的两根金属丝的材料、热端温度 t 和冷端温度 t_0 这三个因素有关。t 和 t_0 相差越大，电动势就越大。一般可让冷端温度保持某一恒定值，例如将冷端放在冰点（冰水混合物）槽中，确定材料的热电势，温差电动势大小仅由热端和冷端的温差 $(t-t_0)$ 决定，由电动势大小和冷端温度值 t_0，可以算出热端所处的温度。可以证明，在 A、B 两种金属之间插入第三种金属 C 时，若它与 A、B 的两连接点处于同一温度 t_0，如图 (b)，则该闭合回路的温差电动势与上述只有 A、B 两种金属组成回路时的数值完全相同。所以，我们把 A、B 两根不同化学成分的金属丝（如一为铂，另一为铂－铑合金）的一端焊在一起，构成热电偶的热端（工作端）；将另两端各与铜引线（即第三种金属 C）焊接，构成两个同温度 (t_0) 的冷端（自由端），铜引线又与测量直流电动势的仪表相接，如图 2(c)，这样就组成一个热电偶温度计，将热端置于待测温度处，即可测得相应的温差电动势，再根据事先校正好的曲线或数据来求出温度 t。热电偶温度计的优点是热容量小，灵敏度高，反应迅速，若配以精密的直流电位差计，则测量准确度较高。

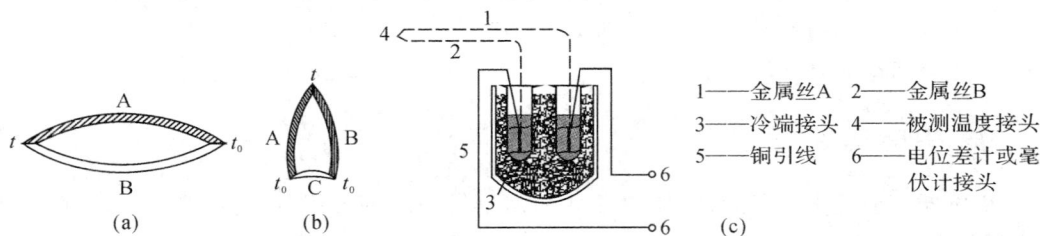

1——金属丝A	2——金属丝B
3——冷端接头	4——被测温度接头
5——铜引线	6——电位差计或毫伏计接头

图 2　为热点偶结构示意图

通常需用电位差计或用高输入阻抗的数字毫伏表来测量温差电动势。

本实验中热电偶采用铜—康铜材料做成的热电偶。

2．热敏电阻实验原理

热敏电阻是一种半导体材料制成的敏感元件。

（1）其主要特点

①灵敏度高：通常温度变化 1℃，阻值变化约（1～6）％，电阻温度系数绝对值比一般金属电阻大 10～100 倍；

②体积小：珠形热敏电阻探头的最小尺寸达 0.2mm，能测量热电偶和其他温度计无法测量的空隙、腔体、内孔等处的温度。如人体血管内温度等；

③使用方便：热敏电阻阻值范围在 $10^2 \sim 10^5 \Omega$ 之间可任意挑选，热惯性小，而且不象热电偶需要冷端补偿，不必考虑线路引线电阻和接线方式，容易实现远距离测量，且功耗小。

热敏电阻主要缺点是其阻值与温度变化呈非线性关系。元件稳定性和互换性较差。

（2）结构原理

热敏电阻主要由热敏探头、引线、壳体等构成，如图 3 所示。

热敏电阻一般做成二端器件,但也有做成三端器件或四端器件的。二端和三端器件为直热式,即热敏电阻直接由连接的电路中获得功率,四端器件则是旁热式的。

根据不同的使用要求,可以把热敏电阻做成不同的形状和结构,其典型结构如图 4 所示。

(3)热敏电阻的性能

用半导体材料制成的热敏电阻具有灵敏度高,热电偶一般测高温线性较好,可以应用于各个领域,热敏电阻测量用于 200℃ 以下温度较为方便,本实验中所用热敏电阻的电阻率随温度升高而减小。

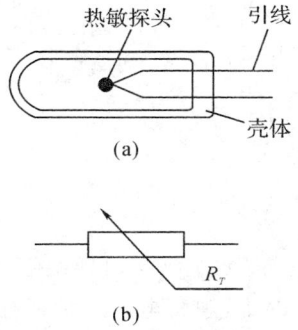

图 3　热敏电阻示意图

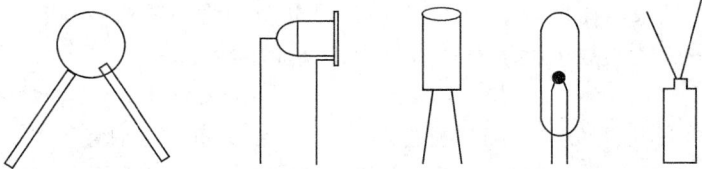

热敏电阻因其电阻温度系数大(即温度改变 1℃ 电阻的相对改变值大),形小体轻、热惯性小、结构简单等优点而受到人们的重视,在点温、表面温度、温差、温场等测量中得到日益广泛的应用。

图 4　热敏电阻器的结构形式

热敏电阻阻值与温度间成指数函数关系:

$$R_T = A e^{B/T} \tag{1}$$

可得

$$R_T = R_0 e^{B(1/T - 1/T_0)} \tag{2}$$

式中,R_T 为绝对温度 T(K)时的电阻值;

　　　A 为与热敏电阻材料物理特性及几何尺寸有关的系数;

　　　R_0 为绝对温度 T_0(K)时的电阻值;

　　　B 为热敏电阻常数,与其材料和制造工艺有关。

热敏电阻在非电量电测技术中应用时,常与测量电路一起组成,可由桥路、分压电路加差动放大电路转换为电压输出,从而达到非电量电测目的。

测热敏电阻温度传感器,也可测量通过电路转换后的灵敏度 S:

$$S = \Delta V / \Delta T \tag{3}$$

◆ **实验内容**

1. 热电偶

用热电偶测温对温控仪显示值进行校准,热电偶测量电路见图 5。

(1)差动放大器调零。差动放大器正、负输入端短路且接地,差动放大器的输出端接入数字电压表,打开电源,差动放大器增益旋钮顺时针旋至最大倍数,调节差动放大器的调零电位器,使差放平衡输出为零。

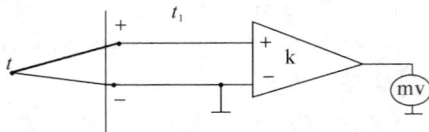

图 5 热电偶测量示意图

（2）把热电偶两端分别和差动放大器正、负输入端连接起来,在被测对象未加温的情况下,观察电压表是否有变化,如有微小变化,马上调节调零电位器再度为零。

（3）改变被测对象的温度。

（4）随着温度的上升,约每隔相等温度（如 10℃）,观察差动放大器的输出电压的变化,相对稳定时,记录电压表读数 $E_1(t,t_1)$,此热电动势为高温端（t）相对于室温（t_1）的热电动势。实验中所使用放大器增益最大倍数由实验室给定。

$$E(t,t_0)= \quad E_1(t,t_1) \quad + \quad E_2(t_1,t_0) \tag{4}$$
$$\text{实际电动势} \quad \text{测量所得电势} \quad \text{温度修止电动势}$$

式中:E_1 为测得的热电偶电动势,t 为热电偶热端温度,t_1 为热电偶冷端所处温度（室温）。E_2 值在铜—康铜热电偶分度表中根据室温（t_1）相对于 0℃（t_0）的查得热电动势 $E_2(t_1,t_0)$,利用（4）式可得 $E(t,t_0)$。

再一次根据铜—康铜热电偶分度表查得高温端热电动势 $E(t,t_0)$ 对应的温度（t）,并纪录之。

2. 热敏电阻

测出 $T-R_T$ ——对应的值;作出 $\ln R_T-1/T$ 曲线;求出热敏电阻常数 B;确定本热敏电阻属负温度系数还是属正温度系数;求出本热的灵敏度敏电阻。

◆ **数 据 记 录 与 处 理**

1. 热电偶校正温控仪温度显示值

室温 $t_1=$　　　　℃,查表得:$E_2(t_1,t_0)=$　　　　mV

n	1	2	3	4	5	6
t^*（℃）						
E_1（mV）						
$E=E_1+E_2$						
t（℃）						

根据表中数据作出 t^*—t 温度校准曲线。

其中,

（1）t^*（℃）为温控仪显示的待校准温度;

（2）根据此温差电势 $E(t,t_0)$ 从表中查得的温度 t℃作为准确温度。

（3）有条件时,可用冰水混合物（0℃）作为冷端。

2. 热敏电阻数据纪录表格

n	1	2	3	4	5	6
$T(K)$						
$1/T(1/K)$						
R_T						
$\ln R_T$						

按照(2)式 $R_T = R_0 \exp[B(\frac{1}{T} - \frac{1}{T_0})]$ 根据表中数据作出 $\ln R_T - 1/T$ 曲线,求出热敏电阻常数 B。

◆ **附录 1**

(1)热电偶的校正

通常对热电偶进行校准采用比较法或定点法:比较法是将待校热电偶和标准温度计同时直接插入恒温槽的恒温区中,改变槽内介质的温度,每隔一定温升观测一次它们的示值,直接用比较方法,对热电偶进行校正;定点法是利用某些纯物质,在相平衡时,温度唯一确定的特点(如水的沸点等),测出热电偶在这些固定点的电动势,根据热电偶的温差电动势表达式

$$\varepsilon = a(t - t_0) + b(t - t_0)^2 + c(t - t_0)^3 \tag{1}$$

解出各常数 a、b、c 值之后,以确定温差电动势与温度函数关系。

(2)测量温差电动势的仪器

热电偶对温度有很强的敏感性,例如铜—康铜热电偶,温度每改变 $1℃$,温差电动势约变化为 $40\mu V$。通常需用电位差计或用高输入阻抗的数字毫伏表来测量温差电动势,只有在某些要求不太高的场合,才用指针式的毫伏表进行测量。在实际测量时,测量仪器与待测系统是隔开一定距离的,两铜引线与相接仪器的两黄铜接线柱处应保持温度相同,可避免这两接点因温度不同而产生附加的温差电动势。

(3)铜—康铜热电偶的使用

在使用诸如铜—康铜一类的热电偶时,由于其中有一根金属丝和引线一样,也是铜,因而,实际上在整个电路中只有两个接点(指不同金属的连接点),如图 2(a)所示。铜—康铜热电偶,在 $0 \sim 300℃$ 温度范围内,温差电动势 ε 与温度 t 和 t_0 关系可表达为

$$\varepsilon = a(t - t_0) + b(t - t_0)^2 \tag{2}$$

(4)注意事项

热电偶定标是在冷端保持 $0℃$ 的条件下进行的,但若冷端温度很难保持恒定不变,这时一般采取温度补偿措施来消除由于冷端实际温度与定标冷端温度($0℃$)有差异而引起的误差。

为了延长热电偶的使用寿命和保证热电偶两金属丝间有良好的绝缘,应将两根金属丝用开有两只孔道的瓷管套起来。另外,热电偶丝不能拉伸和扭曲,否则热电偶容易断裂,并且有可能产生寄生温差电动势,影响热电偶的测温正确性。

(5)几种常用热电偶的组成成分和特性见表 1。

表 1　几种常用热电偶的组成成分和特性

热电偶	组成（主要成分）				使用温度范围 ℃	温差电动势近似值 mv/100℃
铜－康铜	铜 100%		康铜	Ni 40%	−200～300	4.3
				Cu 60%		
铁－康铜	铁 100%		康铜	Ni 40%	−200～600	5.3
				Cu 60%		
镍铬－镍铝	镍铬	Ni 90%	镍铝	Ni 94%	−200～1000	4.1
		Cu 10%		Al 3%		
				其他 3%		
铂铑－铂	铂铑	Pt 87%	铂	Pt 100%	−180～1600	1.05
		Rh 13%				

　　康铜丝的化学成分较复杂,各厂产生的成分略有不同,它们的热电特性也不完全相同,所以对铜－康铜热电偶校正后所得的常数 a、b 只适用于与被校热电偶有相同成分比例的康铜丝。

表 2　铜－康铜热电偶分度表（自由端温度 0℃）

工作端温度 ℃	0	1	2	3	4	5	6	7	8	9
	毫					伏				
0	0.0000	0.039	0.078	0.116	0.155	0.194	0.234	0.273	0.312	0.352
10	0.391	0.431	0.471	0.510	0.550	0.590	0.630	0.671	0.711	0.751
20	0.792	0.832	0.873	0.914	0.954	0.995	1.036	1.077	1.118	1.159
30	1.201	1.242	1.284	1.325	1.367	1.408	1.450	1.492	1.534	1.576
40	1.618	1.661	1.703	1.745	1.788	1.830	1.873	1.916	1.958	2.001
50	2.044	2.087	2.130	2.174	2.217	2.260	2.304	2.347	2.391	2.435
60	2.478	2.522	2.566	2.610	2.654	2.698	2.743	2.787	2.831	2.876
70	2.920	2.965	3.010	3.054	3.099	3.144	3.189	3.234	3.279	3.325
80	3.370	3.415	3.491	3.506	3.552	3.597	3.643	3.689	3.735	3.781
90	3.827	3.873	3.919	3.965	4.012	4.058	4.105	4.151	4.198	4.244
100	4.291	4.338	4.385	4.432	4.479	4.529	4.573	4.621	4.668	4.715

◆　**附录 2**

热敏电阻式温度传感器

　　热敏电阻,其电阻率(ρ)和材料常数(B)随制备材料的成分比例、烧结温度、烧结气氛和结构状态不同而变化。

　　(1)电阻值 $R_{25}(\Omega)$

　　标称电阻是热敏电阻在 25℃时的阻值。标称阻值大小由热敏电阻材料和几何尺寸决定。如果环境温度 t 在 25～27℃之间,则可按下式换算成 25℃时的阻值。

$$R_{25} = \frac{R_t}{1 + \alpha_{25}(t - 25)} \tag{3}$$

式中　R_{25}——温度为 25℃时的阻值；

　　　R_t——温度为 t℃时的实际电阻值；

　　　α_{25}——被测热敏电阻在 25℃时的电阻温度系数。

（2）温度系数 α_t

电阻温度系数是指热敏电阻的温度变化 1℃时其阻值变化率与其值之比，即

$$\alpha_t = \frac{1}{R_T} \frac{\mathrm{d}R_T}{\mathrm{d}T} \tag{4}$$

式中 α_T 和 R_T 是与温度 T（K）相对应的电阻温度系数和阻值。α_T 决定热敏电阻在全部工作范围内的温度灵敏度，一般来说，电阻率越大，电阻系数也越大。

（3）最高工作温度 T_m（K）

最高工作温度是指热敏电阻在规定的技术条件下，长期连续工作所允许的温度。

（4）额定功率 P_E（W）

额定功率（P_E）是热敏电阻在规定的技术条件下，长期连续工作所允许的耗散功率，在此条件下热敏电阻自身温度不应超过 $T_{\max}$。

（5）测量功率 P_C（W）

测量功率是指热敏电阻在规定的环境温度下，电阻体由测量电流加热而引起的电阻值变化不超过 0.1％时所消耗的功率。

电阻－温度特性与热敏电阻器的电阻率 ρ_T 和温度 T 的关系是一致的，它表示热敏电阻的阻值 R_T 随温度的变化规律，一般用 R_T—T 特性的曲线表示。

①负电阻温度系数的热敏电阻的电阻－温度特性

负温度系数的热敏电阻，其电阻－温度曲线一般数学表达式为

$$R_T = R_{T_0} \exp B_n \left(\frac{1}{T} - \frac{1}{T_0} \right) \tag{5}$$

式中 R_T、R_{T_0}——温度为 T、T_0 时热敏电阻的阻值；

　　　B_n——负电阻温度系数热敏电阻的材料系数。

此式是一个经验公式，由测试结果表明，无论是由氧化材料还是由单晶体材料制成的负温度系数热敏电阻器，在不太宽的测温度范围（＜450℃）内，均可用该式表示。

为了使用方便，常取环境温度为 25℃作为参考温度（即 $T_0 = 298$K），则负温度系数热敏电阻－温度特性可写成

$$\frac{R_T}{R_{25}} = \exp B_n \left(\frac{1}{T} - \frac{1}{298} \right) \tag{6}$$

如果将两边取对数，则

$$\ln R_T = B_n \left(\frac{1}{T} - \frac{1}{T_0} \right) + \ln R_{T_0} \tag{7}$$

如果以 $\ln R_T$、$\frac{1}{T}$ 分别作为纵坐标和横坐标，可知（7）式代表斜率为 B_n 的一条直线。

用 $\ln R_T$—$\frac{1}{T}$ 表示负电阻温度系数的热敏电阻－温度特性，实际应用中比较方便。

②正温度系数热敏电阻的电阻－温度特性

正温度系数热敏电阻的电阻－温度特性,是利用正温度系数热敏材料在居里点附近结构发生相变而引起导电率的突变而取得的。

正温度系数热敏电阻的工作温度范围较窄,在工作区两端,电阻－温度曲线上有两个拐点 T_{p1} 和 T_{p2}。当温度低于 T_{p1} 时,温度灵敏度低;当温度升高到 T_{p1} 后,电阻值随温度升高按指数规律迅速增大,正温度系数热敏电阻,在工作温度范围 $T_{p1} \sim T_{p2}$ 内,存在温度 T_C,对应有较大的温度系数 a_T。在工作温度范围内,正温度系数热敏电阻的电阻－温度特性可近似的用下面经验公式表示

$$R_T = R_{T_0} \exp B_p(T - T_0) \tag{8}$$

式中,

R_T、R_{T_0}——温度分别为 T 和 T_0 时的电阻值;

B_p——正温度系数热敏电阻的材料常数。(11)式两边取对数,则

$$\ln R_T = B_p(T - T_0) + \ln R_{T_0} \tag{9}$$

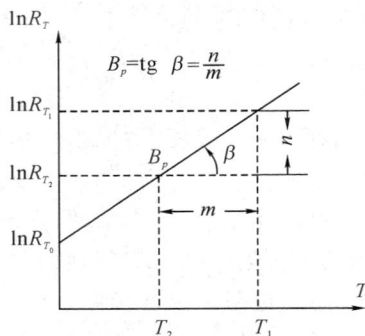

图6 $\ln R_T - \dfrac{1}{T}$ 表示的正温度系数热敏电阻的电阻—温度曲线

二、电涡流传感器在位移测量中的应用

电涡流传感器是二十世纪七十年代发展起来的一种非接触式位移、振幅新型传感器；也常用来检测金属片厚度和裂纹。由于它具有结构简单，测量线性范围大，频率响应宽，不受油污等介质的影响和抗干扰能力强等的优点，已广泛用于发动机、汽轮机、空气压缩机等旋转轴的径向振动测量与轴向位移测量，并可作为连续监控装置。

◆ **实 验 目 的**

1. 了解电涡流传感器用于非电量电测的基本原理。
2. 了解电涡流传感器的定标和静态测量、动态测量间的关系。
3. 学会传感器工作点的选取。

◆ **实 验 原 理**

电涡流传感器主要是一只固定于框架上的扁平线圈（图1），如同测量交变磁场时用的探测线圈，所不同的是前者的几何尺寸和电感值都有相应的要求，且与一电容并联，作为前置放大器中的一个谐振回路。传感器的线圈由于高频讯号的激励，使产生一高频交变磁场。

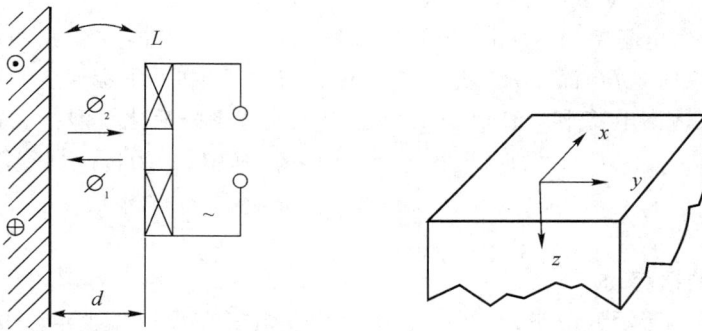

图 1 电涡流传感器示意图

当被测导电体靠近传感器时，在磁场作用范围内的导体表层，产生了与此外磁场相关联的电涡流。而此电涡流又将产生一交变磁场，阻碍外磁场的变化。就电涡流言，由于受涡流回路的电感性的影响，电涡流的相位落后，致使电涡流的磁场从平均角度看，总是抵抗外磁场的存在。从能量角度来看，在被测导体内存在着电涡流的电损耗和磁损耗，但在高频时电涡流损耗值远大于磁损耗值。电涡流传感器所载高频电流一般为 $500\,\mathrm{kHz}$ 以上，因此只须考虑电损耗即可。能量的损耗，传感器的 Q 值和等效阻抗 z 减低，因此当被测体与传感器问的距离 d 改变时，传感器的 Q 值和等效阻抗 z、电感 L 发生变化，这样就把位移量转换成为电量,这也就是电涡流传感器应用的基本原理。因此在具体应用中就有电涡流传感器的 Q 值法测量和电涡流传感器的电感法、阻抗法测量之分。

欲分析电涡流传感器性能,必须知道电涡流传感器的等效阻抗、电涡流的损耗功率、涡流的形成范围等。但研究电涡流是一个复杂的问题,下面我们在不影响问题性质讨论的前提下,进行一些简化处理,来讨论被测导体中电涡流的形成范围,损耗功率,传感器的等效阻抗、等效电感等。

1. 电涡流的贯穿深度和径向范围

按电动力学理论我们可得被测导体内交变磁感应强度的圆频率与传感器所载高频电流的圆频率一致,其振幅值不但与被测导体的导磁系数有关,而且与深度有关。

$$B_y(x,t) = \mu_0 \mu_r H_0 e^{-bx} e^{i(\omega t - bx)} \tag{1}$$

式中 $\mu_0 \mu_r$ 真空和被测导体的导磁系数;$b - \sqrt{\dfrac{\mu_0 \mu_r \overline{\omega}}{2\rho}}$;$\rho$ —导体电阻率;ω —传感器所载高频电流圆频率。

导体内的电涡流密度可以求得:

$$J_x = J_0 e^{-bx} \tag{2}$$

定义电涡流在被测导体中的贯穿深度,为其振幅衰减到 e 分之一处的深度,得 $x = 1/b$ 处为 $J_x = J_0/e$ 而 $b - \sqrt{\dfrac{\mu_0 \mu_r \overline{\omega}}{2\rho}}$。因此得贯穿深度为:

$$h = \frac{1}{b} = \sqrt{\frac{2\rho}{\mu_0 \mu_r \overline{\omega}}} = 5000 \sqrt{\frac{\rho}{\mu_r f}} \tag{3}$$

式中 ρ 为导体电阻率($\Omega \cdot mm^2/m$),f 为频率(Hz)。例如:在激励频率为 1MHz 的情况下,导体为铁时,贯穿深度 h 等于 1.78um,而导体为铜时,贯穿深度 h 等于 65.6um。

当我们选取适当电流平均值时,可以得到电涡流范围的简化模型:电涡流环的几何尺寸环的外半径 $r_0 = 1.39 R_h$,环的内半径 $r_i = 0.525 R_b$,其中 R_b 为传感器线圈的外径,环的深度为: $h = 5000 \sqrt{\dfrac{\rho}{\mu_r f}}$

2. 电涡流的损耗功率

设有一如图 2 所示的回路元,其厚度为 h(由涡流贯穿深度所决定),dr 为微小增量,周长 $l = 2\pi r$ 回路元的电阻为 $R = \rho l/s$,则所计算范围内电涡流的损耗功率为:

$$P = \int dp = \int d\frac{E^2}{R} \tag{4}$$

式中 E 为感应电动势的有效值;R 值为:

$$R = \rho \frac{l}{s} = \rho \frac{2\pi r}{h dr}$$

因为感应电动势 $\qquad e = -\dfrac{d\varphi}{dt} = -\pi r^2 \dfrac{dB}{dt}$

如设 $\qquad B = B_m \sin \omega t$

则 $\varepsilon = -\pi r^2 \omega B_m \cos\overline{\omega} t$ 所以在回路元处

感应电动势的有效值为：

$$E = \frac{\pi r^2 \omega B_m}{\sqrt{2}}$$

故

$$dP = \frac{\pi \omega^2 B_m^2 h}{4\rho} r^3 dr$$

代入（4）式可估算得被测体内电涡流的损耗功

率为：$P = \dfrac{\pi \omega^2 B_m^2 h}{16\rho}(r_0^4 - r_i^4)$

即

$$P = \frac{f^2 B_m^2 \pi^3 h}{4\rho}(r_0^4 - r_i^4) \tag{5}$$

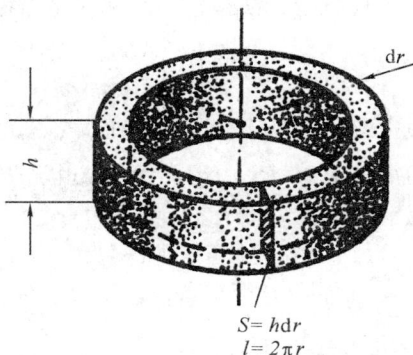

S= hdr
l= 2πr

图 2　回路元

损耗功率的大小，直接关系到回路的品质因素

Q 值，因此影响回路 Q 值的因素不但与激磁频率，和被测导体的电阻率 ρ 有关，而且还与

磁感应强度幅值 B。和电涡流的形成范围有关等。

3. 传感器的 Q 值、阻抗值 z 和电感值 L

回路 Q 值标志谐振回路的品质因素，即它反映谐振回路能量损耗的大小，通常 Q 值

大于 1。能量损耗越小，Q 值越大，能量损耗越大则 Q 值越小。

在直流电路电压 V 和电流 I，关系中有电阻 R，在交流电路中对应电压 V 和电流 I 的

关系中的物理量称为阻抗 Z，即 $Z=V/I$。

当一定的被测导体靠近传感器线圈时，损耗功

率增大，回路 Q 值就降低，Q 值与测量距离（被测体

与传感器的距离）d 间的关系式为：

$$\frac{Q}{Q_0} = K_1(1 + vd^2 - \omega d^4) \tag{6}$$

式中系数与激磁频率、线圈的电阻、自感和涡

流环的电阻、自感有关，而

$$\frac{\partial^2 \left(\frac{Q}{Q_0}\right)}{\partial d^2} = K_1(2v - 12\omega d^2) \tag{7}$$

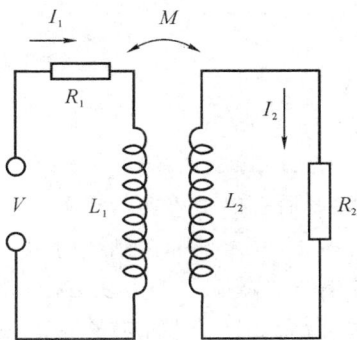

图 3　传感器与被测导体的等效电路

从上式可知，当 $v = 6\omega d^2$ 时，其二阶导数为零，

故曲线有拐点存在，（故 Q—d 曲线呈 S 形），但我

们可以利用它在一定范围内与直线相近似的部分作为测试的线性范围：$Q = f_1(d)$，即在

此范围内 Q 值与 d 成正比。这就是电涡流传感器 Q 值测量法的根据。

在传感器与被测导体靠近时，传感器的等效电感也将发生变化，其电原理如图 3 所

示，图中左边回路为传感器线圈，右边回路为被测导体中电涡流等效电路。

传感器等效阻抗为：

$$\dot{Z} = \left[R_1 + \frac{\omega^2 M^2}{R_2^2 + (\omega L_2)^2} R_2\right] + i\left[\omega L_1 - \frac{\omega^2 M^2}{R_2^2 + (\omega L_2)^2} \omega L_2\right] \tag{10}$$

从阻抗式的虚部可知传感器等效电感为：

$$L = L_1 - \frac{\omega^2 M^2}{R_2^2 + (\omega L_2)^2} L_2 \tag{11}$$

式中：L_1 为不计涡流效应而仅考虑电磁学效应时传感器的电感量；L_2 为电涡流等效电路的等效电感；R_2 为电涡流等效电路的等效电阻；ω 为线圈激磁电流的角频率；M 为线圈与涡流环间的等效互感，其值为：

$$M^2 = K_2(1 - pd^2 + qd^4 - \cdots + \cdots) \tag{12}$$

其中 p 和 q 为与线圈参数等有关的系数。

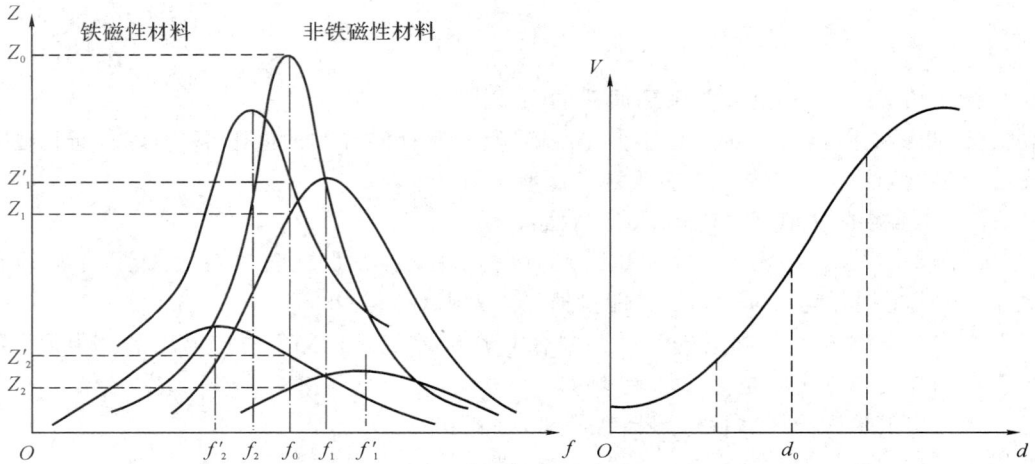

图 4　特性曲线图

由式(11)可见，等效电感中的第一项与电磁学效应有关，第二项为电涡流回路的反射电感，而后者的引入使传感器的等效电感值减小，因此当靠近传感器的被测导体为非铁磁性材料和硬磁材料时，则式(11)中第一项增大的值大于第二项增大的值，故传感器线圈的等效电感量减少。如为软磁材料时，传感器线圈的等效电感量增大。因此在被测导体引入时，谐振峰将发生左右移动。当被测体为非铁磁性材料或硬磁材料时，谐振峰向右移，而被测体材料为软磁材料时，谐振峰向左移，如图 4 所示。其特性方程为 $L_2 = f_2(d)$，这就是电涡流阻抗测量法的依据。

综合方程式(10)、(11)、(12)可见，传感器的等效阻抗 z 与被测距离 d 有关，即 $z = f_3(d)$，这就是电涡流阻抗测量法的依据。

综上所述，根据电涡流传感器的基本原理，可以有三种不同的输出量，即 Q、L、z。虽然它们是彼此关联的，但配用相应的不同测量电路，可直接反映 Q 变化，L 变化或 z 变化。变换为电压 VI 与位移 d 间的特性曲线，如图 4 所示，在中间一段呈线性关系，传感器的线性范围大小，灵敏度高低不仅与直接反映的 Q、L 或 z 有关，而且与传感器线圈的形状和大小有关。

◆ **实验内容**

1. 实验预备

了解传感器系统实验仪面板各单元名称、输入输出插口、幅度旋钮、频率旋钮、量程选择开关和其他装置的大概功能,熟知与本实验有关的那些单元和装置。开启主电源和副电源,用数字显示 F/V 表检测各电源和振荡器的输出电压。

2. 静态校正

先按图 5 接好线路,并令仪器上的螺旋测微器丝杆端吸住调节圆平台,(此平台亦是小振动台平台,在平台边缘处安置有被测导体片,并可以调换)。

改变被测体与传感器线圈间的相对位置,并观察 F/V 表数字显示值有否改变。

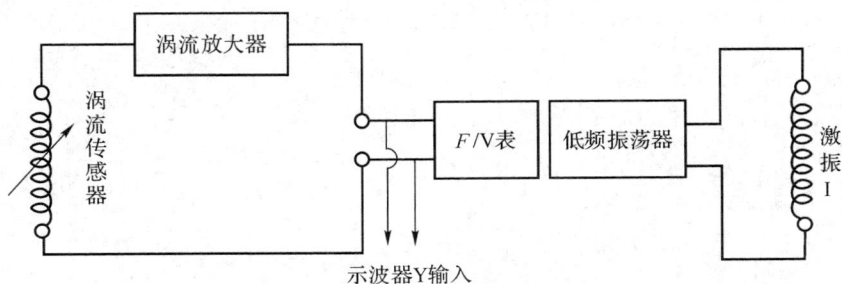

图 5 测量原图

利用与调节平台相连的螺旋测微器上的读数和 F/V 表置量程为 20V 上的数字电压表的读数,测出对应于被测体的电涡流传感器静态校正曲线。

从零开始每改变 $0.2\sim0.5$mm 测一组数据,直至输出电压改变较小为止,即已趋向饱和。

作出 $V\!-\!x$ 曲线,并确定线性工作段,用微机进行直线拟合,取相关系数 $r=0.99$ 的为线性范围,取其中点 $x=d_o$ 为动态测试工作点(或估算之)。

置示波器 y 输入于 DC,在传感器测量线性段内调节,标定示波屏上每格所对应的机械位移。

3. 动态测量

释放螺旋测量装置与平台的吸合。置电涡流传感器扁平线圈与振动平台间距离为 d_o。

低频信号发生器与小振动台激励线圈相连,调节振幅旋钮和频率旋钮,观察振动台振动情况,改变振动台的激励频率,令其共振,调节示波器,并观察所显示波形情况,最后置振幅旋钮于中间,调节示波器显示一稳定的波形。并用示波器估测这时平台振动的峰峰值。

◆ 数据记录与处理

测量系统的共振频率

频率									
振幅									

求出系统的共振频率。

实验十七　铁磁材料磁滞回线和磁化曲线的测绘

铁磁材料是一种性能特异，在现代科技和国防上用途广泛的材料。铁、钴、镍及其众多合金以及含铁的氧化物（铁氧体）均属铁磁材料。铁磁材料分为硬磁和软磁两类。硬磁材料（如铸钢）的磁滞回线宽，剩磁和矫顽磁力较大，因而磁化后，它的磁感应强度能保持，适宜制作永久磁铁。软磁材料（如硅钢片）的磁滞回线窄，矫顽磁力小，但它的磁导率和饱和磁感应强度大，容易磁化和去磁，故常用于制造电机、变压器和电磁铁。铁磁材料的磁化曲线和磁滞回线是该材料的重要特性。通过实验研究这些性质不仅能掌握用示波器观察磁滞回线以及基本磁化曲线的测绘方法，而且能从理论和实际应用上加深对材料磁特性的认识。

◆ **实验目的**

1. 掌握用示波法测绘铁磁材料的磁滞回线和基本磁化曲线。
2. 观察磁滞现象，进一步了解磁性材料的特性。

◆ **实验原理**

1. 铁磁材料的磁滞回线

铁磁材料在磁化和去磁过程中，磁感应强度 B 的变化总是落后于磁化场强度 H 的变化，这一现象称为磁滞现象。用图形表示铁磁材料磁滞现象的曲线称为磁滞回线，它可以通过实验被测得，如图 1 所示。

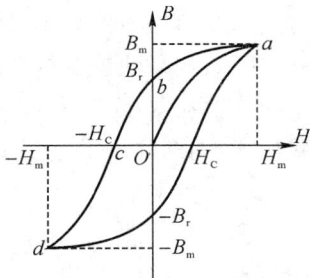

图 1　起始磁化曲线和磁滞回线图　　　图 2　同一铁磁材料的一簇磁滞回线

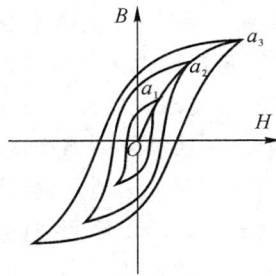

图中的原点 O 表示磁化之前铁磁材料处于磁中性状态，即 $B=H=0$，当磁化场强度 H 从零开始增加时，磁感应强度 B 将沿着曲线 Oa 缓慢增加，这个过程的 $B-H$ 曲线称为起始磁化曲线。如图 1 中的 Oa 段所示。

当磁化场强度 H 减小，B 也跟着减小，但不按起始磁化曲线原路返回，而是沿另一条曲线 ab 段下降，当 H 返回零时，B 不为零，而保留一定的值 B_r，即铁磁材料仍处于磁化状态，通常称 B_r 为磁材料的剩磁。

将磁化场反向,使其强度负向增加,如图 1 中 bc 段所示,当 H 达到某一值 $-H_c$ 时,铁磁材料中的磁感应强度才为零,这个磁化场强度 H_c 称为磁材料的矫顽力。继续增加反向磁化场强度,磁感应强度 B 反向增加,如图 1 中 cd 所示。

当磁化场强度由 $-H_m$ 增加到 H_m 时,其过程与磁化场强度从 H_m 到 $-H_m$ 过程类似。这样形成一个闭合的磁滞回线。磁滞回线所包围的面积表示铁磁材料通过一个磁化循环所消耗的能量,叫做磁滞损耗。

逐渐增加 H_m 值,可以得到一系列的逐渐增大的磁滞回线,如图 2 所示。把原点与每个磁滞回线的顶端 $a_1,a_2,a_3,\cdots$ 连接起来即得到基本磁化曲线。如图 2 中 Oa 段所示。

当 H_m 增加到一定程度时,铁磁材料达到饱和状态,即增大磁化场 H 时,磁滞回线的面积基本不增加,只是回线端点向外扩展而已,此时的磁滞回线称为饱和磁滞回线。

基本磁化曲线上的点与原点连线的斜率称为磁导率:

$$\mu = \frac{B}{H} \tag{1}$$

在给定磁化场强度条件下表征单位 H 所激励出的磁感应强度 B,直接表示材料磁化性能强弱,从磁化曲线上可以看出磁导率并不是常数。曲线起始点对应的磁导率称为初始磁导率。磁导率的最大值称为最大磁导率。这两者反映 $\mu-H$ 曲线的特点。

由于铁磁材料磁化过程的不可逆性及具有剩磁的特点,在测定磁化曲线和磁滞回线时,首先必须将铁磁材料预先退磁,以保证外加磁场 $H=0$ 时,$B=0$;其次,磁化电流在实验过程中只允许单调增加或减少,不可时增时减。

在理论上,要消除剩磁 B_r,只需通一反方向磁化电流,使外加磁场正好等于铁磁材料的矫顽磁力就行。实际上,矫顽磁力的大小通常并不知道,因而无法确定退磁电流的大小。我们从磁滞回线得到启示:如果使铁磁材料磁化达到饱和,然后不断改变磁化电流的方向,与此同时逐渐减小磁化电流,以至于零,那么该材料的磁化过程就是一连串逐渐缩小而最终趋于原点的环状曲线,如图 3 所示。当 H 减小到零时,B 亦同时降为零,达到完全退磁。

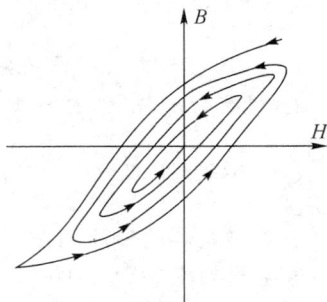

图 3 退磁示意图

2. 示波器显示样品磁滞回线的实验原理

只要设法使示波器 X 轴输入正比于被测样品中的 H,使 Y 轴输入正比于样品的 B,保持 H 和 B 为样品中的原有关系就可在示波器荧光屏上如实地显示出样品的磁滞回线。

怎样才能使示波器 X 轴输入正比于 H,Y 轴输入正比于 B 呢?图 4 为示波法测试磁滞回线的原理图。L 为被测样品的平均长度(虚细框),N_1、N_2 分别为原、副边匝数,R_1、R_2 为电阻,C 为电容。

当原边输入交流电压 U_λ 时就产生交变的磁化电流 i_1,由安培环路定律可算得磁化场强度 H 为

$$H = \frac{N_1 i_1}{L} \tag{2}$$

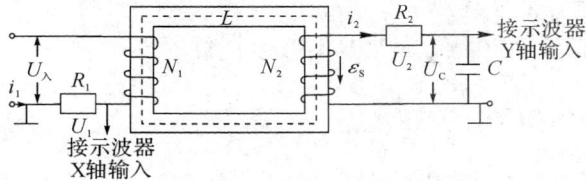

图 4　示波法测试磁滞回线的原理图

又因

$$i_1 = \frac{u_1}{R_1} \tag{3}$$

所以

$$H = \left(\frac{N_1}{L}\right)\frac{u_1}{R_1} = \frac{N_1}{LR_1}u_1 \tag{4}$$

由上式可知 $H \infty u_1$，加到示波器 X 轴的电压 u_1 确能反映 H。

交变的 H 样品中产生交变的磁感应强度 B。假设被测样品的截面积是 S，穿过该截面的磁通 $\varphi = BS$，由法拉第电磁感应定律可知，在副线圈中将产生感应电动势

$$\varepsilon_s = -N_2 \frac{d\varphi}{dt} = -N_2 S \frac{dB}{dt} \tag{5}$$

图 4 副边的回路方程式

$$\varepsilon_s = i_2 R_2 + u_c \tag{6}$$

式中 i_2 为副边电流，u_c 为电容 C 两端的电压。设 i_2 向电容器 C 充电，在 Δt 时间内充电量为 Q，则此时电容两端的电压 u_c 表示如下：

$$u_c = \frac{Q}{C} \tag{7}$$

当我们选取足够大的 R_2 和 C，使 $i_2 R_2 \gg u_c$ 时，(6)式简化为：

$$\varepsilon_s = i_2 R_2 \tag{8}$$

又因

$$i_2 = \frac{dQ}{dt} = C \frac{du_c}{dt} \tag{9}$$

所以(8)式变为

$$\varepsilon_s = R_2 C \frac{du_c}{dt} \tag{10}$$

根据电磁感应定律：

$$\varepsilon_s = -N_2 S \frac{dB}{dt}$$

$$R_2 C \frac{du_c}{dt} = -N_2 S \frac{dB}{dt} \tag{11}$$

对式(11)式两边积分，经整理后可得到 B 的数值为：

$$B = \frac{R_2 C}{N_2 S} u_c \tag{12}$$

上式表明电容器上的电压 $u_c \infty B$，加到示波器 Y 轴的电压 u_c 确能反映 B。

故只要将 u_1，u_c 分别接到示波器的 X 轴与 Y 轴输入，则在荧光屏上扫描出来的图形就能如实地反映被测样品的磁滞回线。依次改变 u_1(从零递增)值。便可得到一组磁滞

回线,各条磁滞回线顶点的连线便是基本磁化曲线。本实验的任务之一是定出各顶点所代表的 u_1 和 u_c 值(即 H 和 B 值),画出基本磁化曲线。

◆ 实验步骤及内容

(1)电路连接:选择样品 1 按图 4 连接线路。调节实验仪信号源频率调节旋钮,选择频率 50.00Hz,调节幅度旋钮至零位,即逆时针到底。电容 C 选择 $1\mu F$。示波器的 X 轴输入选择 AC 方式,灵敏度微调旋钮置于校准位置,接入 u_1;示波器的 Y 轴输入选择 DC 方式,灵敏度微调旋钮置于校准位置,接入 u_c。示波器选择 $X-Y$ 模式。

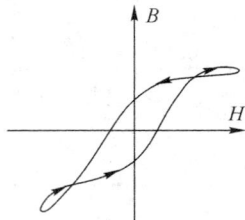

图 5 U_2 和 B 的相位差等
因素引起的畸变

(2)样品退磁:调节信号源幅度旋钮,单调增加励磁电压,使得磁滞回线接近饱和,并调节示波器 X、Y 轴的灵敏度,使得磁滞回线接近满屏。然后单调减小电压,直到磁滞回线显示为一点,即电压为零。确保样品处于磁中性状态,即 $B=H=0$。若调节过程中,磁滞回线顶点出现编织状小环,如图 5 所示,适当调整电阻 R_1、R_2,此现象即可消除。

(3)测绘基本磁化曲线:调节示波器使光点位于显示屏中心,保持 R_1、R_2 不变,逐渐提高励磁电压,则磁滞回线面积逐渐增大。按 u_1 由小到大记录磁滞回线顶点 (u_1,u_c),不少于 8 组数据。由公式(4)、(12)计算 H 和 B 的值,作基本磁化曲线图。

(4)测绘磁滞回线:记录并计算步骤 3 中的最后状态的磁滞回线的相关参数:$\pm H_m$、$\pm H_c$、$\pm B_m$、$\pm B_r$,作磁滞回线图。为作图方便,可多记录几组数据。

*(5)利用步骤 3 中的数据,由公式(1)计算磁导率 μ,作 $\mu-H$ 曲线图,确定初始磁导率和最大磁导率,并写出结果表达式。

◆ 数据记录与处理

实验样品以及 DH4516C 型磁滞回线测量仪的相关参数如下:
$L=0.130m$,$S=1.24\times10^{-4}m^2$,$N_1=100T$,$N_2=100T$,R_1、R_2 以及 C 值可根据仪器上的选择值计算。

(1)自拟表格,记录 u_1、u_c,并计算 H 和 B 的值,作 $B-H$ 基本磁化曲线图;

(2)记录并计算 $\pm H_m$、$\pm H_c$、$\pm B_m$、$\pm B_r$ 等相关数据,作 $B-H$ 磁滞回线图。

*(3)利用基本磁化曲线数据,计算磁导率 μ,作 $\mu-H$ 曲线图,确定初始磁导率和最大磁导率,并写出结果表达式。

◆ 思考题

1. 测绘基本磁化曲线时,若不退磁对测试结果有什么影响?

2. 为什么在励磁电压升高时,磁滞回线顶点会出现编织状小环?

3. 本实验中,磁导率的主要误差来源分析。

实验十八 铁磁材料居里温度的测定

所有的磁性材料都不能在任何温度下保持磁性。居里温度是指材料可以在铁磁体和顺磁体之间改变的温度。低于居里温度时,该材料成为铁磁体,此时和材料有关的磁场很难改变。当温度高于居里温度时,由于高温下原子进行剧烈热运动,原子磁矩的排列是混乱无序的,该材料成为顺磁体,磁体的磁场很容易随周围磁场而改变,这时的磁敏感度约为 10^{-6}。

利用这个特点,人们开发出了很多控制元件。例如,我们使用的电饭锅就利用了磁性材料居里温度的特性。测量铁磁材料居里温度的方法很多,例如感应法、磁称法、电桥法和差值补偿法,它们都是利用铁磁材料磁矩随温度变化的特性,测量自发磁化消失时的温度。本实验采用感应法,测量感应电动势随温度变化的规律,得到居里温度 T_c。

◆ 实验目的

1.初步了解铁磁材性材料由铁磁性转变为顺磁性的微观机理。
2.用感应法测定磁性材料的 ε—T 曲线,并求出居里温度。

◆ 实验原理

在电磁学理论中,通常根据磁介质的磁化率 X_m 和磁导率 μ 将磁介质分为顺磁质、抗磁质和铁磁质三种。具有铁磁性的材料称为铁磁体。铁(Fe)、镍(Ni)、钴(Co)、钆(Gd)和镝(Dy)等 5 种元素的多种合金就是铁磁体。在铁磁体中,相邻原子间存在着非常强的交换耦合作用,这个相互作用促使相邻原子的磁矩平行排列起来,形成一个自发磁化达到饱和状态的区域,自发磁化只发生在微小区域内(体积约为 10^{-8} m^3,含有 $10^{17} \sim 10^{21}$ 个原子),这些区域称为磁畴。在没有外磁场作用时,在每个磁畴中,原子的分子磁矩均取向同一方向,但对不同的磁畴,其分子磁矩的取向各不相同如图 1,其中图 1(a)为单晶磁畴结构示意图,图 1(b)为多晶磁畴结构示意图。磁畴的这种排列方式,使磁体能处于能量最小的稳定状态。因此,对整个磁体来说,任何宏观区域的平均磁矩为 0,材料不显示磁性。

在外磁场作用下,磁矩与外磁场同方向排列时的磁能将低于磁矩与外磁场反向排列时的磁能。按照能量最小原理,其结果导致自发磁化磁矩和磁场成小角度的磁畴处于有利地位,磁畴体积逐渐扩大,而自发磁化磁矩与外磁场成较大角度的磁畴体积逐渐缩小。随着外磁场的不断增强,取向与外磁场成较大角度的磁畴全部消失,留存的磁畴将向外磁场的方向旋转,此后再继续增强磁场,使所有磁畴沿外磁场方向整齐排列,这时磁化达到饱和。

铁磁性材料的磁化与温度有关。当温度升高时,热扰动会影响磁畴内磁矩的有序排列,但在温度未达到居里温度 T_c 时,铁磁体中的分子热运动不足以破坏磁畴内磁矩基本的平行排列,此时材料仍具有铁磁性,仅仅是自发磁化强度随温度升高而降低。如果温度

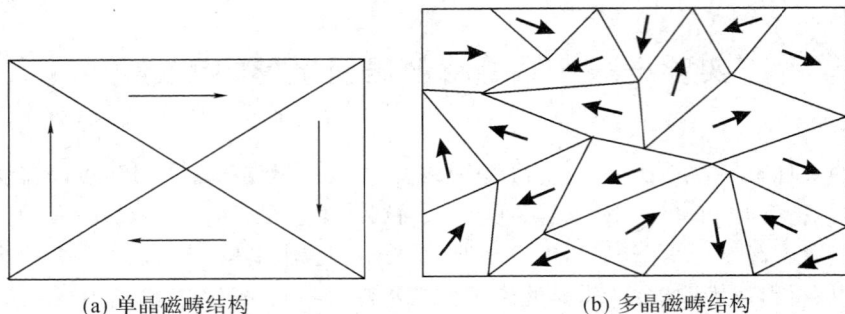

(a) 单晶磁畴结构　　　　　　　　　　(b) 多晶磁畴结构

图 1　磁畴结构

继续升高到 T_c,材料的磁性发生突变,磁化强度 M(实为自发磁化强度)剧烈下降,因为这时分子热运动足以使相邻原子(或分子)之间的交换耦合作用突然消失,从而瓦解了磁畴内磁矩有规律的排列,这时磁畴消失,铁磁性转变为顺磁性。

磁畴的出现和消失伴随着晶格结构的变化,这是一个相变过程。居里温度和熔点一样,因材料的不同而不同。例如铁、镍和钴的居里温度分别为 1043K、631K 和 1393K。

◆　**实验装置**

由居里温度的定义可知要测定铁磁材料的居里温度,其测定装置必须具备三个功能,即提供使材料磁化的磁场、判断铁磁性是否消失的判断装置和测量磁性消失时温度的测温装置。图 2 为本实验装置的结构示意图。

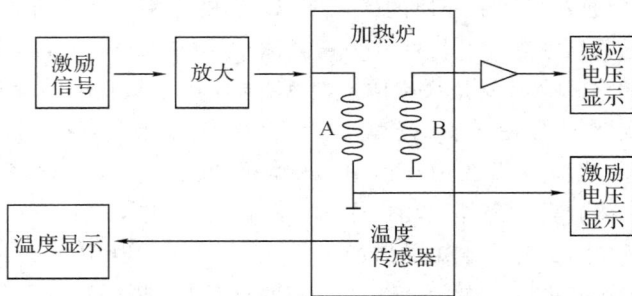

图 2　居里温度实验示意图

加热炉内的磁环上缠绕着 A、B 两组线圈,A 线圈上通励磁电流,B 线圈用于测量感应电势,电压值可以从仪器面板上的电压液晶屏读出,炉内的温度可以从温度显示器中读出。

◆　**实验内容**

1. 参照实验说明书,将仪器各个部分连接起来(加热丝暂不连接)。合上电源开关,"温度显示"将显示材料当前的温度,"电压显示"可以通过切换开关分别显示励磁电压或感应电压。

2. 将加热电压调到较低状态,接通加热丝,盖上保护罩,准备进行升温测试。

3. 开始时每升高 5℃记录一次感应电压值,在 50℃以后每升高 1℃记录一次感应电压值 ε,直到其显示为 0。

4. 停止加热,去掉保护罩,让其自然冷却,并记录感应电压值直到炉温接近室温,把实验数据记录下来。

5. 根据实验数据作出 ε—T 曲线图,在斜率最大处作切线,切线与横坐标的交点即为该材料的居里温度 T_c。

◆ **数据记录与处理**

1. 按实验内容要求,请自己设计实验数据记录表格。

2. 根据实验数据,用毫米方格纸作出 ε—T 曲线图,从图中求出该材料的居里温度 T_c(在斜率最大处作切线,切线与横坐标的交点即为该材料的居里温度 T_c)。

◆ **注意事项**

由于加热材料被线圈包围,如果加热速度过快,显示的温度与材料的真实温度可能会不同,为了避免这种滞后现象,加热速度不宜太快。

对比升温和降温的曲线,分析它们之间的并讨论原因。

实验十九　等厚干涉

等厚干涉在科研和实际生产中早已得到广泛应用,如薄膜厚度、微小角度、曲面曲率半径等几何量测量;利用牛顿环进行磨光表面质量的检验,利用劈尖干涉法,制作干涉膨胀计,以检测物体膨胀系数,都是等厚干涉现象的具体应用。牛顿环是牛顿在 1675 年制做天文望远镜时,偶然将一个望远镜的物镜放在平板玻璃上发现的,牛顿环干涉条纹属于分振幅法产生定域干涉现象,该实验典型、独特、富有代表性,正因为如此,该实验项目一直沿用到现在,经久不衰。

◆　**实 验 目 的**

1. 理解牛顿环和劈尖干涉条纹的成因与等厚干涉的含义。
2. 学会用等厚干涉法测量薄膜厚度和透镜曲率半径,并熟练运用逐差法处理实验数据。
3. 学习正确使用读数显微镜的方法。

◆　**实 验 原 理**

1. 劈尖

将两片非常精致的平玻璃叠合在一起,其中一端垫入一待测薄膜,两玻璃片间便形成一楔形空气薄层,又名空气劈,如图 1(a)所示。当单色光束竖直向下照射于空气劈时,就会经劈尖上、下表面反射,两束反射光一定是相干的光,在空气薄层表面处产生暗、明相间的干涉条纹,这种干涉被称为定域干涉,如图 1(b)所示。在同一暗条纹、或同一明条纹处空气薄层厚度是相同的,故被称为等厚干涉。通过分析,发现经空气劈尖上下表面反射的两相干光,当其光程差:为半波长奇数倍时,产生暗条纹;为波长的整数倍时产生明纹,它们的数学表达式:

$$\delta = 2e + \frac{\lambda}{2} = (2k+1) \cdot \frac{\lambda}{2} \qquad (k=0,1,2,\cdots) \qquad (1)$$

$$\delta = 2e + \frac{\lambda}{2} = k \cdot \lambda \qquad (k=0,1,2,\cdots) \qquad (2)$$

式中 $2e + \frac{\lambda}{2}$:e 表示某一明、暗条纹所对应的空气膜厚度,$\frac{\lambda}{2}$ 表示半波损失。所谓"半波损失"是当光线从光疏媒质(空气)垂直入射到光密媒质(玻璃)处反射时产生的二分之一波长的损失。

在数学表达式中我们易得:$\Delta = \delta_{k+1} - \delta_k = \lambda$,即两相邻暗(或明)条纹对应的光程差等于 λ,空气劈厚度差等于 $\frac{\lambda}{2}$。

只要我们能够知道劈尖即二玻璃交线处到待测薄膜厚度 e 处的暗条纹数 N,就非常

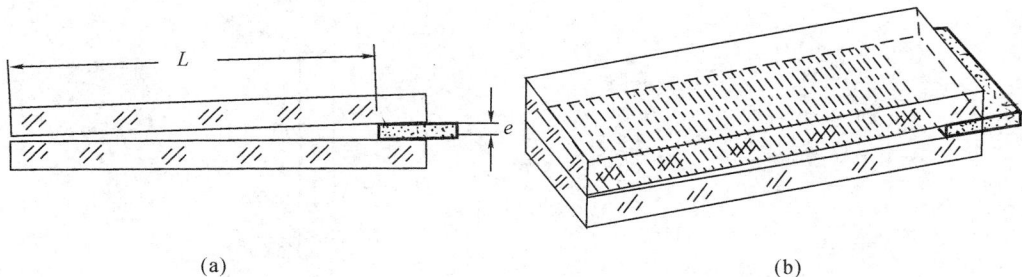

(a)

(b)

图 1　劈尖和劈尖干涉图

容易地得到薄膜的厚度 e，但是，由于一般情况下，明、暗条纹数将会达到几百条，若逐个数的确难以实现，为此，只要测量出单位距离的明条纹数 $\left(\dfrac{\Delta k}{\Delta d}\right)$，再测量出明、暗干涉条纹的总长度 L，就很易得到这段距离中暗条（或明条）数的总数为 N，很显

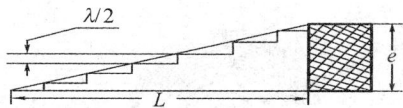

图 2　相邻条纹间厚度差示意图

然，在忽略劈尖小脏物或灰尘线度等的情况下，则薄膜的厚度为：

$$e=\frac{\Delta k}{\Delta d}\cdot L\cdot\frac{\lambda}{2} \tag{3}$$

2. 牛顿环

把一块曲率半径相当大的平凸透镜 A 的凸面放在一块非常精致的平玻璃 B 上，两者之间就形成了类似于劈尖形空气薄层，如图 3(a) 所示。若将一束单色光垂直投射上去，则入射光在空气劈层上下两表面发生反射，反射光就会在空气劈层处相遇，产生干涉现象，从而得到以接触点 O 为中心的明暗相间光环，被称为牛顿环。

图 3(b)，为求解平凸透镜的曲率半径 R，设 A 为凸透镜的表面曲率中心，测得牛顿环某一圈纹半径为 r，设厚度为 e，垂足为 C，则在直角三角形 $\triangle ABC$ 中，有：

$$R^2=r^2+(R-e)^2 \tag{4}$$

则　　　　　$r^2=2eR-e^2$

由于其间空气薄层的厚度 e 远远小于平凸透镜曲率半径 R。即 $R\gg e$，

故得

$$e=\frac{r^2}{2R} \tag{5}$$

若设某明、暗条纹对应的空气厚度 e，由于在接触点 O 处 $(r=0)$ 处，由于有脏物或灰尘的存在，其厚度 a，在计算光程差时就增加了厚度 a，所产生的光程差 δ，产生的明、暗条纹的条件为：

$$\delta=2(e+a)+\frac{\lambda}{2}=k\cdot\lambda \qquad (k=1,2,3,\cdots) \tag{6}$$

$$\delta=2(e+a)+\frac{\lambda}{2}=(2k+1)\cdot\frac{\lambda}{2} \qquad (k=0,1,2,3,\cdots) \tag{7}$$

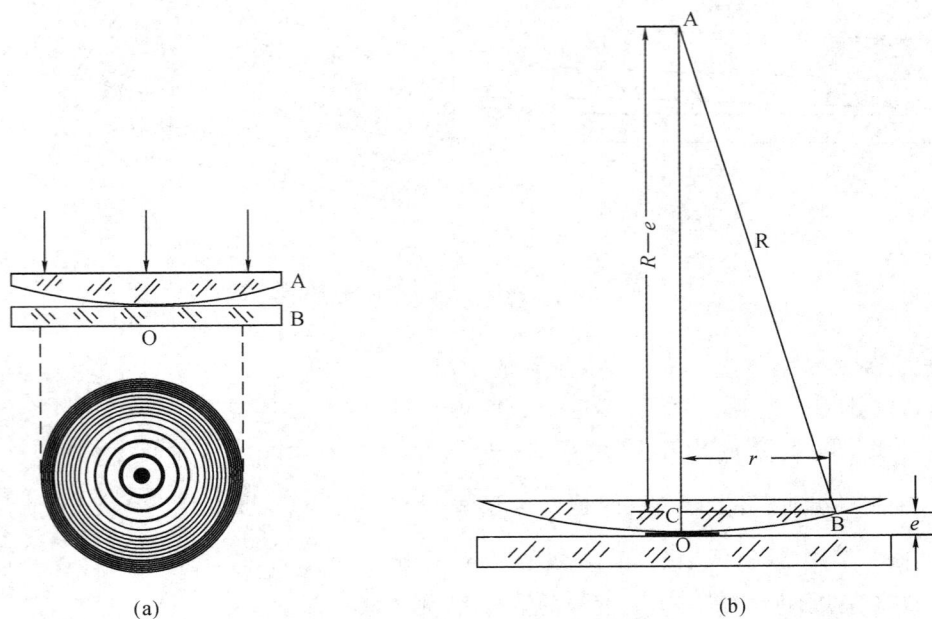

图 3　牛顿环

在光程差计算中，$\frac{\lambda}{2}$为光线从空气到平板玻璃表面反射时，所产生的半波损失。

将(5)式分别代入产生明、暗条纹条件(6)、(7)中，得：

$$r^2 = (k - \frac{1}{2})\lambda R - 2aR \text{（明条纹）} \tag{8}$$

$$r^2 = k\lambda R - 2aR \qquad \text{（暗条纹）} \tag{9}$$

由于(8)、(9)式赃物 a 的存在，而又无法直接测量，为曲率半径 R 的计算带来了困难，所以，我们便可采用下述方法进行消除：

对于第 m 环暗环半径

$$r_m^2 = m\lambda R - 2aR$$

对于第 n 环暗环半径

$$r_n^2 = n\lambda R - 2aR$$

两式相减得

$$R = \frac{r_m^2 - r_n^2}{(m - n)\lambda} = \frac{d_m^2 - d_n^2}{4(m - n)\lambda} \tag{10}$$

如果对明条纹采用同样的处理方法，其得到的结果完全相同。在实验中测量暗条纹位置比较准确。实验时波长 λ 是已知的。在具体的测量时，我们只要测量出第 m 和第 n 环明纹或暗纹的直径 d_m 和 d_n，利用(10)式便可以得到平凸透镜的曲率半径 R。

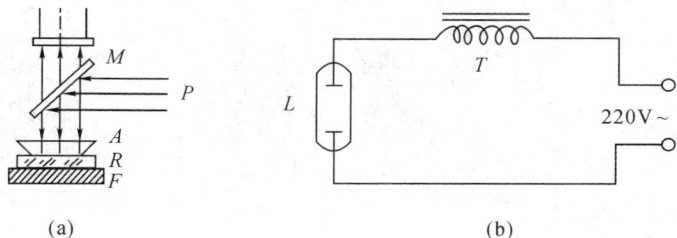

图 4　从光源所得到的平行光束情况

◆ **实验仪器**

1. 光源：实验中所用光源为钠光灯，发出的双黄谱线波长平均值为 589.3nm，灯管内有双层玻璃泡，装有少量氩气和钠，通电时加热灯丝，氩气即放出淡紫色光，钠受热后汽化，渐渐放出强的黄光，其工作线路如图 4(a)所示，其中 T 为限流器；L 为钠光灯。

使用时注意：①开亮后需等数分钟才会发出强的黄光；②每开、关一次对灯的寿命很有影响，因此不要轻易开、关。又因灯的使用寿命较短，因此也不要开而不用。应做好准备工作，使用时间尽量集中，不漏测量数据，免得重新开亮；③开亮时应垂直放置，不得受冲击或振动，使用完毕，须待冷却后才能颠倒摇动，避免金属钠流动，影响灯的性能。钠光灯的正确使用方法：发射出来的钠光，经显微镜物镜下方的 45°平面反射镜，竖直向下射向光学玻璃元件，如图 4(b)所示。

2. 实验所用光学元件：①牛顿环；②劈尖；

3. 显微镜：显微镜是该实验的主体，其结构装置如图 5所示，显微镜各部分名称：①目镜；②显微镜升降微调；③测微螺旋（鼓轮），最小刻度 0.01mm；④物镜及 45 度的反射玻璃；⑤反光镜调节旋钮；⑥毫米主尺；⑦升降系统；

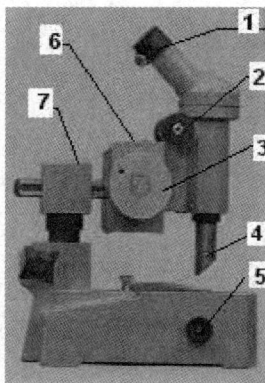

图 5　为显微镜结构图

本实验中用读数显微镜来测量牛顿环的直径 d 及劈尖干涉条纹密度 n（注意读数显微镜的调整及读数方法）。

◆ **实验内容**

1. 薄片厚度的测量

（1）准备与调整工作。

（2）把夹有涤纶纸片（或云母片）的两光学平玻璃，放到显微镜载物台上如图 6(a)，正对显微镜物镜的下方。

利用反光玻片，使之从显微镜目镜中看到较强黄光，自下往上调节显微镜镜筒，能看到清晰的干涉条纹图像为止，如图 6(c)所示。若出现如图 6(b)干涉条纹时，说明两光学平玻璃间留有灰尘或涤纶片不一样平，应用专用的擦镜纸把平玻璃擦干净或轻轻压涤纶

平晶

云母片

L

(a)　　　　　　　(b)　　　　　　　(c)

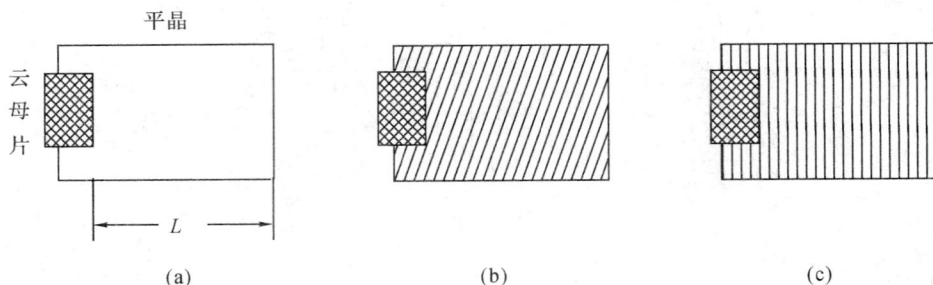

图 6　测量云母片厚度

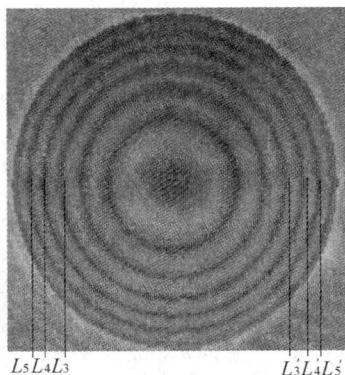

$L_5 L_4 L_3$　　　　　$L_3 L_4 L_5$

图 7　测量牛顿环直径的方法

纸片,并将待测图像放在读数显微镜标尺的量程内,否则,必须移动整个劈尖玻璃,使调整后的叉丝垂直于显微镜筒的移动方向,并与涤纶片的端线平行。

2. 利用牛顿环测量透镜曲面的曲率半径 R

(1)按图 4(b)置放的仪器,开亮钠灯,调节玻片④,使之,从显微镜中看到较强的黄光。

(2)调节显微镜直到看到清晰牛顿环,随后微微移动牛顿环的位置,使牛顿环与叉丝相切,叉丝应垂直于测微装置上的标尺,即垂直于显微镜移动方向。

(3)旋转手轮③,使显微镜筒沿着一个方向移动,如从牛顿环中心向右移动到相当远的某一环,如第 17 环,然后向左移至第 12 环暗纹外切并读出其对应刻度值,继续向左移到 11,10,9,8,7,…环,并一一读数,在测到第 3 环后,仍继续向左移动,通过中心,继续向左移动读出第 3 环～第 12 环内切时的读数,记录于表格中,算出牛顿环各环的直径,最后,由公式(5)求出透镜曲面曲率半径 R。应该注意,在读数的过程中,转动手轮只能顺着一个方向转动。

◆ **数据记录与处理**

1. 测量薄片厚度

利用读数显微镜和劈尖测量薄膜厚度 e。为减小误差可以每隔10条读1次数据,连续读取10个数据,采用逐差法进行数据处理。

表 1　用劈尖测量薄片厚度实验数据,(已知钠黄光波长 $\lambda = 589.3\text{nm}$)

i	条纹数 K(条)	位置 d(mm)	$\Delta d_i = \lvert d_{i+5} - d_i \rvert$(mm)	$e_i = \dfrac{\Delta K}{\Delta d_i} L \cdot \lambda/2$(mm)
1	0			
2	10			
3	20			
4	30			
5	40			
6	50		$\overline{\Delta d} =$	
7	60		劈尖长度测量:	$\bar{e} =$
8	70		$L_左 =$　　$L_右 =$	
9	80		$L = \lvert L_左 - L_右 \rvert =$	$S = \sqrt{\dfrac{\Sigma(e_i - \bar{e})^2}{n-1}} =$
10	90			

其中 $\Delta K = \lvert K_{i+5} - K_i \rvert = 50$。

写出最终测量结果表达式:$e = \bar{e} \pm U$。

$$\frac{\Delta e_仪}{\bar{e}} = \frac{\Delta_{\Delta d}}{\Delta d} + \frac{\Delta L}{L}$$

注:Δd 及 L 测量的仪器误差均为 0.010mm。如 $\Delta L = \Delta L_左 + \Delta L_右 = 0.005 + 0.005 = 0.010\text{mm}$。

2. 利用牛顿环测量透镜曲面的曲率半径 R

表 2　牛顿环的实验数据记录,(实验中取 $m - n = 5$)

读数环次	标尺读数		第 n 环直径（右－左）d	直径平方 d^2(mm)^2	相隔五环直径平方数之差 $d_m^2 - d_n^2$(mm)^2	R_i(m)
	左(mm)	右(mm)				
12					$d_{12}^2 - d_7^2 =$	
11					$d_{11}^2 - d_6^2$	
10					$d_{10}^2 - d_5^2$	
9					$d_9^2 - d_4^2$	
8					$d_8^2 - d_3^2$	
7						
6					$\bar{R} =$	
5						
4					$S = \sqrt{\dfrac{\Sigma(R_i - \bar{R})^2}{n-1}}$	
3						

写出最终测量结果表达式： $R = \bar{R} \pm U$

提示：$\Delta_{R_{仪}} = \dfrac{(d_m + d_n)}{2(m-n)\lambda} \Delta_{d_{仪}}$；　式中$(d_m + d_n)$取最大值；$d$ 的仪器误差为 0.010mm

◆ **思考题**

1. 在读数显微镜的光学系统调节中，找物像是调节目镜还是调节镜筒？

2. 显微镜结构中，玻片④起什么作用？ 玻片④应放在什么角度才能从显微镜中观察到等厚干涉？

3. 如何测定牛顿环的直径？ 本实验中如何用逐差法来处理实验数据？

4. 如何消除显微镜丝杆、螺帽之间空隙所引起的实验误差？

5. 劈尖干涉和牛顿环均属等厚干涉，为什么前者干涉条纹是均匀排列的直条纹，而后者则为一系列的同心圆，且随着半径越大条纹越密？

6. 根据图 6(b)所示条纹倾斜情况，试判断膜片哪端稍厚(或有灰尘)？

7. 在透射光中观察干涉条纹，试与反射光中观察结果相比较。

实验二十　迈克耳孙干涉仪的调整和使用
——测 He－Ne 激光波长

迈克耳孙干涉仪是迈克耳孙(1852－1931 年)在上世纪后期提出的,它是利用分振幅法产生双光束以实现干涉的一种仪器。迈克耳孙与其合作者曾用此仪器进行过三项著名的实验,即测量光速、标定米尺及推断光谱线精细结构。迈克耳孙运用其进行了大量反复实验,动摇了经典物理的以太说,为相对论的提出奠定了坚定实验基础。

该仪器设计精巧,用途广泛,很多其他干涉仪均由此派生出来,是许多近代干涉仪的原型。迈克耳孙也因

图 1　迈克耳孙

发明干涉仪和光速测量而获得 1907 年的诺贝尔物理学奖。至今,迈克耳孙干涉仪仍被广泛地应用于长度精密计量和光学平面的质量检验(精确可达到十分之一波长左右)及高分辨率的光谱分析中。

◆　**实验目的**

1. 了解迈克耳孙干涉仪的原理并掌握调节方法。
2. 观察等倾干涉,等厚干涉条纹,并能区别定域干涉和非定域干涉。
3. 测定 He－Ne 激光的波长。

◆　**实验仪器**

迈克耳孙干涉仪的构造如图 2。其主要由精密的机械传动系统和四片精细磨制的光学镜片组成。G_1 和 G_2 是两块精致的几何形状、物理性能都完全相同的平行平面玻璃。其中 G_1 的第二面镀有半透明铬膜,称其为分光板,它可使入射光分成振幅(即光强)近似相等的一束透射光和一束反射光。G_2 起补偿光程作用,称其为补偿板。M_1 和 M_2 是两块表面镀铬加氧化硅保护膜的反射镜。M_2 是固定在仪器上的,称其为固定反射镜,M_1 装在可由导轨前后移动的拖板上,称其为移动反射镜。迈克耳孙干涉仪装置的特点是光源、反射镜、接收器(观察者)各处一方,分得很开,可以根据需要在光路中很方便的插入其他器件。

M_1 和 M_2 镜架背后各有三个调节螺丝,可用来调节 M_1 和 M_2 的倾斜方位。每次实验后,为了保证不使三个调节螺丝由于不受应力影响而损坏反射镜,往往将调节螺丝拧松,因此,在调整干涉仪前,必须首先将这三个调节螺丝先均匀地拧几圈,但不能过紧,以免减小调整范围。同时,也可通过调节水平拉簧螺丝与垂直拉簧螺丝使干涉图像作上下和左右移动。仪器水平可通过调整底座上的三个水平调节螺丝来达到。

确定移动反射镜 M_1 的位置有三个读数装置:

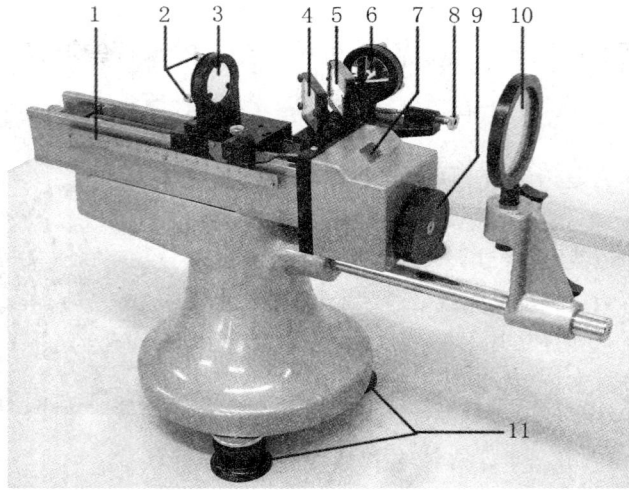

1—主尺　2—反射镜调节螺丝　3—移动反射镜 M_1　4—分光板 G_1
5—补偿板 G_2　6—固定反射镜 M_2　7—读数窗　8—水平拉簧螺钉
9—粗调手轮　10—屏　11—底座水平调节螺丝
图2　迈克耳孙干涉仪实物图

1. 迈克耳孙干涉仪的构造

① 主尺。在导轨的侧面，最小刻度为毫米，如图3(a)；

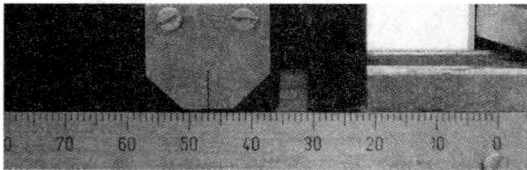

(a)

(b)

(c)

图3　测量标尺

② 读数窗。可读到 0.01mm，如图3(b)；

③ 带刻度盘的微调手轮，可读到 0.0001mm，估读到 10^{-5} mm，如图3(c)。

2. 迈克耳孙干涉仪的光路

迈克耳孙干涉仪的光路如图4。

光源上一点 S 发出的一束光线经分光板 G_1 而被分为两束光线(1)和(2)。这两束光线分别射向互相垂直的全反射镜 M_1 和 M_2，经 M_1 和 M_2 反射后又汇于分光板 G_1，这两束光再次被 G_1 分束，它们各有一束按原路返回光源(设两光束分别垂直于 M_1、M_2)，同时各

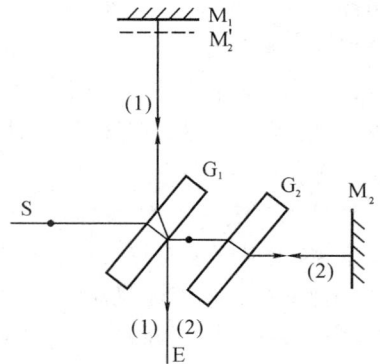

图4　迈克耳孙光路图

有一束光线朝 E 方向射出。由于光线(1)和(2)为两相干光束,因此,我们可在 E 的方向上观察到干涉条纹。

G₂ 为补偿板,它的引进使两束相干光的光程差完全与波长无关(由于分光板 G₁ 的色散作用,光程是 λ 的函数,因此作定量检测时,没有补偿板的干涉仪只能用准单色光源,有了补偿板就可消除色散的影响。即使是带宽很宽的光源也会产生可分辨的条纹),且保证了光束(1)和(2)在玻璃中的光程完全相同,因而对不同的色光都完全可将 M₂ 等效为 M′₂。

在图 4 中,M′₂ 是反射镜 M₂ 被 G₁ 反射所成的虚像。从 E 处看两相干光是从 M₁ 和 M′₂ 反射而来。因此在迈克耳孙干涉仪中产生的干涉与 M₁ M′₂ 间空气膜所产生的干涉是一样的。

◆ **实验原理**

1. 点光源产生的非定域干涉

用凸透镜会聚的激光束是一个很好的点光源,它向空间发射球面波,从 M₁ 和 M₂ 反射后可看成由两个光源 S₁ 和 S₂ 发出的,见图 5,S₁(或 S₂)至屏的距离分别为点光源 S 从 G₁ 和 M₁(或 M₂ 和 G₁)反射至屏的光程,S₁ 和 S₂ 的距离为 M₁ 和 M′₂ 间距 d 的二倍,即为 2d。虚光源 S₁ 和 S₂ 发出的球面波在它们相遇的空间处处相干,这种干涉是非定域干涉。如果把屏垂直于 S₁ 和 S₂ 的连线放置,则我们可以看到一组组同心圆,圆心就是 S₁ 和 S₂ 连线与屏的交点。

如图 5,由 S₁S₂ 到屏上的任一点 A,两光线的程差 δ

$$\delta = 2d\cos\alpha \qquad (1)$$

由式(1)可知:

(1)当 α=0 时,程差最大,即圆心 E 点所对应的干涉级别最高。

当移动 M₁,使 d 的距离增大时,圆心干涉级数越来越高,我们就可以看到圆条纹一个个地从中心"冒"出来,反之,当 d 减小时,圆条纹一个个地向中心"缩"进去。每当"冒"出或"缩"进一条条纹时,d 就增加或减小 λ/2,所以测出"冒出"或"缩进"的条纹数目 ΔN,由已知波长 λ 就可求得 M₁ 移动的距离,这方法就是干涉测长法;反之,若已知 M₁ 移动的距离,则就可求得波长,它们的关系为:

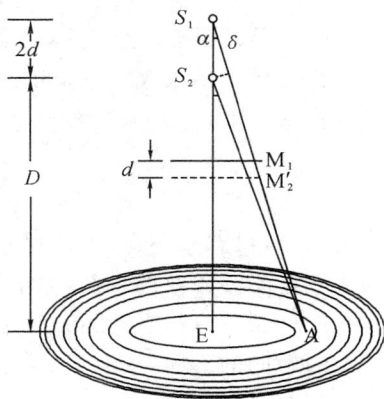

图 5 点光源产生的干涉

$$\Delta d = \Delta N \lambda / 2 \qquad (2)$$

(2)d 增大时,程差 L 每改变一个波长 λ 所需 α 的变化值减小,即两亮环(或两暗环)之间的间隔变小。看上去条纹变细变密。反之 d 减小,条纹变粗变稀。

2. 扩展的面光源产生的定域干涉

当光源为扩展光源时,干涉条纹都有一定的位置。这种干涉称为定域干涉。对于定域干涉中等倾干涉条纹,定位于无穷远,而定域干涉中的等厚干涉条纹,定位于镜面附近(亦即薄膜干涉中的薄膜表层附近)。

(1)等倾干涉

当 M_1 和 M_2' 互相平行时,入射角为 δ 的光线经 M_1 和 M_2' 反射成为(1)和(2)两束光,如图6所示,(1)和(2)互相平行,两光束的光程差为

$$\delta = AC + CB - AD$$
$$= 2d/\cos\alpha - 2d\tan\alpha \times \sin\alpha$$
$$= 2d(1/\cos\alpha - \sin^2\alpha/\cos\alpha)$$
$$= 2d\cos\alpha \qquad (3)$$

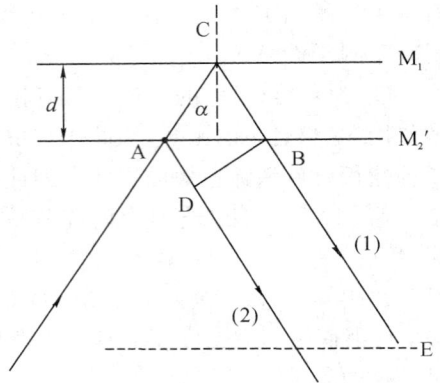

图 6   等倾干涉

所以,在 d 一定时,光程差只决定入射角 α。如在 E 处放一会聚透镜,并在其焦平面上放一屏,则在屏上就可看到一组同心圆。每个圆将对应一定倾角,其所产生干涉的平面为会聚透镜的后焦面,与非定域干涉相类似,干涉级别以圆心最高,当 d 增加时,圆环从中心"冒"出,当 d 减小时,圆环从中心"缩"进。

(2)等厚干涉

当 M_1 和 M_2' 有一很小角度时如图7 M_1 和 M_2' 之间就形成了楔形空气薄层,就会出现等厚干

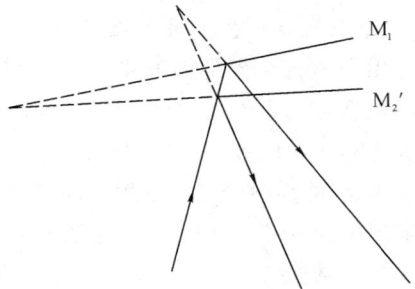

图 7   等厚干涉

涉条纹。等厚干涉条纹定域在镜面附近,如用眼睛观察,眼睛必须聚焦在镜面附近。

经过 M_1 和 M_2' 镜反射的光线,其光程差仍可近似地表示为

$$L = 2d\cos\alpha$$

在镜 M_1 和 M_2' 相交处附近,当 d 很小时,光程差 δ 的变化主要决定于 d 的变化,$\cos\alpha$ 项影响很小,可忽略不计,因此可观察到直线条纹。当 d 变大时,$\cos\alpha$ 的变化不能忽略,此时将引起干涉条纹的弯曲,以增加 d(或减小 d)来弥补因 α 增大(或 α 减小)而引起的 δ 减小(或增大),所以,看到的条纹是二端弯向厚度增加(或减小)的方向,即条纹凸向厚度减小(或增加)的方向。

(3)相干长度

从理论上讲,单色的点光源发出的光经干涉仪后总是能够产生干涉现象的。然而实际上并非如此。在迈克耳孙干涉仪中,如果 M_1 和 M_2' 之间的距离超过一定限度时就观察不到干涉条纹。为了简单起见,考虑 $\alpha = 0$ 的情况,此时光程差 $\delta = 2d$,我们不断增加 d,当 d 增加到某一个值 d_{max} 时我们就看不见干涉现象,这个最大的光程差 $\delta_{max} = 2d_{max}$ 叫做该光源的相干长度。

不同的光源有不同的相干长度,以此来反映光源相干性好坏。光源单色性越好,相干长度就越长。单膜 He—Ne 激光器发出的 632.8nm 激光,单色性很好,相干长度可达几米甚至几十米范围。而钠光相干长度只有几个厘米,白光相干长度则只有波长数量级。

◆ **数据记录与处理**

1. 观察干涉条纹

(1)非定域干涉条纹的调节

为了获得肉眼直接可观察到的干涉条纹,要求两束相干光的传播方向夹角必须很小,几乎是共线传播。为此,作如下调节,在 He—Ne 激光器前设一小孔光阑,使激光束通过小孔,并经过分光板 G_1 中心透射到反射镜 M_2 中心上。然后,调节 M_2 后面三个螺丝,使光点反射像返回到光阑上并与小孔重合。再调从 G_1 后表面反射到 M_1 的光束,调节 M_1 后面三个螺丝,使其反射光到达 G_1 后表面时恰好与 M_2 的反射光相遇(两光点完全重合),同时两反射光在光阑的小孔处也完全重合。这样 M_1 和 M_2 就基本上垂直即 M_1 和 M_2' 互相平行了。

去掉光阑,该处放一短焦距的透镜,使激光束会聚成一点光源,这时在屏上就可以看到干涉条纹了,再仔细调节 M_2 的两个微调拉簧螺钉,使 M_1 和 M_2' 严格平行,则在屏上就可看到非定域的圆条纹。迎着干涉光移动观察屏体会非定域干涉的含义。

转动手轮使 M_1 在导轨上移动,观察条纹变化情况。

(2)测量 He—Ne 激光的波长

利用非定域干涉条纹测定波长。转动微调手轮移动 M_1 以改变 d,记下"冒"出或"缩"进的条纹数 ΔN,利用(2)式即可算出 λ。步骤和数据纪录表格如下,每累进 50 条纹数读取一次数据,连续读取 10 个数据,应用逐差法加以处理,写出结果表达式。

i	圈数 N	位置 d_i	$\Delta d_i = \lvert d_{i+5} - d_i \rvert$	$\lambda_i = 2\dfrac{\Delta d_i}{\Delta N}, (\Delta N = 250)$
1				
2				
3				
4				
5				
6				$\bar{\lambda} =$
7				
8				$S = \sqrt{\dfrac{\Sigma(\lambda_i - \bar{\lambda})^2}{n-1}}$
9				
10				

测量结果表达:$\lambda = \bar{\lambda} \pm 2u$ 百分误差 $E =$,注:Δd_i 的仪器误差为 10^{-4} mm

2. 定域干涉条纹的调节

(1)等倾条纹

在透镜前放一毛玻璃,使光源成为面光源,用聚焦到无穷远的眼睛代替屏,这时可看到圆条纹,进一步调节 M_2 微调拉簧螺钉,当眼睛上下、左右移动时,各圆的大小不变,仅仅圆心随眼睛移动,这时我们看到的就是严格的等倾条纹。移动 M_1 观察条纹变化情况。

（2）等厚条纹

移动 M_1 和 M_2' 大致重合，调节反射镜 M_2 后面的螺丝，使反射镜 M_1 和 M_2' 有一个很小夹角，这时视场中出现直线干涉条纹，这就是等厚干涉条纹。

◆ 思考题

1. 试说明非定域干涉和定域干涉观察方法有何不同？观察等厚干涉条纹时，能否用点光源？

2. 如何判断 M_1 和 M_2' 平行？其判断依据是什么？

3. 点光源照射时看到的干涉图与牛顿圈实验中看到的干涉图，从现象上看有什么共同之处？从本质上看有什么共同之处，又有什么不同之处？

4. 空气折射与压强有关，真空时折射率为 1，标准大气压时空气折射率为 n，请提出一设计方案，用迈克耳孙干涉仪测定空气折射率 n。

实验二十一　迈克耳孙干涉仪测空气折射率

迈克耳孙干涉仪中的两束相干光各有一段光路在空间中是分开的,人们可以在其中一段光路中放置被研究对象而不影响另一段光路,这就给它的应用带来极大的方便。本次实验要用它来测量空气折射率。

◆ **实验目的**

1. 学习一种测量气体折射率的方法。
2. 进一步了解光的干涉现象及其形成条件。
3. 学习调节光路的方法。

◆ **实验原理**

如右图,迈克耳孙干涉仪中,两光束的光程差可以表示为:$\delta = 2(n_1 L_1 - n_2 L_2)$。其中 n_1 和 n_2 分别是路程 L_1 和 L_2 上介质的折射率。设单色光在真空中的波长为 λ_0,当 $\delta = k\lambda_0, k = 0, 1, 2, 3, \cdots$ 时,产生相长干涉,相应地,在接收屏中心总光强为极大。可知,两束相干光的光程差不单与几何路程有关,而且与路程上介质的折射率有关。

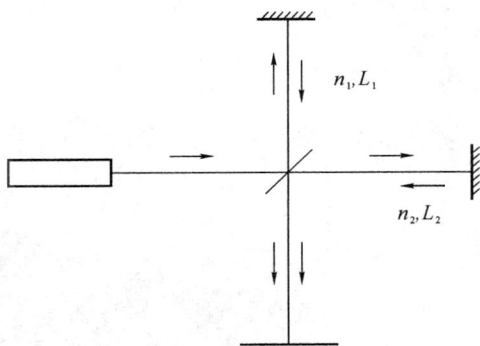

图 1　迈克耳孙干涉仪原理图

当 L_1 支路上介质折射率改变 Δn_1 时,因光程差的相应改变而引起的干涉条纹变化数为 Δk,则:

$$\Delta n_1 = \frac{\Delta k \lambda_0}{2L_1}$$

粗略估计数量级,取 λ_0 约 600nm 和 L_1 约 100mm,若条纹变化 Δk 约 10,则可测得 Δn_1 约为 3×10^{-5}。可见,测出观察屏上某一处干涉条纹的变化数,就能测出光路中折射率的微小变化。

光在空气中的折射率与真空中的折射率相差约 10^{-4},且与空气压强有关。用一般方法不易测出这个折射率差,而用迈克耳孙干涉仪能很方便的测量,且准确度很高。

在光路 L_1 中放置一个长度为 L 的气室。当气室内压强由 0 变到 p 时,折射率由 1 变到 n,若观察屏中心点的条纹改变数为 m,则:

$$n - 1 = \frac{m\lambda_0}{2L} \tag{1}$$

这样就可以测得空气在压强为 p 时被测光的折射率 n。

但是,在实际测量时,不可能完全达到压强为 0 的状态。采用下面的测量方法则比较合理。通常在温度 t 处于 15℃～30℃ 的范围时,空气折射率可用下式求得:

$$n-1=\frac{2.879\ 3p}{1+0.003\ 671t}\times 10^{-9} \tag{2}$$

式中温度 t 的单位为 $℃$，压强 p 的单位为 Pa，因此，在同一温度条件下，n 可以看成是压强 p 的线性函数。由式(1)可知，气室内压强由 0 变到 p 时，条纹改变数 m 与压强的关系也是一线性函数，因而有 $m/p=m_1/p_1=m_2/p_2$，由此得：

$$m=\frac{m_2-m_1}{p_2-p_1}p=\frac{\Delta m}{\Delta p}p$$

代入式(1)得：

$$n-1=\frac{\lambda_0}{2L}\frac{\Delta m}{\Delta p}p \tag{3}$$

可见，只要测出气室内压强改变时的条纹变化数，就可以计算出相应的空气折射率。

本实验采用的方法，不是减小气室中的压强，而是往气室里充气以增大其中空气的压强。实验时，先往气室里充气以达到预定压强，然后缓慢放气，数出放气过程中观察屏上干涉条纹的变化数，同时通过气压表测量气室里的气压。

◆ **实验装置**

实验装置如图 2 所示，为迈克耳孙干涉仪。

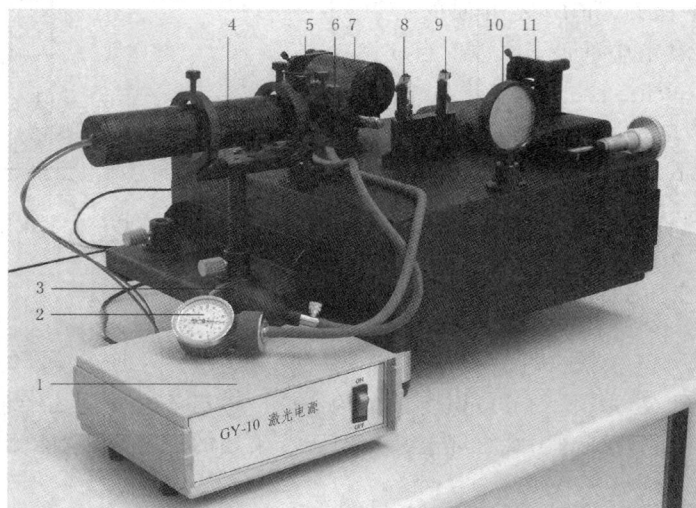

1. He—Ne 激光电源　2. 气压计　3. 橡胶球　4. He—Ne 激光管
5. 平面镜 M_1　6. 扩束器　7. 气室　8. 分光板　9. 补偿板
10. 接收屏　11. 平面镜 M_2
图 2　迈克耳孙干涉仪

它有如下特点：He—Ne 激光管的方向可调，波长 $\lambda_0=632.8$nm；扩束器可以上下左右调节，不用时可以转动 $90°$，离开光路；平面镜 M_1 和 M_2 可以通过调节两个螺旋测微器前后移动，平面镜 M_2 通过一个 20：1 的杠杆与螺旋测微器相连，可测得最小为 0.000 5

mm 的移动；在分光板和平面镜 M_1 之间可以放入长度 L 为 80mm 的气室，并且可以固定；可以通过橡胶球改变气室中空气的压强，使气室内外的压强差 Δp 的改变范围在 $0\sim$ 40kPa；用气压计可以直接测出气室内外空气的压强差。

◆ 实验内容

1. 粗调，获得干涉条纹

将扩束器转移到光路以外，安置毛玻璃观察屏，调节 He－Ne 激光管支架，使光束平行于仪器的台面，并从分束器平面的中心入射，使各光学镜面的入射和出射点至台面的距离约为 70mm，并以此为准，调节平面镜 M_1 和 M_2 的倾斜，使接收屏中央两组光点重合，然后再将扩束器转移到光路中，调整其上下左右位置，使激光束可以透射过扩束器中心的透镜，在接收屏上获得干涉条纹。

2. 细调，调整干涉条纹使其符合要求

继续调节平面镜 M_1 和 M_2 的倾斜度，使得环形干涉条纹的圆心处在接收屏的中心。把气室放入光路中，使其与光路平行。调节平面镜 M_1 和 M_2 的前后位置，使得接收屏上的干涉条纹数目较少，条纹较粗。

3. 练习测量

向气室里充气，再稍稍松开阀门，以较低的速率放气，看观察屏上干涉条纹的变化，熟练之后，数出干涉条纹的变化数 Δm。

4. 正式测量

测量干涉条纹的变化数为 3、6、9、12、15、18、21、24 时，气室内外的空气压强差。

◆ 实验记录

1. 计算空气的折射率

室温 $t=$ ___ ℃；大气压 $p=$ ___ kPa；$L=$ ___ mm；$\lambda_0=$ ___ nm

i	Δm	$\Delta p_i(kPa)$	$n_i=1+\dfrac{\lambda_0}{2L}\dfrac{\Delta m_i}{\Delta p_i}p$	$\bar{n}$	S
1	3				
2	6				
3	9				
4	12				
5	15				
6	18				
7	21				
8	24				

写出测量结果表达式。

2. 将测得的空气折射率与标准值比较，用百分误差表示

在温度 t 处于 15～30℃的范围时，由式(2)求得的折射率的相对误差小于 0.3％，因此在本实验条件下，可把这一理论值当作标准值。将 t 和 p 代入式(2)求出标准值，并将实验值与标准值比较。

实验二十二　汞原子谱线波长的测定

在科学研究和工程技术上有着广泛的应用,光谱分析是非常重要的手段。它的本质是各种物质元素都有它们自己特定谱线,通过测定各种元素发射光谱中谱线波长与相对强度,就可确定该物质成分及其含量。本实验在对汞灯光栅谱线观察的基础上,测量其谱线波长。

◆ **实验目的**

1. 观察光栅的衍射现象和汞灯谱线,加深对光栅衍射的认识与理解。
2. 熟练分光计的调节与使用。
3. 测定汞灯的光栅谱线的波长。

◆ **实验原理**

光栅是能等宽、等间隔地分割入射波的波阵面,具有空间周期性结构的光学元件。常作为色散元件来分离不同波长的谱线。通常实验室里所用光栅有透射式和反射式两种类型。一种是反射光栅,另一种称为透射光栅。

在磨制得非常光滑精致的金属表面上,利用激光刻缝机在其上刻出大量等宽等间距平行刻线,被刻部分仅仅发生漫反射,未刻部分则具备定向反射能力,这样的光栅被称为反射式光栅;在非常精致的透明玻璃上,利用激光刻缝机进行刻缝,被刻部分相当于毛玻璃不透光,没有被刻部分透光,这种光栅被称为透射光栅。透射光栅还可由全息照相的方法制作。实验室里目前所用光栅就是利用全息照相方法制成的。

透射光栅按透光能量不同,可分为普通的矩形透射率光栅和正弦光栅两种。闪耀光栅是反射光栅的一种。其实,光栅干涉是通过多光束干涉来实现的。

我们实验室中所用光栅为透射光栅,当平行光通过透射光栅后,利用透射光衍射产生干涉,产生不同级别的干涉条纹形成光谱线。

对于同一类型光栅,根据实际需要,可以在 1mm 宽度内刻出几百条、甚至几千条刻痕,从而得到不同刻线密度光栅。光栅常数是表示光栅不同刻线密度的一个重要参数,若缝宽为 a,缝间被刻(不透光)部分宽 b,则光栅常数 $(a+b)=d$。实验室中所用的透射光栅,是在 1mm 内刻出 300 条。

透射光栅的透光狭缝宽度,几乎与可见光的波长数量级相当。来自平行光管的平行光,垂直入射至光栅时(为了计算方便),波阵面在透光狭缝处就形成一系列的子波源,向不同方向传播,即产生光的衍射,因此透光狭缝发出的衍射光可以看作有无数组衍射角连续变化的平行光,当二相邻透光狭缝相应子波源发出的衍射角为 φ 的平行光,其光程差满足干涉加强条件时,即光程差等于某波长的整数倍时,通过望远镜的物镜聚焦在透镜的焦平面上,则该波长的光就被加强。实验室所用汞灯发射的复色光,经光栅衍射后,除中央

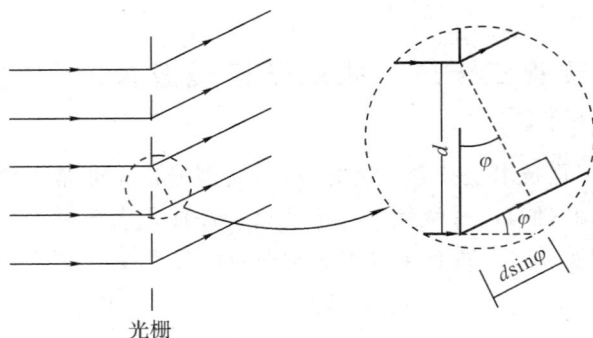

(a) 光栅衍射原理图　　　　　(b) 光程差计算原理图

图1　光栅衍射及光程差计算原理图

条纹外,不同波长的同一级明条纹的角位置是不同的,并按波长次序由短到长自中央向外侧依次分开排列,每一干涉级次都有这样一组谱线,形成多级细而亮条纹,矩形光栅形成的级次多,正弦光栅的级次少,光栅衍射产生的这种按波长排列的谱线称为光栅光谱。

如图1(a)所示,当平行光线垂直入射至光栅平面上时,光栅二相邻透光狭缝对应处发出的光束在透镜焦平面上相遇,根据干涉原理图1(b),相邻两条光线对应光程差为 $d\sin\varphi$,其产生的明条纹条件:

$$d\sin\varphi = k \cdot \lambda \quad (k = 0, \pm 1, \pm 2, \cdots) \tag{1}$$

即光程差为波长的整数倍,其中,d 为光栅常数,φ 为对应某光栅衍射角,k 为该光栅衍射级次。

◆ **实验内容**

1. 分光计调整(参考"分光计的调整与使用"实验)

(1)调整望远镜目镜,透过目镜看到清晰的目镜镜筒中分划板上黑色十字叉丝;

(2)调节目镜和物镜的距离,通过目镜看到清晰的从小镜子上反射回来的绿色十字叉丝像;使反射回来的十字叉丝像位于目镜的分划板十字的上横刻线处;使望远镜光轴垂直于载物台旋转主轴;

(3)调节平行光管光轴垂直于载物台旋转主轴,调节平行光管狭缝平面与平行光管透镜间的距离,用已调整到无穷远的望远镜来判别平行光管出来的是否是平行光;

2. 检查光栅平面与入射光线垂直程度。

3. 观察低压汞灯光谱线。

4. 测量汞灯紫色谱线,绿色谱线和黄色双谱线的波长。

◆ **数据记录与处理**

实验室所用光栅常数 d:_____mm

谱　线		望远镜位置				左$_A$-右$_A$	左$_B$-右$_B$	φ	$\lambda=\dfrac{d\sin\varphi}{\|k\|}$
		左		右					
		A 窗	B 窗	A 窗	B 窗				
$k=\pm1$	紫								
	绿								
	黄$_1$								
	黄$_2$								
$k=\pm2$	紫								
	绿								
	黄$_1$								
	黄$_2$								
$\bar{\lambda}=\dfrac{\lambda_1+\lambda_2}{2}$				$\bar{\lambda}_紫$		$\bar{\lambda}_绿$	$\bar{\lambda}_{黄1}$		$\bar{\lambda}_{黄2}$
$E=\dfrac{\|\bar{\lambda}-\lambda_标\|}{\lambda_标}\times100\%$				$E_紫$		$E_绿$	$E_{黄1}$		$E_{黄2}$

注：$\varphi=\dfrac{1}{4}(|左_A-右_A|+|左_B-右_B|)$

实验室中汞灯光谱线不同颜色光谱线波长的参考值：紫(435.8nm)，绿(546.1nm)，黄$_1$(577.1nm)，黄$_2$(579.1nm)。

第五篇　近代技术和应用性实验

实验二十三　偏振光的研究和旋光现象的观察

偏振现象是一切横波所具有的共同特性。本实验将通过观察光的偏振现象说明光是横波而不是纵波,即其 $\vec{E}$ 和 $\vec{H}$ 的振动方向是垂直于光的传播方向的。光的偏振性证明了光是横波,人们通过对光的偏振性质的研究,更深刻地认识了光的传播规律和光与物质的相互作用规律。目前偏振光的应用已遍及于农业、医学、国防等部门。利用偏振光装置的各种精密仪器,已为科研、工程设计、生产技术的检验等,提供了极有价值的方法。

◆　实验目的

1. 观察光的偏振现象,加深偏振的基本概念。
2. 了解偏振光的产生和检验方法。
3. 验证马吕斯定律。
4. 了解 $\lambda/2$ 波片和 $\lambda/4$ 波片的作用。

◆　实验原理

1. 偏振光的基本概念

按照光的电磁场理论,光波就是电磁波,它的电矢量 $\vec{E}$ 和磁矢量 $\vec{H}$ 相互垂直。两者均垂直于光的传播方向。从视觉和感光材料的特性上看,引起视觉和化学反应的是光的电矢量,并用电矢量 $\vec{E}$ 代表光的振动方向,将电矢量 $\vec{E}$ 和光的传播 $\vec{v}$ 方向所构成的平面称为光振动面。

我们知道最常见的光可分为五种偏振态,即线偏振光、圆偏振光、椭圆偏振光、自然光和部分偏振光,其中线偏振光、圆偏振光又可看作椭圆偏振光的特例。

在传播过程中,光的振动方向始终在某一确定方位的光称为平面偏振光或线偏振光,如图 1(a)。自然光,即所谓的非偏振光,如图 1(b),它的振动在垂直于光的传播方向的平面内可取所有可能的方向,而且没有一个方向占优势。某一方向振动占优势的光叫部分偏振光,如图 1(c)。还有一些光,其振动面的取向和电矢量的大小随时间作有规则的变化,其电矢量末端在垂直于传播方向的平面上的移动轨迹呈椭圆(或圆形),这样的光称为椭圆偏振光(或圆偏振光),如图 1(d)所示。

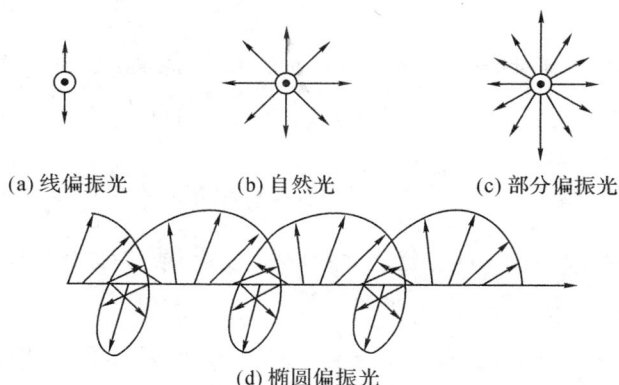

(a)线偏振光　　　　　(b)自然光　　　　　(c)部分偏振光

(d)椭圆偏振光

图 1　光波按偏振的分类

能使自然光变成偏振光的装置或器件称为起偏器。用来检验偏振光的装置或仪器称为检偏器。实际上,能产生偏振光的器件同样可用作检偏器。

获得偏振光的常用方法有:非金属镜面的反射;多层玻璃片的折射;利用偏振片的二向色性起偏;利用晶体的双折射起偏等。

2. 偏振片、波片及其作用

(1)偏振片

偏振片是利用某些有机化合物晶体的二向色性,将其渗入透明塑料薄膜中,经定向拉制而成。它能吸收某一方向振动的光,而透过与此垂直方向振动的光,由于在应用时起的作用不同,用来产生偏振光的偏振片叫做起偏器;用来检验偏振光的偏振片,叫做检偏器。

按马吕斯定律,强度为 I_0 的线偏振光通过检偏器后,透射光的强度为:

$$I = I_0 \cos^2 \theta$$

式中 θ 为入射偏振光的偏振方向与检偏器偏振轴之间的夹角,显然当以光线传播方向为轴转动检偏器时,透射光强度 I 将发生周期性变化。当 $\theta = 0°$ 时,透射光强最大;当 $\theta = 90°$ 时,透射光强为极小值(消光状态);当 $0° < \theta < 90°$ 时,透射光强介于最大和最小值之间,图 2 表示了自然光通过起偏器与检偏器的变化。

根据通过检偏器透射光强度变化的情况,可以区别自然光、部分偏振光还是线偏振光。

(2)波片

波片是用单轴晶体切成的表面平行于光轴的薄片。

当线偏振光垂直射到厚度为 L,表面平行于自身光轴的单轴晶片时,会产生双折射现象,寻常光(o 光)和非常光(e 光)沿同一方向前进,但传播的速度不同。这两种偏振光通过晶片后,它们的相位差为:

$$\Delta \varphi = \frac{2\pi}{\lambda}(n_0 - n_e)L$$

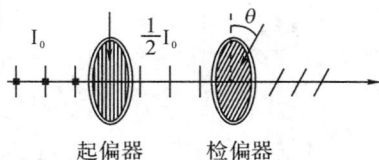

图 2　光波的起偏和检偏

其中，λ 为入射偏振光在真空中的波长，n_o 和 n_e 分别为晶片对 o 光和 e 光的折射率，L 为晶片的厚度。

当某一波长的线偏振光垂直入射到晶片的情况下，能使 o 光和 e 光产生相位差 $\Delta\varphi = (2k+1)\pi$（相当于光程差为 $\frac{\lambda}{2}$ 的奇数倍）的晶片，称为对应于该单色光的二分之一波片（1/2 波片）或 $\frac{\lambda}{2}$ 波片；与此相似，能使 o 光和 e 光产生相位差 $\Delta\varphi = (2k+\frac{1}{2})\pi$（相当于光程差为 $\frac{\lambda}{4}$ 的奇数倍）的晶片，称为四分之一波片（1/4 波片）或 $\frac{\lambda}{4}$ 波片。本实验中所用波片是对 632.8nm（He－Ne 激光）而言的。

平行光垂直入射到波片内，分解为 e 分量和 o 分量，通过波片，两者间产生一附加相位差 $\Delta\varphi$，离开波片时两者合而为一，合成光的偏振性质决定于 $\Delta\varphi$ 及入射光的性质。

自然光通过波片，仍为自然光，因为自然光的两个正交分量之间的相位是无规则的，通过波片，引入一恒定的相位差 $\Delta\varphi$，其结果还是无规则的。若入射光为线偏振光，其电矢量 $\vec{E}$ 平行于 e 轴（或 o 轴），则任何波片对它都不起作用，出射光仍为原来的线偏振光，因为这时只有一个分量，谈不上振动的合成与偏振状态的改变。除上述两情形外，偏振光通过波片，一般其偏振态都要变化。

若入射光为线偏振光，正入射于 $\lambda/2$ 片，在 $\lambda/2$ 片的前表面上（入射处）分解为：

$$\begin{cases} E_e = A_e\cos\omega t \\ E_o = A_o\cos(\omega t + \varepsilon), \qquad \varepsilon = 0、\pi \end{cases}$$

出射光表示为：

$$\begin{cases} E_e = A_e\cos(\omega t - \dfrac{2\pi}{\lambda}n_e l) \\ E_o = A_o\cos(\omega t + \varepsilon - \dfrac{2\pi}{\lambda}n_o l), \quad \varepsilon = 0、\pi \end{cases}$$

我们关心的是两光波的相对相位差，上式可写为：

$$\begin{cases} E_e = A_e\cos\omega t \\ E_o = A_o\cos(\omega t + \varepsilon - \dfrac{2\pi}{\lambda}n_o l + \dfrac{2\pi}{\lambda}n_e l) = A_o\cos(\omega t + \varepsilon - \delta), \quad \delta = \pi \end{cases}$$

出射光两个正交分量的相对相位差由 $(\varepsilon - \delta)$ 决定，现在

$$\varepsilon - \delta = \begin{cases} 0 - \pi = -\pi \\ \pi - \pi = 0 \end{cases}$$

这说明出射光也是线偏振光，但振动方向与入射光的振动方向不同，如 E_λ 与波片光轴成 θ 角，则 $E_{出}$ 与光轴成 $-\theta$ 角，即线偏振光经过 $\lambda/2$ 波片电矢量振动方向转过了 2θ 角。

若入射光为椭圆偏振光，类似的分析可知，半波片也改变椭圆偏振光长（短）轴的取向，此外，半波片还改变椭圆偏振光（或圆偏振光）的旋转方向。

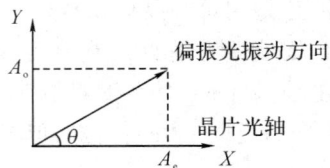

图 3　线偏振光垂直入射到 1/4 波片上

如图 3 所示,当振幅为 A 的线偏振光垂直入射到 1/4 波片上,振动方向与波片光轴成 θ 角时,由于 o 光和 e 光的振幅分别为 $A\sin\theta$ 和 $A\cos\theta$,所以通过 1/4 波片合成的偏振状态也随角度 θ 的变化而不同。

① 当 $\theta=0°$ 时,获得振动方向平行于光轴的线偏振光(e 光)。

② 当 $\theta=\pi/4$ 时,$Ae=Ao$ 获得圆偏振光。

③ 当 $\theta=\pi/2$ 时,获得振动方向垂直于光轴的线偏振光(o 光)。

④ 当 θ 为其他值时,经过 1/4 波片后为椭圆偏振光。

所以,可以用 1/4 波片获得椭圆偏振光和圆偏振光。

◆ **实验仪器**

He－Ne 激光器(带布儒斯特角),电控箱,计算机与操作软件,格兰棱镜、1/2λ 片($\lambda=632.8nm$),1/4λ 片($\lambda=632.8nm$),三维调节架,二维调节架,底座,由步进电机控制的调节架,光电接收器等。

图 4 为一些主要仪器的部件:

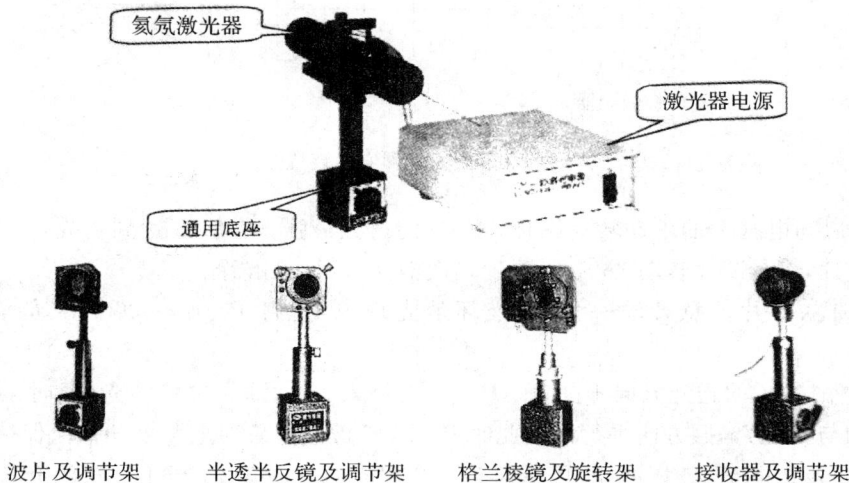

氦氖激光器

激光器电源

通用底座

波片及调节架　　半透半反镜及调节架　　格兰棱镜及旋转架　　接收器及调节架

图 4　氦氖激光器及主要部件

◆ **数据记录与处理**

1. 起偏与检偏鉴别自然光与偏振光,验证马吕斯定律

实验装置如图 5 所示。

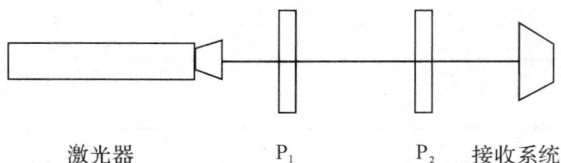

激光器　　　　　　P_1　　　　　P_2　接收系统

图 5　鉴别自然光与偏振光的装置

（1）打开 He－Ne 激光器，启动电脑，运行偏振光实验平台。

（2）了解偏振片 P_1、P_2 的作用，在激光器与接收系统之间，放入偏振片 P_1，使 P_1 与电控箱的"步进电机Ⅰ"连接，并使激光通过 P_1 的中心进入接收器。

（3）在实验平台上选中"一号电机"，点击"开始采集"菜单，设置 P 旋转 $360°$，就可以在实验平台上看到透射光的强度的随角度的变化，由此可判断该激光器出来的是否是偏振光。

（4）采用实验平台上手动图标旋转 P_1，使透射光强最大，在 P_1 后面再插入检偏器 P_2，使之与"二号电机"连接。固定 P_1 的方位，旋转 P_2 $360°$，观察透射光强度的曲线变化情况。有几个消光方位？

（5）固定 P_1 的方位，旋转 P_2 $90°$，把记录的数据归一化，移动坐标使"0"点处于最大值位置，点击"马吕斯定律"，就可以得到相应的 I—$\cos^2\theta$ 关系曲线。

2. 观察线偏振光通过 $\lambda/2$ 片后的现象

实验装置如图 6 所示，C 为 $\lambda/2$ 或为 $\lambda/4$ 片。

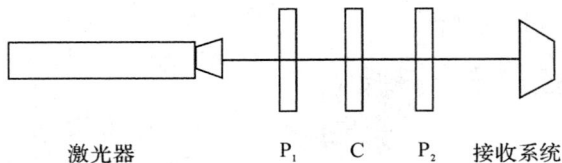

激光器　　　　　P_1　　C　　P_2　　接收系统

图 6　偏振光检测实验装置

（1）启动电脑上的手动转动图标，使 P_1 的透光最强，转动 P_2 达到消光，在 P_1，P_2 间插入 $\lambda/2$ 片，将 $\lambda/2$ 片转动 $360°$，能看到几次消光，试加以解释。

（2）把 $\lambda/2$ 片任意转动一角度，破坏消光现象，再将 P_2 转动 $360°$，又能看到几次消光？

（3）保持 P_1 的透光方向不变，P_1，P_2 正交，插入 $\lambda/2$ 片，转之使消光（此时 $\lambda/2$ 片的 e 轴或 o 轴与 P_1 的偏振方向平行），以此时 P 和 $\lambda/2$ 波片位置对应角度 $\theta=0°$，保持 P_1 片不动，将 $\lambda/2$ 转 $\theta=15°$，破坏消光，再沿与转 $\lambda/2$ 相同的方向转 P_2 至第一次消光位置，记录 P_2 所转过的角度 θ'。

（4）继续（3）的实验，依次使 $\theta=30°$，$45°$，$60°$，$75°$，$90°$（θ 值是相对 $\lambda/2$ 的起始位置而言），转动 P_2 到消光位置，记录相应的角度 θ'。想想从实验结果能总结出什么规律？

θ	θ'	线偏振光经过 $\lambda/2$ 片后振动方向转过的角度
0°		
15°		
30°		
45°		
60°		
75°		
90°		

3. 用 λ/4 片产生椭圆偏振光

实验装置如图 6。

（1）取掉 λ/2 片，仍使 P_1 的透光方向强度最大，$P_1 \perp P_2$ 正交，在 P_1 和 P_2 间插入 λ/4 片，转之使消光。

（2）保持 P_1 不动，将 λ/4 转 $\theta=15°$，然后将 P_2 转 360°，观察光强变化。

（3）继续（2），依次使 $\theta=30°,45°,60°,75°,90°$，每次 P_2 转 360°，观察光强的变化，根据观察结果画图或用文字说明透过 λ/4 片的出射光的偏振状态。

转动 P_1 角度 θ	P_2 转 360°观察到的现象	光的偏振状态
0°		
15°		
30°		
45°		
60°		
75°		
90°		

4. 糖溶液是旋光物质

当线偏振光通过时，线偏光振动方向发生改变，改变角度的大小，不但与偏振光透射深度有关，还与糖溶液的浓度有关，试观察糖溶液的旋光现象。

实验二十四　弗兰克—赫兹实验测定汞(氩)原子的激发电位

这是一个获得 1925 年诺贝尔物理学奖的实验。1914 年弗兰克—赫兹研究了电子与原子碰撞前后能量的变化,用实验直接证实了波尔的原子能级假设。实验指出,如果电子的能量不超过某一临界值时,它与原子之间的碰撞将是完全弹性的,电子并不损失能量;只有当电子的能量达到临界值后,它与原子之间碰撞才能是非弹性的,电子把一定的能量交给原子,使原子过渡到一个较高的稳定能态。这就证明了原子能级的存在。

近代物理实验中,我们的研究对象往往是摸不着看不见的,如电子、原子等。我们需要通过一定的仪器,去控制它们,并间接地显示它们。在实验中我们必需掌握好所使用仪器的性能,熟悉操作方法。

◆ 实验目的

1. 通过弗兰克—赫兹实验,加深对"量子化"概念的认识。
2. 扩大各种类型碰撞的知识,如:完全弹性碰撞、非弹性碰撞、完全非弹性碰撞。
3. 测定汞(或氩)原子的第一激发电位。

◆ 实验原理

1. 玻尔的原子模型理论

原子是由原子核和以核为中心沿各种不同直径的轨道旋转的一些电子构成的,如图1。对于不同的原子,这些轨道上的电子数分布各不相同。一定轨道的电子具有一定的能量。当同一原子的电子从低能量的轨道跃迁到较高能量的轨道时(例如:从Ⅰ跃迁到Ⅱ),我们就说原子处于受激状态,电子处在轨道Ⅱ,则称为第一受激态,处在轨道Ⅲ,则称为第二受激态,等等。玻尔理论的前提是玻尔提出的两条基本假设:①定态假设——原子只能处在一些不连续的稳定状态中,每一稳定态相应有一定的能量 $E_i (i = 1, 2, 3, \cdots)$,②频率定

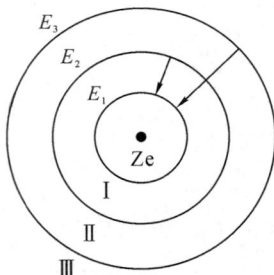

图 1　原子结构示意图(玻尔模型)

则——当一个原子从一个稳定态过渡到另一个稳定态时,要吸收(电子从低能级跃迁到高能级)或辐射(电子从高能级跃迁到低能级)一定频率的电磁波,频率的大小决定于两稳定态之间的能量差,并满足下式关系:

$$h\nu = E_{高} - E_{低}$$

其中 h 为普朗克常数,ν 为电磁波频率,$E_{高}$、$E_{低}$ 为两稳定态之能量。

2. 原子稳定态的改变

原子稳定态的改变可以通过吸收或辐射电磁波或者是原子与其他粒子（如自由电子）因碰撞交换能量而发生

本实验是用加速电子碰撞汞（或氩）原子的方法来测定汞（或氩）原子的激发电势（汞的公认值为 $U_0=4.9\text{V}$）。

如果电子 e 的加速电位等于 U，则电子具有的能量为 eU。当 U 值小时，电子和原子只能发生弹性碰撞，电子不发生能量变化；当 U 值增大到 U_0 时，电子具有的能量恰好能使原子从正常态跃迁到第一受激态，这时电子和原子发生非弹性碰撞。U_0 就称为该原子的第一受激发电势（中肯电势）。

3. F—H 实验装置原理

弗兰克—赫兹实验的原理如图 2 所示。在充满汞蒸汽或氩气的弗兰克—赫兹管中，电子由热阴极发出，阴极 K 和第一栅极 G_1 之间的加速电压 U_{G_1K} 主要用于消除阴极电子散射的影响，阴极 K 和栅极 G_2 之间的加速电压 U_{G_2K} 使电子加速。在阳极 A 和第二栅极 G_2 之间加有反向拒斥电压 U_{G_2A}。

当电子通过 G_2K 空间进入 G_2A 空间时，如果有较大的能量（$\geqslant eU_{G_2A}$），就能冲过反向拒斥电场而到达阳极，形成阳极电流，被微电流计 μA 表检出。如果电子在 G_2K 空间与汞（或氩）原子碰撞，把自己一部分能量传给汞（或氩）原子而使后者激发话，电子本身所剩余的能量就很小，以致通过第二栅极后已不足于克服拒斥电场而被折回到第二栅极，这时，通过微电流计 μA 表的电流将显著减小。

实验时，使 U_{G_2K} 电压逐渐增加，如果原子能级确实存在，而且基态和第一激发态之间有确定的能量差的话，就能观察到如图 3 所示的 $I_A-U_{G_2K}$ 曲线。

图 3 所示的曲线反映了汞（或氩）原子在 $K-G_2$ 空间中与电子进行能量交换的情况。当 $K-G_2$ 空间电压逐渐增加时，电子在 $K-G_2$ 空间被加速而取得越来越大的能量。但起始阶段，由于电压较

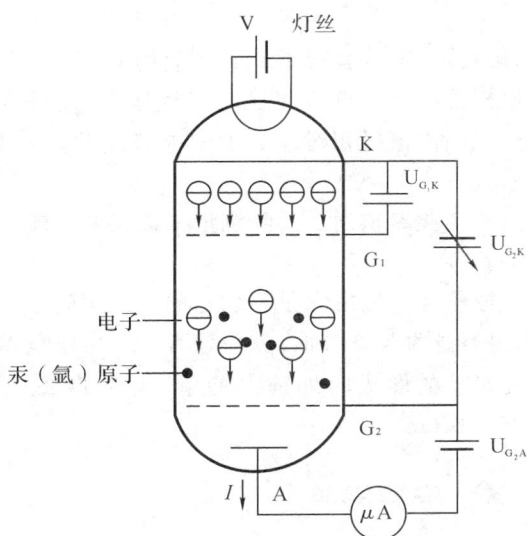

图 2　弗兰克—赫兹实验原理图

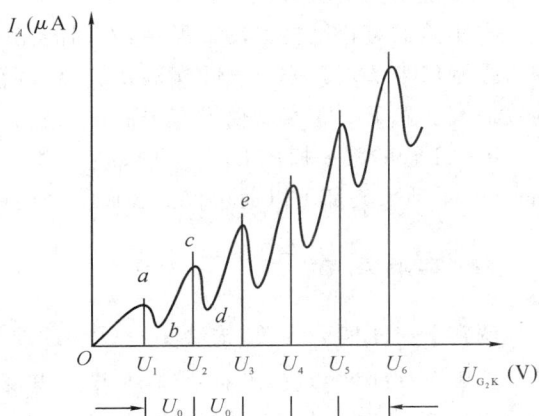

图 3　$I_A-U_{G_2K}$ 的曲线

低,电子的能量较少,即使在运动过程中它与原子相碰撞也只是弹性碰撞。穿过第二栅极的电子所形成的阳极电流 I_A 将随第二栅极电压 U_{G_2K} 的增加而增大(如图 3 的 Oa 段)。当 G_2K 间的电压达到汞(或氩)原子的第一激发电势 U_0 时,电子在第二栅极附近与汞(或氩)原子相碰撞,将自己从加速电场中获得的全部能量交给后者,并且使汞(或氩)原子从基态激发到第一激发态。而电子本身由于把全部能量给了汞(或氩)原子,即使穿过了第二栅极也不能克服反向拒斥电场而被折回第二栅极(被筛选掉)。所以阳极电流将显著减小(ab 段)。随着第二栅极电压的不断增加,电子的能量也随之增加,在与汞(或氩)原子相碰撞(属非弹性碰撞)后还留下足够的能量,可以克服反向拒斥电场而达到阳极 A,这时电流又开始上升(bc 段)。直到 G_2K 间电压是二倍汞(或氩)原子的第一激发电势时,电子在 G_2K 间又会因二次碰撞(非弹性碰撞)而失去能量,因而又会造成第二次阳极电流的下降到最小值(cd 段中 d),同理,凡 G_2K 之间电压满足:

$$U_{G_2K} = nU_0 \qquad (n = 1, 2, 3, \cdots)$$

时,阳极电流 I_A 都会下跌到相应的最小值,形成规则起伏变化的 $I_A - U_{G_2K}$ 曲线。阳极电流出现第一次谷点时的 U_{G_2K} 值就是该原子的第一激发电势值 U_0。而它与各次阳极电流 I_A 达到峰(谷)值时相对应的加速电势差 $U_{n+1} - U_n$,几乎相等就是该原子的第一激发电势值 U_0。

本实验希望通过实际测量来证实原子能级的存在,并测出汞(或氩)原子的第一激发电势。

原子处于激发态是不稳定的。在实验中被电子撞击到第一激发态的原子要跃迁回基态,进行这种反跃迁时,就应该有 eU_0 电子伏特的能量发射出来。反跃迁时,原子是以放出光量子的形式向外辐射能量,相应的汞原子辐射谱线的频率 $\approx 1.2 \times 10^{15}$ Hz,波长 $\approx 25 \times 10$ nm。

◆ **实验装置**

汞 F—H 实验仪或氩 F—H 实验仪因仪器型号、面板图各异,不在教材中一一介绍,仪器使用说明由实验室提供。

本实验的装置结构如图 2 所示,专用的充汞 F—H 管放在恒温炉内,温度的获得和控制由控制仪来实现。汞 F—H 实验仪炉温可调节,实验时控制在 190℃~200℃这一范围内较适宜。氩 F—H 实验仪没有恒温炉在室温时进行实验。

F—H 管的第一栅压 $U_{G_1K}(U_1)$、第二栅压 $U_{G_2K}(U_2)$、拒斥电压 $U_{G_2A}(U_3)$,以及温控和自动、手动采集都可以通过仪器表面个旋钮来调整。

◆ **实验内容**

调整 F—H 实验装置,描绘 $I_A - U_{G_2K}$ 曲线,求出汞(或氩)原子的第一激发电势。

1. 汞 F—H 实验仪,配有恒温炉,接通电源,温控指示灯亮,装置自动加热,当温度升到设定温度时,指示灯变色或灯熄,再等 5~10 分钟,等恒温炉内温度基本恒定。

2. 对 F—H 实验仪而言,启动与实验装置相连接的计算机,运行该仪器配备的数据采集程序——cassy lab。设定图形纵、横坐标分别为 U_A、U_B，以及其他相关参数，开始采集数据。将第二栅压 $U_{G_2K}(U_2)$"RESET"（置零）后，可选择以"auto"（自动）或"man"（手动）方式测绘曲线。实验时控制 $U_{G_1K}(U_1)$、$U_{G_2A}(U_3)$ 均为 1.5V 左右，适当调整，多次测绘曲线，得到最佳曲线。

3. 测出曲线上的每个阳极电流的峰或谷所对应的电势值，求出相邻峰（或谷）之间的电势差的平均值即为汞（或氩）原子的第一激发电势。

◆ **数据记录与处理**

1. 自拟表格，详细记录实验条件和相应的 I_A—U_{G_2K} 的值；

2. 用逐差法处理数据，求得汞（或氩）原子的第一激发电位 U_0 值；

3*. 在毫米方格纸上作出 I_A—U_{G_2K} 曲线。

◆ **思考题**

1. 产生误差的原因分析。

2. 选择不同的 U_{G_1A} 和 U_{G_1K}，它们对曲线 I_A～U_{G_2K} 会产生什么影响？

3. 温度对 I_4—U_{G_2K} 会产生什么影响？

实验二十五　共振干涉法测定棒状材料杨氏弹性模量

杨氏弹性模量是材料机械能的一个重要参量,它标志着材料抗弹性形变的能力。测定材料弹性模量的方法很多,基本可分为:①静态测量法,包括静态位伸法、静态扭转法、静态弯曲法;②动态测量法(共振测量法),包括弯曲共振法(横向共振法)、纵向共振法、扭转共振法;③波速测量法,包括连续波法、脉冲波法等测量方法。

本实验是根据国家标准总局发布《金属材料杨氏模量测量方法》中提出的共振测量法,即:动态悬挂法。用"动态悬挂法"测出试样振动时的固有基频,并根据试样的几何参数测得材料的杨氏模量,适用于对脆性材料(如玻璃、陶瓷、塑料等)进行测量。

◆ **实验目的**

1. 介绍测定金属材料的杨氏模量,国家标准规定的一种测量方法。
2. 了解压电传感器在非电量电测中的应用,熟练信号发生器、示波器的使用。
3. 培养学生综合运用知识和常用仪器的能力。
4. 学习内插法处理数据,消除因悬丝吊扎点位置而引起的系统误差。

◆ **实验原理**

将一根截面均匀的试样(圆截面棒或矩形截面棒),用两根细丝悬挂在两只压电传感器(一只激振,另一只拾振)下面,如图1、图2,在试样两端处于自由端的条件下,由激振信号通过激振压电传感器使试样作横向振动(振动方向与传播的轴方向垂直),改变激振信号频率,并由拾振传感器通过示波器检测出试样,产生共振的共振频率。

根据数学物理方法中振动在二端呈自由端状态的棒中传播的理论,推导解出杨氏模量:

$$E = 1.997\ 8 \times 10^{-3} \frac{\rho l^4 s}{J} \omega^2 = 7.887\ 0 \times 10^{-2} \frac{l^3 m}{J} f^2$$

对圆棒:

$$J = \int y^2 \mathrm{d}s = s\left(\frac{d}{4}\right)^2$$

式中 d 为圆棒的直径。得到 $E = 1.606\ 7 \frac{l^3 m}{d^4} f^2$(圆形截面棒)

$$E = 0.946\ 4 \frac{l^3 m}{bh^3} f^2 \quad (矩形截面棒)$$

式中:E 为材料杨氏模量,单位为 Pa 即 Nm^{-2},l 为棒长,d 为圆形棒的直径,b 和 h 分别为矩形棒的宽度和厚度,m 为棒的质量,f 为试样的共振频率。

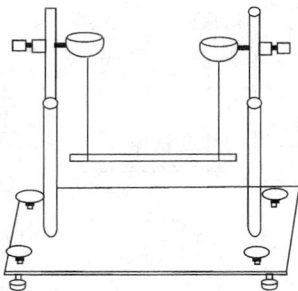

图 1　作基频振动　　　　　图 2　激振拾振示意图

应该指出的是,在进行理论推导时,是根据棒的两端为自由端,在棒上所产生的是最低级次(基频)的对称形振动的波形导出的。

从图 1 可见,试样作基频振动时,存在两个节点,分别在 $0.224l$ 和 $0.776l$ 处。显然节点是不振动的,所以实验时悬丝不能吊扎在节点处。然而试样的共振频率公式是在棒的两端呈自由端状态,既不受正应力作用也不受切应力作用的情况下导出的,也就是实验时激振点与拾振点均应处在节点处,这是矛盾的。在实验中,由于悬丝对试样棒振动的阻尼,所检测到的共振频率大小是随悬挂点的位置而变化的,压电传感器所检测到的共振频率随悬挂点到节点的距离增大而增大。在本实验中为了测得试棒处于基频振动模式时的共振频率,采用图内插法求得。以悬挂点位置与棒长之比 x/l 作为横坐标,所对应的共振频率 f(Hz)作为纵坐标作出关系曲线图,求得曲线最低点(即节点处)所对应的频率,即为试棒的基频共振频率 f。

材料的杨氏模量值与温度有关系,加上带温控的恒温槽,我们还可对材料杨氏模量的温度特性进行测试。

◆ **实 验 装 置**

实验仪器:动态杨氏模量测量装置(如图 2)、低频信号发生器、示波器、螺旋测微器、游标尺、米尺、物理天平和不同材料的试样棒。

◆ **实 验 内 容**

(1)测量试样棒的几何尺寸和质量。

(2)按照本实验附录和杨氏模量计算公式,估算试样棒的共振频率。

(3)调整示波器,使荧光屏上显示出清晰的亮度适中的扫描线。

(4)测量试样棒在室温时的共振频率 f。

粗测:首先把试样棒搁置在分别作为激振和拾振的压电传感器上,参考估算的试样棒共振频率,调节低频信号发生器,观察由示波器检测的拾振信号,当正弦波振幅突然变大且达到最大值时的频率。

细测:首先把试棒在各距 $1/4l$ 附近处用悬丝结扎,小心悬挂在激振器和拾振器下,要求试

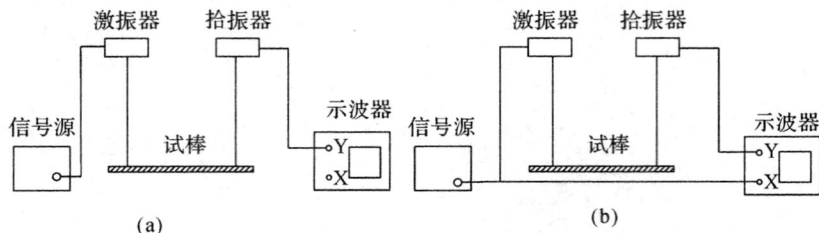

图 3　实验连线示意图

棒保持横向水平,悬丝与试棒轴向垂直,悬丝结扎点到试样两端距离相同,且处于静止状态。

①行波法。按图 3(a)连接,调节信号发生器频率旋钮,在粗测的共振频率值左右扫描,寻找试样棒在所处温度和悬丝结扎位置条件下波形振幅达到极大值时相应的共振频率 f,在调节过程中,若拾振信号在示波器上振幅显示太小或太大时,可以适当调节信号发生器输出信号的强度或改变示波器的 Y 偏转因数旋钮,以使波形大小合适。

②李萨如图形法。按图 3(b)连接,置示波器于

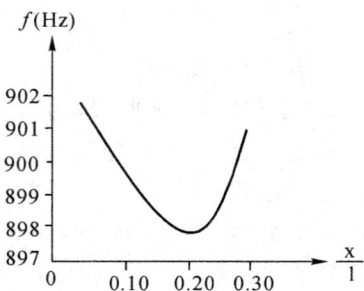

图 4　实验曲线图

X—Y 状态,调节信号发生器频率至示波屏上显示的椭圆 x 轴的输出最大。

*(5)用图内插法求出吊扎点在试样节点($x/l=0.224$ 和 0.776 处)时的共振频率。

选 x/l 为 0.05、0.10、0.15、0.20、0.25、0.30、0.35 多点测定其共振频率,并作曲线用内插法求出共振频率的最小值(因共振频率随悬挂点到节点的距离增大而增大)。

*(6)材料的杨氏模量温度特性测试。

试棒改由 $\phi 0.06$ 镍铬丝悬挂,吊入加热炉中,避免试棒与炉壁相碰,处于悬挂状态,进行多点测定:室温、100℃、200℃、300℃、400℃。

◆　**数据记录与处理**

(1)试棒材料:　　　　　　　　　　　　室温 $t=$ 　　　　℃

	$m(10^{-3}\text{kg})$	Δm	$l(10^{-2}\text{m})$	Δl	$d(10^{-3}\text{m})$	Δd	行波法		李萨如图形法	
							$f(\text{Hz})$	Δf	$f(\text{Hz})$	Δf
1										
2										
3										
4										
5										
平均										

根据圆截面 $E=1.6067\dfrac{l^3 m}{d^4}f^2$ 试样棒材料的杨氏模量计算公式可求得杨氏模量的相对误差传递公式：

$$\frac{\Delta_E}{E}=\frac{\Delta_m}{m}+\frac{2\Delta_f}{f}+\frac{3\Delta_l}{l}+\frac{4\Delta_d}{d}$$

估算出各物理量的测量误差对结果测量的影响程度，并求 ΔE，写出结果表达式：

$$E=E\pm\Delta_E$$

对不同试棒进行测试并计算其测量结果。

*（2）用图内插法求出吊扎在试样节点（$x/l=0.224$、0.776）时的共振频率。

x/l	0.05	0.10	0.15	0.20	0.25	0.30	0.35
$x(10^{-3}\mathrm{m})$							
$f(\mathrm{Hz})$							

*（3）材料的杨氏模量温度特性测试。

炉温 $t(℃)$	室温	100	200	300	400
共振频率 $f(\mathrm{Hz})$					
杨氏模量 $E(\times10^{11}\mathrm{Nm}^{-2})$					

实验二十六　微波光学实验仪的应用

微波波长从 1m 到 0.1mm,其频率范围从 300MHz～3 000GHz。故微波按其波长的数量级可分为毫米波、厘米波、和分米波,它是无线电波中波长最短的电磁波。微波波长介于一般无线电波与光波之间,因此微波有波动性,它不仅具有无线电波的性质,还具有光波的性质,即具有光的直射传播、反射、折射、衍射、干涉等现象。由于微波的波长比光波的波长在量级上大 10 000 倍左右,因此我们可把微波实验视为光学实验的放大类比,更为直观。

◆ 实验目的

1. 了解与学习微波产生的基本原理以及传播和接收等基本特性。
2. 观测微波干涉、衍射、偏振等实验现象。
3. 观测模拟晶体的微波布拉格衍射现象。

◆ 实验原理

1. 微波的产生

随着微波固态器件的发展,在教学中采用固态微波源代替速调管振荡器已成为趋势。体效应振荡器是将体效应管等部件装于金属谐振腔中构成。该电路是采用一谐振腔作为体效应管的外电路,体效应管安装于谐振腔的下底,通过引线接在电源阳极(电压为 12V左右),电源阴极接在谐振腔腔体上。构成体效应振荡器的二极管,其工作原理是基于多数载流子在单一半导体材料内的运动来产生微波振荡。体效应管是垂直于水平面放置的,所以电磁波电场矢量方向垂直水平面。腔体上底中心插入一圆柱调谐杆,通过改变调谐杆插入腔体内的深度来改变电容效应,从而改变工作频率。图 1 为振荡器剖面结构及相应的机械调频等效电路示意图。

2. 实验仪器及工作原理

本实验采用一台类似于光学实验中分光计的微波分光计装置(图 1)进行实验。

装置由微波 3cm 固态信号电源、固态微波振荡器、衰减器、发射喇叭、载物平台、接收喇叭、检波器、液晶显示器等组成。

体效应振荡器由 3 cm 微波(即 10GHz 频率)固态信号电源供电,使体效应管内的载流子在半导体材料内运动,产生微波,用调谐杆调制到需要的频率。产生的微波经过衰减器(可以调节输出功率)由发射喇叭向空间发射(发射信号电矢量的偏振方向垂直于水平面)。微波碰到载物台上的选件,将在空间上重新分布。接收喇叭通过短波导管与放在谐振腔中的检波二极管连接,可以检测微波在 φ 平面分布,检波二极管将微波转化为电信号,通过 A/D 转化,由液晶显示器显示。

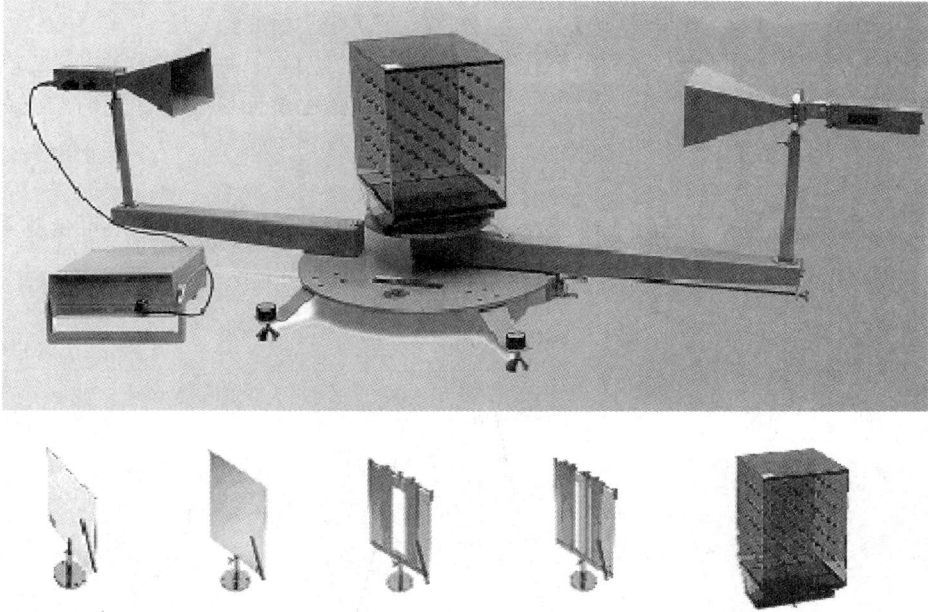

图 1   微波分光计

振荡器剖面图   等效电路图

1. 调谐杆 2. 谐振腔 3. 输出孔 4. 体效应管 5. 偏压引线 6. 负载

图 2   微波发生器

3. 微波光学实验

（1）微波的反射实验

电磁波在传播过程中遇到绝大部分的障碍物，要发生反射，而微波的波长较一般无线电波短，所以更具方向性。如当微波在传播过程中，碰到一金属板反射，则同样遵循和光线一样的反射定律：即反射线在入射线与法线所决定的平面内，反射角等于入射角。

（2）微波的单缝衍射实验

当一平面微波入射到一宽度和波长可比拟的一狭缝时，在缝后就要发生如光波一般的衍射现象。同样中央零级最强，也最宽，在中央的两侧衍射波强度将迅速减小。根据光的单缝衍射公式推导可知，如为一维衍射，微波单缝衍射图样的强度分布规律也为：

$$I = I_0 \frac{\sin^2\mu}{\mu^2} \qquad \mu = \frac{\pi\alpha\sin\varphi}{\lambda} \qquad (1)$$

式中 I_0 是中央主极大中心的微波强度，α 为单缝的宽度，λ 是微波的波长。φ 为衍射角。一般可通过测量衍射屏上从中央向两边微波强度变化验证该公式。同时与光的单缝衍射一样，当

$$\alpha\sin\varphi = \pm k\lambda \qquad k = 1, 2, 3, 4 \qquad (2)$$

时，相应的 φ 角位置衍射度强度为零。如测出衍射强度分布如图 3 则可依据第一级衍射最小值所对应的 φ 角度，利用公式(2)，求出微波波长 λ。

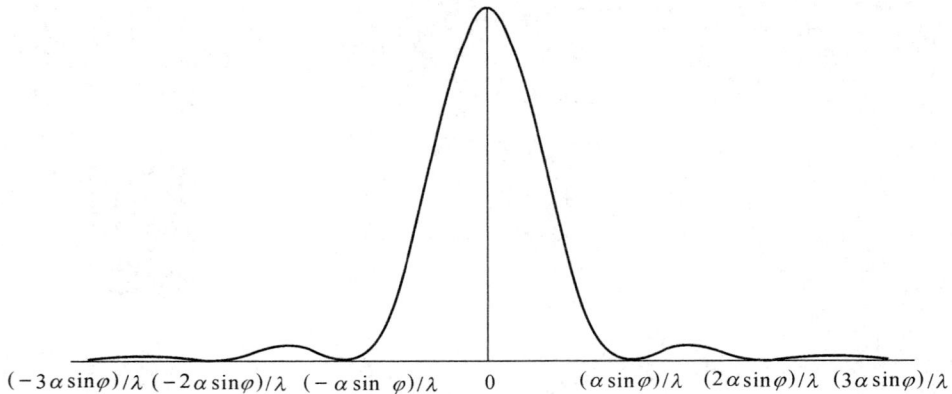

$$(-3\alpha\sin\varphi)/\lambda \quad (-2\alpha\sin\varphi)/\lambda \quad (-\alpha\sin\varphi)/\lambda \quad 0 \quad (\alpha\sin\varphi)/\lambda \quad (2\alpha\sin\varphi)/\lambda \quad (3\alpha\sin\varphi)/\lambda$$

图 3　单缝衍射强度分布

（3）微波的双缝干涉实验

当一平面波垂直入射到一金属板的两条狭缝上，狭缝就成为次级波波源（用此法获得相干波的方法常被称为分波阵面法）。由两缝发出的次级波是相干波，因此在金属板的背后面空间中，将产生干涉现象。当然，波通过每个缝都有衍射现象。因此实验将是衍射和干涉两者结合的结果。为了只研究主要来自两缝中央衍射波相互干涉的结果，令双缝的缝宽 α 接近 λ，例如：$\lambda = 3.2\text{cm}$，$\alpha = 4\text{cm}$。当两缝之间的间隔 b 较大时，干涉强度受单缝衍射的影响小，当 b 较小时，干涉强度受单缝衍射影响大。干涉加强的角度为：

$$\varphi = \sin^{-1}\left(\frac{k \cdot \lambda}{\alpha + b}\right) \qquad k = 1, 2, 3, \cdots \qquad (3)$$

干涉减弱的角度为：

$$\varphi = \sin^{-1}\left(\frac{2k+1}{2} \cdot \frac{\lambda}{\alpha + b}\right) \qquad k = 1, 2, 3, \cdots \qquad (4)$$

（4）微波的迈克耳孙干涉实验

在微波前进的方向上放置一个与波传播方向成 45^0 角的半透射半反射的分束板（如图 4）。将入射波分成一束向反射板 A 传播，另一束向反射板 B 传播。由于 A、B 反射板的全反射作用，两列波再回到半透射半反射的分束板，会合后到达微波接收器处。在这两束微波叠加处产生干涉现象，通过接收传感器就显示了出来，干涉叠加的强度由两束波的波程差（或用位相差表示）决定。当两波的相位差为 $2k\pi$，$(k = \pm1, \pm2, \pm3, \cdots)$ 时，干涉

加强;当两波的相位差为$(2k+1)\pi$时,则干涉最弱。当 A、B 板中的一块板固定,另一块板可沿着微波传播方向前后移动,当微波接收信号从极小(或极大)值到又一次极小(或极大)值,则反射板移动了$\lambda/2$距离。由这个距离就可求得微波波长。

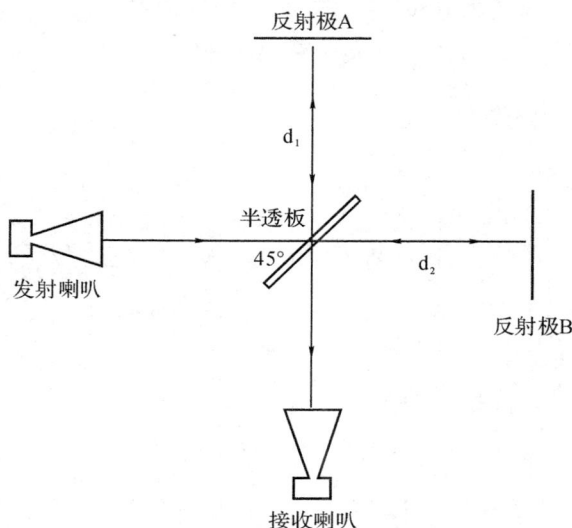

图 4　迈克耳孙干涉原理示意

(5)微波的偏振实验

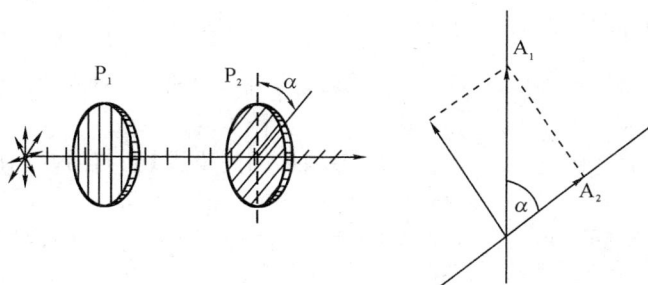

图 5　光学中的马吕斯定律

电磁波是横波,它的电场强度矢量 E 和波的传播方向垂直。如果 E 始终在垂直于传播方向的平面内一确定方向上变化,这样的横电磁波叫线极化波,在光学中也叫偏振光。如一线极化电磁波以能量强度 I_0 发射,而由于接收器的方向性较强,只能吸收某一方向的线极化电磁波,相当于一光学偏振片,如图 5。发射的微波电场强度矢量 E 如在 P_1 方向,经接收方向为 P_2 的接收器后(发射器与接收器类似起偏器和检偏器),其强度 $I = I_0\cos^2\alpha$,其中 α 为 P_1 和 P_2 的夹角。这就是光学中的马吕斯(Malus)定律,在微波测量中同样适用。

（6）模拟晶体的布拉格衍射实验

布拉格衍射是用 X 射线研究微观晶体结构的一种方法。因为 X 射线的波长与晶体的晶格常数同数量级，所以一般采用 X 射线研究微观晶体的结构。在本实验中用微波模拟 X 射线，照射到放大的晶体模型上产生的衍射现象与 X 射线对晶体的布拉格衍射现象与计算结果都基本相似。所以通过此实验对加深理解微观晶体的布拉格衍射实验方法是十分直观的。

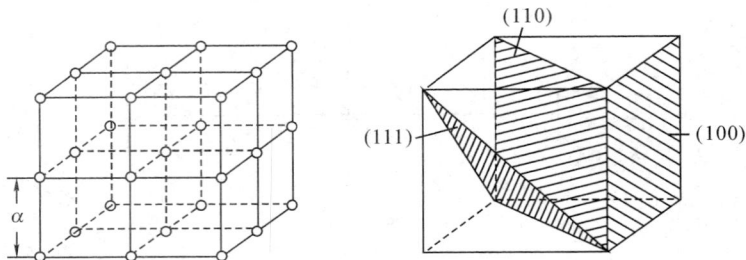

图 6　晶体结构模型

固体物质一般分晶体与非晶体两大类，晶体又分单晶与多晶。组成晶体的原子或分子按一定规律在空间周期性排列，而多晶体是由许多单晶体的晶粒组成。其中最简单的晶体结构如图 6 所示，在直角坐标中沿 X、Y、Z 三个方向，原子在空间依序重复排列，形成简单的立方点阵。组成晶体的原子可以看作处在晶体的晶面上，而晶体的晶面有许多不同的取向。如图 6 左方为最简单立方点阵，右方表示的就是一般最重要也是最常用的三种晶面。这三种晶面分别为(100)面、(110)面、(111)面，圆括号中的三个数字称为晶面指数。一般而言，晶面指数为 $(n_1 n_2 n_3)$ 的晶面族，其相邻的两个晶面间距 $d = \dfrac{\alpha}{\sqrt{n_1^2 + n_2^2 + n_3^2}}$。

显然其中(100)面的间距 d 等于晶格常数 α；相邻的两个(110)面的晶面间距 $d = \dfrac{\alpha}{\sqrt{2}}$；而相邻两个(111)面的晶面间距 $d = \dfrac{\alpha}{\sqrt{3}}$。实际上还有许许多多更复杂的取法形成其他取向的晶面族。因微波的波长可在几厘米，所以可用一些铝制的小球模拟微观原子，制作晶体模型。具体方法是将金属小球用细线串联在空间有规律地排列，形成如同晶体的简单立方点阵。各小球间距 d 设置为 4cm（与微波波长同数量级）左右。当如同光波的微波入射到该模拟晶体结构的三维空间点阵时，因为每一个晶面相当于一个镜面，入射微波遵守反射定律，反射角等于入射角，如图 7 所示。而从间距为 d 的相邻两个晶面反射的两束波的程差为 $2d\sin\alpha$，其中 α 为入射波与晶面的夹角。显然，只是当满足

$$2d\sin\alpha = k\lambda, \quad k = 1, 2, 3, \cdots \tag{5}$$

时，出现干涉极大。方程(5)称为晶体衍射的布拉格公式。

如果改用通常使用的入射角 β 表示，则(5)式为

$$2d\cos\beta = k\lambda, \quad k = 1, 2, 3, \cdots \tag{6}$$

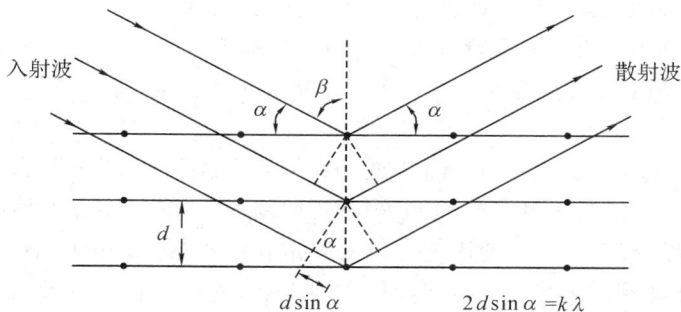

图 7　布拉格衍射

◆　**实 验 内 容**

1. 微波的反射

将金属板平面安装在一支座上,安装时板平面法线应与支座圆座上指示线方向一致。将该支座放置在载物台上时,支座圆座上指示针线指示在载物小平台 0°位置。这意味着小平台零度方向即是金属反射板法线方向。转动小平台,使固定臂指针指在某一角度处,这角度读数就是入射角,然后转动装有微波接收器的活动臂,并在液晶显示器上找到一最大值,此时活动臂上的指针所指的小平台刻度就是反射角。如果此时电表指示太大或太小,应调整衰减器、固态振荡器或晶体检波器,使表头指示接近满量程。做此项实验,入射角最好取 30°至 65°之间,因为入射角太大接收喇叭有可能直接接收入射波,同时应注意系统的调整和周围环境的影响。

2. 微波的单缝衍射

按需要调整单缝衍射板的缝宽。将单缝衍射板安置在支座上时,应使衍射板平面与支座圆座上指示线一致,将该支座放置在载物台上时,支座圆座上指示针线应指示在载物小平台 90°位置。转动小平台使固定臂的指针在小平台的 180°处。此时相当于微波从单缝衍射板法线方向入射。这时让活动臂置于小平台 0°处,调整信号使电表指示接近满度,然后在单缝的两侧,每改变衍射角 2°读取一次表头读数,并记录下来,然后就可以画出单缝衍射强度与衍射角度的关系曲线。并根据微波衍射强度一级极小角度和缝宽 a,按照公式(1)计算微波波长 λ 和其百分误差。

3. 微波的双缝干涉

按需要调整双缝干涉板的缝宽。将双缝板安置在支座上,将该支座放置在载物台上时,支座圆座上指示线应指示在载物小平台 90°位置。转动小平台使固定臂的指针在小平台的 180°处。此时相当于微波从双缝干涉板法线方向入射。这时让活动臂置小平台 0°处,调整信号使电表指示接近满度,然后在双缝的两侧,每改变衍射角 1°读取一次液晶显示器的读数,并记录下来,然后就可以画出双缝干涉强度与角度的关系曲线。并根据微波衍射强度一级极小角度和缝宽 a,按公式(4)计算微波波长 λ 并求出其百分误差。

4. 微波的偏振矢量性实验

按实验要求调整喇叭口面相互平行正对共轴。为了避免受小平台的影响,可以松开平台中心三个十字槽螺钉,把工作台放下。调整信号使电表指示接近满度,然后旋转接收喇叭短波导的轴承环(相当于偏转接收器方向),每隔 5°记录微安表头的读数。直至 90°。就可得到一组微波强度与偏振角度关系数据,验证马吕斯定律。

5. 迈克耳孙干涉实验

在微波发生器喇叭的轴线方向上成角 45°位置上放置一半透明板,在另一侧放置一反射金属板,使其法线与半透明板也成角 45°(如图 3)。按实验要求如图安置固定反射板、可移动反射板、接收喇叭。使固定反射板固定在大平台上,并使其法线与接收喇叭的轴线一致。可移动反射板装在一旋转读数机构上后,将该可移动读数机构固定在大平台上,并使其法线与接收喇叭的轴心一致。然后移动旋转读数机构上的手柄,使可移反射板移动,测出 $n+1$ 个微波极小值。并同时从读数机构上读出可移动反射板的移动距离 L。波长满足 $\lambda = \dfrac{2L}{n}$。

6. 布拉格衍射

实验中两个喇叭口的安置同反射实验一样。模拟晶体点阵的金属球点阵,应调到成为对称位置。模拟晶体的点阵,插在一专用支架的中心孔上,将支架放至平台上时,应让晶体的中心轴与转动轴重合。并使所研究的晶面(100)法线正对小平台上的零刻度线。为了避免两喇叭之间波的直接入射,入射角 β 取值范围最好在 30°到 60°之间,寻找一级衍射最大。

◆ 数据记录与处理

1. 微波的反射
实验记录:

入射角(度)	30	32	34	36	38	40	……	64
反射角(度)								

2. 微波的单缝衍射
数据记录:

$\varphi(°)$	0	2	4	6	8	……	50
$U_左$(mV)							
$U_右$(mV)							

作出单缝衍射强度分布曲线图。

3. 微波的双缝干涉
数据记录:

$\varphi(°)$	0	1	2	3	4	5	6	7	8	9	10	11	12	13	14	15	16
$U_左$(mV)																	
$U_右$(mV)																	
$\varphi(°)$	17	18	19	20	21	22	23	24	25	26	27	28	29	30	31	32	33
$U_左$(mV)																	

$\varphi(°)$	17	18	19	20	21	22	23	24	25	26	27	28	29	30	31	32	33
$U_右$(mV)																	
$\varphi(°)$	34	35	36	37	38	39	40	41	42	43	44	45	46	47	48	49	50
$U_左$(mV)																	
$U_右$(mV)																	

作出双缝干涉强度分布曲线图。

4. 微波的偏振矢量性实验
数据记录：

	0	10	20	30	40	50	60	70	80	90
理论	100	96.98	83.3	75.0	58.68	41.32	25.0	11.7	3.0	0
实验										

5. 迈克耳孙干涉实验
数据记录：

最小点读数：mm							

6. 布拉格衍射
数据记录：

入射角	30	33	36	39	42	45	48	……	60
反射角									
U(mV)									

◆ 展实验内容扩

在微波分光计还可以进行电磁波的线极化、圆极化和椭圆极化实验,通过三种极化波的产生、检测,可以了解电波极化的概念;同时可以进行圆极化波反射和折射、左旋/右旋特性实验;利用迈克耳孙干涉原理可以进行无损介质介电常数测定实验;光学中的布儒斯特角、法布里—珀罗干涉仪、劳埃德镜、棱镜的折射、也可在微波波段得到再现;还可以进行设计性实验,例如:微波法湿度的测定。

◆ 思考题

1. 各实验内容误差主要影响是什么?

2. 金属是一种良好的微波反射器。其他物质的反射特性如何? 是否有部分能量透过这些物质还是被吸收了? 比较导体与非导体的反射特性。

3. 在实验中使发射器和接收器与角度计中心之间的距离相等有什么好处?

4. 假如预先不知道晶体中晶面的方向,是否会增加实验的复杂性? 又该如何定位这些晶面?

实验二十七　声光效应研究和超声位相光栅的应用

光波是电磁波中人眼可见的一个波段,其频率的数量级为 10^8 MHz,而超声波是一种机械纵波,在弹性媒质中传播,我们采用的超声波频率约为 10MHz 数量级。本实验研究和观察的是光波通过传播着超声波的媒质时,和通过传播着超声波的媒质后,光波发生了些什么变化? 所产生的现象称为声光效应。通过实验,我们知道可把传播着超声波的媒质视为位相光栅。声光效应在近代光学工程中被广泛应用,如制成声光调制器和偏转器,即光波的振幅和频率依照介质中传递的超声波的信号而变化,并快速而有效地控制光束的频率、强度和方向,扩展了激光的应用范围。

声光调制的优点是:小型、简便,损耗小,控制功率小,驱动电压低,电路简单,温度稳定性好,效率高,运转寿命长。它适用于中等带宽(几百千周～几十兆周)的激光记录系统,易于用示波器显示、记录。

◆　**实验目的**

1. 学习声光效应、观察声光相互作用产生位相光栅的光的衍射现象。
2. 利用声光效应测量声波在液体中的传播速度。
3. 熟练使用分光计。

◆　**实验原理**

当波长为 λ、束宽为 w 的平行光垂直入射到一透明而又传播有超声波的介质(如纯净水或变压器油)时,由于机械纵波的传播,产生介质的密度增大和减小,从而使介质的折射率呈现周期性变化,光速也随之发生周期性变化通过,而光速远大于声速,因此当光通过有超声波传播的介质时,在容器的宽度不大的条件下,我们可把其中的介质视为一个位相光栅。若 $w>\lambda_a$,则激光束将发生衍射。按声光相互作用的不同条件,可产生两种衍射:

1. 喇曼—奈斯衍射

$$Q=\frac{2\pi\lambda L}{n\lambda_a^2}<0.3 \tag{1}$$

当声波处在低频段且声光相互作用长度(即声场厚度)L 不太大,符合无量纲参数时,发生喇曼—奈斯(Raman-Nath)衍射。介质中的超声波可以是以行波形式存在,也可以是以驻波形式存在,本实验采用超声驻波场,当光线入射时所产生的衍射现象类似于光栅常数为声波波长 λ_a 的光栅产生的衍射,究其本质而言,它属位相光栅,若声波功率不大,应变与折射率的变化可视为线性关系,并略去介质对光波、声波的衰减,则当光波垂直于声波传播方向入射时,各级衍射极大的衍射角满足:

$$\lambda_a\sin\theta_k=k\lambda \qquad (k=0,\pm1,\pm2,\cdots) \tag{2}$$

2. 引成光拍的二光束的获得——声光调制

光拍的形成要求相叠加的两光束具有较小的频差,为了获得具有这样特性的两束光,可以设法使激光束产生一个固定的频移,本实验是利用超声和激光同时在某些介质中互相作用来实现,我们称它为声光调制。

声光调制是基于某些介质的声光效应,由于超声波是弹性波,当它在光介质中传播时,会引起介质的弹性应力或应变(或介质的密度发生周期性的疏密变化),从而引起介质中光折射的相应变化,影响光在介质中的传播特性,此即光弹效应,这种效应使声光介质形成一位相光栅,光栅常数为超声的波长 λ_a 当汞灯平行光线垂直通过这一位相光栅时,其波阵面将发生变化。出射光发生多级衍射,使平行光束在传播方向,频率和光强分布等方面都按一定规律发生变化,这种现象称为声光效应。

(1)若反射面是吸音材料,则超声波以行波方式存在,由于折射率按正弦形式变化,正、负第一级较强,其余各高级衍射极值相对较小均可略去,只有正、负第一级较强。

相应的频移

$$f_\pm - f_0 = f_a \tag{3}$$

式中 f_a 为超声波频率。得正负一级衍射波的频率为:$f_\pm = f_0 \pm f_a$ (f_a 远小于 f_0)

(2)若反射面不是吸音材料,在与超声波发射面相平行且与反射面间距离满足超声波半波长(小于 mm 数量级)的整数倍时,则在介质中就形成超声驻波场,当频率为 f_0 的平行光入射时,由理论和实验证明,其各级的衍射光是多种具有相同传播方向,但具有不同频率分量的复合光波,第 k 级的衍射光的第 m 级分量,其频率由下式表示:

$$f_{km} = f_0 + (k + 2m) f_a \qquad\qquad 式中 k、m = 0, \pm 1, \pm 2, \cdots \tag{4}$$

f_0 为入射光频率,f_a 为超声波频率。由此可知,偶数级衍射光(包括零级光)各分量的频率分别为:$f_0, f_0 \pm 2f_a, f_0 \pm 4f_a, \cdots$ 奇数级衍射光各分量的频率分别为:$f_0 \pm f_a, f_0 \pm 3f_a, f_0 \pm 5f_a, \cdots$ 它们在声光调制中得到广泛的应用。但在本实验中,衍射光频率仍按 f_0 所对应的入射光波长 λ 计算,因超声频率远小于光波频率,通过超声波波长 λ_a 测定,则可测定声波在该液体中的传播速度。

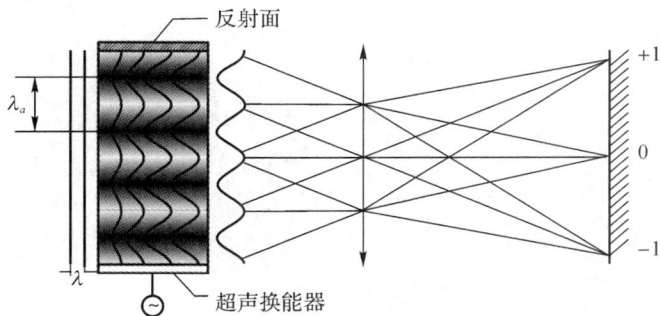

图 1 位相调制光栅

◆ **实 验 内 容**

本实验采用实验原理中的方法 2,即采用超声驻波场。

1. 调整分光计(参考"分光计的调整与使用"实验)。

2. 在盛介质的容器内注入纯净水(H_2O),直到指定刻线位置,放入压电陶瓷,并与高频信号发生器连接,调节高频信号频率至压电陶瓷给定的工作频率,使观察到的衍射现象清晰、明亮。

3. 仔细调节来自平行光管的入射光与超声场的相对入射位置,使实验者在望远镜的目镜处看到最清晰的对称的衍射谱线。

4. 测量衍射角,按公式(2)间接测量出超声波的波长 λ_a,再按照高频信号发生器显示的频率 f_a 算出声波在液体中的传播速度,写出测量结果表达式。

◆ **数据记录与处理**

超声波信号频率 $f_a =$

级次 k	望远镜位置				$\|左_A - 右_A\|$	$\|左_B - 右_B\|$	$\angle\theta = \dfrac{\|左_A - 右_A\| + \|左_B - 右_B\|}{4}$	λ_a(mm)
	左		右					
	A窗	B窗	A窗	B窗				
1								
2								
3								
4								
5								

已知汞灯绿光谱线波长 $\lambda = 546.1$nm,紫光谱线波长 435.8nm,

$$\lambda_a \sin\theta_k = k\lambda;$$

$$\overline{\lambda_a} = \frac{\sum \lambda}{n};$$

$$V = \overline{\lambda_a} \times f_a。$$

实验二十八　光速的测定

　　光波是电磁波,光速是最重要的物理常数之一,许多物理概念和物理量都与它有密切的关系,光速值的精确测量将关系到许多物理量值精确度的提高,所以长期以来对光速的测量一直是物理学家十分重视的课题。尤其近几十年来天文测量、地球物理、空间技术的发展以及计量工作的需要,使光速的精确测量已变得越来越重要。

　　2006 年国际推荐值 $C=2.997\ 924\ 58\times10^8\ \text{ms}^{-1}$ 是光速测量中目前为止的最精确值。

　　本实验采用声光调制形成光拍的方法将 $10^{14}\ \text{Hz}$ 的光频降低到超声波频率来测量。例如 30MHz 数量级的超声波频率,其波长 λ 约为 10m。这种测量对我们来说就十分方便了。这种使光频"变低"的方法就是所谓"光拍频法"。频率相近的两束光同方向共线传播,叠加成拍频光波,两束光的频差为其强度包络频率的两倍,我们只要适当控制光的频差可达到降低拍频光波的目的。

◆ **实验目的**

　　1. 进一步理解光拍频的概念、掌握光拍频法测量光速的技术,了解声光调制器的应用。

　　2. 体会到光速也是一个有限值,并了解光年是一个空间量。

　　3. 进一步学习光路的调整和熟练示波器的使用。

◆ **实验原理**

　　光拍频法测量光速是利用光拍的空间分布,测出同一时刻相邻同相位点的光程差和光拍频率,从而间接测出光速。

1. 光拍的形成

　　对晶体介质加超声频率电压,当电压频率符合晶体的工作频率时,在晶体中就形成超声驻波场,当频率为 f_0 的平行光入射时,由理论和实验证明,其各级的衍射光是多种具有相同传播方向,但具有不同频率分量的复合光波,第 k 级的衍射光的第 m 级分量,其频率由下式表示:

$$f_{km}=f_0+(k+2m)f_S \qquad \text{式中}\ k\text{、}m=0\pm1\pm2,\cdots \qquad (1)$$

f_0 为入射光频率,f_S 为超声波频率。由此可知,偶数(k 值)级衍射光(包括零级光)各分量的频率分别为:$f_0,f_0\pm2f_S,f_0\pm4f_S,\cdots$奇数级衍射光各分量的频率分别为:$f_0\pm f_S,f_0\pm3f_S,f_0\pm5f_S,\cdots$它们在声光调制中得到广泛的应用,我们采用的是 $k=\pm1$ 级,同一级衍射光中最强二分量频率的差值为 $2f_S$。

　　根据振动迭加原理,两列传播速度相同,振动面一致,且向同一方向传播的,频率又有较小差别的简谐波叠加形成"拍"。现设它们的频率分别为 f_1 和 f_2,它们的角频率则分别为 ω_1 和 ω_2,频差 $\Delta f=f_1-f_2=2f_S$,显然 $\Delta f\ll f_1$ 和 f_2,假设它们振幅相同,并在 x 方向传播，则有：

$$E_1 = E_0 \cos[\omega_1(t-x/c)+\varphi_1]$$

$$E_2 = E_0 \cos[\omega_2(t-x/c)+\varphi_2]$$

当该两列简谐波叠加时得：

$$E = E_1 + E_2 = 2E_0 \cos[(\omega_1-\omega_2)/2 \times (t-x/c)+(\varphi_1-\varphi_2)/2] \times \cos[(\omega_1+\omega_2)/2 \times$$
$$(t-x/c)+(\varphi_1+\varphi_2)/2] \tag{2}$$

式中可见，E 是以角频率为$(\omega_1+\omega_2)/2$、振幅为

$$A = 2E_0 \cos[(\omega_1-\omega_2)/2 \times (t-x/c)+(\varphi_1-\varphi_2)/2]$$

的前进波，注意到其振幅是以频率$(f_1-f_2)/2$ 随时间作周期性缓慢变化，此过程我们称它为调制，称 E 为调制波。显然：

$(f_1-f_2)/2 = \Delta f/2 = f_s$，$\Delta f$ 为频差，f_s 为调制波频率，Λ 为调制波的波长，如图 2 所示。

可知由于二列波频差较小而引成的拍频波是一振幅随时间作周期性变化的调制波。拍频波频率是调制波频率的两倍。调制波的波长：

$$\Lambda = C/f'$$

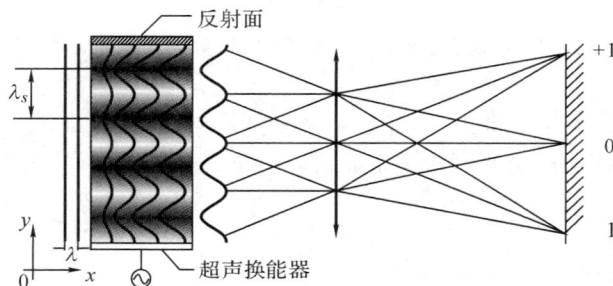

图 1　声光调制

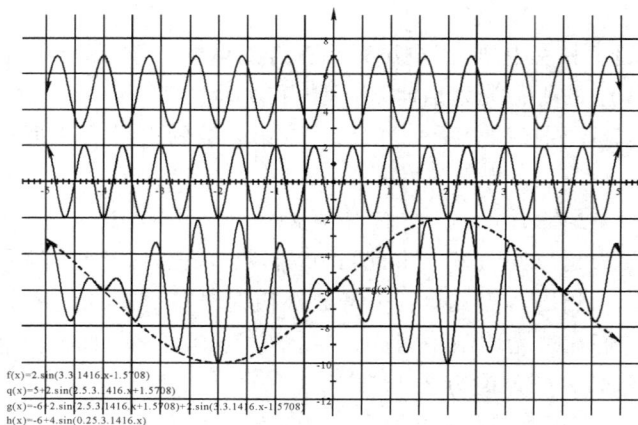

f(x)=2.sin(3.3.1416.x-1.5708)
q(x)=5+2.sin(2.5.3.1416.x+1.5708)
g(x)=6+2.sin(2.5.3.1416.x+1.5708)+2.sin(3.14.6.x-1.5708)
h(x)=-6+4.sin(0.25.3.1416.x)

图 2　调制波与拍频波的形成

如图 1 所示若有一超声波沿 Y 方向以行波形式传播,由理论得它引起介质在 Y 方向的应变为:

$$S = S_0 \sin(\omega_s t - k_s y) \tag{3}$$

式中 S_0 为应变量的幅值,$k_s = \dfrac{\omega_s}{v_s} = \dfrac{2\pi}{\lambda_s}$ 称为介质中的声波数,v_s 是介质中的超声波传播速度,由于应变在 Y 方向是一周期函数,因此介质对光波的折射率在 Y 方向上也发生周期性变化。

2. 超声驻波场与位相光栅

若介质 Y 方向的宽度 b 恰好是超声波半波长的整数倍,且在声源相对的端面反射,在介质中就形成驻波场,$U(Y, t) = 2U_0 \cos k_s y \times \cos \omega_s t$,由理论得,它使介质在 Y 方向的应变为:

$$S = 2S_0 \sin k_s y \times \cos \omega_s t \tag{4}$$

即用同样的超声波源激励,驻波引起的应变量幅值是行波的两倍,这样光通过介质产生衍射的强度比行波法强得多,所以本实验采用驻波法。

介质的应变 S 引起其折射率发生相应的变化,其关系可表示为:

$$\Delta\left(\frac{1}{n^2}\right) = \rho s \tag{5}$$

式中 n 是介质的折射率,ρ 是单位应变引起的 $\dfrac{1}{n^2}$ 的变化,称为光弹系数。

在各向同性的介质中,ρ 和 s 都是标量,于是对于驻波声场:

$$\Delta n = -\frac{n^3}{2}\rho s = -n^3 \rho s_0 \sin k_s y \times \cos \omega_s t$$

$$= -2A \sin k_s y \times \cos \omega_s t \tag{6}$$

式中 $A = n^3 \rho s_0 / 2$ 为超声波引起介质折射率变化的幅值,此时介质在 Y 方向的折射率为

$$n(y) = n_0 + \Delta n = n_0 + 2A \sin k_s y \times \cos \omega_s t \tag{7}$$

如图 1 所示某一瞬间驻波场中介质疏密的分布情况。相应地也就反映了该瞬间驻波场中的折射率的不同。由于光速远大于声速故在光通过时,就认为驻波场就处于此状态,由于折射率的不同,形成折射率分布层沿 Y 方向作周期性变化,引起光波沿 X 方向传播的光速,在沿 Y 方向上也做周期性的变化,因为是驻波场,从式(7)可知光在介质中的折射率在某些地方总是为 n_0,在其他一些地方 n 值,随拍频波频率变化,当平面激光束入射通过超声驻波场介质时,波阵面也就在光的传播 X 方向越来越不平整,光的折射率在 Y 方向也就随介质疏密发生相同的周期性变化,因此光在介质中的波阵面,在光传播的 X 方向上发生如图 1 的变化。

当光波通过超声驻波场时,由于波阵面的周期性弯曲,在超声驻波场折射率波节处(即 n 始终等于 n_0 处),和在折射率波腹处(即 $n = n_0 \pm \Delta n$),光束基本上不改变传播方向,在折射率波节处到折射率波腹范围内,光束传播方向发生变化,光线发生"衍射"。

当声光相互作用,且介质厚度 d 较薄时,此声光介质相当于一薄光栅,称作"位相光

栅",其光栅常数等于 λ_s,位相光栅使出射光发生衍射,结果光的传播方向、频率和强度分布都受到声频的调制而发生变化。若激光束垂直入射这一位相光栅,产生 k 级对称衍射,衍射光强的极大值满足关系式:

$$\lambda_s \sin\theta_L = k\lambda \tag{8}$$

第 k 级衍射光的角频率为:

$$\omega_{k,m} = (k+2m)\omega_s \tag{9}$$

式中 k 是衍射级 $k=0,\pm1,\pm2,\cdots$对于每一个 k 值有 $m=0,\pm1,\pm2,\cdots$即在同一衍射光束内就含有许多不同频率成分的光。其频率差都是 $2\omega_s,4\omega_s,\cdots$为考虑实验效果通常我们取 $k=+1$ 或 $k=-1$ 级衍射光,由 $m=0$ 和 $m=-1$ 或 $m=+1$ 的两种频率叠加,就可以得到拍频为 $2\omega_s$ 的拍频波,效果较好。

3. 光拍频波的检测

(1)光拍频波的接收

用光电检测器接收此拍频波时,因光强度与电磁波中的电场强度的平方成正比,故光电检测器又有平方律探测器之称。即:

$$i_0 = gE^2 \tag{10}$$

这里 g 为光电检测器的光电转换常数,同时考虑到光频率甚高($\nu_0 > 10^{14}\,\mathrm{Hz}$)光电检测器来不及响应频率如此高的光强的变化。我们采取对 i_0 关于时间积分,取光电检测器的响应时间 $t(1/\nu_0 < t < 1/\Delta\nu)$的平均值。于是 i_0 积分过程中高频项消失,只含常数和一次项即:

$$\bar{i} = 1/T\int_t i\,\mathrm{d}t = gE^2\{1 + \cos[\Delta\omega(t - x/c) + \Delta\varphi]\} \tag{11}$$

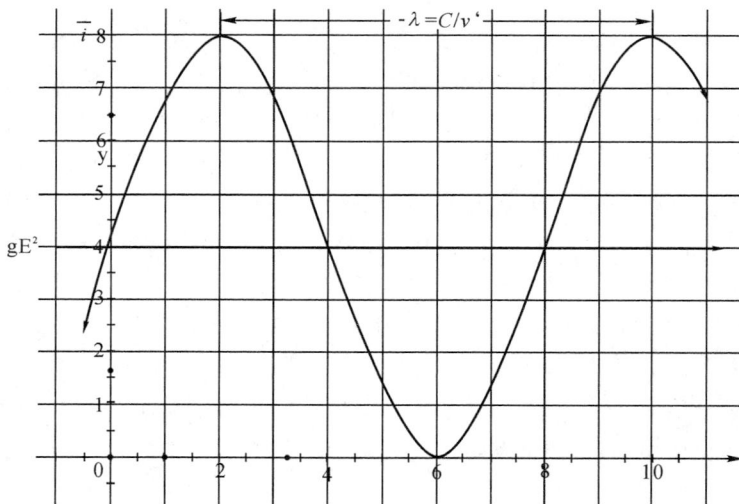

图 3　光电检测器输出的光电流成分

与之相应的 $\Delta\omega = \omega_1 - \omega_2$,称之为光拍角频率,是拍频波振幅调制角频率的二倍;$\Delta\varphi = \varphi_1 - \varphi_2$ 为光拍的初相。

可见光电检测器输出的光电流包含有直流和光拍信号二种分量,用示波器 AC 档,隔除了直流 $\bar{i}=gE^2$ 成分,即得频率为拍频 ν' 光拍信号,起到了解调作用。

由于光波的频率很高($f\approx10^{14}\,\mathrm{Hz}$)。而且目前光敏二极管的最短响应时间 $\tau\approx10^{-8}\,\mathrm{s}$(即最高的响应频率 $f_m\approx10^8\,\mathrm{Hz}$),所以,目前光波照射光敏检测器所产生的光电流响应时间 τ 不能小于 $10^{-8}\,\mathrm{s}$,入射激光受到介质中的超声场调制,实际上反映出来的是超声场调制后的光拍的信号,即光拍的频率是超声频率的两倍约 $10^6\,\mathrm{Hz}$,其周期约为 $10^{-6}\,\mathrm{s}$,完全满足作为光敏检测器的光敏二极管 $10^{-8}\,\mathrm{s}$ 响应时间的要求。

(2)光速的测量

光拍信号的位相与光路空间位置有关。假设二束光拍信号经过不同的光路其光程差为 $\Delta x'$,对应的光拍信号的位相差 $\Delta\Phi'$,即:

$$\Delta\Phi'=\Delta\omega\cdot\Delta x'/c=2\pi\Delta f\Delta x'/c \tag{12}$$

光拍信号的同位相诸点的位相差 $\Delta\Phi$ 满足下列关系:

$$\Delta\Phi=\Delta\omega\Delta x'/c=2\pi\Delta f\Delta x'/c=2\pi n$$

则 $\qquad\qquad C=\Delta f\Delta x/n \tag{13}$

式中,当取相邻两同位相点:$n=1$,Δx 恰好是同位相点的光程差,即光拍频波的波长 λ。从而有 $\Delta x=\lambda=C/\Delta f$ 或 $C=\Delta f\times\lambda$ 因此,实验中只要测出光拍波的波长 λ(光程差 Δx)和拍频 $\Delta f(\Delta f_s=2f)$,根据式(13)可求得光速 C 值。

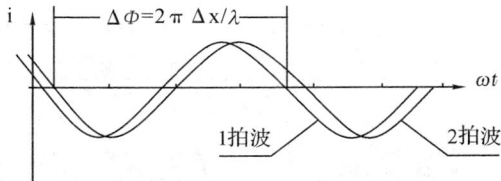

图 4　经过不同路程的两个拍的相位差

◆ **实验装置**

国内生产的光速测定仪有许多型号,它们的原理相同,无非声光调制。

由超声功率信号源产生频率为 f_s 的超声波信号送到声光调制器,在声光介质中产生驻波超声场,此时声光介质形成位相光栅,当 He－Ne 激光垂直射入声光介质,产生 L 级对称衍射,任一级衍射光都含有拍 $\Delta f=2f_s$ 的光拍信号,假设选用第一级衍射光,可用光阑选出,经半透分光镜 M1 将这束光分成两路:远程光束①,依次经全反射镜 M2,M3,…多次反射后透过半反射镜 M 入射到光敏接收器;近程光束②,经半反射镜 M 反射进入光敏接收器,在半透分光镜 M1 后面进入斩光器,斩光器由小型电机带动,轮流挡住其中一路光束,让光敏接收器轮流接收①路或②路光信号。如果将这路光通过光敏接收器后直接加到示波器上观察它们的波形,还是比较困难的,因为 He－Ne 激光束和频移光束包含许多频率成分,致使有用的拍频信号被湮没,所以难以观察。为了能够选出清晰的拍频信号,接收电路中采用选频放大电路,以滤除激光器的噪声和衍射光束中不需要的频率成分。而只接收频率为$(2f_s \pm 0.25)$MHz的拍频通过,从而提高了接收电路的信噪比。

实验中,为了能用普通示波器观察拍频信号,在一级选频放大电路后面加入混频电路,把拍频信号差频为几百 kHz 的较低频信号送到示波器 Y 轴,再用超声信号源的信号,经另一混频电路差频后,作为示波器 X 轴同步外触发信号(EXT 端),使扫描与信号同步,在示波器的屏幕上显示出清晰、稳定的两光束电信号波形,然后通过移动滑动平台,改变两光束间的光程差时,可在示波器上观察两束光的相位变化(见图 5(a),(b))。当两束光相位相同时,光拍波波长 Λ 恰好等于两光束的光程差 Δx。所以测出超声波频率 f_s 和光拍频波的波长,则可计算出光的传播速度 C。

测量光速 C,并求测量标准差,与公认光速值比较,求百分误差。

图 5～图 8 为测量光速实验装置是光路示意图和电路原理路。

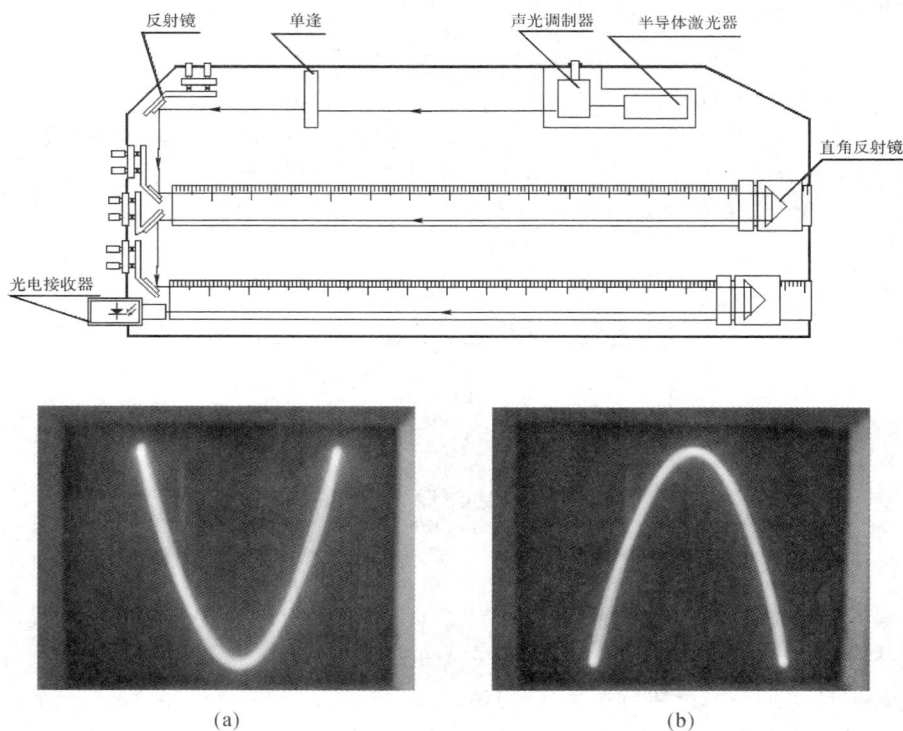

(a)   (b)

图 5　实验光路图之一

◆ **实验内容**

(1) 调节激光器工作电流,经过声光调制器后出现一定强度的激光衍射光。

(2) 细心调节超声波频率,调节激光束,通过声光介质并与驻声场充分互相作用(可通过调节频移器底座上的螺丝完成)使之产生二级以上明显的衍射光斑。

(3) 用光阑选取所需的(零级或一级)光束,调节 M_0,M_1 方位,使①②路光都能按预

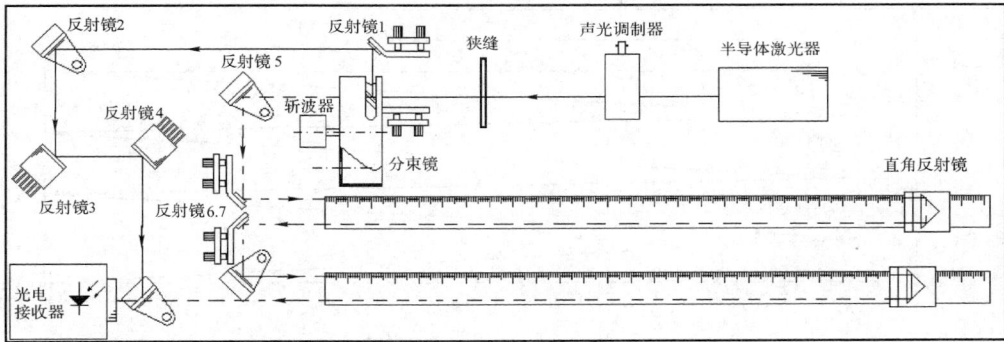

图 6　实验光路图之二

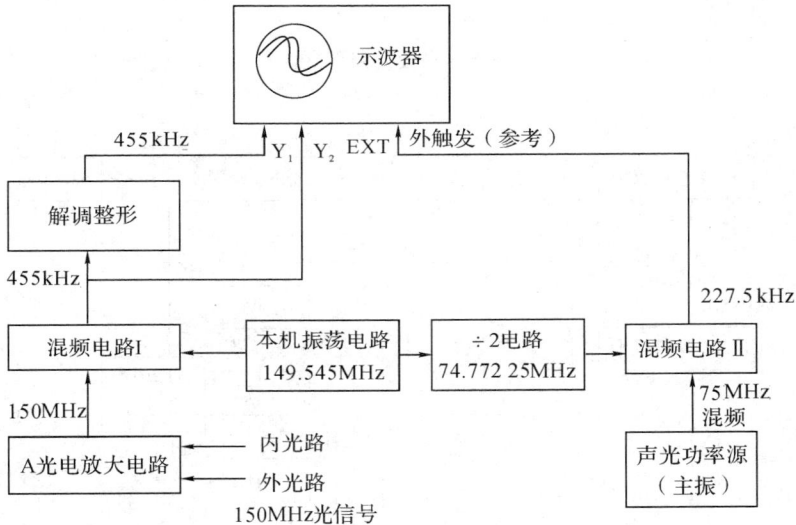

图 7　实验电路图之三

定要求的光路进行。

（4）有斩光器实验装置时用斩光器分别挡住①路或②路光束,调节①路或②路光,使其经各自光路后分别射入光敏接收器,调节光敏接收器方位,以便在示波器荧屏上能分别显示出清晰的波形。

（5）接通斩光器电源开关,示波器上将显示李萨如图形,或相位不同的两列正弦波形。

（6）移动滑动平台,改变两光束的光程差,使两列光拍信号相位差为 π 或 2π,此时的光程差 Δλ。

（7）精确测量两光束的光程,求出它们的光程差,从频率计测出超声波的频率 f_s。

（8）提高实验精度,防止假相移的产生。

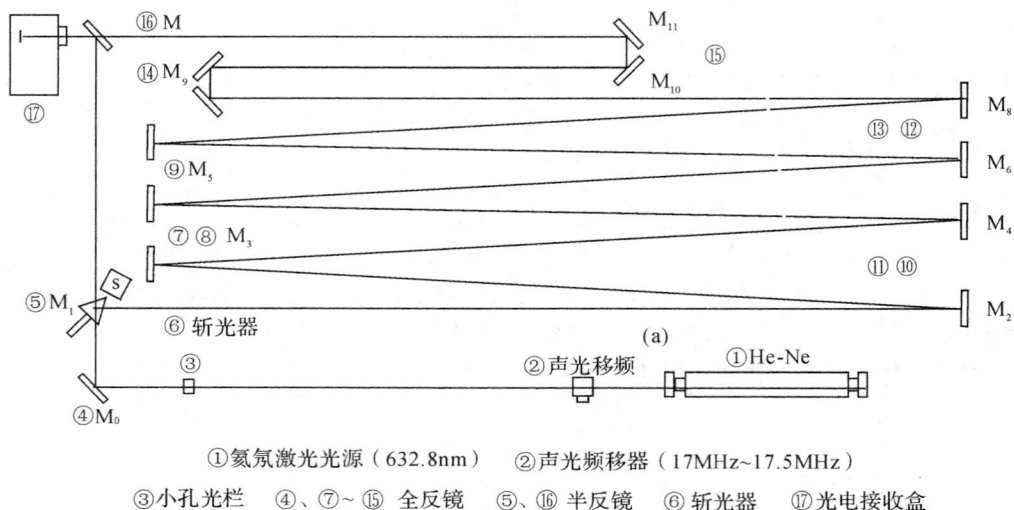

①氦氖激光光源（632.8nm）　②声光频移器（17MHz~17.5MHz）

③小孔光栏　　④、⑦~⑮ 全反镜　　⑤、⑯ 半反镜　　⑥ 斩光器　　⑰光电接收盒

图 8　实验光路图之四

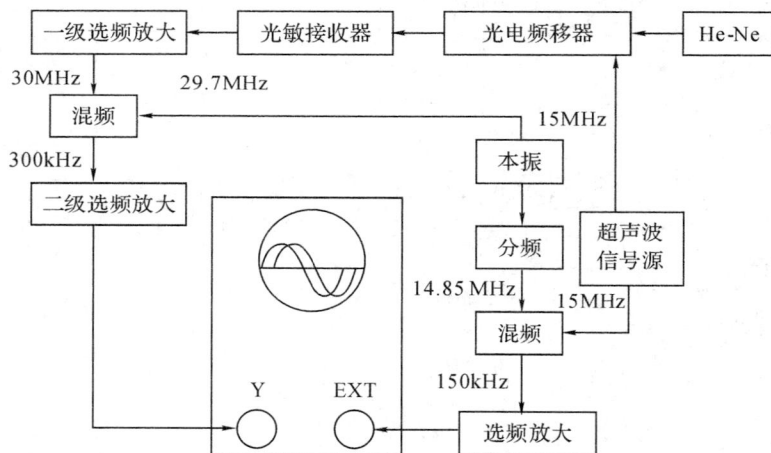

图 9　实验原理图（与图 8 实验装置配套）

为了提高实验精度，除准确测量超声波频率和光程差外，还要注意对二束光位相的精确比较。如果实验中调试不当。可能会产生虚假的相移，结果影响实验精度。

检查是否产生虚假相移的办法是分别遮挡远、近程光，观察两路光束在光敏面上反射的光是否经透镜后都成像于光轴上。

◆ **数据记录与处理**

n	1	2	3	4	5
ΔL_i;(cm)					
f(MHz)					
$C=\lambda f$					

光速结果表达式:$C=$ $E=$ $100\%=$ $\%$

已知光速 $C_0=2.998\times10^8\,\text{m/s}$

◆ **思考题**

1. "拍"是怎样形成的? 它有什么特性?

2. 声光调制器是如何形成驻波衍射光栅的? 激光束通过它后,衍射有什么特点?

3. 根据实验中各个量的测量精度,估计本实验的误差,如何进一步提高本实验的测量精度?

实验二十九　紫外可见光分光光度计的应用

1852 年,比尔(Beer)参考了布给尔(Bouguer)在 1729 年和朗伯(Lambert)在 1760 年所发表的文章,提出了著名的朗伯－比尔定律,从而奠定了分光光度法的理论基础。到 1918 年,美国国家标准局制成了第一台紫外可见分光光度计。此后,紫外可见分光光度计经不断改进,又出现自动记录、自动打印、数字显示、微机控制等各种类型的仪器,使光度法的灵敏度和准确度也不断提高,其应用范围也不断扩大。紫外可见分光光度计能在紫外、可见光谱区域对样品物质作定性和定量的分析,在生命科学、材料科学、环境科学、农业科学、计量科学、食品科学、地质科学、石油科学、医疗卫生、钢铁冶金、化学化工等各个领域的科研、生产、教学等工作中得到了非常广泛的应用。

◈ 实验目的

1. 掌握紫外可见分光光度计的工作原理及其主要构成。
2. 了解紫外可见分光光度计的仪器性能和应用范围。
3. 掌握紫外可见分光光度计简单的仪器操作。

◈ 实验原理

Lambert-Beer 定律:溶液中的物质在光的照射激发下,产生了对光的吸收效应,物质对光的吸收是具有选择性的。各种不同的物质都具有其各自的吸收光谱,因此当某单色光通过溶液时,其能量就会被吸收而减弱,光能量减弱的程度和物质的浓度以及光程有一定的比例关系。紫外可见分光光度法是基于物质分子对 $200\sim780\text{nm}$ 区域光的选择性吸收而建立起来的分析方法。

测定在光程长度为 $b(\text{cm})$ 的透明池中溶液的透射比 T 或吸光度 A,被分析物质的浓度 c 与吸光度 A 成线性关系,可用下式表示:

$$A = -\lg T = \lg(I_0/I) = \varepsilon bc$$

其中 I_0 为入射光辐射强度,I 为透射光辐射强度,ε 摩尔吸收系数。该式是朗伯－比尔定律的数学表达式,它指出:当一束单色光穿过透明介质时,介质的吸光度同吸收介质的厚度、光路中吸光微粒的数目成正比,即吸光度与透射光线和入射光线的辐射强度有关。当入射光、吸收系数和溶液的光程长度不变时,透射光的辐射强度随溶液的浓度而变化,此即为分光光度计的工作原理。

◈ 实验器材

紫外可见光分光光度计(UV-7804Cprint),比色皿 4 个,实验用各种试剂。

1. 分光光度计的性能

(1) 光学系统(单光束,光栅型)、波长范围(200nm～1 000nm)、光源(DD2.5A 氘灯,

钨卤素灯 12V30W)、接收元件(光电池);

（2）波长准确度、波长重复性、光谱带宽、杂光;

（3）透射比测量范围、吸光度测量范围、浓度直读范围、透射比准确度、透射比重复性;

（4）噪声、稳定性。

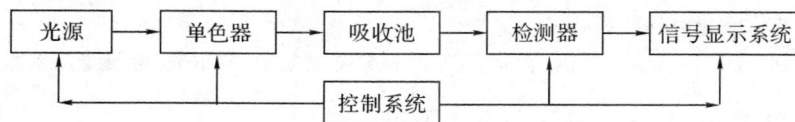

图 1　分光光度计结构框图

2. 分光光度计的结构

（1）光源:提供符合要求的入射光。

要求光源在整个紫外光区或可见光谱区可以发射连续光谱,具有足够的辐射强度、较好的稳定性、较长的使用寿命。一般紫外光源用氘灯（185～375nm）,可见光源用钨灯（320～1 000nm）

（2）单色器:将光源发射的复合光分解成连续光谱,并可从中选出任一波长单色光的光学系统。

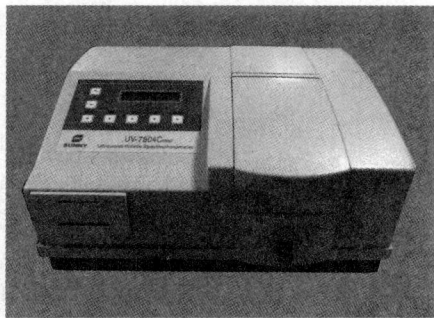

图 2　分光光度计

单色器主要由狭缝、色散元件和透镜组成,色散元件常用棱镜或反射光栅。

（3）吸收池:又叫比色皿,用于盛放待测溶液和决定透光液层厚度的器件。

吸收池主要有石英吸收池和玻璃吸收池两种,在紫外区必须采用石英吸收池,可见区一般用吸收玻璃池。吸收池的规格有多种,常用的有 0.5cm、1.0cm、2.0cm、3.0cm 和 5.0cm。

（4）检测器:利用光电效应将透过吸收池的光信号变成可测的电信号。常用的检测器有光电池、光电管及光电倍增管。

（5）信号显示器:有仪表指示型装置和数字显示、自动记录型装置。

（6）控制系统:自动型仪器常由微机进行控制,使测量更具智能化。

◆ 注意事项

（1）开机前一定要使比色皿架的拉杆未拉出。

（2）实验结束后将比色皿清洗干净,倒扣在吸水纸上。

◆ **实验内容**

1. 仪器使用

(1)取下仪器罩并折叠好,置于仪器旁。检查仪器样品室内是否有异物档在光路上。

(2)接通电源,打开开关(在仪器背面),按任意键,仪器进入自检状态。自检结束后,显示器上显示"546nm 100.0%T"。

(3)按"MODE"键选择所需测量方式,按波长设定键调好测定波长,将仪器预热20分钟。

(4)待仪器稳定后,将参比溶液和被测溶液分别倒入比色皿中,用吸水纸顺着一个方向擦比色皿的光面,保持清洁。参比池放在样品架的第一个槽位,其余三个槽位放样品池。比色皿透光面置于光路中。

(5)比色皿架的拉杆拉出第一档时,此时第一个槽位和第二个槽位之间的挡板在光路中,按"0%T"键,显示屏上透光率应为"0.00%T"。请使用者在未进行仪器操作时,将挡板置于光路中,保护检测器。

(6)比色皿架的拉杆未拉出时,参比池处于光路中。对参比液调透光率为100%("方式设定"设为"T%"状态,按"100%T"键调),此时参比液吸光度为0。测定样品吸光度时,方式设定为0.00A,将样品置于光路中,显示屏上即显示其A值。

(7)测定结束后,关闭开关,拔掉电源。

(8)登记仪器使用情况,盖上仪器罩。

2. 配制乙醇、丙酮、亚硝酸钠水溶液

3. 紫外可见光分光光度计的操作

(1)波长准确度的准确检查

先用白纸片遮住光路,从750nm到400nm改变波长,观察白纸片中颜色的变化。

测量镨钕滤光片吸收曲线,并与标准谱图(图3)比较,检查吸收峰值波长的准确性。

(2)吸收池成套性检验

用一套比色皿装待测试样的溶剂,以其中一个为参比,测定其他吸收池的吸光度。

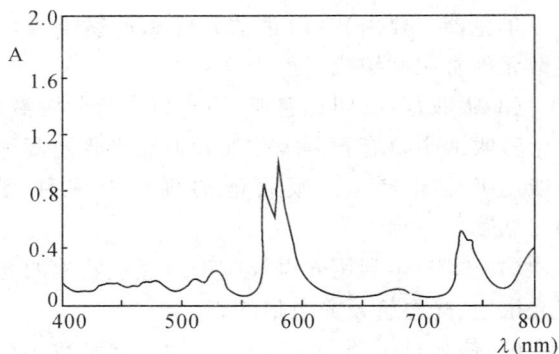

图3 标准镨钕滤光片吸收曲线

若吸光度为零,或相等,即可配对。若不相等,可选最小吸光度值的作参比,测定其他的吸光度,求修正值。

(3)测量各待测溶液的吸光度、吸收系数等参数

(4)滴一滴丙酮在比色皿的底部,并且盖上盖子,让其自然挥发,以空气为参照,测定气态丙酮的吸收光谱曲线,记录 λ_{max} 和吸光度 A。

◆ **数据记录与处理**

用紫外可见分光光度计测定待测试样的最大吸收波长及不同浓度时的吸光度和透射比。

1. 记录各溶液的吸收光谱及实验条件

确定峰值波长,计算峰值波长处 ε_{max} 值。

将不同波长的光依次通过某一固定浓度和厚度的溶液,分别测出它们对各种波长光的吸收程度(用吸光度 A 表示)。以波长为横坐标,以吸光度为纵坐标作图,画出曲线,此曲线即称为该物质的光吸收曲线(或吸收光谱曲线),见图 4。

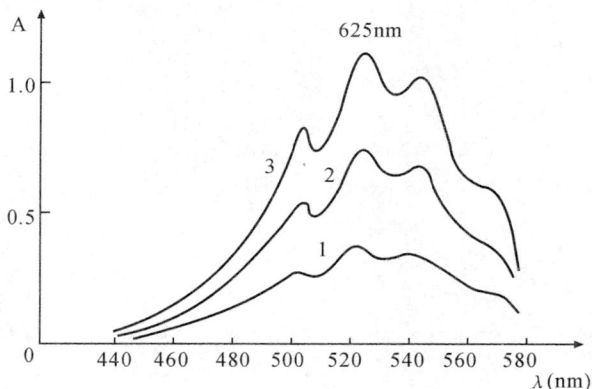

溶液对不同波长的光的吸收程度是不同的,存在最大吸收峰的位置称为最大吸收波长。不同浓度的溶液,其吸收曲线的形状相似,最大吸收波长也一样。

图 4　物质的光吸收曲线

2. 记录乙醇丙酮混合溶液的吸收光谱。确定峰值波长,计算峰值波长处 ε_{max} 值

不同物质的吸收曲线,其形状和最大吸收波长都各不相同,可利用吸收曲线来作为物质定性分析的依据。

样品池厚度 $b=$＿＿＿＿cm

试样	浓度	最大吸收波长(nm)	吸光度	透射比	吸收系数
乙醇溶液					
丙酮溶液					
亚硝酸钠 (NaNO$_2$) 溶液					
气态丙酮 (不同浓度)					
乙醇丙酮混合溶液	1：1				

267

◆ 思考题

1. 试样溶液浓度过大或过小，对测量有何影响？应如何调整？

2. 测定物质吸收光谱曲线时，在紫外—可见光区用什么溶剂比较好？

3. 如何定性和定量检测溶液中含有多种成分的混合物质？

实验三十　全息照相

1948 年，英国科学家丹尼斯·加柏（Dennis Gabor，1900—1979）在研究改进电子显微镜分辨率的工作中，提出了新的成像原理——波前重现原理，也就是全息照相的基本原理。1960 年，激光器诞生，有了理想的相干光源，于是，全息照相技术便迅速发展起来，并获得了广泛的应用。全息照相已成为一种有效的光信息贮存和显示技术，它的基本原理不仅适用于光波波段，也适用于微波乃至于 X 光等各个波段，同样也适用于超声波。丹尼斯·加柏因发明全息法获得了 1971 年的诺贝尔物理学奖。

本实验通过拍摄三维物体的全息图并重现其立体图像，从中理解全息照相的原理及其特点，了解全息照相的仪器、设备及性能和操作技术，为进一步学习和开拓应用这一技术奠定初步的基础。

图 1　丹尼斯·加柏

◆ **实验目的**

1. 了解全息照相基本原理。
2. 熟悉全息照相的实验技术。
3. 观察和分析全息照相的成像持性。

◆ **实验原理**

1. 什么叫全息照相？ 全息照相和一般照相有什么区别？

我们知道普通照相将来自被摄物的光波（简称物光），经过照相机镜头成像再传到感光片上。像的照度和被摄物上相应各点的光强成正比，感光片经显影、定影后，就可得到一个明暗与被摄物相反的像（即通常所谓的负片）。因此普通照相所得到的是物体的二维平面图像。它所记录的是物光的光强分布，也即只包含了振幅信息，而丢失了位相信息。

全息照相则完全不同，是一种完全新型的照相技术，它可以不用照相机镜头或其他成像装置，而是利用干涉和衍射的原理，来记录和再现物光。它不是在感光片上记录被摄物的像，而是用干涉的方法把物光的全部信息——振幅和位相都记录下来，因而称为全息照相。在全息底片上丝毫看不出被摄物体的形象，而只是一些互相重叠杂乱的干涉图样。当要观察被摄物时，可利用衍射现象，把物光重新再现出来。因为再现的是原始物光，所以得到的是一个真实的、具有视差的、大景深的三维图像。它与原始被摄物体几乎不可分辨。

全息照相是一种两步成像的照相技术。第一步记录下物光与参考光的复杂的干涉图样,得到一幅全息图,称为记录过程。第二步照明全息图,再现出原始物光,得到与被摄物不可分辨的像,称为再现过程。

全息照相技术的关键就是如何把被摄物原光波的全部信息记录下来。

2. 物光的记录和再现

图 2 是全息照相记录过程的原理图,感光片除受到物光照明外(注意没有任何成像装置),还受到另一束光(称为参考光)的照明。如果物光和参考光是高度相干的,则它们在感光片上相互干涉,形成明暗相间的干涉条纹。感光片经感光、显影后,即得到一幅物光与参考光的干涉条纹图。物光的振幅信息被转换成干涉条纹的明暗对比度,位相信息被转换成条纹的形状和疏密分布而被记录下来。这样的一幅干涉图不但记录了物光的振幅信息还记录了位相信息,称为物光的全息图。

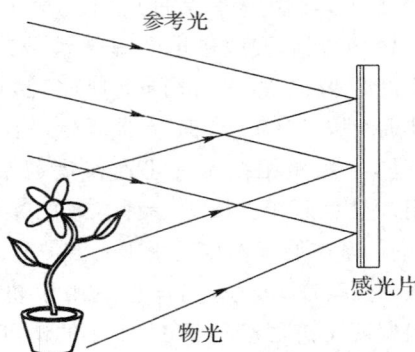

图 2　全息照相记录原理图

图 3 再现全息图。当要再现时,可用与原参考光束入射方向相同的光(称再现光)照明全息图,如图 3 所示。则在物体原来位置就可观察到一个与原物完全相同的三维虚像。我们在下面将进一步对全息照相的记录和再现过程作一个半定量的、并不十分严密的分析,目的是进一步着重说明全息照相过程的物理本质。全息照相过程的半定量分析。

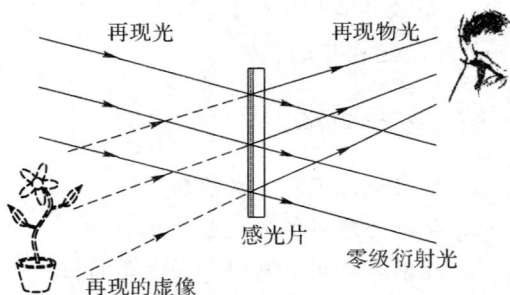

图 3　再现全息图观察到原物的三维虚像

先考虑最简单的情况:物光是波长为 λ 的一束单色平行光(平面波),参考光也是一束与之相干的平行光,均照射到感光片上,如图 4 所示。参考光垂直入射,物光以与参考光成 α 角的方向入射,图中虚线代表各相继的波阵面,彼此相距一个波长。

物光和参考光是相干的,所以,在感光片上就形成了一幅干涉图样。将感光片曝光显影后,可得到一系列平行分布的明暗干涉条纹,见图 4。从图 4 可以看出,条纹间距可由下式求出:

$$d\sin\alpha = \lambda, \quad 即 \quad d = \lambda/\sin\alpha \tag{1}$$

这张干涉图样记录下了物光的振幅和位相信息,也就是以 α 角入射的平行物光的全息图。全息图上条纹分布情况和一般的平面衍射光栅相似,其区别在于一般的衍射光栅,其透光率变化如图 5(a)所示,而平行物光全息图的透光率是以正弦形式变化的,如图 5(b)所示。所以,这张全息底图通常也叫做正弦光栅,它的光栅常数为 $d = \lambda/\sin\alpha$。

以上讨论的是平行物光的记录过程,当要再现物光时,可用原来的参考光照射全息

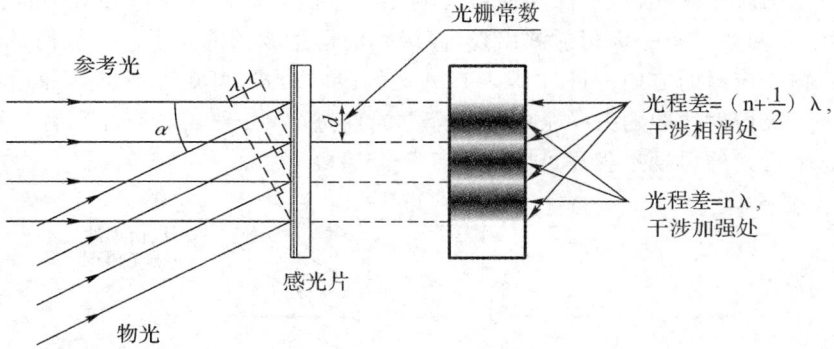

图 4　感光片上的干涉图样

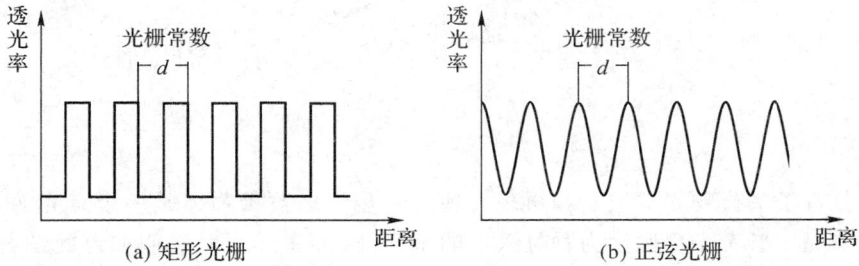

图 5　一般衍射和平行物光全息图透光率

图。根据光栅衍射的知识可知：当平面波垂直入射到光栅常数为 d 的平面衍射光栅时，透射光将产生衍射现象，除沿原方向行进的零级衍射外，在其两旁还将出现各级衍射波，各级衍射波行进的方向可由光栅衍射公式求得：

$$d\sin\varphi_k = k\lambda \qquad k = 0, \pm 1, \pm 2, \cdots \tag{2}$$

式中 φ_k 为第 k 级衍射波的衍射角。见图 6 所示。

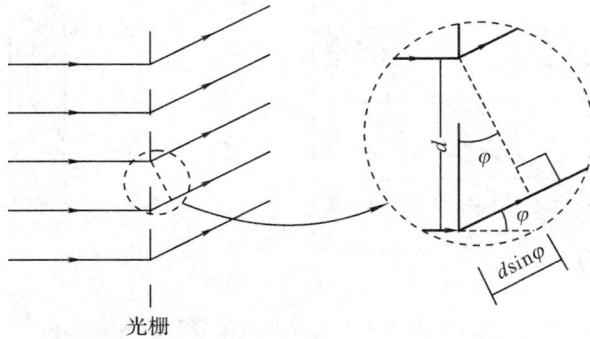

图 6　光栅衍射

现在全息图属正弦光栅,情况与通常光栅稍有不同。透射光中除沿原方向行进的零级衍射波外,其两旁只有一级衍射波出现,高级别的衍射波都消失了。一级衍射波中的一个沿原平行物光传播的方向行进(由 $k=1$,并比较(1)(2)式,可知 $\varphi_1=\alpha$)。原始物光就这样再现了。一级衍射波中的另一个向第三个方向前进($k=-1, \varphi_1=-\alpha$),称为原平行光共轭光波。平行光的再现过程详见图7。

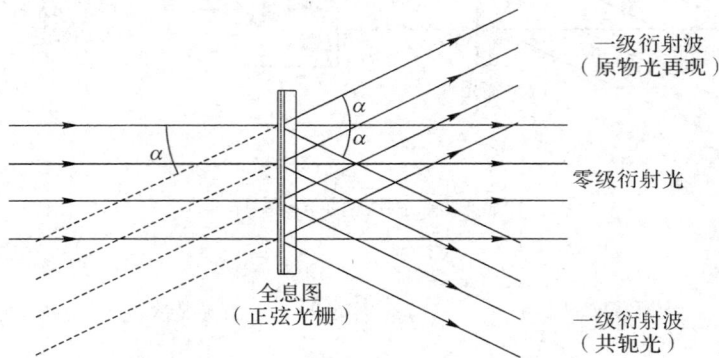

图 7　全息图再现

以上分析了平行物光的记录和再现。现进一步考虑被摄物体是一个点光源,物光是球面波的情况。参考光仍假设为垂直入射的平面波,如图8所示。假如点光源与记录介质间的距离远大于光的波长(这个条件在一般全息照相条件下总是满足的),则把感光片曝光、显影后(记录过程),再用原参考光垂直照射经显影后的感光片,将会发生什么情况?

考虑图8中 a 点邻近的区域,对这一小部分感光底片来说,参考光是垂直入射的平面波,物光可近似看作是以 α_a 角入射的平面波,因此情况与前面讨论过的平行物光入射的情况相同。根据前面讨论结果可知:当把此感光片曝光、显影,然后用再现光束照明此全息图,透射光除沿再现光束方向进行的零级衍射波外,还在其两旁分别出现两个一级衍射波,其衍射角分别为 $\pm\alpha_a$,详见图9中 a 处。同样的分析适用于图8中 b 点……

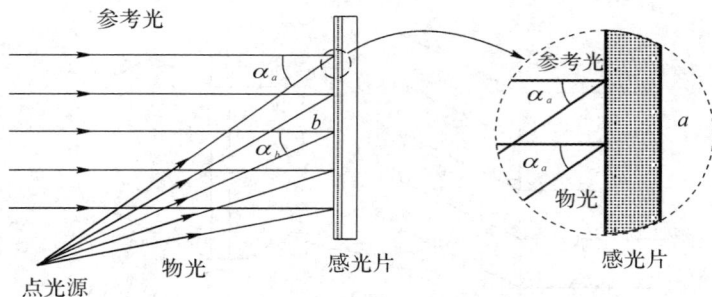

图 8　来自被摄物体点光源的物光与参考光的干涉

考虑到感光片上所有各点,从图9可以清楚看出,当再现光束照明全息图时,透射光中除沿原方向行进的零级波外,所有的一级衍射将分别在全息图两旁形成像。衍射波在

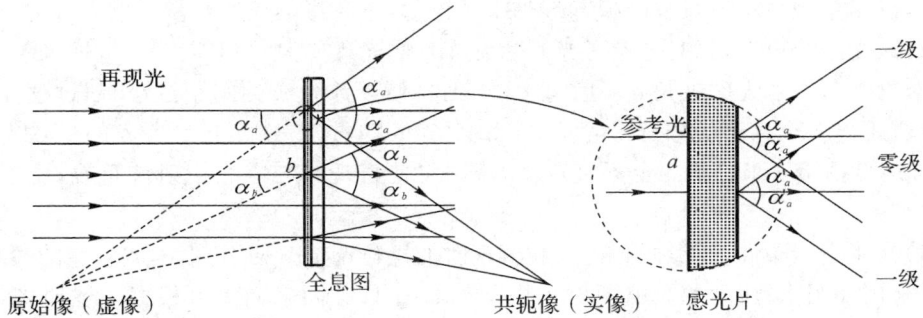

图 9　再现原始像（虚像）与共扼像（实像）

全息图的左侧，被摄物的原来位置处形成一虚像，是被摄物（点源）的再现，称为原始像。会聚的一级衍射波在全息图的右侧形成一实像，称为被摄物的共扼像。

　　一般的情况，当被摄物不是一点源，而是由很多点源组成的任一三维物体时，则由叠加原理可知，物体所形成的最终的像就是各点源所形成的像的叠加，因此被摄物同样可以再现。

　　以上的分析中，参考光都是垂直入射的平行光。参考光也可以不用平行光，也不一定要垂直入射，此时形成像的位置、大小有所不同，但原理上与以上分析并无差别。

3. 如何获得相干的物光和参考光

　　全息照相的拍摄关键是要获得与物光相干的参考光。全息照相的概念早在 19 世纪 40 年代就已提出，但由于当时很难获得高度相干的物光和参考光，因而一直没有引起人们注意。到 60 年代出现激光，激光具有良好相干性，全息技术就得到实际的应用。通常先将激光扩束后，分成两束，利用它的一部分作为参考光，另一部分扩束后照明被摄物，由被摄物上散射的光即为物光。图 10 所示的即为拍摄全息照相的光路原理图。

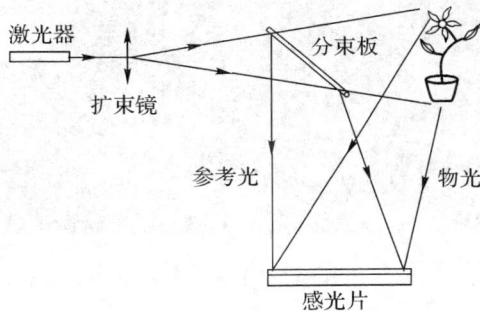

图 10　拍摄全息照相的光路原理图

4. 光路布置

　　全息照相的具体光路布置，形式很多，各具特色。必须根据拍摄任务的实际需要和实验室条件，灵活选用，一般在布置光路时，需注意以下几个原则：

　　（1）使用的光学元件（如扩束镜，反射镜，分束板等）越少越好。所有光学元件均应牢固固定,以尽量减少拍摄过程中振动等带来的干扰,避免影响成像质量。

(2)激光经分束后,物光与参考光到达感光片的光程应大致相等。

(3)物光与参考光的夹角 α 不宜过大,否则将使干涉条纹的间距过小,超过感光片的最小分辨距离。全息干板分辨率可达 3000 条/mm 左右,若物光与参考光的平均夹角<45°则可满足拍摄要求。但 α 也不宜过小,否则将使再现时与零级衍射波重叠,影响再现像的观察。

(4)光路整体布局,要考虑到记录和再现时的操作调节方便,根据本实验室的情况,我们建议采用如图 11 所示的光路图。实物布置如图 12。同学们也可根据上述原则,根据实验室具体情况,灵活应用。

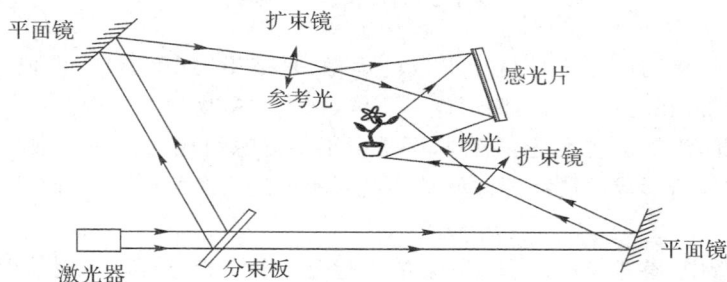

图 11　全息实验光路图

图 12　拍摄全息照片的光路图

实 验 装 置

1. 全息隔振台

由于全息照相实际上是记录物光和参考光的干涉图样。因此在拍摄过程中,必须保证整个摄制系统的稳定。由于激光器功率较弱,曝光时间约需十秒钟、如果在这曝光时间内系统发生振动或相对位移、感光片上记录的干涉条纹就会发生移动与混选,当条纹移动超过半个条纹间距,则将使条纹模糊,再现时衍射光能量减小,再现像的亮度和再现视场范围大小会受到影响。

但是要使光路系统在拍摄过程中完全不动是不可能的。实验结果表明,感光片上干涉条纹的移动量控制在 1/5 至 1/4 条纹间距还是完全可以做到的。为此,需要有一张专用的全息隔振台,以隔离环境对拍摄系统的影响。隔振台台面是一块钢板,所有光学元件均由磁性底座牢固地吸附在台面上.以加强系统的稳定性,提高抗震能力。尽管如此,在拍摄全息图时,实验室内所有人员还应避免走动、讲话,尽量减少振动和空气流动,以免引起条纹移动,影响成像质量。

2. 激光光源

本实验采用半导体激光器作为光源,注意不可直射眼睛。

3. 光学元件

本实验中使用的光学元件有分束板、反射镜、扩束镜、底片夹等,所有光学元件均由专用夹具和磁性底座固定在台面上。所有光学元件的表面严禁手摸,也不允许用擦镜纸、干棉花或手帕擦,发现污垢,只能用特制软毛刷或洗耳球吹气去尘。

4. 全息干板

由于干涉条纹的记录要求感光片具有极高分辨率的特点,因此不用普通照相感光片。本实验使用的全息干板,分解率可达 2 000 条/mm 到 3 000 条/mm 左右。由于银盐颗粒细,感光速度很慢,因此曝光时间一般在几秒到几十秒。

干板曝光后,需进行显影、定影处理。

5. 照度计

拍摄全息图时,根据经验,在感光片的位置,物光光强与参考光光强之比(称光束比)应控制在 1/2 到 1/10 之间,效果较好。光束比可用照度计测出,方法是把照度计探头放在感光片的位置,分别先后挡住参考光和物光束,求出两次显示读数之比即为光束比。

◆ **实验内容**

1. 拍摄全息图

(1)首先熟悉实验室内环境,特别是暗室内设置情况,仔细阅读实验室内有关注意事项和仪器设备使用说明,务必在实验前做到心中有数,以免暗中摸索,手足无措。

(2)根据光路布置原则和实验室具体情况,按图 12 布置好光路,测量光束比,控制在 1/3 到 1/8 之间。

(3)装上并固定底片,注意药膜面必须迎着物光方向,然后稍等几分钟,待整个系统稳定后进行曝光,曝光时间由实验室根据具体情况提供数据。

(4)在暗室中将底片显影、水洗、定影、水洗后自然阴干,即得到全息图。

◆ **数据记录与处理**

1. 观察全息照片的图像

(1)将全息图迎白光观察,并与普通照相负片比较,是否可辨认出原始被摄物体的图像?

（2）虚像的观察。按图 13（a）布置好再现光路，注意全息图放置位置，仔细观察再现像的位置、大小、特征，并将眼睛上下、左右、前后移动，观察视差效应。

前后移动全息图，观察再现像的大小变化情况。

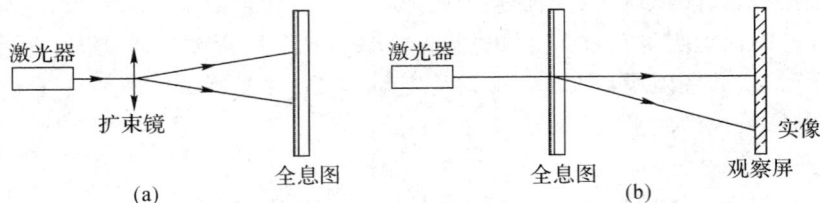

图 13　观察全息照相光路示意图

（3）把全息图倒置、旋转、药膜面反向，进一步观察各图再现虚像变化情况和不同效果。

（4）用小孔板贴牢全息图，通过小孔观察再现虚像，并移动小孔位置观察，比较再现像有什么变化？分析为什么只用全息底片的一小部分却能再现出被摄物体的整体像。普通照相是否有此特点？

（5）用狭缝板贴在全息图上，通过狭缝进行观察。

（6）实像的观察。再现时不用扩束镜，直接让激光束照射全息图，在观察位置放置一观察屏．见图 13（b）。前后移动观察屏位置，使在屏上观察到最清晰的实像，注意其大小、特征、清晰程度，并与虚像的情况比较。

（7）把自己拍摄的全息图放到黄色钠光下观察，是否能看到再现像？它与用氦氖激光作为再观光束，所观察到的再现像有什么区别？

2. 记录实验数据、光路图，总结全息照相的特点，写出实验报告。

实验三十一　光信息处理——阿贝成像、空间滤波和 θ 调制

近几十年来,波动光学的一个重要发展就是逐步形成了一个新的光学分支——傅里叶光学。全息术和光学信息处理,作为傅里叶光学的实际应用发展极为迅速。现在,光信息处理已广泛地应用于科学技术的各个领域中,例如图像识别、图像相减、增强图像边缘对比度、模糊图像的复原以及图像假彩色编码等,在光学、医学、生物学、遥感以及文化艺术方面均取得了显著成效。本实验是根据阿贝成像理论,进行光信息处理的波尔特实验、空间滤波和 θ 调制实验。这些实验饶有趣味,以形象直观的方式引入,使初学者容易接受。

◆　**实 验 目 的**

1. 理解阿贝成像理论的物理意义,掌握空间频率、空间频谱的概念以及透镜的傅里叶变换特性。

2. 理解空间滤波的基本原理以及高通滤波、低通滤波、方向滤波和 θ 调制等物理意义,学习滤波光学系统的调整及滤波器的使用方法。

◆　**实 验 原 理**

1. 阿贝成像理论和波尔特实验

阿贝在研究显微镜分辨能力问题时提出了相干成像原理。在相干光照明下,显微镜物镜的成像可分两步:第一步是由于细微物体对光产生衍射作用,形成有各种方向的衍射光,这些不同衍射角相对应的平面波通过物镜时,在其后焦面上相应地形成一系列的光点(即频谱图)如图 1;第二步是这些光点向前发出球面波,各分量波重新彼此互相叠加,并产生干涉而形成与物体相似的像。

如果把物体光场的复振幅空间分布用二维空间复函数 $u(x,y)$ 表示,根据傅里叶分析,可把 $u(x,y)$ 展开为无限个复指数基元函数 $\exp[i2\pi(f_x \cdot x + f_y \cdot y)]$ 的线性组合,即

$$u(x,y) = \iint_{-\infty}^{\infty} \bar{u}(f_x, f_y) \cdot \exp[i2\pi(f_x \cdot x + f_y \cdot y)]\mathrm{d}f_x \cdot \mathrm{d}f_y$$

其中　　　　　$$\bar{u}(f_x, f_y) = \iint_{-\infty}^{\infty} u(x,y)\exp[i2\pi(f_x \cdot x + f_y \cdot y)]\mathrm{d}x \cdot \mathrm{d}y$$

这里 $\bar{u}(f_x, f_y)$ 为振幅分布函数 $u(x,y)$ 的傅里叶频谱或称空间频谱。通常把 $\bar{u}(f_x, f_y)$ 称作是 $u(x,y)$ 的傅里叶变换,而 $u(x,y)$ 为 $\bar{u}(f_x, f_y)$ 的逆傅里叶变换。

波尔特用实验证实了阿贝成像原理。实验装置如图 2(a)所示。用相干光照明一正交网格,则在透镜的后焦面上得到点阵结构的衍射图样,这表明此物体光场具有周期性的离散空间频谱。若所有这些频谱成分均参与成像,在像平面上就能复现原物体相似的光场,即物体的像。当在透镜后焦面上放一带小孔的光屏,只让 $f_x = f_y = 0$ 的零级光通过,

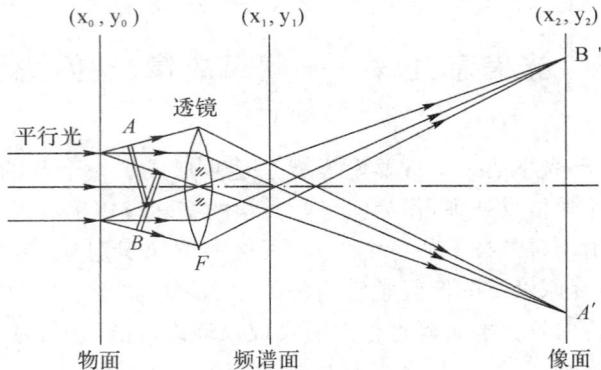

图 1　阿贝成像原理

则像面上仅出现一片均匀的光分布,并不出现网络的像;将小孔换成水平的狭缝,让 $f_x=0$,f_y 取不同值的各级频谱成分通过,则像面上仅出现平行 x 方向的栅状像,如图 2(b)所示,称其为波尔特实验,这说明形成 y 方向的细丝像的频谱成分被阻挡。总之,各个频谱成分在成像过程中起着各自的作用,若改变频谱组成,则可达到改变图像的目的,在本质上就是一种空间滤波技术。

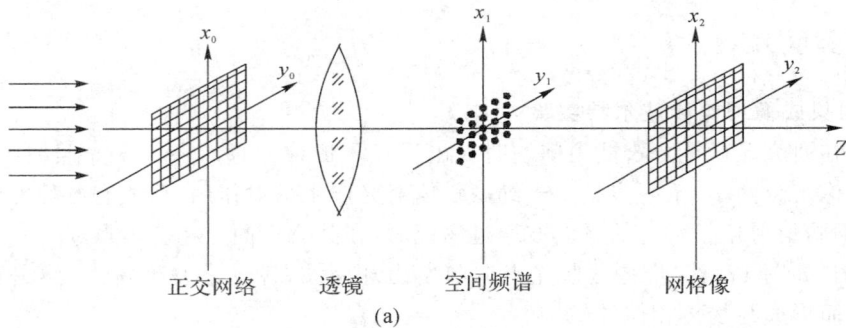

正交网络　　透镜　　空间频谱　　网格像

(a)

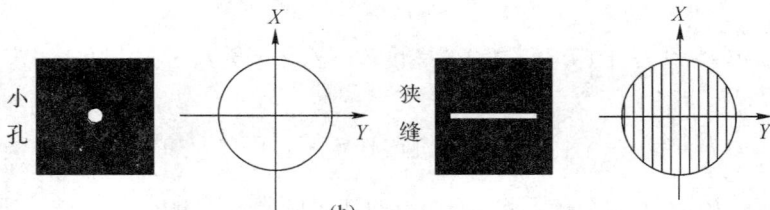

(b)

图 2　波尔特实验

2. 空间滤波

如果在透镜后焦面,即频谱面上放置一块空间滤波器,选择性地通过某些空间频谱成分,或者改变它们的振幅和位相,以达到改善图像或提取所需的图像信息的目的。下面介绍最简单的二元振幅滤波器。这类滤波器不改变物体频谱的位相,而其振幅透射率仅为 0 或 1。

(1) 低通滤波器:如图 3(a),它可滤去频谱面上离光轴较远的高频成分,保留离光轴较近的低频成分,因而图像的精细结构消失。

(2) 高通滤波器:如图 3(b),它的作用是滤去低频成分,而让高频成分通过,所以图像轮廓明显。若把高通滤波器的挡光圆屏变小,滤去零频成分,则可除去图像中的背景,提高像质。

(3) 带通滤波器:如图 3(c),它的作用是滤去低频和高频成分,只让中频成分通过。

(4) 方向滤波器:方向滤波器可以是一个狭缝,如图 3(d);也可以是扇形,如图 3(e)。它仅通过(或阻挡)特定方向上的频谱分量,可以突出某些方向特性。如果物为网格,滤波器是沿 x 方向狭缝,则只有沿 x 方向衍射的物面信息能通过,在像面上就突出了 y 方向的线条。

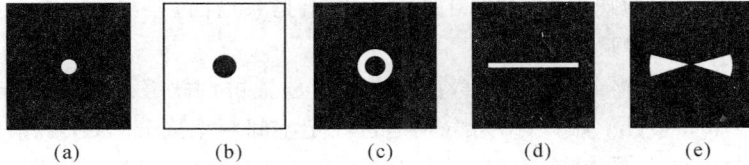

(a)   (b)   (c)   (d)   (e)

图 3   滤波器

◆ **实验内容**

1. 光路调节

在光具座上布置如图 4 所示实验光路。

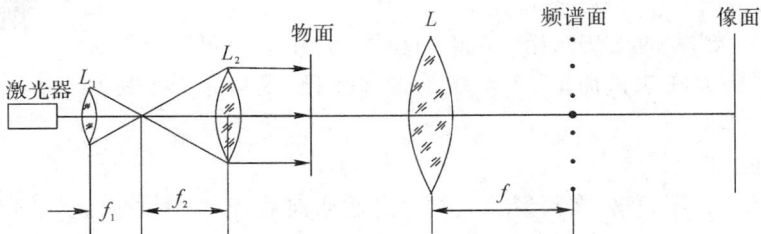

图 4   光信息处理实验光路图

(1) 共轴调节

首先调节激光束平行于标尺。用一个 1～2mm 小孔光阑安插在底座上,将小孔移近激光管,调节激光,使激光束通过小孔。然后将小孔沿标尺平移到离激光器最远的一端,如激光斑偏离小孔,则调节激光管的倾角或仰角,使光束再次通过小孔。再将小孔移近激光管,重复前面的调节步骤,反复几次后即可。然后逐步加入光学元件,使激光束通过元件中心。

（2）L_1 和 L_2 的共焦调节

调节方法是在两透镜共轴的基础上调节 L_2 的位置,直到由 L_2 射出平行光。平行光简单检验方法是,用一块白屏从 L_2 后面向右方移动,移动过程中要求光斑直径不变。

（3）物平面确定

当用平行相干光照明时,物面上每一点几乎只通过一条光线,因而像面上焦深极大,在相当大的范围内几乎都能成像,故像面位置难以确定。解决方法是在物前放一块毛玻璃,即用扩展光源照明物,焦深将显著缩小。移动 L,在屏幕上可找到最佳成像位置,此时将毛玻璃去掉即可。

（4）频谱面的确定

频谱面也就是 L 的后焦面。移去物,找出平行光经 L 后会聚点所在平面即频谱面。更精确的方法是用散斑来确定:在焦面附近放一块毛玻璃,在毛玻璃后约 30cm 处放一个白屏,毛玻璃受到激光照明,在白屏上形成散斑。毛玻璃上光斑愈小则散斑愈粗。调节毛玻璃位置,直到白屏上散斑最粗,这时毛玻璃位置就是频谱面。

2. 阿贝成像原理实验

（1）以一维光栅为物:光路如图 4,在频谱面上放置可调狭缝及其附加光阑不同滤波器,如后面图表中（a）、（b）、（c）、（d）可分别通过一定空间频率成分,依次观察像面的变化。

（2）以二维网络光栅为物:依次在频谱面上放置不同滤波器如后面图表中（e）、（f）、（g）、（h）,观察像面的变化。

3. 空间滤波实验

一张图像中往往同时包含多种频率的信息,高频信息主要体现在图像的精细及透过率发生突变的部分,低频信息则反映了图像的粗犷结构和透过率缓慢变化的部分。用空间滤波技术可根据需要滤去低频或高频信息,而突出某一部分。

（1）低通滤波

将一带有"光"字的正交光栅（如图 5）作为物,用一个可变圆孔光阑（低通滤波器）放在频谱面上,逐步缩小光阑孔径,观察像面上图像的变化。

图 5　正交光栅

（2）高通滤波

用一中空样品作为物,在频谱面上放一高通滤波器,改变高通滤波器的直径大小,观察像面上图像的变化。

4. θ 调制

所谓 θ 调制是以白光为点光源,以不同取向的光栅调制物面图像上的不同部位,经空间滤波后,像面上各相应部位呈现不同的彩色。

（1）θ 调制的物面是由不同方向光栅构成的一朵花的图案,花、叶、景这三部分光栅刻痕（100 条/mm）取向互成 120°。

（2）以白光为点光源,L_1 为准直透镜,L_2 为傅里叶变换透镜,同时又作成像透镜,其后焦面为频谱面 P_2,在像面即屏上可得到放大的像。如图 6 所示。

（3）将白屏（铁边框中间插入白纸）放在频谱面 P_2 上,可以看到光栅的衍射图,三行

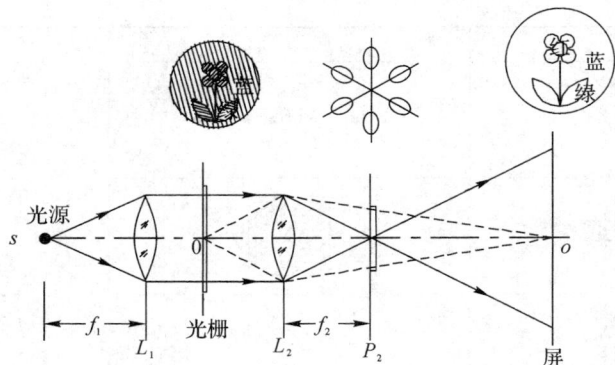

图 6 θ 调制光路图

不同取向的衍射斑相应于不同取向的光栅,即为花、叶、景光栅。这些衍射斑除零级没有色散外,其他级次都有色散,波长小的光衍射较小,故同一级衍射光中紫光最靠近光轴,红光离光轴最远。

（4）用小刀将频谱面上相应花的一级衍射光的红光所在的位置纸挖去,只让红光通过;用同样的方法让相应叶的一级衍射绿光和相应于景的一级衍射蓝光通过,这时在屏上出现红花绿叶蓝景的像了。用同样的方法使屏上出现绿花、红叶、黄景的像。

（5）用上述方法,制作一滤波器,使滤波器在绕中心轴等高下作匀速转动时,屏上出现的像能按以下规律连续循环变化。花:红色→蓝色→绿色→红色……,叶:绿色→红色→蓝色→绿色……,景:蓝色→绿色→红色→蓝色……

（6）（选做）用上述方法,制作一滤波器,使滤波器在绕中心轴等高下作匀速转动时,屏上出现的像能按以下规律连续循环变化。花:红色→紫色→蓝色→绿色→黄色→橙色→红色→……,叶:蓝色→绿色→黄色→橙色→红色→紫色→蓝色→……,景:紫色→蓝色→绿色→黄色→橙色→红色→紫色→……

◆ **实 验 记 录**

1. 阿贝成像原理实验记录

物　面	频 谱 面	像　面
	••••••••••	
	▨▨▨•▨▨▨	
	▨▨•••▨▨	

续表

物　面	频 谱 面	像　面
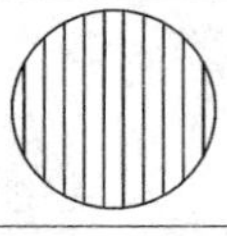	 • • • • ▨ • • • •	
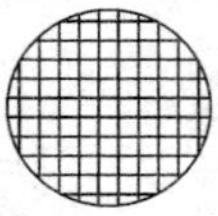	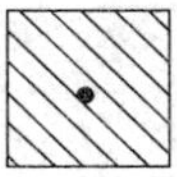	
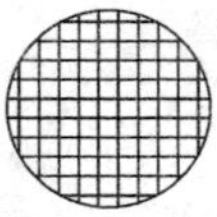	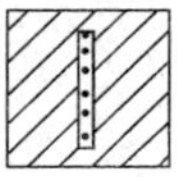	
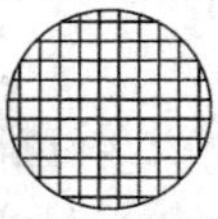		
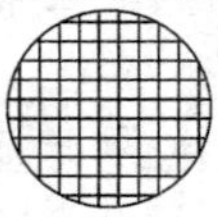	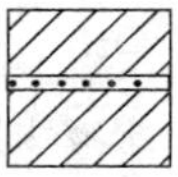	

2．空间滤波实验

（1）"光"字的正交光栅作为物，使用可变圆孔低通滤波器光阑，并逐步缩小圆孔，记录像面上图像变化情况。

（2）用中空样品作为物，使用可变直径的高通滤波器，记录像面上图像变化情况。

3．θ调制滤波器制作：

（1）制作屏上呈现红花、绿叶、蓝景的滤波器。

（2）制作屏上呈现绿花、红叶、黄景的滤波器。

（3）制作屏上花、叶、景在红、绿、蓝三种颜色中连续循环变化时的滤波器。

（4）选做：制作屏上花、叶、景在红、紫、蓝、绿、黄、橙六种颜色间连续循环变化时的滤波器。

◆ **思考题**

1. 如果将空间频谱中零级（即 $f_x = f_y = 0$）挡住，则图像产生反转现象，即亮变暗，暗变亮，试解释之。

2. 若以自己的照相底片（如一寸负片头像）为物体，用高通滤波器进行滤波时，将得到怎样的图像。

3. 如果照相负片上存在一些小麻点，应采用怎样的滤波方法将其消除。

实验三十二　电子衍射仪的应用

一、真空的获得与测量

真空是物理学的一门重要分支,它已从其他科学的辅助手段发展成为一门独立的学科体系,特别是对极高真空的研究中,提出的一系列新的物理课题,形成了一个完整的理论和技术兼备的真空学科。

真空技术的应用十分广泛。从日常生活的各方面,工农业生产的各部门,到现代科学技术的各领域,全都离不开它。日常用的灯泡、罐头及收音机的电子管、晶体管等的制作中,要用到抽真空技术;光学、微电子学、电子计算机、超导等方面需要用真空镀膜;医药工业和电气工业需要真空冷冻干燥;化工、冶金、焊接、铸造、热处理等也需要真空技术;在原子能、可控热核反应、电子显微镜、质量分析仪、表面物理等方面真空技术更是必不可少的。自然科学三大基础课题,即物性结构、天体演化、生命起源,也都与真空技术和真空物理有着密切的关系。真空技术业已成为物理学的基本手段和必备的知识了。作为一名未来的科技工作者,应当具备一些有关真空的获得与测量的基本技术知识。

◆ **实 验 目 的**

1. 了解并掌握获得与测量低真空及高真空的基本方法。
2. 了解某些物理性质和现象(如:热传导、电离气体放电……)与真空度的关系。
3. 了解真空系统的基本操作知识。

◆ **实 验 原 理**

所谓真空,指的是压强比一个标准大气压($1.013\ 25\times10^5\,\mathrm{Pa}$)更低的稀薄气体状态的空间。气体稀薄的程度——真空度,通常用气体压强的大小来表示。气体越稀薄,气体压强越小,真空度越高;反之,则真空度越低。常以"Pa"表示稀薄气体的压强,$1.333\ 3\times10^2\,\mathrm{Pa}=1\mathrm{mmHg}$ 而把真空度分为以下几个范围

　　粗真空：　$10^5\sim10^3\,\mathrm{Pa}$;

　　低真空：　$10^3\sim10^{-1}\,\mathrm{Pa}$;

　　高真空：　$10^{-1}\sim10^{-6}\,\mathrm{Pa}$;

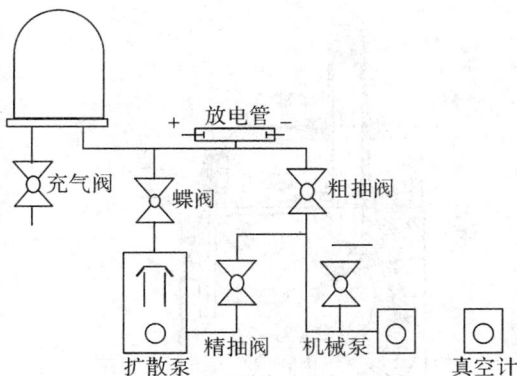

图 1　多功能真空实验仪真空系统

超高真空： $10^{-6} \sim 10^{-10} \mathrm{Pa}$；

极高真空： $10^{-10} \mathrm{Pa}$ 以下；

在不同的真空范围内，发生在气体系统中的某些物理过程，如热传导、电离、气体放电、分子碰撞等，呈现出不同的物理特性，因此真空度的获得与测量的方法也各不相同。本实验向大家介绍的都是工业生产与科学研究中最为常用的方法。

1. 真空的获得

真空的获得由各类真空泵来完成。本实验采用工业上广泛应用的机械泵加扩散泵真空系统，如图 1 所示。

(1)机械泵。这是从大气压开始到获得 $10^{-1} \mathrm{Pa}$ 以内的真空所最常用的抽气设备，它有定片式(如图 2)、旋片式(如图 3)、滑阀式等型式，实验室通常使用定片式和旋片式两种。其抽气原理是变容作用，即工作室的体积周期性增大或减小而实现抽气。

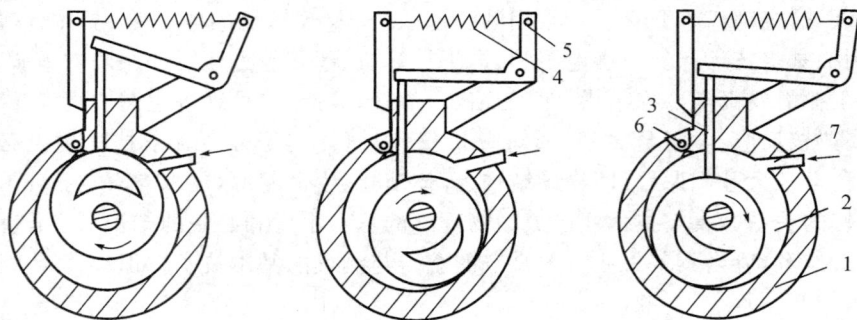

1—圆柱形泵体；2—偏心转子；3—滑片；4—弹簧；5—直角杠杆；6—排气阀；7—进气口

图 2　定片式机械泵

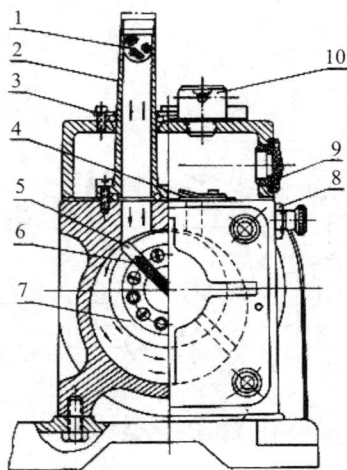

图 3　机械泵

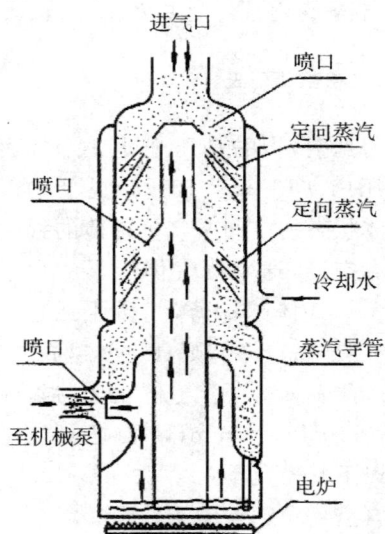

图 4　扩散泵的示意图

图 2 是一种定片式机械泵结构示意图,其中偏心转子 2 总是与泵体内壁紧密贴合,不漏气。滑片 3 由于弹簧力作用总是和转子 2 紧贴合,起隔离气室作用。转子的连续旋转,使气体不断从进气口 7 排向排气阀 6。进气口 7 接被抽容器。

(2)扩散泵。这是一种利用气体分子运动中扩散原理为基础的真空泵。这种泵只能在前置泵(一般采用机械泵)已获得 $1Pa \sim 10^{-1}Pa$ 的低真空基础上,才能开始工作,并进一步获得 $10^{-3} \sim 10^{-5}Pa$ 左右的真空度。

图 4 是一个扩散泵的示意图。扩散泵油在底部被加热为蒸汽蒸发并沿蒸汽导管经喷口隙缝向泵壁射出。大量密集的蒸汽分子的喷射形成了一个稳定的蒸汽射流。由于在蒸汽射流的上面被抽气体的分压强大于蒸汽流中该气体的分压强,根据气体扩散原理,被抽气体分子扩散到定向蒸汽流中被蒸汽带到前置空间而最后被机械泵抽走(见图 1 系统图)。注意到图 4 中有三个喷口,即有三级蒸汽射流称谓三级扩散泵。由于蒸汽射流的不断循环(由泵壁冷却,扩散泵油蒸汽凝结,流回底部)和扩散作用的存在,抽气过程持续进行,被抽容器中的真空度得以不断提高。

2. 真空的测量

测量在一个大气压以下气体压强的仪器称为真空计。真空计的种类很多,它们都是应用稀薄气体的某些物理性质作为工作原理的。一般实验室常用的有热电偶真空计和电离真空计合在一起的复合真空计。热偶计的量程为 $10^2 \sim 10^{-1}Pa$,电离计的量程为 $10^{-1} \sim 10^{-5}Pa$,这两种真空计结合在一起,可直接测量 $10^2 \sim 10^{-5}Pa$ 的真空。

(1)热偶真空计。其工作原理是基于低压强下,气体热传导与压强有关的性质来测量真空度的。热偶计管结构如图 5 所示。图中 aob 金属丝通以电流加热为热传导的热丝(简称热丝),cod 是热偶丝,测量热丝 o 点的温度。其热偶电动势由表头(毫伏表)读出。

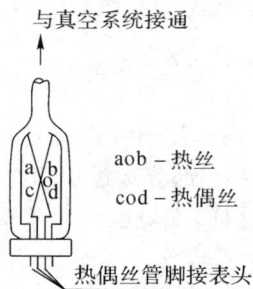

aob — 热丝

cod — 热偶丝

热偶丝管脚接表头

图 5　热偶计

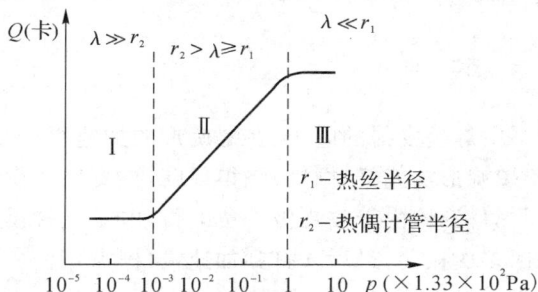

图 6　气体分子的平均自由程与 r_1 和 r_2 关系

当压强不变,热丝温度亦保持定值,此时热丝的热平衡方程为:

$$Q = Q_1 + Q_2 + Q_3$$

式中,Q 是热丝通电产生的总热量,Q_1 是气体热传导所耗散的热量,Q_2 是热辐射耗散的热量,Q_3 是由热丝引出线冷端带走的热量。

显然,Q_2、Q_3 与压强无关,仅 Q_1 的变化可以反映压强的变化,在不同的压强下气体热传导所起的作用是不同的,如图 6 所示。r_1 为热丝半径,r_2 为热偶计玻管的内半径。

当气体分子的平均自由程 $\lambda \ll r_1$ 时,上式 Q_1 起主要作用但与压强无关(图 6 Ⅲ区)。

而当 $\lambda > r_2$ 时,由于压强很低,$Q_1 \ll (Q_2+Q_3)$,Q_1 不起主导作用,热丝的热量耗散情况与压强无关(如图 6 Ⅰ 区)。

当 $r_2 > \lambda \geqslant r_1$ 时,$Q_1 > (Q_2+Q_3)$,且 Q_1 与压强有关,并逐渐与压强成正比(如图 6 Ⅱ 区)。若压强越高,气体分子碰撞热丝而带走的热量越多,因而热丝温度越低,图 5 中热电偶 cod 所产生的热电势也越小。反之,压强越低热丝温度越高,热电动势也越大。热电势与压强的关系很难通过计算求出,因而必须在同一个真空系统中与标准真空计比较进行刻度定标。

(2)电离真空计。在图 6 中,我们看到气体压强在 10^{-1} Pa 以下时,热偶真空计已无法用来测量压强了。为此人们基于带电质点通过稀薄气体时产生的电离现象与气压有关的原理,制作了测量压强为 $10^{-1} \sim 10^{-5}$ Pa 范围内的电离真空计,如图 7 所示。

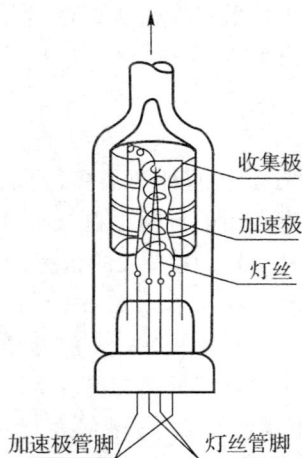

图 7　电离真空计

图 8　气体放电形状、颜色与压强关系

图 7 中灯丝发射的电子,在螺旋形的加速极产生的加速电场作用下飞向加速极。然而,由于螺旋形加速极(栅极)绕得很疏,被直接截获的电子不多,大部分穿过加速极间隙,在靠近收集极时,由于收集极是负电位,电子又被反向折回。这样,在灯丝与收集极之间产生来回多次振荡,最后才打到加速极(栅极)上。

电子在飞行过程中与管子中的残余气体分子相碰撞,如电子具有足够大的能量,以致大于该气体的电离电位时,就会使气体分子产生电离,电离产生的正离子数 I_+ 与气体的密度成正比,在温度一定时应与压强 P 成正比。I_+ 亦与灯丝的发射电流 I_e 成正比,即有

$$I_+ = KI_e P$$

式中,P 是被测系统中气体的压强;I_+ 是气体分子电离产生的正离子电流(mA);I_e 是灯丝发射的电子电流(mA);K 是真空计管的灵敏度(l/Pa)。

若已知 I_e、K 和测量收集极的 I_+,就可以得到 P。实验用 DL－2 电离规管,$I_e = 5$ mA,$K = 2 \times 10^{-1}$/Pa

由于影响 K 的因素很多,仪器厂也必须与标准真空计比较进行校准。为使用方便,仪器出厂已定好刻度,直接读数即可。

◆ **实 验 内 容**

本实验真空系统装置如图 1 所示。由机械泵—扩散泵系统获得真空；由放电管、热偶真空计、电离真空计测量真空。其中三通活塞是真空系统中很常用的部件，活塞芯与活塞内壁经过精密研磨，并涂有真空密封油脂，以保证良好的密封性能。旋转活塞芯，能使系统接通、切断或通大气，实验开始前必须充分认清这些状态对应的活塞芯位置，保证实验正常进行。

1. 真空中气体放电现象的观察

关闭蝶阀，启动机械泵以后，用气体放电管（或火花检漏器）观察辉光放电形状与颜色的变化过程。同时用热偶真空计测量系统的真空度，并作记录。

为防止真空度上升过快，致使现象难以观察，可将三通活塞芯拧到半接通状态，以增大气阻，减小抽速。观察结束后，再拧到正常位置。

2. 系统抽气特性的测定

启动机械泵和热偶真空计，同时开始记时，记录系统真空度与时间一一对应的数据。打开蝶阀，真空度达到 6Pa 左右时，方可启动扩散泵（为什么？），此时机械泵不能停，继续记录数据，当真空度达 10^{-1} Pa，方可开启电离真空计测量真空度（为什么？），且不宜长期接通，直至真空度达到 $10^{-3} \sim 10^{-4}$ Pa 为止。

◆ **注 意 事 项**

1. 严格按照系统操作规程进行实验。

2. 在旋动真空活塞时，不能用力过猛，旋动时应双手进行（一手护着活塞外壳，一手轻轻旋动），如旋转不动，可用电吹风适当加温。

3. 只有在机械泵预抽真空达约 6Pa 左右时，方可接通电炉，启动扩散泵。在接通电炉前，必须先接通冷却水，并注意是否流畅以及扩散泵冷却水出入口是否漏水（漏水时会使扩散泵炸裂）。

4. 用复合真空计的电离计部分测量时，一定要在系统真空度高于 10^{-1} Pa 时进行，否则易烧坏电离计规管灯丝。测出数值后就切断电离计规管灯丝电源，避免电离计规管灯丝长时间通电。

5. 关闭系统，要先停电炉，然而冷却水要等扩散泵完全冷却后方可关闭。停电炉五分钟后，旋转三通活塞芯使机械泵与大气相通，然后再停下机械泵（这样才能避免机械泵油倒灌）。

6. 复合真空计必须在先看懂附录中的使用说明后再用。

◆ **数 据 记 录 与 处 理**

1. 观察辉光放电管的颜色。
2. 接通电炉，启动扩散泵前，记录用热偶计测量所得的真空度值。

3. 用复合真空计的电离计测量前,记录用热偶计测量所得的真空度值。

4. 记录启动油扩散后测出系统最高所能达到真空度的值。

◆ **思考题**

1. 试说明本系统获得真空所依据的分子物理学的理论。

2. 扩散泵为什么要和前级泵联合使用?

3. 机械泵停止运转前,为什么要放气?

4. 如果所用热偶计管热丝规定工作电流值不慎遗失了,能否利用本实验装置,根据 $P \leqslant 10^{-3}$ mmHg 以后热丝温度将不随压强 P 变化这一特点,从实验中确定其数值呢?

5. 如果本实验真空系统正处在运行过程中,突然停电或停水,应如何处理? 试写出应急操作措施。

◆ **附录 1**

压力单位和几种压力单位换算关系

压力单位在 SI 制中为帕斯卡,简称[帕],记作 Pa,亦可表示为 N/m²。

在实际应用中,采用非 SI 制单位的有:kgf/cm²,mmHg,mmH₂O,atm(大气压)等。在气象等部门常把 10^5 Pa 的压力叫做 1 巴,巴的符号为 bar,千分之一巴称毫巴(mbar)。

几种压力单位换算关系见下表:

单位名称	Pa	kgf/cm²	mmHg	mmH₂O	atm	bar
1Pa	1	1.02×10^{-5}	7.52×10^{-3}	1.02×10^{-1}	9.87×10^{-6}	1.00×10^{-5}
1kgf/cm²	9.80×10^4	1	7.35×10^2	1.00×10^4	9.71×10^{-1}	9.80×10^{-1}
1mmHg	1.33×10^2	1.36×10^{-3}	1	1.36×10	1.32×10^{-3}	1.33×10^{-3}
1mmH₂O	9.80	1.00×10^{-4}	7.35×10^{-2}	1	9.71×10^{-5}	9.80×10^{-5}
1atm	1.01×10^5	1.03	7.60×10^2	1.03×10^4	1	1.01
1bar	1.00×10^5	1.02	7.50×10^2	1.02×10^4	9.87×10^{-1}	1

◆ **附录 2**

复合真空计使用说明

1. 热偶计操作程序

(1)将开关 K_2 拨到"热偶"位置,拧动 K_4 置于"电流"位置,调节 W_1 使加热电流达到热偶规管所定的值。

(2)将 K_4 置于"测量"位置,即可读数。注意应如何读数。

2. 电离计操作程序

(1)当热偶计指示真空度高于 10^{-1} Pa 时,方可启用电离计,否则会立即烧坏灯丝。

(2)将开关 K_2 拨到"电离"位置(注意:K_3 应在"测量"位置)。将开关 K_5 拨到"发射"位置。

（3）按动开关 K_6 即听到仪器内部继电器吸动声,同时指示灯 Q_2 发光,电离规管的灯丝也亮了。调整 W_2 使表头指针达红线的刻度处(即发射电流为 $5mA$)。

（4)将开关 K_5 拨到"零调"位置,调整 W_3,使表头指零位。再将开关 K_5 拨到"满调"位置,调整 W_4,使表头指满刻度。由于仪器线路内有差分放大,此二步调节要细心。

（5）将开关 K_5 顺时针拨到适当位置,视表头刻度数乘以挡数,即为系统真空度。注意:从低档到高档,必须在表头指针指示小于 0.8,方可换挡。

（6）在关闭真空系统前,务必开关 K_5 拨到"电离关"位置。

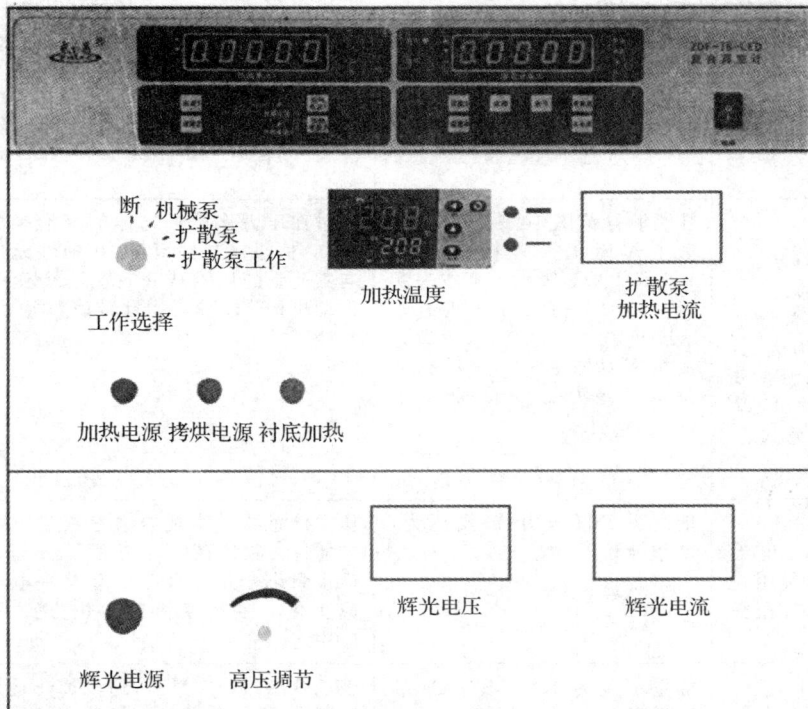

图 9　控制面板电离计

附表 5　压力测量

测压仪表	测量范围及精度	简要说明
液柱压力计 常用的有 U 型管液体压力计,此外还有杯形液体压力计、倾斜式微压计、补偿式微压计等。	测量范围为 $0 \sim 2.7 \times 10^5$ Pa 可测量大气压力,微小的绝对压力,也可作低真空测量仪表。 精度有 0.02%、0.05%、0.2%、0.5%、1%、1.5%等多种。	工作原理以流体静压力基本方程为基础,由液体高度产生的压力与被测压力相等,并用液柱高度来表示相应的压力。工作介质有汞、水、酒精、甲苯、矿物油等。我国用作基准的液体压力计采用激光干涉法计量液柱高度,不确定度为 2×10^{-6} Pa
活塞式压力计 有带简单活塞和带压力倍加器的活塞式压力计,还有测量低压的活塞式压力计。	测量范围为 $1 \times 10^3 \sim 3.5 \times 10^9$ Pa 我国国家基准活塞压力计的精度为 $\pm 2 \times 10^{-5}$ Pa	工作原理基础为帕斯卡原理和平衡原理,被测压力作用在插入活塞筒内的活塞上,有另一个与该压力正比的力,使活塞处于静力平衡。传压介质有液体,也有气体。它在压力计量技术中占有重要地位。
弹簧式压力表 (或真空表) 常用的有单圈管弹簧式压力表,此外还有螺旋弹簧管式、膜片式、膜盒式、波纹管式。	压力测量范围 $10^5 \sim 10^8$ Pa,一般工作用压力表精度有 1、1.5、2.5、4 等级别。真空表测量范围 $10^2 \sim 10^5$ Pa,一般真空表精度有 1.5、2.5 级,比较好的精密真空表 0.25 级,允许基本误差为 $\Delta = \pm$(测量上限)×级别%	通过在压力作用下物体的变形来测量压力或真空,即在弹性范围内,弹性元件的变形与其所受的压力成正比。这个变形量通过传动机构带动仪表指针转动来指示压力。
压力传感器 有电阻式、电容式、电感式、压电式、霍耳式、振弦式等。	能测量极低压力,超高压力,高频脉动压力等	压力传感器是实现压力参数与电学量转换的器件。物体在压力作用下,感压元件参数产生微小变化并且能引起某一电学量的相应变化。在遥控和自动化方面得到广泛应用。
热导真空计 常用的有热偶式、真空计和电阻式真空计。	测量范围为 $10^5 \sim 10^{-1}$ Pa 的中低真空	玻璃管内封一金属丝,通电加热达到热平衡时,其中气体分子热交换造成的热量损失与气体压力有关,因而热丝的温度(用热电偶测量)或电阻与气体压力成一定的关系,从而制成真空计。
电离式真空计 有热阴极电离真空计和冷阴极电离真空计。	测量范围为 $10^{-1} \sim 10^{-5}$ Pa 的高真空	具有高能量的带电粒子,使气体分子电离。电离产生的离子数的多少与电子在飞行过程中与气体分子碰撞次数(即气体密度)成正比,而气体密度与气体压力有关,因此可用离子流的大小表示出气体压力。
B－A 式超高真空计。	测量范围为 $10^{-5} \sim 10^{-10}$ Pa 的超高真空	改进了电离真空计的规管结构、各电极工作参数,扩展了电离真空计的测量下限。进一步改进型,甚至可测到极高真空范围 10^{-10} Pa 以下。

二、电子衍射

电子衍射仪实验是曾荣获诺贝尔奖的重大实验成果,它在 1927 年由 Davsso 和 Germer 实验成功。这个实验第一次验证 De Broglie 关于微观粒子波粒二象性的理论假说。De Broglie 理论假说。对微观粒子的基本属性提出了大胆的创见,它是现代量子物理学的重要基础。

◆ **实 验 目 的**

1. 验证电子具有波动性的假设。
2. 了解电子衍射和电子衍射实验对物理学发展的意义。
3. 了解电子衍射在研究晶体结构中的应用。

◆ **实 验 仪 器**

电子衍射、真空机组、复合真空计、数码相机、微机

◆ **实 验 原 理**

1. 电子的波粒二象性

波在传播过程中遇到障碍物时会绕过障碍物继续传播,在经典物理学中称为波的衍射,光在传播过程表现出波的衍射性,光还表现出干涉和偏振现象,表明光有波动性;光电效应揭示光与物质相互作用时表现出粒子性,其能量有一个不能连续分割的最小单元,即普朗克。1900 年首先作为一个基本假设提出来的普朗克关系:

$$E = h\nu \tag{1}$$

E 为光子的能量,ν 为光的频率,h 为普朗克常数,光具有波粒二象性。电子在与电磁场相互作用时表现为粒子性,在另一些相互作用过程中是否会表现出波动性? 德布罗意从光的波粒二象性得到启发,在 1923—1924 年间提出电子具有波粒二象性的假设,

$$E = \hbar\omega, \quad \vec{p} = \hbar\vec{k} \tag{2}$$

E 为电子的能量,$\vec{p}$ 为电子的动量,$\omega = 2\pi\nu$ 为平面波的圆频率,$\vec{k}$ 为平面波的波矢量,$\hbar = h/2\pi$ 为约化普朗克常数;波矢量的大小与波长 λ 的关系为 $k = 2\pi/\lambda$,$\vec{p} = \hbar\vec{k}$ 称为德布罗意关系。电子具有波粒二象性的假设,拉开了量子力学革命的序幕。

电子具有波动性假设的实验验证是电子的晶体衍射实验。电子被电场加速后,电子的动能等于电子的电荷乘加速电压,即:

$$E_k = eV \tag{3}$$

考虑到高速运动的相对论效应,电子的动量:

$$p = \frac{1}{c}\sqrt{E_k(E_k + 2mc^2)} \tag{4}$$

由德布罗意关系得

$$\lambda = \frac{hc}{\sqrt{2mc^2 E_k(1+E_k/2mc^2)}} \tag{5}$$

真空中的光速 $c = 2.99793 \times 10^8$ m/s，电子的静止质量 $m_e = 9.109 \times 10^{-31}$ kg，普朗克常数 $h = 6.626 \times 10^{-34}$ J·s，当电子所受的加速电压为 V 伏特，则电子的动能 $E_k = $ V (eV)，电子的德布罗意波长

$$\lambda \approx \sqrt{\frac{150}{V}} (1 - 4.89 \times 10^{-7} V) \times 10^{-1} \text{(nm)} \tag{6}$$

简化为 $\qquad \lambda = \frac{1.225}{\sqrt{V}}$ nm

加速电压为 100 伏特，电子的德布罗意波长为 0.1225nm。要观测到电子波通过光栅的衍射，光栅的光栅常数要做到 0.1nm 的数量是不可能的。晶体中的原子规则排列起来构成晶格，晶格间距在 0.1nm 的数量级，要观测电子波的衍射，可用晶体的晶格作为光栅。1927 年戴维孙革末用单晶体做实验，汤姆逊用多晶体做实验，均发现了电子在晶体上的衍射，实验验证了电子具有波动性的假设。

普朗克因为发现了能量子获得 1918 年诺贝尔物理学奖；德布罗意提出电子具有波粒二象性的假设，导致薛定谔波动方程的建立，而获得 1929 年诺贝尔物理学奖；戴维孙和汤姆逊因发现了电子在晶体上的衍射获得 1935 年诺贝尔物理学奖。

由于电子具有波粒二象性，其德布意波长可在原子尺寸的数量级以下，而且电子束可以用电场或磁场来聚焦，用电子束和电子透镜取代光束和光学透镜，发展起分辨本领比光学显微镜高得多的电子显微镜。

2. 晶体的电子衍射

晶体对电子的衍射原理与晶体对 X 射线的衍射原理相同，都遵从劳厄方程，即衍射波相干条件为出射波矢时 $\vec{k}_1$ 与入射波矢量 $\vec{k}_0$ 之差等于晶体倒易矢量 $\vec{K}_{hkl}$ 的整数倍

$$\vec{k}_1 - \vec{k}_0 = n\vec{K}_{hkl} \tag{7}$$

设倒易空间的基矢为 $\vec{a}, \vec{b}, \vec{c}$，倒易矢量

$$\vec{K}_{hkl} = h\vec{a} + k\vec{b} + l\vec{c} \tag{8}$$

在晶体中原子规则排成一层一层的平面，称之为晶面，晶格倒易矢量的方向为晶面的法线方向，大小为晶面间距 d_{hkl} 的倒数的 2π 倍

$$K_{hkl} = \frac{2\pi}{d_{hkl}} \tag{9}$$

h, k, l 为晶面指数（又称密勒指数），它们是晶面与晶格平移基矢量的晶格坐标轴截距的约化整数，晶面指数表示晶面的取向，用来对晶面进行分类，标定衍射花样。

晶格对电子波散射有弹性的，弹性散射波在空间相遇发生干涉形成衍射，非弹性散射波则形成衍射花样的背景衬度。入射波与晶格弹性散射，入射波矢量与出射波矢量大小相等，以波矢量大小为半径，作一个球面，从球心向球面与倒易点阵的交点的射线为波的衍射线，这个球面称为反射球（也称厄瓦尔德球）。

晶格的电子衍射几何以及电子衍射与晶体结构的关系由布拉格定律描述，两层晶面上的原子反射的波相干加强的条件为

$$2d_{hkl}\sin\theta = n\lambda \qquad (10)$$

θ 为衍射角的一半,称为半衍射角。见图 1 所示,图中的格点为晶格点阵(正空间点阵)。o 为衍射级,由于晶格对波的漫反射引起消光作用,$n>1$ 的衍射一般都观测不到。

图 1　布拉格反射

3. 电子衍射花样与晶体结构

晶面间距 d_{hkl} 不能连续变化,只能取某些离散值,例如,对于立方晶系的晶体

$$d_{hkl} = \frac{a}{\sqrt{h^2+k^2+l^2}} \qquad (11)$$

a 为晶格常数(晶格平移基矢量的长度),是包含晶体全部对称性的、体积最小的晶体单元——单胞的一个棱边的长度,立方晶系单胞是立方体,沿 hkl 三个方向的棱边长度相等,hkl 三个晶面指数只能取整数;对于四方晶系的晶体

$$d_{hkl} = \frac{1}{\sqrt{\dfrac{h^2+k^2}{a^2}+\dfrac{l^2}{c^2}}} \qquad (12)$$

h,k,l 三个方向相互垂直。h,k 两个方向的棱边长度相等。三个晶面指数 h,k,l 只能取整数,d_{hkl} 只能取某些离散值,按照布拉格定律,只能在某些方向接收到衍射线。做单晶衍射时,在衍射屏或感光胶片上只能看到点状分布的衍射花样,见图 2;做多晶衍射时,由于各个晶粒均匀地随机取向,各晶粒中具有相同晶面指数的晶面的倒易矢在倒易空间各处均匀分布,形成倒易球面,倒易球面与反射球面相交为圆环,衍射线为反射球的球心到圆环的射线,射线到衍射屏或感光胶片上的投影呈环状衍射花样,见图 3。

图 2　单晶衍射花样

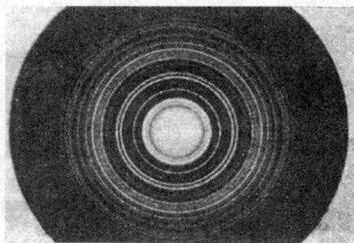

图 3　多晶衍射花样

衍射花样的分布规律由晶体的结构决定,并不是所有满足布拉格定律的晶面都会有衍射线产生,这种现象称为系统消光。若一个单胞中有 n 个原子,以单胞上一个顶点为坐标原点,单胞上第 j 个原子的位置矢量为 $\vec{r}_j = x_j\vec{a} + y_j\vec{b} + z_j\vec{c}$,其中 $\vec{a},\vec{b},\vec{c}$ 为晶格点阵的平移基矢量,第 j 个原子的散射波的振幅为 $A_a f_j$,f_j 为第 j 个原子的散射因子,根据劳厄方程,一个单胞中 n 个原子相干散射的复合波振幅。

$$A_b = A_a \sum_j^n f_j e^{i(\vec{k}_1 - \vec{k}_0)\cdot\vec{r}_j} = A_a \sum_j^n f_j e^{\vec{k}_{hkl}\cdot\vec{r}_j} \qquad (13)$$

根据正空间和倒易空间的矢量运算规则,

$$\vec{K}_{hkl} \cdot \vec{r}_j = 2\pi(hx_j + ky_j + lz_j) \tag{14}$$

复合波振幅可写为：

$$A_b = A_a \sum_j^n f_j e^{i2\pi(hx_j + ky_j + lz_j)} \tag{15}$$

上式中的求和与单胞中原子的坐标有关，单胞中 n 个原子相干散射的复合波振幅受晶体的结构影响，令：

$$F_{hkl} = \sum_j^n f_j e^{i2\pi(hx_j + ky_j + lz_j)} \tag{16}$$

则单胞的衍射强度 $A_b^2 = A_a^2 F_{hkl}^2$，F_{hkl} 称为结构因子。

对于底心点阵，单胞中只有一个原子，其坐标为 $[0,0,0]$，原子散射因子为 f_a，$F_{hkl}^2 = f_a^2$，任意晶面指数的晶面都能产生衍射。

对于底心点阵，单胞中有两个原子，其坐标为 $[0,0,0]$ 和 $[1/2,1/2,0]$，若两个原子为同类原子，原子散射因子为 f_a，$F_{hkl}^2 = f_a^2[1 + \cos(h+k)\pi]$，

只有当 h,k 同为偶数或同为奇数时，F_{hkl} 才不为 0，当 h,k 一个为偶数另为奇数时，F_{hkl}^2 为 0，出现系统消光。

对于体心点阵，单胞中有 2 个原子，其坐标为 $[0,0,0]$ 和 $[1/2,1/2,1/2]$，若 2 个原子为同类原子，原子散射因子为 f_a，$F_{hkl}^2 = f_a^2[1 + \cos(h+k+l)\pi]$，只有 $(h+k+l)$ 为偶数时，F_{hkl}^2 不为 0，能产生衍射。

对于面心点阵，单胞中有 4 个原子，其坐标为 $[0,0,0]$ 和 $[1/2,0,1/2]$，$[0,1/2,1/2]$，若 4 个原子为同类原子，原子散射因子为 f_a，$F_{hkl}^2 = f_a^2[1 + \cos(h+k)\pi + \cos(h+l)\pi + \cos(k+l)\pi]$，只有当 h,k,l 同为偶数或同为奇数时，F_{hkl} 才不为 0，能产生衍射。

对于单胞中原子数目较多的晶体以及由异类原子所组成的晶体，还要引入附加系统消光条件。

4. 电子衍射花样的指数化

根据系统消光条件，可以确定衍射花样的对应晶面的密勒指数 hkl，这一步骤称为衍射花样的指数化。对衍射花样指数化，可确定晶体结构，若已知电子波的波长，则可计算晶格常数，若已知晶格常数（由 X 射线衍射测定），则可计算电子波的波长，验证德布罗意关系。以简单格子立方晶系的多晶衍射花样为例，介绍环状衍射花样的指数化。

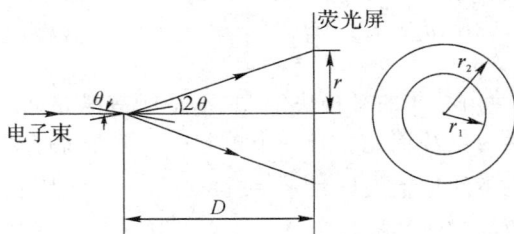

图 4　电子衍射示意图

对于电子衍射，电子波的波长很短，θ 角一般只有 $1° \sim 2°$，设衍射环的半径为 r，晶体

到衍射屏或感光胶片的距离为 D，由图 4 所示的几何关系可知 $r/D \approx 2\theta \approx 2\sin\theta$，则布拉格定律为：

$$r = D\lambda \frac{1}{d_{hkl}} \text{或} \vec{r} = D\lambda\vec{g} \tag{17}$$

式中 $D\lambda$ 称为仪器常数。$\vec{g} = \vec{K}_{hkl}/2\pi$，电子衍射花样就是晶格倒易矢放大 $D\lambda/2\pi$ 倍的象。将立方晶系的晶面间距 d_{hkl} 代入布拉定律得 $r = D\lambda \dfrac{\sqrt{h^2+k^2+l^2}}{a}$ 或 $r^2 = \dfrac{D^2\lambda^2}{a^2}c$。晶面指数 h,k,l 只能取整数，令 $m = (h^2+k^2+l^2)$，则各衍射环半径平方的顺序比为 $r_1^2 : r_2^2 : r_3^2 : \cdots = m_1 : m_2 : m_3 : \cdots$ 按照系统消光规律，对于简单立方、体心立方和面心立方晶格，半径最小的衍射环对应的密勒指数分别为 100、110、111，这三个密勒指数对应的晶面分别是简单立方、体心立方和面心立方晶格中晶面间距最小的晶面。这三个晶格的衍射环半径排列顺序和对应的密勒指数见表 1，将衍射环半径的平方比表 1 对照，一般可确定衍射环的密勒指数。衍射花样的指数化后，对已知晶格常数的晶体，仪器常数

$$D\lambda = r \cdot \frac{a}{\sqrt{h^2+k^2+l^2}} \tag{18}$$

若已知仪器常数，则可计算晶格常数

$$a = \frac{D\lambda}{r}\sqrt{h^2+k^2+l^2} \tag{19}$$

表 1 简单格子立方晶系衍射环的密勒指数

衍射环序号	简单立方			体心立方			面心立方		
	hkl	m	m_l/m_1	hkl	m	m_l/m_1	hkl	m	m_l/m_1
1	100	1	1	110	2	1	111	3	1
2	110	2	2	200	4	2	200	4	1.33
3	111	3	3	211	6	3	220	8	2.66
4	200	4	4	220	8	4	311	11	3.67
5	210	5	5	310	10	5	222	12	4
6	211	6	6	222	12	6	400	16	5.33
7	220	8	8	321	14	7	331	19	6.33
8	300,221	9	9	400	16	8	420	20	6.67
9	310	10	10	411,330	18	9	422	24	8
10	311	11	11	420	20	10	333.511	27	9

◆ **实验内容**

1. 抽真空及观察衍射环

（1）观察测量规管安装位置；两热偶规管各安装于三通阀上左右两侧位置、电离计安装于蝶阀上的外侧接口位置。

（2）检查放气阀、蝶阀位置是否保持在"关"位状态，三通阀是否在"推入"位，其他各密封口盖好（如图 5(a) 所示）。

（3）开"电源"开关，按一下机械"开"按钮，机械泵即开始工作（注意电磁放气阀是否

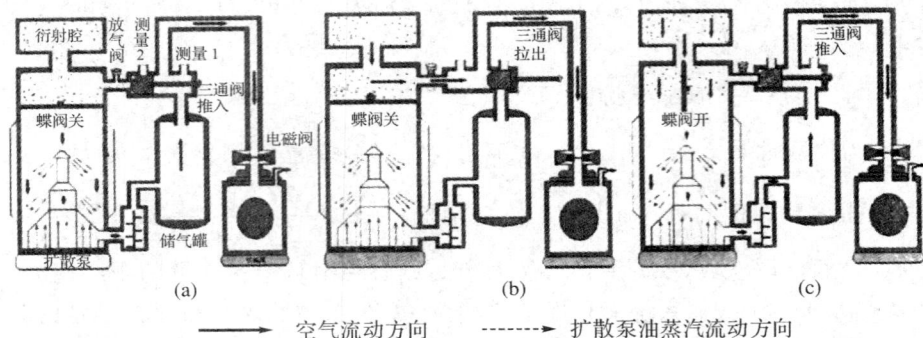

图 5　电子衍射实验装置

被卡住)。将三通阀拉出("拉位")抽气 1～2 分钟,再将三通阀推进("推进")抽气 1～2 分钟可开蝶阀(手柄转到水平位置,如图 5(c)所示)。

(4) 打开热偶计,当测量真空度达 6Pa 左右,即说明符合低真空要求,可开扩散泵。注意先开冷却水并保持三通阀在"推"位、蝶阀在"开"位。

(5) 在密封无大问题的情况下,开扩散泵 25 分钟后,应见真空度明显上升,并很快达到热偶计的满刻度(真空度已在 10^{-2}Pa 上时可进行镀膜)。

(6) 样品镀好以后,关蝶阀,三通阀保持在"推"位,开放气阀放气,然后打开镀膜罩盖,取出样品架放到玻璃皿内,打开样品台后盖,可将样品插入样品推杆上,盖好后盖,再盖好镀膜罩,关放气阀。将三通阀慢慢置"拉"位,将腔体部分抽空达 6Pa(约 2 分钟),再将三通阀置"推"位,开碟阀。扩散泵恢复工作,一般 10～15 分钟可抽至 $5×10^{-3}$Pa 以上的真空度。

(7) 观察衍射环:先拧动样品推杆的平动螺旋,将样品架退到离开中心位置,打开灯丝开关,调节灯丝电压到 120～150V(每台仪器因灯丝长度不一,电压亦不一致),此时灯丝已加热到白炽状态。开"高压"开关,调节"高压调节"手柄,将电压加到 10kV 左右,此时在荧光屏上应能观察到一个电子束的中心亮点。(若光点边缘严重不规整、多亮点或很暗则需进行同轴调整。)然后再将样品移到中心位置,电压加高到 20～30kV 时,应可观察到衍射圆环。

2. 安装照相底板及照相

要将电子图像记录下来,①可用数码相机进行拍摄。②可用暗室照相拷贝片。每台仪器配有两个照相底片夹。安装时,在红灯下用切刀将软片按尺寸裁好,将其插入底片夹。注意底片白色为药面,红色为背面。若真空系统已经工作需要将底片放入系统,则采取如下步骤:

(1) 关高压,关灯丝,关热偶计、电离计,关蝶阀。并检查高压和灯丝是否关闭。

(2) 开放气阀,慢慢放气。

(3) 将照相装置上的圆形盖板打开,在红灯下,将底片夹按入照相圆盘内,再将盖板盖好,若盖板上的胶圈不干净,应用无水酒精或乙醚擦拭一下。底片上好后,应将照相旋钮调至荧光屏,以便开始调试时先用荧光屏观察。

(4) 关放气阀,将三通阀置"拉"位,当真空度达 6Pa 以上,将三通阀置"推"位,开蝶阀。

(5) 当真空度恢复到 5×10^{-3} Pa 以上,先用荧光屏观察,调出较好的衍射环。

(6) 关快门。

(7) 将照相装置旋至底片 1 的位置。

(8) 将快门打开 2～6 秒,关好快门。

(9) 将装置旋至荧光屏,第一张照片即算照完。照第二张亦按上法进行。

(10) 照相完毕,可按前述方法,操作真系统将底片取出,并将系统抽成真空。

(11) 底片可在红灯下用普通 D-72 显影液和酸性定影液定影。

3. 样品的制备与安装

镀膜装置如一台小型真空镀真机。加热器是用 0.1mm 厚,3mm 宽的钽片制成的钽舟。加热电流在 30A 左右即可蒸发银。样品制备过程如下:

(1) 样品架应用细砂纸打光,小孔处清除毛刺,然后用甲苯→丙酮→酒精超声清洗。

(2) 制底膜。将火棉胶用醋酸正成脂稀试并装入小滴瓶中。其浓度可通过滴膜实验来确定。当一滴火棉胶液投落到水面上,所形成的膜成完整一片,但有皱纹时,其胶液太浓;若所成膜为零碎的小块时,则胶液太稀,一般火棉胶含量为 1‰～5‰。当配好胶液并获得适当的火棉胶膜以后,则可将样品架从无膜处插入水中,从有膜处慢慢捞起,放入真空烘箱中加热到 100～200℃烘干。亦可用热风吹干或红外线烘干,烘干后的样品架小孔处可见有一层薄膜,薄膜破裂太多的,应该重做。

(3) 将制好底膜的样品架,插入镀膜罩支架上,盖好,待真空达 10^{-2} Pa 以后,即可蒸发镀膜。

(4) 镀膜

将"镀膜→灯丝"转换开关转向"镀膜",开"镀膜"开关,调节镀膜调压器,使电流逐渐增加到 30A 左右(注意电表满刻度为 50A),通过观察窗注意钽舟,当银粒开始熔化时,再稍增大电流,当见到有机玻璃罩盖上已镀上一层银膜时,立即将电流降至零,并关镀膜开关。镀膜完毕,按真空系统操作规程进行放气,取出样品架,并移入样品台中,其余样品架放入玻璃皿中保存。

4. 阴极的清洗与安装

电子枪部分是由底板、灯丝和栅套组成,灯丝烧断、阴极严重溅射和电子枪严重不同轴等情况,需要拆卸电子枪。拆卸过程如下:

(1) 并好阀、三通阀推质打开放气阀;

(2) 旋开阴极法兰扣盘,用螺丝刀旋松紧固锣丝;

(3) 旋开有机玻璃尾,取出阴极,注意里面的玻璃管;

(4) 调节阴极罩使灯丝尖正对阴极罩的小孔中,伸入内表面 0.2mm;

(5) 装好阴极,与机体扣好;

(6) 阴极、阳极及玻璃管要进行严格的清洗。阴极和阳极锈蚀后要用布轮抛光,再用甲苯、丙酮或酒精清洗,安装前放入真空烘箱中加热到 100℃烘干。密封圈需要涂真空脂的地方,应尽量少涂,并避免过多的真空脂暴露在真空中。

◆ **注意事项**

(1) 仪器必须接好地线。

(2) 所有接触真空的部件,必须严格清洗。

高压开关必须经常保持在"关"位,"高压调节"在零位,启动高压时应缓慢。在最初几次使用高压时,由于电子枪、阳极各部件放气,很容易造成辉光放电,加电压应分阶段(10kV、20kV、30kV、35kV)缓慢进行,不要一次连续升压。

(3) 启动高压以后,操作者应尽量做到手不离高压开关,当电子枪出现辉光放电时应做到迅速关闭开关,或将高压调压器调到零位。一般应尽量缩短加高压的时间。

(4) 直流高压部分置有一滤波电容。关高压电源以后需要接触高压部分时,应进行放电或稍等数分钟。

(5) 停止实验或镀膜完毕后、照相完毕后对系统进行放气时,应注意先关闭高压、灯丝和电离计。

(6) 整个系统必须经常保持真空,实验中应尽量缩短放入大气的时间。长期放置不用,应过一段时间开机械泵油抽空一次。学生正式实验前,应开动扩散泵先抽空几次。

(7) 防止机械泵反油

(8) 当机械泵停止抽气时,安装在机械泵进气口一侧的电磁放气阀会自动在机械泵进气口一侧放气。但使用中,由于电磁阀弹簧过松或由于拉杆滑动不好,会使气阀不能自动弹回,这样将造成机械泵油反入真空系统的事故。每次停止抽气时,应检查一下电磁阀是否弹回。开机抽气时也应该注意检查一下气阀是否被拉出。

(9) 表面保护

仪器的大部分零件均进行表面发黑处理,当进行去油清洁处理后,应尽快进行安装并抽上真空,暴露于大气的零件表面应均匀的涂抹一层扩散泵油,使用中应定期擦。

实验三十三　X 射线实验

X 射线是波长介于紫外线和 γ 射线之间的电磁辐射。由德国物理学家 W. K. 伦琴于 1895 年发现,故又称伦琴射线。波长小于 1nm 的称为超硬 X 射线,在 0.1～1nm 之间的称为硬 X 射线,在 1nm～10nm 之间的称为软 X 射线。

X 射线具有很强的穿透力,医学上常用作透视检查,工业中用来探伤。长期受 X 射线辐射对人体是有伤害的。X 射线可激发荧光、使气体电离、使感光乳胶感光,故 X 射线可用电离计、闪烁计数器和感光乳胶片等检测。晶体的点阵结构对 X 射线可产生显著的衍射作用,X 射线衍射法已成为研究晶体结构、形貌和各种缺陷的重要手段。

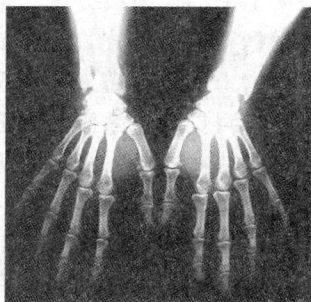

图 1　X 光片

◆ **实 验 目 的**

1. 了解 X 射线的产生与发射过程,以及 X 射线的特点和作用。
2. 用 X 射线装置进行布拉格散射实验并研究 X 射线的衰减与吸收厚度的关系。
3. 学习研究型实验的操作方法。

◆ **实 验 原 理**

1. X 射线的产生

用几万伏至几十万伏的高压加速电子,将加速后的电子撞击原子,通过碰撞,将能量传递给了原子上绕核运动的电子,使得电子发生跃迁,发生跃迁的电子又从高能级跃迁到低能级,同时放出能量,能量以电磁波的形式放出,能级足够大时就会产生 X 射线。本实验中使用的 X 射线是由阴极加热后发出的,通过加速后轰击位于阳极(又称靶极)的原子,靶极由高熔点的金属制成(本实验中用钼作为靶极)。

X 射线谱由连续谱和标识谱两部分组成,标识谱重叠在连续谱背景上,连续谱是由于高速电子受靶极阻挡而产生的轫致辐射,其短波极限 $\lambda_0 = hc/(eV)$,由加速电压 V 决定,h 为普朗克常数,e 为电子电量,c 为真空中的光速。标识谱是由一系列线状谱组成,它们是因靶极元素内层电子的跃迁而产生,每种元素各有一套特定的标识谱,反映了原子壳层结构的特征。同步辐射源可产生高强度的连续谱 X 射线,现已成为重要的 X 射线源。

2. 布拉格散射

1913 年英国布拉格父子提出了一种解释 X 射线衍射的方法,给出了定量结果,并于 1915 年荣获诺贝尔物理学奖,以表彰他们用 X 射线对晶体结构的分析所作的贡献。

布拉格将晶体看作由一系列间距为 d 的原子平面所组成(如图 2),当波长为 λ 的 X

射线照射晶体时,使晶体原子内的电子产生受迫振动而成为次波的振源,这些次波合成的结果,使得在某一方向上产生最大的干涉强度,产生的条件有两个:一是X射线在任一原子平面内都应作晶面反射,二是从相邻平面上来的反射线应是加强的。

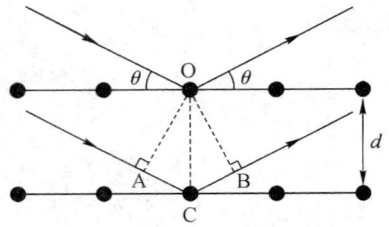

图 2　布拉格衍射

根据布拉格公式,既可以利用已知晶格常熟的晶体来研究未知 X 射线的波长,也可以利用已知波长的 X 射线来测量未知晶体的晶格常数。

d 为晶格常数,θ 掠射角为

$$\Delta = AC + BC = 2d\sin\theta$$

相邻两个晶面反射的两 X 射线干涉加强的条件:

$$2d\sin\theta = k\lambda \quad k = 1, 2, 3, \cdots \quad （布拉格公式）$$

3. 研究 X 射线的衰减与吸收体物质的厚度和性质的关系

假设入射 X 射线的强度为 K_0,通过厚度为 dx 的吸收体后,由于在吸收体内受到的相互作用,强度必然会减弱,减少量 dK 显然与吸收体的厚度 dx 成正比,与 X 射线的强度 K 成正比,若定义 μ 为 X 射线被吸收的比率,则有:

$$-dK = \mu K dx \tag{1}$$

考虑边界条件并进行积分,可得:

$$K = K_0 e^{-\mu x} \tag{2}$$

定义透射率为 $T = K/K_0$,可得:

$$T = e^{-\mu x} \quad 或 \quad \ln T = -\mu x \tag{3}$$

式中的 μ 称为线衰减系数,x 为样品厚度。

◆ **实验仪器**

本实验使用的 X 射线实验仪,如图 3 所示,**它的**正面装有两扇铅玻璃门,既可看清楚 X 光管和实验装置的工作状态,又可以保证人身不受到 X 射线的危害,要打开这两扇铅玻璃门中的任一扇,必须先按下 A_0,此时 X 光管上的高压立即断开,保证了人身安全。

该装置分为三个工作区,左边是监控区,中间是 X 光管,右边是实验区。X 光管的结构如图 4 所示,它是一个抽成高真空的石英管,A 是接地的电子发射极,通电加热后可发射电子,上面的 B 是钼靶,工作时加以几万伏的高压。电子在高压作用下轰击钼原子而产生 X 光,钼靶受电子轰击的面呈斜面,以利于 X 光向水平方向射出,C 是铜块,D 是螺旋状热沉,用于散热,E 是管脚。

A_1 是 X 光的出口,做 X 光衍射实验时,要

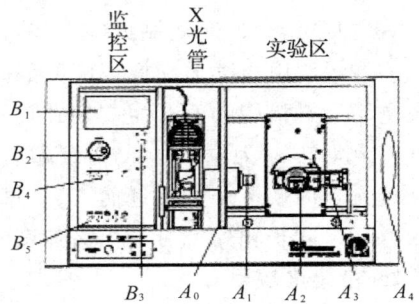

图 3　X 射线实验仪

在它前面加一个光缝,使出射的 X 光成为一个近似的细光束。

A_2 和 A_3 都可以转动,并可以测出他们的转角。

A_2 是安放样品的靶台(如图 5),安放步骤如下:①把样品轻轻放在靶台上,向前推到底;②将靶台轻轻向上抬起,使样品被支架上的凸楞压住;③顺时针轻轻转动锁定杆,使靶台被锁定 A_3 是装有 G−M 计数管的传感器,用来探测 X 光的强度。G−M 计数管是一种用来测量 X 射线强度的探测器,其计数 N 与所测的 X 射线强度成正比。由于本装置的 X 射线强度不大,因此计数管的技术率较低,技数的相对不确定度较大(根据放射性的统计规律,射线的强度为 $N\pm\sqrt{N}$,故计数 N 越大相对不确定度越小),延长计数管每次测量的持续时间,从而增大总强度 N,有利于减少计数的相对不确定度。

A_4 是荧光屏,它是一块表面涂有荧光物质的圆形铅玻璃平板,平时外面有一块盖板遮住,以免外界光线太亮而损害荧光物质。将 X 光照射在荧光屏上,打开盖板,即可以在荧光屏的右侧看到 X 光的荧光,但因为荧光较弱,此观察应在暗室中进行。

B_1 是液晶显示区,分为上下两行,上面显示 G−M 计数管的技术率 N,下面显示工作参数。

B_2 是控制转盘,各项参数都由它来调节和设置。

B_3 有 5 个按键,由它确定 B_2 所调节和设置的对象。这 5 个按键分别是:

U:设置 X 光管上所加的高压值;

I:设置 X 光管内的电流值;

Δt:设置每次测量的持续时间;

$\Delta\beta$:设置自动测量时靶台每次转动的角度;

$\beta-$LIMIT:在选定扫描模式后,设置自动测量时靶台的转动范围,即上限和下限。

B_4 有 3 个扫描模式选择键和 1 个归零键。3 个扫描模式按键分别为:

(1) SENSOR:传感器扫描模式,按下后可旋转 B_2 控制传感器的角位置,也可用 $\beta-$LIMIT 设置自动扫描时传感器的上限角和下限角,B_1 的下行此时显示传感器的角位置;

(2) TARGET:靶台扫描模式,按下后可旋转 B_2 控制靶台的角位置,也可用 $\beta-$LIMIT 设置自动扫描时靶台的上限角和下限角,B_1 的下行此时显示靶台的角位置;

(3) COUPLED:偶合扫描模式,按下后可旋转 B_2 同时控制靶台和传感器的角位置,此时传感器的转角自动保持为靶台转角的 2 倍,也可用 $\beta-$LIMIT 设置自动扫描时靶台的上限角和下限角。

ZERO 是归零按键,按下以后,靶台和传感器都回到 0 度位置。

B_5 有 5 个操作键,分别为:

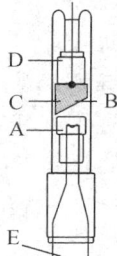

图 4　X 光管的结构

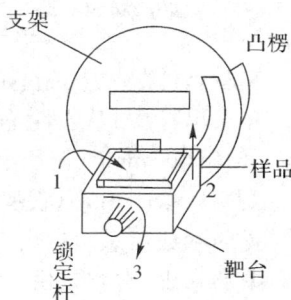

图 5　靶台

（1）RESET：按下以后，靶台和传感器都回到 0 度位置，所有参数都回到缺省值，X 光管的高压断开；

（2）REPLAY：按下以后，仪器会把最后测量的数据再次输出至 B_2 或计算机上；

（3）SCAN(NO/OFF)：按下以后，X 光管上就加了高压，传感器开始自动扫描，所得数据会被储存起来（若打开了相关程序，所得数据会自动输出至计算机）；

（4）◁：声脉冲开关，暂时不需要用到；

（5）HV(ON/OFF)：此键开关 X 光管上的高压，它上方的指示灯闪烁时，表示已加高压。

◆ **实 验 软 件**

实验软件"X-ray Apparatus"的界面如图 6 所示。

在菜单栏中，从左至右分别为：Delete Measurement or Settings（删除测量或设置）、Open Measurement（调用测量文件）、Save Measurement As（存储测量结果）、Print Diagram（打印）、Settings（设置）、Large Display & Status Line（状态行信息以大字显示 X 射线装置的参数信息）、Help（帮助内容）、About（显示版本信息）。工作区域的左侧是所采集数据的列表，右侧是由这些数据自动绘制的图形。

当在 X 射线装置中按下"SCAN"以后，仪器将进行自动扫描，软件将自动采集数据、显示结果并绘图。工作区域左侧显示靶台的角位置 β 和传感器中接收到的 X 光光强 R 的数据，而右侧自动将此数据作图，其纵坐标为光强 R（单位是 1/s），横坐标为靶台的转角（单位是度），如图 6 所示。

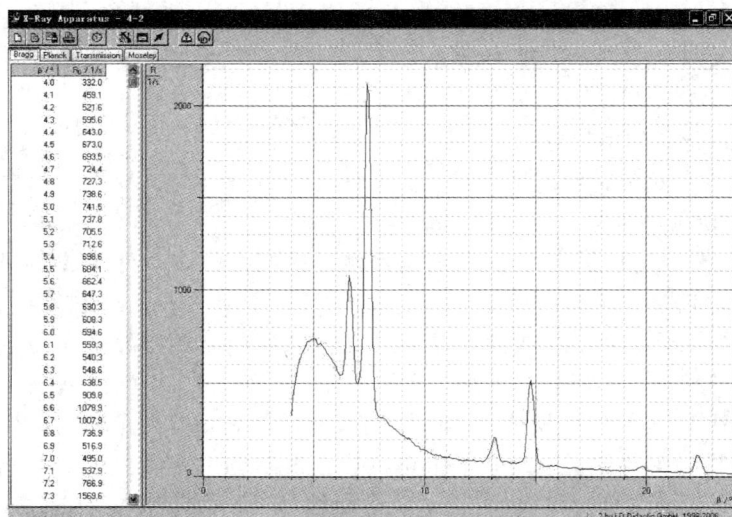

图 6 "X-ray Apparatus"的界面

若需要对参数进行设置，可单击"Settings"按钮，这时将显示如图 7 所示的窗口。

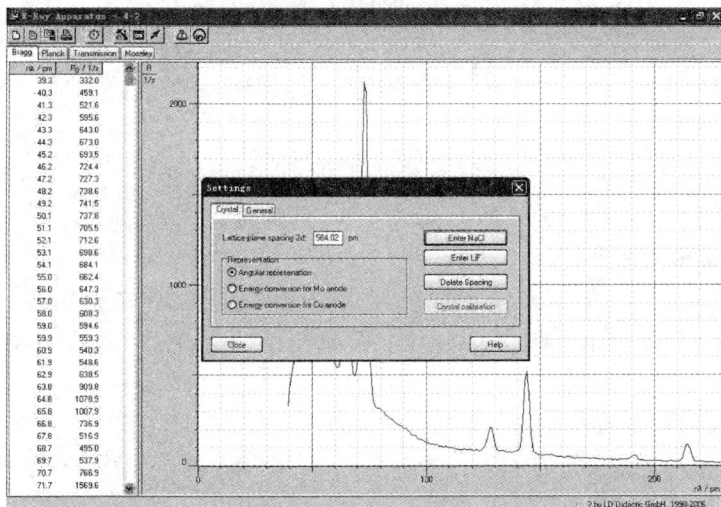

图 7 单击"Settings"按钮

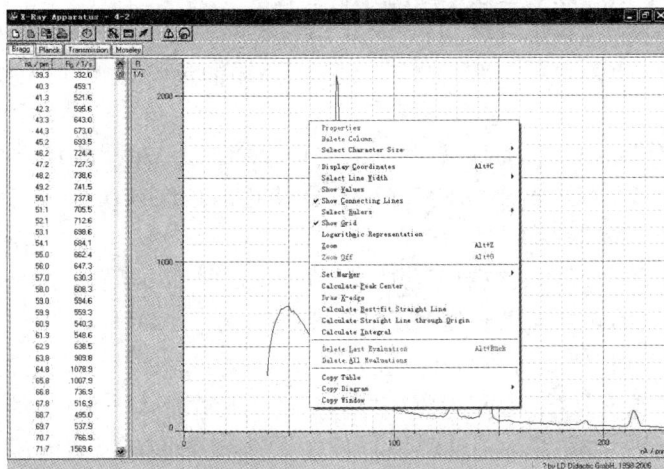

图 8 鼠标右键点击作图区显示快捷菜单

其中有两个选项卡：Crystal 和 General。后者用于设置连接计算机的串口地址和语言（一般为 COM1 和 English）。"Crystal"选项卡用于设置晶体的参数，如单击"Enter-NaCl"按钮将输入 NaCl 晶体的晶面间隔值，此时图形的横坐标变为波长。单击"Delete Spacing"按钮可以删除已输入的晶面间隔值。若选中"Energy Conversion for Mo anode"复选框，可将图形的横坐标变为能量，这时将得到一幅 X 射线的能级谱图。

用鼠标右键点击作图区域将显示快捷菜单（图 8）。在本实验中常用的功能有：Zoom（放大）、Zoom off（缩小）、Set Marker（标记）、Text（文本）、Vertical Line（垂直线）、Measure Difference（测量误差）、Calculate PeakCenter（计算峰中心）、Calculate Best-fit Straight Line（计算最适合的直线）、Calculate Straight Line Through Origin（计算通过原点的直线）、Delete Last Evaluations（删除最近一次计算）、Delete All Evaluations（删除所有计算）。

◆ 实验内容

1. 布拉格散射实验

（1）调节靶台使其与直准器间的距离为 5cm，与传感器的距离为 6cm。

（2）将 NaCl 晶体固定在靶台上，关上铅玻璃门，打开软件"X-rayApparatus"软件，按 F4 清屏。

（3）打开 X 射线装置的电源，设置 X 光管的高压 $U=35.0$kV，电流 $I=1.00$mA，测量时间 $\Delta t=3\sim10$s，角幅度 $\Delta\beta=0.1°$，按"COUPLED"键，再按 β 键，设置下限角为 $4.0°$，上限角为 $24°$。

（4）按"SCAN"键进行自动扫描，软件会自动记录数据并描绘曲线。

（5）根据曲线寻找连续谱的短波极限，并根据标识谱计算 X 射线的波长。

2. 研究 X 射线的衰减与吸收厚度的关系

（1）X 光管的高压 $U=21$kV，电流 $I=0.05$mA，角幅度 $\Delta\beta=0°$，测量时间 $\Delta t=100$s。

（2）按"TARGET"键，转动"ADJUST"旋钮，使靶的角度为 $0°$（每转动 $10°$，吸收体厚度增加 0.5mm）。

（3）按"SCAN"键进行自动扫描，扫描完毕后，按"REPLAY"键并读取数据。

（4）按"TARGET"键，转动"ADJUST"旋钮使靶的角度依次为 $10°$、$20°$、$30°$、$40°$、$50°$ 和 $60°$，分别进行上述实验。

（5）列表观察 X 射线的衰减规律，并描绘 $T-d$ 曲线和 $\ln T-d$ 曲线。

3. 研究 X 射线的衰减与吸收体物质的关系

（1）按"ZERO"键，使测角器归零。

（2）X 光管的高压 $U=30$kV，电流 $I=0.02$mA，角幅度 $\Delta\beta=0°$，测量时间 $\Delta t=30$s。

（3）按"TARGET"键，转动"ADJUST"旋钮使靶的角度依次为 $0°$、$10°$ 和 $20°$（每转动 $10°$吸收体物质发生改变）。

（4）按"SCAN"键进行自动扫描，扫描完毕后，按"REPLAY"键并读取数据。

（5）X 光管的高压 $U=30$kV，电流 $I=0.02$mA，角幅度 $\Delta\beta=0°$，测量时间 $\Delta t=300$s。

（6）按"TARGET"键，转动"ADJUST"旋钮使靶的角度依次为 $30°$、$40°$、$50°$和 $60°$。

（7）按"SCAN"键进行自动扫描，扫描完毕后，按"REPLAY"键并读取数据。

（8）列表并作图观察 X 射线的衰减与吸收物质原子序数的关系。

◆ 注意事项

我们还可以利用 X 射线进行多种多样的实验，受篇幅所限，这里不再一一列举，同学们可以自行查找资料进行研究，但下列事项必须注意：

（1）本实验使用的晶体都是昂贵且易碎的材料，必须注意保护，使用时必须用手套，且只能接触晶体的边缘，不可使用太大的压力，更不能落到地上，不用的时候要放入干燥缸。

（2）使用测角器测量时，光缝刀靶台和靶台刀传感器的距离一般取 5～6cm，距离太大，会降低计数率，距离太小，会降低角分辨本领。

（3）在进行非转动样品的实验时（例如研究吸收的实验），仍可以用自动测量，只须设置 $\Delta\beta=0.0°$ 即可。这时用"SCAN"键可以控制开关高压的时间，并通过"REPLAY"键得到平均值。

实验三十四　塞曼效应实验仪的应用

一、塞曼效应实验

　　1896 年,塞曼利用一半径为 10 英尺的凹形罗兰光栅观察处于强磁场中的钠火焰的光谱,发现光谱线在磁场中发生了分裂,这就是塞曼效应。塞曼效应在量子论的发展中起了重大作用。为此,他获 1902 年度诺贝尔物理奖。至今塞曼效应还是研究原子结构和能级参数的重要手段,也是激光技术、测量技术中的重要手段。塞曼在当年的技术条件下,实施其实验研究时,技术难度是很大的,当今的技术,已能让大学生轻松观测这一重要科学现象。通过这个实验,能让学生通过光信号来看原子,又能得到一系列技术上的训练和启发。

图 1　塞曼

实验目的

1. 掌握塞曼效应实验仪简单的操作方法。
2. 观察光谱在磁场中分裂现象。
3. 理解塞曼效应的原理和测量电子荷质比的一种方法。
4. 了解塞曼效应实验仪的性能和应用范围。

实验原理

1. 法布里—珀罗(F—P)干涉仪

　　F—P 干涉仪的核心是两个平面性和平行性极好的高反射光学镜面,它可以是一块玻璃或石英平行平板的两个面上镀制的镜面,也可以是两块相对平行放置的镜片,即为空气间隔,光线入射到两平行镜面之间,大部分反射小部分透过膜层出射,能够形成多光束等倾干涉,如图 2 所示。

　　前一种形式结构简单,使用时无需调整,比较方便,体积也小,但由于材料的均匀性和两面加工平行度往往达不到很高水平,故性能不如后者优良。用固定间隔来定位的 F—P 干涉仪又常称为 F—P 标准具。间隔圈常用热膨胀系数小的石英材料(或零膨胀微晶玻璃)。它在三个点上与平镜接触,用三个螺丝调节接触点的压力,可以在小范围内改变两镜面的平行度,使之达到满意的程度。F—P 干涉仪采用多光束干涉原理,关于多光束干涉的详细理论可参阅有关专著,我们在此就直接利用有关的一些关系式。

2. 汞灯谱线的塞曼效应

　　设有两条相近谱线 λ_a、λ_b,经标准具形成二套同心干涉环。由标准具基本公式

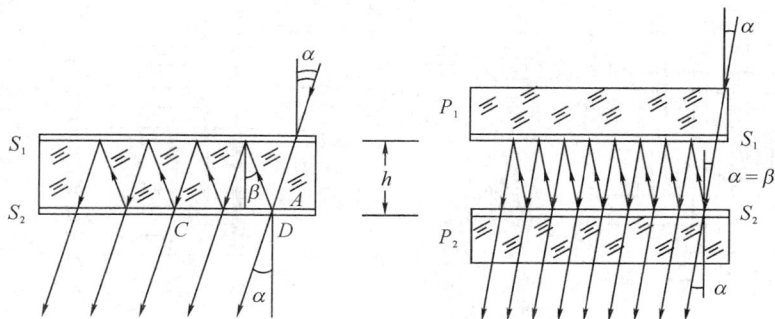

图 2 F—P 干涉仪的多光束干涉

$2nh\cos\alpha = k\lambda$ 可见,若 $\lambda_a > \lambda_b$,在同一干涉级次 k 中,波长稍大的谱线所形成的干涉环,在波长稍小的谱线所形成的干涉环的内侧,即:$D_a < D_b$,如图 3 所示。可导出它们的波数差为:

$$\Delta\tilde{\nu} = \tilde{\nu}_a - \tilde{\nu}_b = \frac{1}{2nh} \cdot \frac{D_b^2 - D_a^2}{D_{k-1}^2 - D_k^2} \tag{1}$$

式中 h 为标准具镜面间隔几何距离;而 n 是镜面之间介质的折射率,对空气隙标准具,n 值可近似认为是 1,对(石英)固体标准具,n 值对 546.1nm 的光为 1.460,对577nm 是 1.459,对 436nm 是 1.467,对 405nm 是 1.470。测出同一分量在相邻级次的环直径 D_{k-1} 和 D_k 根据 F—P标准具的理论,同一谱线各相邻级次环直径的平方差是相等的,它对应于自由光谱范围 $1/(2nh)$,测出待测二分量在同一级次中的环直径 D_a 和 D_b 即可根据(1)式,依此算得塞曼分裂的 $\Delta\tilde{\nu}$ 大小。为了减少测量次数,可选 D_{k-1}即为 D_b。

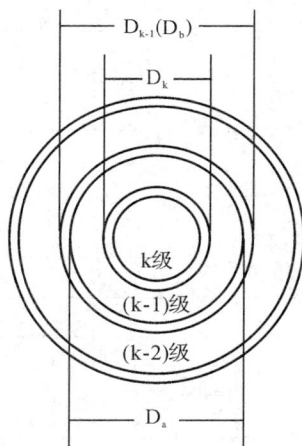

图 3 波长相近的干涉环

根据原子物理的有关知识,各塞曼分量偏离无磁场时谱线的波数差为:

$$\Delta\tilde{\nu} = (M_2 g_2 - M_1 g_1) B \cdot e/4\pi mc$$
$$= (M_2 g_2 - M_1 g_1) L \tag{2}$$

其中 $L = B \cdot e/4\pi mc$ 是所谓"洛仑兹单位",B 是磁感应强度、e 是电子电量,m 为电子质量,c 为光速;而 M_1、M_2 分别为跃迁的上下能级的磁量子数,g_1、g_2 分别为上下能级的朗德因子。图 4 示出,对于汞绿线($M_2 g_2 - M_1 g_1$)有 9 个值(-2,$-3/2$,-1,$-1/2$,0,$1/2$,1,$3/2$,2),分裂为 9 个塞曼分量,相邻分量的波数差 $\Delta\tilde{\nu}$ 为 1/2 个洛仑兹单位 L。

通过对实验现象的观察和测量,由式(1)可以得到塞曼分裂值 $\Delta\tilde{\nu}$,再由式(2)可以得到洛仑兹单位 L。利用给出的磁感应强度 B 值便可计算出电子的荷质比 e/m:

$$\frac{e}{m} = \frac{4\pi cL}{B} \tag{3}$$

汞灯在可见区的主要谱线的相应能级和塞曼效应情况示于图 4。

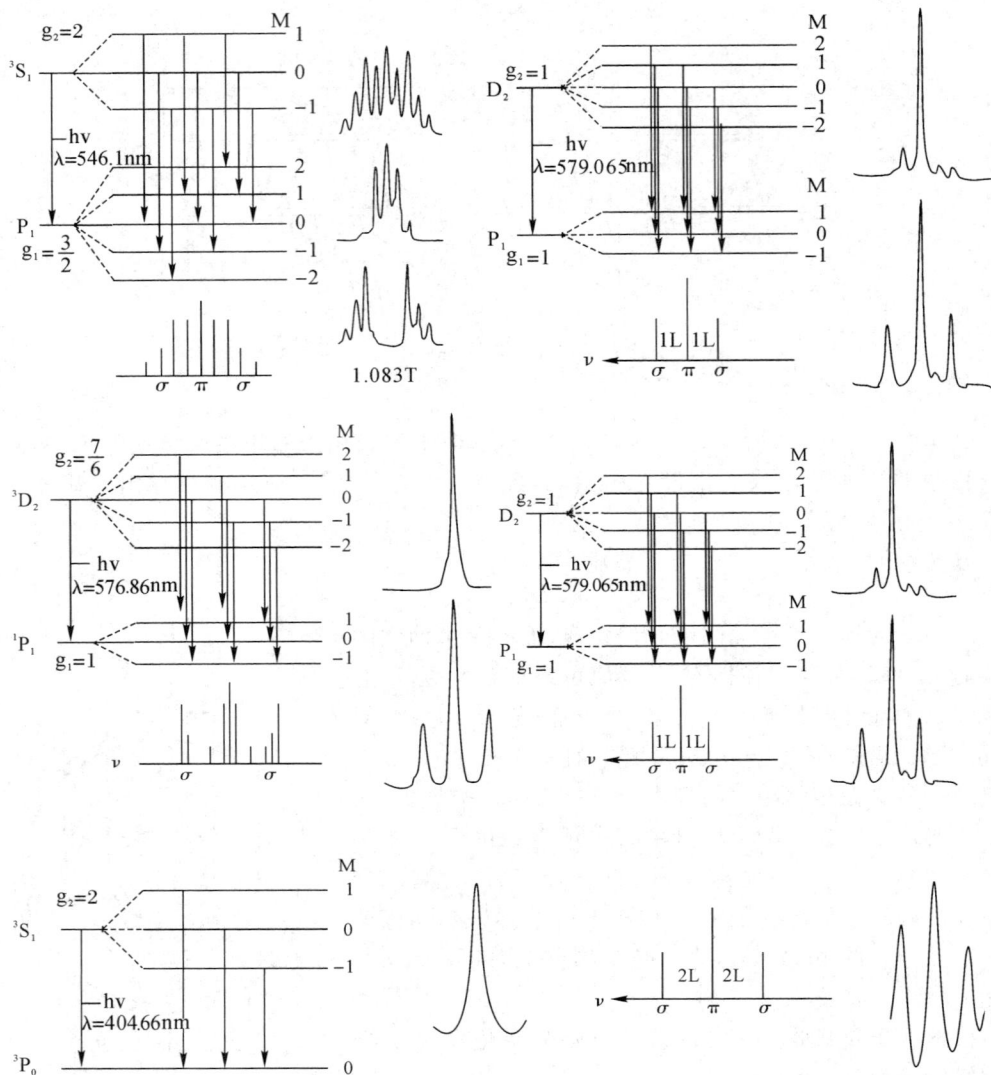

图 4　汞灯谱线的相应能级和塞曼效应

采用黄光滤光片时，可观察到汞灯 577nm 和 579nm 两条谱线的两套干涉环，加磁场后，每一个环分裂成三个环（各多出内、外二个较暗的环），其中 579nm 谱线上、下能级的朗德因子 g_1、g_2 都为 1，属正常塞曼效应，而 577nm 谱线的 $g_1=1$ 而 $g_2=7/6$ 看起来它的三个分裂环稍有加宽，每一个环都由三个很靠近而难以分辨的分量组成。有时也偶尔会发生标准具的光学厚度正好接近 577 和 579 两谱线的公倍数，造成环的重叠，只能看到一套黄光的干涉环。

采用兰光滤光片时，可观察到汞 435.8nm 兰线的塞曼分量是 6 条。采用紫色滤光片时，可观察到汞 404.7nm 紫线的塞曼分量也是 3 条，但其裂距比一般正常塞曼效应的裂距大一倍。由于人眼对紫光的视觉灵敏度大为降低，肉眼不易看清该谱线的干涉环，应调暗环境光线,以便让眼睛适应暗弱的图像,或者调换聚光透镜的焦距或位置,使光更集中,才能看清紫线的塞曼分裂情况。用摄像头拍摄,则容易看到汞紫光的分裂情况。

◆ **实验仪器**

塞曼效应实验仪介绍:

本仪器由笔形汞灯、汞灯支架、汞灯电源、可移动永久磁铁、聚光透镜、可切换滤光片盘、偏振片、F—P 标准具(可选用空气隙 F—P 标准具或固体 F—P 标准具)、成像透镜、观测目镜、测微千分表、CCD 摄像头等部件组成,如图 5 所示。

各主要部件技术参数:

(1)空气隙 F—P 标准具:空气间隙 2mm,通光孔径 $\Phi25$,高反射带宽 $\geqslant200$nm,外壳直径 $\Phi62$。

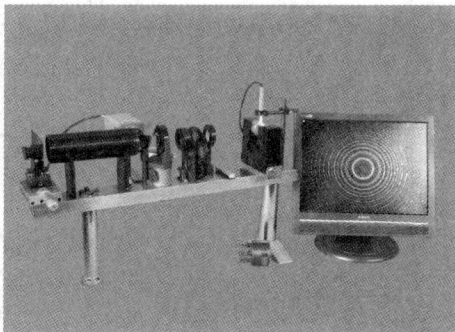

图 5　塞曼效应实验仪

(2)固体 F—P 标准具:厚度 1.4mm 左右(每只有确切标示),基片直径 $\Phi20$,高反射带宽 $\geqslant200$nm,外壳直径 $\Phi32$。

(3)汞灯及其电源:灯宽度 <6.4mm,放电电流约 8mA(DC)。

(4)永久磁铁:磁隙间隙 6.5mm,磁感应强度 $B\approx1.1$T 左右(每台有确切的标示),可垂直竖起对汞灯加磁场,或卧倒移去磁场。

(5)滤光片盘:有 5 个孔位,一孔无滤光片,各谱线都通过,其他四孔分别有 577nm、546nm、436nm、405nm 四片滤光片,通带半宽度 7 ± 2nm,峰值透过率 $\geqslant40\%$。

(6)成像透镜:焦距 $f=180$mm,消色差、像差,通光孔径 $\Phi50$。

(7)千分表:读数分辨率 0.001mm。横向移动测量范围 $\geqslant20$mm。

(8)摄像头:123 万像素静态分辨率。

◆ **实验内容**

装好汞灯,使磁铁竖起时汞灯位于磁隙正中间,不擦到磁极,锁紧支头螺丝。调节聚光透镜高低左右,使磁隙中央的汞灯段投射到标准具的孔径中央。

1. 目视观测

目视观察最直观,测量最直接,既简单,效果又较好。

(1)把成像透镜筒对准 F—P 标准具,并锁紧底部螺栓。

(2)把承载目镜的千分表置于约 12mm 位置(中央位置)。选择滤光片空挡位,从目镜观察,旋转目镜调节圈,使目镜内的十字叉丝最清晰;前后调焦目镜,使看到的等倾干涉环最清晰;左右高低调节聚光透镜,使干涉环显现亮区最佳;调节 F—P 标准具方位角,使等倾干涉环中心位于目镜十字叉丝中心(若仪器系统中选用的 F—P 标准具是空气隙型式的,则需按空气隙标准具说明书介绍的方法仔细调节平行度,才能使干涉环清晰。若选用的是固体标准具,则无需此项调节。)。

（3）选择 546nm 滤光片,可看到一套绿色干涉环。取下偏振片,竖起磁铁时,每个环分裂成 9 个环,呈反常塞曼效应现象。仔细前后调节目镜使环最清晰。

（4）插入偏振片,旋转偏振片时可看到 π 分量消失或 σ 分量消失的现象。

（5）相近谱线的观测。

（6）把千分表旋到最大位置,然后使目镜十字叉的垂直丝对准某一干涉环,在千分表上读出并记录此环的相对位置,逐步旋小千分表的数字位置,在此过程中一次一次地把十字叉垂丝对准欲测量的干涉环,并读记这些环的相对位置。把相应干涉环的左、右位置数相减,即可得到该环的直径 D。

2. CCD 摄像观测

把成像镜筒－摄像头组件下方的固定螺铨放松,将组件向右平移,使摄像头正对 F—P 标准具,然后锁紧固定螺铨,把摄像头的 USB 头插到电脑的 USB 接口。

（1）调整、拍摄

运行"摄像头"软件（Topspeed 或 Vimicro Cam）,电脑上出现一个小屏幕,其中显现摄像头摄到的图像。将摄像头的光圈调到最大,在屏幕上应看到干涉环图像,再旋转镜头前部的"调焦"（见图 6）,使干涉图像清晰可见。调节 F—P 标准具的方位,使干涉环的中心位于视场中心,调节聚光透镜高低左右,使干涉图的亮度最大且对称。

图像质量调到最佳后,可进行"拍照"。运行软件,如 Topspeed,点击"StiCap",再点"GetImage"即可拍下图像,再将此图像保存即可。也可运行 Vimicro Cam 软件进行拍摄。

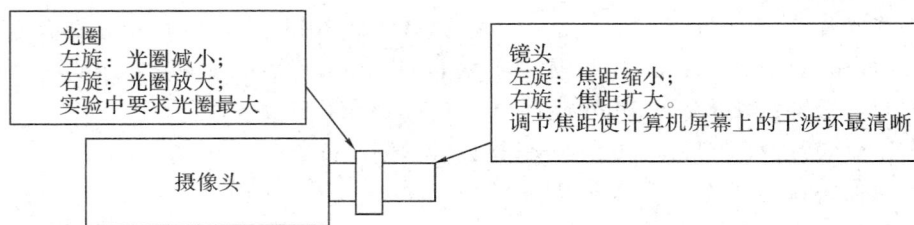

图 6　摄像头的调整

（2）数据的采集

①运行 photoshop 程序,打开保存在图片库中的干涉环图像,在主菜单下选择"图像"菜单下的"模式"级联菜单中的"灰度"选项,将彩色图像变成灰度图像;然后选择"窗口"菜单下的"信息"命令,打开信息窗口。（信息窗口中的 K 值代表图像的灰度,K 值越小说明该点的亮度越大,在测量过程中我们就是要测出每个环的最亮点的坐标。X、Y 是测量点的坐标值。）

②测量干涉环数据:十字光标移动到待测量的光环上,要求十字光标在光环上的位置使 K 值最小,记录下该点的 X、Y 坐标值,以后的测量保持 Y 值不变,以保证每个测量点在同一条水平直线上。再将十字光标移到该光环的另一侧,记录测量点的 X 坐标。用同

样方法测量其他欲测干涉环的 X 值(测量点最好在干涉环的水平直径上,但若不在干涉环的水平直径上,而是在弦上,根据 ΔD^2 的不变性,可以证明:只要各测量点在一条直线上,不论是测量弦长还是测量直径长,实验结果应是一样的。)。

③测量完毕后可以用公式(1)和(3)计算实验结果,也可使用 Excel 进行计算。

◆ **数据记录与处理**

(1) 由于本实验中测量二个大量求其平方差,读数误差对结果影响较大,为了减小实验的相对误差,可测间隔大些的分量之间的波数差,例如:汞绿线的 6 个 σ 分量中,内侧 2 个较强分量之间(跳过三个 π 分量)的波数差 $\Delta\tilde{\nu}$ 为 2 个洛仑兹单位 L,这样由读数误差引起的相对误差就可小到约 1/4。多次测量、对不同级次进行测量,再对测量结果求平均值可得到更精确的实验结果。

(2) 本仪器中已知了磁感应强度 B(特)、F—P 标准具的厚度 h(米)、光速 c 取 3×10^8 m/s、π 取 3.142。即可根据公式(1)、(3)求出塞曼分量的裂距 $\Delta\tilde{\nu}$ 和电子荷质比 e/m。后者可与标准值 1.7588×10^{11} C/kg 对比,以便评价实验的相对误差,并进而分析估计误差来源。

(3) 根据不同的实验要求,可以自行编制不同的电子表格对实验数据进行相应的处理。使用 Excel 表格时,在表格中输入相应的数值。例如:表格中 DL1、DR1 分别表示某干涉环左边 X 坐标的读数和右边 X 坐标的读数。由于石英介质固体标准具对不同波长折射率 n 略有差异,所以在填写折射率方框时请同学自行输入相应的折射率(对于汞灯黄光折射率为 1.459;绿光为 1.460;蓝光为 1.467;紫光为 1.470),编写计算公式,得出电子荷质比 e/m 的结果。

二、气压式标准具在塞曼效应实验仪的应用

在固体标准具塞曼效应实验的基础上,用空气隙标准具代替固体标准具,连续改变空气压强,从而连续改变空气的折射率,提高检测的灵敏度,以便观察谱线的精细结构。

◆ **实验目的**

了解 F—P 标准具的原理;掌握其调整、使用方法;利用气压扫描法测定标准具的主要技术指标;应用该仪器测定塞曼效应等。

◆ **实验原理**

1. 气压扫描 F—P 标准具

气压扫描 F—P 干涉仪的核心是两个平面性和平行性极好的高反射光学镜面,它是两块相对平行放置的镜片,中间为空气间隔,如图 1 所示。间隔圈常用热膨胀系数小的石英材料(或零膨胀微晶玻璃)。它在三个点上与平镜接触,用三个螺丝调节接触点的压力,可以在小范围内改变二镜面的平行度,使之达到满意的程度。使用时常在干涉仪的前方

加聚光透镜，后方则用成像透镜把干涉图成像于焦平面上，如图 2 所示。

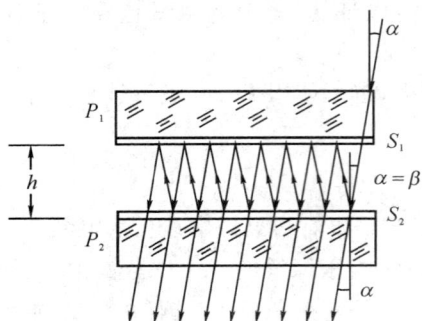

图 1　F—P 干涉仪的多光束干涉　　　　图 2　F—P 标准具的使用

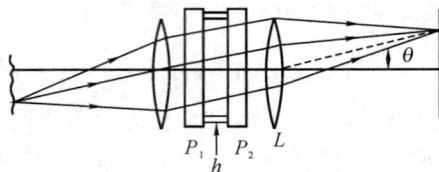

F—P 干涉仪采用多光束干涉原理，关于多光束干涉的详细理论可参阅有关专著，我们在此就直接利用有关的一些关系式。

图 1 中相邻两光束的光程差为

$$\Delta = 2nh\cos\beta = 2h\sqrt{n^2 - \sin^2\alpha} \tag{1}$$

其中 h 为镜面间隔距离，n 为镜间介质折射率，α 为入射光束投射角，β 为光束在镜面间的投射角，干涉条纹定域在无穷远。

当镜面的材料为介质膜时，其吸收率可忽略，在反射中光强分布由下式决定：

$$I_R = I_0 \frac{4R\sin^2\frac{\Phi}{2}}{(1-R)^2 + 4R\sin^2\frac{\Phi}{2}} \tag{2}$$

$$I_T = I_0 \frac{(1-R)^2}{(1-R)^2 + 4R\sin^2\frac{\Phi}{2}} \tag{3}$$

其中 I_0 是入射角为 α 的入射光强；而 Φ 为相邻光束的相位差，来自由（1）式表示的光程差 Δ：

$$\Phi = \frac{2\pi\Delta}{\lambda} \tag{4}$$

对一定波长的单色光，Φ 因入射角 α 而变。干涉极大的角分布是以镜面法线为轴对称分布的，在图 2 的成像透镜焦面上得到一套同心环，干涉图的圆心位置在通过透镜光心的 F—P 镜面法线上。

光强随相位差的分布图如图 3 所示，可见反射光是亮背景上的暗环，透射光是暗背景上的亮环，两者是互补的，其和等于入射光强 $I_0(\alpha)$。

根据（3）式透射光强在光程差满足以下条件的角方位上有极大值：

$$k\lambda = \Delta = 2nh\cos\beta = 2h\sqrt{n^2 - \sin^2\alpha} \tag{5}$$

其中 k 为干涉级次，是正整数。

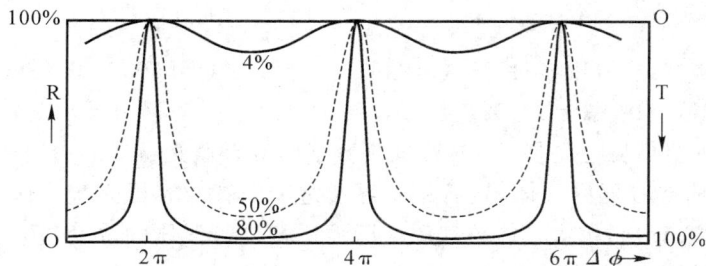

图 3　透射光和反射光的光强分布

2. 干涉光谱的观测和记录

由 F—P 干涉仪的程差表示式 $\Delta = 2nh\cos\beta$ 可知,改变镜间距离 h、改变镜间气体压强从而改变折射率 n 以及改变角度 β 都可以改变程差 Δ,从而实现干涉光谱的扫描。

改变倾角法通常是转动标准具本身,在成像透镜焦平面上设置一短狭缝光阑,随着标准具法线取向的变化,使整套干涉环在垂直狭缝光阑的方向,扫过狭缝光阑中心。光电探测器接收通过光阑的光强。这种方法容易实施,容易扫过多个干涉级次,适用于 h 和 n 不易改变的实心介质标准具。其缺点是标准具角色散的非线性使扫描也是非线性的;不能利用干涉圈中心色散最大处;倾角大时,干涉光束数目减少,从而分辨率下降。

较好的办法是扫描 h 或 n,这时干涉环的圆心位置不变,而从中心冒出(h 或 n 增大)或湮灭(h 或 n 减小),同时探测通过中心小孔光阑的光强,得到如图 3 所示的信号。这样能利用中心色散最大处,扫描是线性的,分辨率也是一致的。

改变 h 可用精密丝杆匀速移动一面镜子来实现,但这种方法稳定性差,一般不采用。通常把干涉仪的一面镜子固定在可以伸缩的支承材料上。这种伸缩可以是压电伸缩或磁致伸缩,也可以热胀冷缩(这时需把干涉仪置于温度可均匀而线性变化的温室内),这类方法操作方便,其中压电伸缩用得最多。主要缺点是在改变 h 时,不易保持两镜严格的平行,同时有一镜是可动支撑结构,使其机械稳定性和温度稳定性降低。但采取严格措施,还是能达到满意的程度。

改变镜间气压来扫描干涉光谱是广泛采用的最简单而可靠的方法,它不会破坏两镜的平行性,采用固定间隔环的 F—P 标准具的稳定性好,对振动干扰不大敏感,容易做到较好的线性慢扫描。这种方法的局限性在于气压不能很快改变,故不适合研究波长和光强较快漂变的光源,另外必须有足够的镜间间隔,才能方便地实现几个干涉级次的扫描范围。让我们来估算一下,改变气压时,标准具光学厚度的相应改变有多大。理论和实验都表明,在相当大的气压范围内,气体折射率 n 与气体密度 ρ 有很好的线性关系,在温度 T 不变时与气压 p 也有线性关系:

$$n-1 = A'\rho = A''\frac{p}{T} = Ap \tag{6}$$

其中 A'、A'' 和 A 为常数。光束入射角接近 $0°$ 时,干涉级次为 $k = \dfrac{2nh}{\lambda}$,气压改变 Δp 时,干涉级次的改变为:

$$\Delta k = \frac{2h}{\lambda} \cdot A \cdot \Delta p \tag{7}$$

如果采用空气,在标准条件下,$A = 2.93 \times 10^{-4}$,当 $\lambda = 5500 \mathring{A}, h = 2mm, \Delta p = 2$ 大气压时,能扫过干涉级次 $\Delta k = 4.262$。

气压扫描的具体做法是把 F—P 标准具置于两端有通光窗口的密闭容器中。一般常用机械真空泵抽空容器内气体,然后从气源通过毛细管对容器充气。这时随着 nh 的增大,干涉环从中心冒出,扩大。如果气源的压强比扫描时气压的改变量大得多,可近似地认为充气流量是恒定的,则 n 随时间的变化也是线性的:

$$n = 1 + Ap = 1 + c \cdot t \tag{8}$$

但要得到较好的线性,抽气、充气系统并不简单方便,同时毛细管易被尘埃等堵积而改变流量,要想改变扫描速度也不方便。

在实验仪器中,用步进电机驱动的封闭压缩泵来改变容器内的气压。容器上装有半导体压力传感器,直接输出与气压成线性关系的电压信号,作为记录仪的 X 坐标信号。由 $2nh = k\lambda$ 可知,对于 λ 确定的单色光,气压扫描可以得到干涉级次的线性扫描,而在同一级次中的就得到对不同波长的线性扫描。记录仪 Y 轴的信号来自小孔光阑后的光电探测器。图 4 就是记录得到的光谱。如果采用谱线宽度很窄的单色光,例如单纵模激光,则其透射峰就能反映仪器宽度,以半峰值处的宽度除以峰—峰距离就得到细度。但一般光谱灯的谱线本身有 GHz 量级的频宽,其透射峰是仪器线形与谱线线形的卷积。

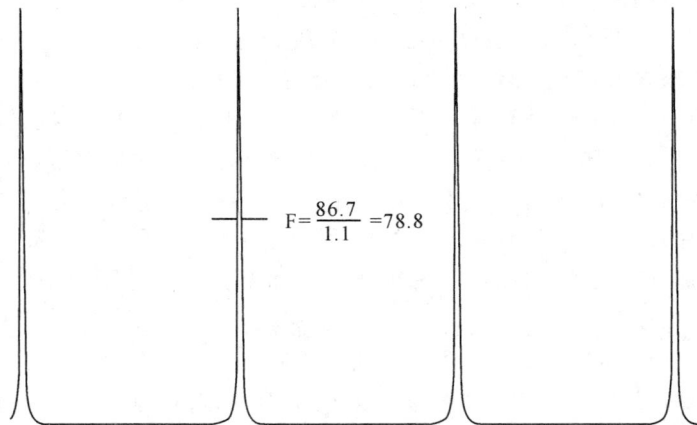

$$F = \frac{86.7}{1.1} = 78.8$$

图 4 单色光的光电扫描光谱

封闭压缩系统驱动器步进电机的步速可方便地改变,从而可改变气压扫描速度,同时仪器中采用了反馈控制,使气压扫描速度接近恒定,避免封闭压缩系统的空间缩小时,恒定的步速使气压上升速度越来越快,导致信号探测和处理中时间响应的不一致。

用气压传感器的气压信号作为正比于气体折射率的信号,其前提是系统的温度应保持不变。在仪器结构上已尽量使温度变化极小,同时在使用中,扫描速度慢能使温度变化的影响更小。另外,气压扫描时,气室外壳会发生微小形变,已采取措施有效地隔离了这种形变对镜片的影响,否则,气压扫描 F—P 干涉仪将不能正常工作。

光强信号探测器应根据光信号的强度和波长合理选择。强光时,如用 He—Ne 激光,可采用硅光电池,工作波长范围为 $0.4\sim1.1\mu m$,不需要供给其他工作电压。但应注意,光电池的短路光电流与光信号强度有线性关系,所以采用的信号放大器输入阻抗必须是极小的。弱光时,如各种光谱灯,可采用光电倍增管,应选灵敏的、波长范围合适的、无光时暗电流小的器件。光电倍增管的倍增率与所供给的负高压关系很大,可在相当大的范围内调节负高压,改变输出光电信号的大小,同时要求负高压要足够稳定,否则光电信号将会产生明显的漂移或抖动。

数据记录可以采用 X—Y 记录仪,也可通过 A/D 转换接口输入到 PC 机,用专用软件来显示扫描曲线和进行数据处理。

◆ **实验仪器**

气压扫描 F—P 标准具、单频 He—Ne 激光器及其电源、硅光电池探测器、函数记录仪或 PC 机、扩束平行光管、电磁铁及其电源、特斯拉计、笔形汞灯及其电源、聚光透镜。

◆ **实验内容**

1. 调整仪器系统

把仪器调整到最佳状态是实验取得优良效果的基础,同时能加深对仪器原理和功能的认识,学会正确而巧妙地使用仪器,这对提高实验能力十分重要。在 F—P 干涉仪的实验中,应注意调节两镜的平行度,求取平面度最好的部位用于实验,正确地把小孔光阑设置到干涉图的中心,正确照明来获取最强信号。在扫描型的 F—P 干涉仪中,可利用其扫描特点,把调整工作巧妙地做得特别卓越。

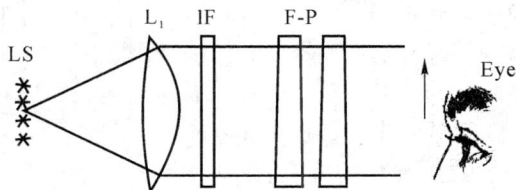

LS:线光谱光源;L_1:聚光透镜;IF:干涉滤光片

F—P:标准具;Eye:眼睛

图 5 通常观测平行度方法

通常调节 F—P 镜对的平行度方法,如图 5 所示。采用单色光照明干涉仪,眼睛一边观察干涉仪,一边向某一方向移动,如果移动时发现环从中心冒出并扩大,说明沿此方向镜间距在增大,应调节相应螺旋,纠正之。实践证明,这样的调节效果往往还不尽如人意,在本实验中,利用成像透镜、焦面小孔光阑组件,可选出一束通过 F—P 干涉仪的平行光束来观察,如图 6 所示。这样观察到的是等厚干涉条纹。在增加气压时,条纹将向镜间距小的方向移动,这样我们可以很明确地知道该调哪个螺旋,如何调。随着平行度的改善,等厚条纹会变宽、变弯曲,变成宽大的亮斑,如图 6 中(a)、(b)、(c)所示。设想一对理想的

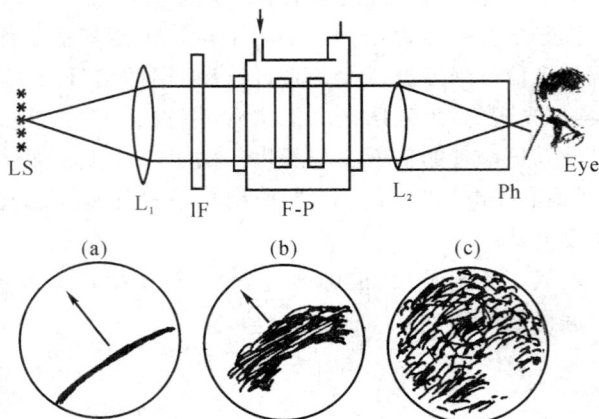

LS:线光谱光源;L_1:聚光透镜;L_2:成像透镜
IF:干涉滤光片;Ph:小孔光阑　Eye:眼睛
图 6　扫描法观测平行度

平行平镜,其镜间距处处相等,等厚干涉条件各处一样,在扫描气压时,整个孔径内亮暗应均匀分布,在透射峰时呈现的干涉图是一均匀亮场。由于不平行,才会导致扫描时等厚干涉图的定向横向移动,这提供了极其敏感的平行度指示。平行度调到最佳后,由于镜面必定存在平面度误差,所以透射峰时仍不是均匀亮场。从以上的观察和调节,可以直观地领会到平镜平行度和平面度对仪器细度和峰值透过率的决定性影响。

　　焦面上小孔光阑设置于干涉环的中心是最有利的,但有时所研究的光源亮度较低,难以清晰地看清干涉环,为此,在仪器在小孔光阑后方设置了一个可移动的发光二极管,可把它移到正对小孔,使光向前经成像透镜投射到 F—P 镜上,再反射回来,又在焦面上成一亮点,如图 7 所示,调整 F—P 干涉仪的方位,使该亮点与小孔重叠,就保证了小孔光阑位于干涉环的正中心。调毕,把发光二极管关闭并移开,不妨碍光电探测器接收信号。

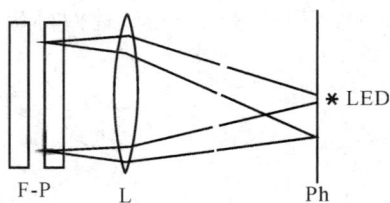

图 7　调整干涉环中心

　　为了在记录仪或计算机屏幕上显示大小适中的信号曲线,除了在记录仪或计算机上选择设置合适的灵敏度以外,对 X 轴的气压(波长)信号,还可在"扫描控制器"上连续调节气压模拟信号的"输出调节";对 Y 轴光强信号,还可调节光源的光强、光电倍增管电压、光电流放大器倍率或"输出调节"来得到合适的信号强度。

　　2. 空气折射率的测定

　　扫描几个干涉级次,从气压表上读出相应干涉极大所对应的气压 p_1 和 p_2,根据已知的标准具间隔 h,按式(7)求得系数 A,我们所用的是普通空气,所以 A 即为实验温度下的空气折射率系数。

3. 光谱灯谱线轮廓和超精细结构的测定

用光谱灯和聚光透镜取代激光器和扩束平行光管,用干涉滤光片或单色仪滤出一条谱线,用光电倍增管探测通过干涉图中心小孔光阑的光通量,扫描记录该谱线,可得到谱线的轮廓、宽度和超精细结构的分布。由此可进一步得到发光原子的能态和所处环境的信息。图 8 是用 2mm 间隔的 F—P 干涉仪得到的汞 546.1nm 谱线结构。

可比较笔形汞灯、低压汞灯及高压汞灯的谱线轮廓和宽度。

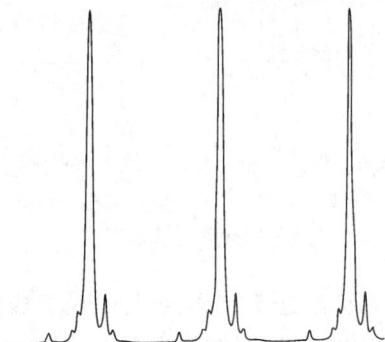

图 8 汞 46.1nm 谱线结构

4. 塞曼效应的测定

"塞曼效应"是高校理科"近代物理实验"中的基本实验之一,塞曼和洛仑兹由于这方面的研究获得了 1902 年诺贝尔物理奖。至今它仍是研究原子、分子的重要手段,在应用方面,它被用于准确而灵敏的磁场测量、原子频率标准(原子钟)以及有关激光和微波激射器的多种应用技术中。关于塞曼效应的原理,所有有关原子物理和光学的教科书以及各种"近代物理实验"教材上都有详细的介绍。从实验的角度,做好"塞曼效应"实验的关键在于分辨率高而工作稳定的分光仪器,利用气压扫描 F—P 标准具能完美地完成该实验。实验者应从完成实验的过程中,深入领会 F—P 干涉仪的原理,掌握用好这类干涉仪的调整技巧,并理解这类具有广泛意义的高分辨光谱和高灵敏光学测量的实验意义。

图 9 是塞曼效应实验装置安排。在开始调整仪器时,可拿开偏振片,使光强增大;同时取下光电倍增管,直接用眼睛通过焦面小孔光阑观察。调整好 F—P 干涉仪后,取下焦面小孔光阑,可目视观察无磁场和有磁场时气压扫描的等倾干涉图;装上带小孔光阑的光电倍增管组件即可进行光电记录,必要时可采用前面介绍的方法,保证光阑小孔位于干涉环的正中心。记录时,把气压信号(对应于波长扫描)接记录仪或计算机屏幕的 X 轴;把光强信号接 Y 轴,调节各环节信号强度,使显示幅度恰当。

通常采用干涉滤光片从汞灯光源中滤出很强的 546.1nm 绿线来进行实验,得到分裂为 9 条塞曼分量的反常塞曼效应。塞曼分裂的扫描谱图中,相邻级次的峰间距 S_0 所对应的波长为自由光谱范围 λ_{FSR},从分裂峰的裂距 S 即可得知相应的波长 $\Delta\lambda = \lambda_{FSR} \cdot \dfrac{S}{S_0}$。用特斯拉计测定塞曼分裂时的相应磁场 B,从原子物理得知:

$$\Delta\lambda = (M_2 g_2 - M_1 g_1) \cdot \frac{\lambda^2 B}{4\pi c} \cdot \frac{e}{m} \tag{9}$$

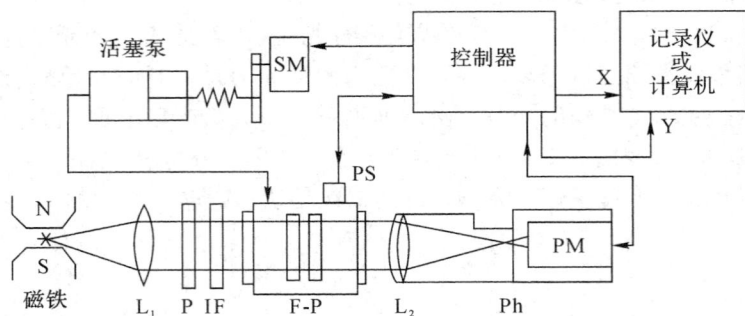

L₁:聚光透镜   P:偏振片   IF:干涉滤光片   F—P:气压扫描标准具   L₂:成像透镜
Ph:焦面小孔光阑   PM:光电倍增管   SM:步进电机   PS:气压传感器

图 9　塞曼效应实验装置

其中 M_2、M_1 和 g_2、g_1 分别为跃迁上、下能级的磁量子数和朗德因子。相应数值标出在图 10 中。从测得的 $\Delta\lambda$ 和 B，用式(9)可算得电子的荷质比 e/m。

可测量不同磁场下的塞曼分裂，以及各塞曼分量的相对强度，与理论值进行比较。

利用其他波长的滤光片或用一台单色仪作为谱线选择，还可方便地测得汞灯其他几条谱线的塞曼分裂，所测谱线的波长范围受限于 F—P 干涉仪的镜面高反射波长区域。其中 579.07nm 分裂成 3 条，为正常塞曼效应；576.96nm 分裂成紧靠成三组的 9 条，一般只能分辨为三个峰；435.83nm 分裂成 6 条，中间为二条 π 分量，不存在原位不变的分量；404.66nm 也分裂为 3 条，但朗德因子为 2，裂距较大。

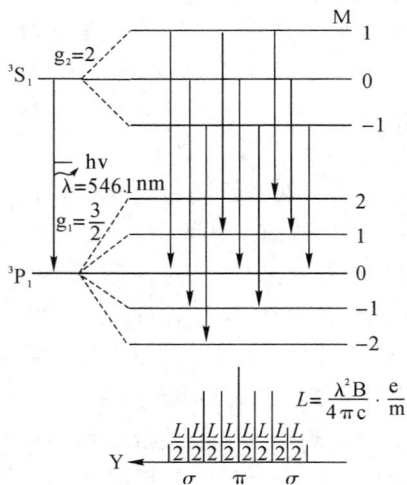

图 10　HgI 546.1nm 塞曼分裂图一

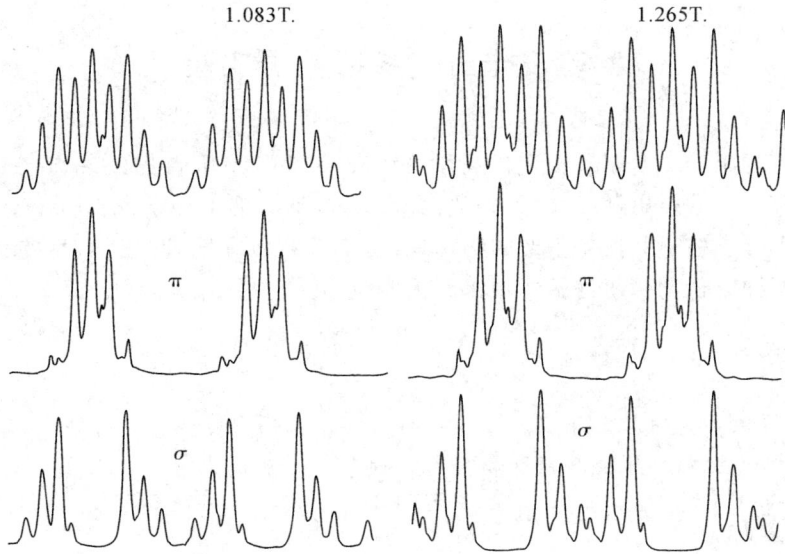

图 11　HgI 546.1nm 塞曼分裂图二

◆　**数据记录与处理**

根据不同的实验要求，可以自行编制不同的记录表格，并对实验数据进行相应的处理。

◆　**思考题**

1. 缩小 F—P 标准具的利用面积有利于提高细度和分辨率，与此同时会带来什么不利？对于亮度高、束径小的激光束，这种不利的程度如何？

2. 标准具的干涉环中心位置取决于什么？如何调整光源、透镜和 F—P 标准具的方位，使干涉图中心有最大光强？

3. 你认为本实验中各测定量（可着重深入讨论一个量）的误差可能来自什么原因？误差大约会有多大？

实验三十五　核磁共振实验

核磁共振现象于 1945 年,由美国科学家 Purcell 和 Bloch 首先发现,在 1952 年获诺贝尔物理学奖。改进核磁共振技术方面作出重要贡献的瑞士科学家 Ernst 于 1991 年获得诺贝尔化学奖。核磁共振是重要的物理现象,实验技术在物理、化学、生物、临床诊断、计量科学和石油分析勘探等许多领域得到重要应用。

◆ 实 验 目 的

1. 了解核磁共振的基本原理。
2. 学习利用核磁共振校准磁场和测量 g 因子的方法。

◆ 实 验 原 理

在微观世界中,物理量只能取分立数值的现象很普遍,本实验涉及到的原子核自旋角动量 P 就是一个,它只能取分立值 $P=\sqrt{I(I+1)}\hbar$,其中 I 称为自旋量子数,只能取 $0,1,2,3,\cdots$ 整数值或 $1/2,3/2,5/2,\cdots$ 半整数值,公式中的 $\hbar=h/2\pi$,h 为普朗克常数,对不同的核素,I 分别有不同的确定数值,本实验涉及质子和氟—19 核的自旋量子数 I 都等于 $1/2$,同样,原子核的自旋角动量在空间某一方向,例如 z 方向的分量也不能连续变化,只能取分立的数值 $P_z=m\hbar$。其中量子数 m 只能取 $I,I-1,\cdots,-I+1,-I$ 等 $(2I+1)$ 的数值。自旋角动量不为零的原子核具有与之相联系的核自旋磁矩,其大小为

$$\mu=g\frac{e}{2m_p}P \tag{1}$$

其中 e 为质子的电荷,M 为质子的质量,g 是朗德因子,一个由原子核结构决定的因子,对不同种类的原子核 g 的数值不同。它可以是正数,也可能是负数。因此,核磁矩的方向可能与核自旋动量方向相同,也可能相反。

由于核自旋角动量在任意给定 z 方向只能取 $(2I+1)$ 的分立的数值,因此核磁矩在 z 方向也只能取 $(2I+I)$ 的分立的数值。

$$\mu_z=g\frac{e}{2m_p}P_z=gm\frac{e\hbar}{2m_p} \tag{2}$$

原子核的磁矩通常用 $\mu_N=e\hbar/2m_p$ 作为单位,μ_N 称为核磁子,采用 μ_N 作为核磁矩的单位后,μ_z 可记作 $\mu_z=gm\mu_N$,与角动量本身的大小为 $\sqrt{I(I+1)}\hbar$ 相对应,核磁矩本身的大小为 $g\sqrt{I(I+1)}\mu_N$,除了用 g 因子表征核的磁性质外,通常引入另一个可以由实验测量的物理量 γ,γ 定义原子核的磁矩与自旋角动量之比:

$$\gamma=\frac{\mu}{P}=\frac{ge}{2m_p} \tag{3}$$

利用 γ 我们可写成 $\mu=\gamma P$,相应地有 $\mu_z=\gamma P_z$。

当无磁场时,每一个原子核的能量相同,所有原子处在同一能级,但是,当施加一个外磁场 B 后,情况发生变化,为了方便起见,通常把 B 的方向规定为 z 方向,由于外磁场 B 与磁矩的相互作用能为

$$E = -\mu B = -\mu_z B = -\gamma P_z B = -\gamma m \hbar B \tag{4}$$

因此量子 m 取值不同的核磁矩的能量也就不同,从而原来同一能级分裂为 $(2I+1)$ 个子能级,由于在外磁场中各个子能级的能量与量子数间隔 $\Delta E = \gamma \hbar B$ 都是一样的,而且,对于质子而言,$I = 1/2$,因此 m 只能取 $m = 1/2$ 和 $m = -1/2$ 两个数值,施加磁场前后的能级分别如图 1 中的(a)和(b)所示。

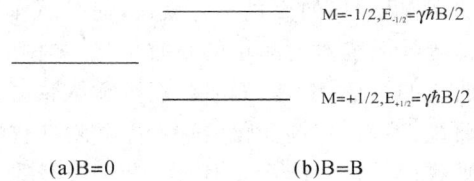

————— M=-1/2,E$_{-1/2}$=γℏB/2

—————

————— M=+1/2,E$_{+1/2}$=γℏB/2

(a)B=0　　　　　(b)B=B

图 1　施加磁场后的能级

当施加外磁场 B 以后,原子核在不同能级上的分布服从玻尔兹曼分布,显然处在下能级的粒子数要比上能级的多,其实数由 ΔE 大小、系统的温度和系统总粒子数决定,这时,若在与 B 垂直的方向上再施加上一个高频电磁场(通常为射频场),当射频场的频率满足 $hf = \Delta E$ 时会引起原子核在上下能级之间跃迁,但由于一开始处在下能级的核比在上能级的核要多,因此净效果是上跃迁的比下跃迁的多,从而使系统的总能量增加,这相当于系统从射频场中吸收了能量。

我们把 $hf = \Delta E$ 时引起的上述跃迁称为共振跃迁,简称为共振。显然共振要求 $hf = \Delta E$,从而要求射频信号频率满足共振条件:

$$f = \frac{\gamma}{2\pi} B \tag{5}$$

如果用圆频率 $\omega = 2\pi f$ 表示,共振条件可写成:

$$\omega = \gamma B \tag{6}$$

如果频率的单位用 Hz,磁场的单位用 T(特斯拉,1 特斯拉 = 10 000 高斯),对裸露的质子而言,经过大量实验得到 $\gamma/2\pi = 42.577\ 469 \text{MHz/T}$;但是对于原子或分子中处于不同基团的质子,由于不同质子所处的化学环境不同,受到周围电子屏蔽的情况不同,$\gamma/2\pi$ 的数值将略有差别,这种差别称为化学位移,对于温度为 25℃ 球形容器中水样品的质子,$\gamma/2\pi = 42.576\ 375 \text{MHz/T}$,本实验可采用这个数值作为很好的近似值,通过测量质子在磁场 B 中的共振频率 f_N 可实现对磁场的校准,即:

$$B = \frac{f_N}{\gamma/2\pi} \tag{7}$$

反之,若 B 已经校准,通过测量未知原子核的共振频率 f_N 便可求出待测原子核 γ 值(通常用 $\gamma/2\pi$ 值表征)或 g 因子;

$$\frac{\gamma}{2\pi} = \frac{f}{B} \tag{8}$$

$$g = \frac{\dfrac{f}{B}}{\dfrac{\mu_N}{h}} \tag{9}$$

其中 $\mu_N/h = 7.622\ 591\ 4\text{MHz/T}$

通过上述讨论，要发生共振必须满足 $f = B \cdot \gamma/2\pi$，为了观察到共振现象通常有两种方法：一种是固定 B，连续改变射频场的频率，这种方法称为扫频方法；另一种方法，也就是本实验采用的方法，即固定射频场的频率，连续改变磁场的大小，这种发方法称为扫场方法，如果磁场的变化不是太快，而是缓慢通过与频率 f 对应的磁场时，用一定的方法可以检测到系统对射频场的吸收信号，如图 2(a)所示，称为吸收曲线，这种曲线具有洛伦兹型曲线的特征，但是，如果扫场变化太快，得到的将是如图 2(b)所示的带有尾波的衰减振荡曲线，然而，扫场变化的快慢是相对具体样品而言的，例如，本实验采用的扫场的磁场，其吸收信号将如图 2(a)所示，而对液态的水样品而言却是变化太快的磁场，其吸收信号将如图 2(b)所示，而且磁场越均匀，尾波中振荡的次数越多。

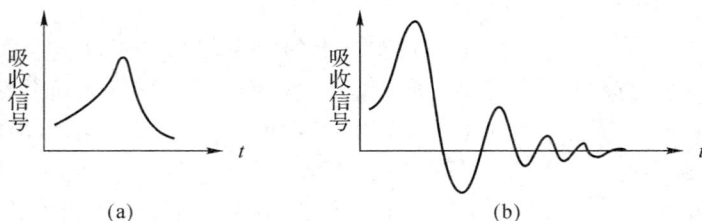

图 2　系统对射频场的吸收信号

◆ **实验仪器及设备**

永久磁铁（含扫场线圈）、探头两个（样品分别为水和聚四氟乙烯）、数字频率计、示波器。

实验装置的方框图如图 3 所示，它由永久磁铁、扫场线圈、核磁共振仪（含探头）、核磁共振仪电源、数字频率计、示波器。

永久磁铁：对永久磁铁的要求是有较强的磁场、足够大的均匀区和均匀性好。本实验所用的磁铁中心磁场 B_0 约 0.48T，在磁场中心 $(5\text{mm})^3$ 范围内，均匀性优于 10^{-5}。

扫场线圈：用来产生一个幅度在 $10^{-5} \sim 10^{-3}$ T 的可调交变磁场用于观察共振信号。扫场线圈的电流由变压器隔离降压后输出交流 6V 的电压。扫场的幅度的大小可通过调节核磁共振仪电源面板上的扫场电流电位器调节。

探头：本实验提供两个探头，其中一个的样品为水（掺有硫酸铜），另一个为固态的聚四氟乙烯。

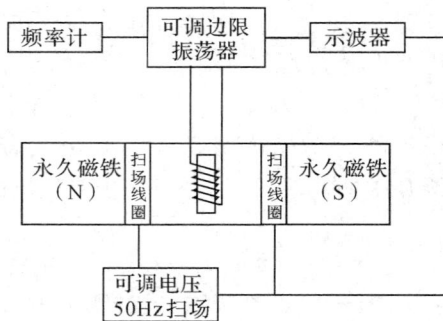

图 3　实验装置的方框图

测试仪由探头和边限振荡器组成，液态 ^{1}H 样品装在玻璃管中，固态 ^{19}F 样品作成棍状。在玻璃管或棍状固态样品上绕有线圈，这个线圈就是一个电感 L，将这个线圈插入磁场中，线圈的取向与 B_0 垂直。线圈两端的引线与测试仪中处于反向接法的变容二极管

（充当可变电容）并联构成 LC 电路并与晶体管等非线性元件组成振荡电路。当电路振荡时，线圈中即有射频场产生并作用于样品上。改变二极管两端反向电压的大小可改变两个二极管之间的电容 C，由此来达到调节频率的目的。这个线圈兼作探测共振信号的线圈，其探测原理如下：

测试仪中的振荡器不是工作在振幅稳定的状态，而是工作在刚刚起振的边限状态（边限振荡器由此得名），这时电路参数的任何改变都会引起工作的变化。当共振发生时，样品要吸收射频场的能量，使振荡线圈的品质因数 Q 值下降，Q 值的下降将引起工作状态的改变，表现为振荡波形包络线发生变化，这种变化就是共振信号，经过检波、放大，经由"NMR 输出"端与示波器连接，即可从示波器上观察到共振信号。振荡器未经检波的高频信号经由"频率输出"端直接输出到数字频率计，从而可直接读出射频场的频率。

测试仪正面面板，由一个十圈电位器作为频率调节旋钮。此外，还有一个幅度调节旋钮（工作电流调节），适当调节这个旋钮可以使共振吸收的信号最大，但由于调节幅度旋钮时会改变振荡管的极间电容，从而对频率也有一定影响，"频率输出"与数字频率计连接，"NMR 输出"与示波器连接。"电压输入"与电源上的"电源输出"连接。

核磁共振仪电源前面板由"扫场电源开关"、"扫场调节"、"X 轴偏转调节"、"电源开关"组成，"扫场电源输出"与永久磁场底座上的扫场面输入连接，"电源输出"与测试仪上的"电压输入"连接，为了使示波器的水平扫描与磁场扫场同步，将扫场信号"X 轴偏转输出"与示波器上加到示波器的 X 轴（外接），以保证在示波器上观察到稳定的共振信号。

◆ **实验内容**

1. 校准永久磁铁中心的磁场 B_0

把样品为水（掺有硫酸铜）的探头插入到磁铁中心，并使测试仪前端的探测杆与磁场在同一水平方向上，左右移动测试仪使它大致处于磁场的中间位置。将测试仪前面板上的"频率输出"和"NMR 输出"分别与频率计和示波器连接。把示波器的扫描速度旋钮放在 1ms/格位置，纵向放大旋钮放在 0.5V/格或 1V/格位置。"X 轴偏转输出"与示波器上加到示波器的 X 轴（外接）连接，打开频率计、示波器和核磁共振仪电源的工作电源开关以及扫场电源开关，这时频率计应有读数。连接好"扫场电源输出"与磁场底座上的"扫场电源输入"打开电源开关并把输出调节在较大数值，缓慢调节测试仪频率旋钮，改变振荡频率（由小到大或由大到小）同时监视示波器，搜索共振信号。

什么情况下才会出现共振信号？共振信号又是什么样呢？

如今磁场是永久磁铁的磁场 B_0 和一个 50Hz 的交变磁场叠加的结果，总磁场为

$$B = B_0 + B'\cos\omega't \tag{10}$$

其中 B' 是交变磁场的幅度，ω' 是市电的角频率，总磁场在 $(B_0 - B') \sim (B_0 + B')$ 的范围内，按图 4 的正弦曲线随时间变化。式由式(6)可知，只有 ω/γ 落在这个范围内才能发生共振。为了容易找到共振信号，要加大 B'（即把扫场的输出调到较大数值），使可能发生共振的磁场变化范围增大；另一方面要调节射频场的频率，使 ω/γ 落在这个范围。一旦 ω/γ 落在这个范围，在磁场变化的某些时刻总存在磁场 $B = \omega/\gamma$，在这些时刻就能观察

到共振信号,如图 4 所示,共振发生在 $B = \omega/\gamma$ 的水平虚线与代表磁场变化的正弦曲线交点对应的时刻。如前所述,水的共振信号将如图 2(b)所示,而且磁场越均匀尾波中的振荡次数越多,因此一旦观察到共振信号后,应进一步仔细调节测试仪在的左右位置,使尾波中振荡的次数最多,亦即使探头处在磁铁中磁场最均匀的位置。

由图 4 可知,只要 ω/γ 落在 $(B_0 - B') \sim (B_0 + B')$ 范围内就能观察到共振信号,但这时 ω/γ 未必正好等于 B_0,从图上可以看出:当 $\omega/\gamma \neq B_0$ 时,各个共振信号发生的时间间隔并不相等,共振信号在示波器上的排列不均匀。只有当 $\omega/\gamma = B_0$ 时,它们才均匀排列,这时共振发生在交变磁场过零时刻,而且从示波器的时间标尺可测出它们的时间间隔为 10ms。当然,当 $\omega/\gamma = B_0 - B'$ 或 $\omega/\gamma = B_0 + B'$ 时,在示波器上也能观察到均匀排列的共振信号,但它们的时间间隔不是 10ms,而是 20ms。因此,只有当共振信号均匀排列而且间隔为 10ms 时才有 $\omega/\gamma = B_0$,这时频率计的读数才是与 B_0 对应的质子的共振频率。

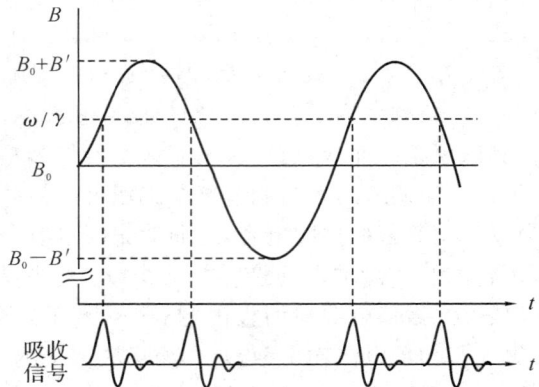

图 4 共振信号

作为定量测量,我们除了要求测出待测量的数值外,还关心如何减小测量误差并力图对误差的大小作出定量估计从而确定测量结果的有效数字。从图 4 可以看出,一旦观察到共振信号,B_0 的误差不会超过扫场的幅度 B'。因此,为了减小估计误差,在找到共振信号之后应逐渐减小扫场的幅度 B',并相应地调节射频场的频率,使共振信号保持间隔为 10ms 的均匀排列。在能观察到和分辨出共振信号的前提下,力图把 B' 减小到最小程度,记下 B' 达到最小而且共振信号保持间隔为 10ms 均匀排列时的频率 f_H,利用水中质子的 $\gamma/2\pi$ 值和公式(7)求出磁场中待测区域的 B_0 值。顺便指出,当 B' 很小时,由于扫场变化范围小,尾波中振荡的次数也少,这是正常的,并不是磁场变得不均匀。

为了定量估计 B_0 的测量误差 ΔB_0,首先必须测出 B' 的大小。可采用以下步骤:保持这时扫场的幅度不变,调节射频场的频率,使共振先后发生在 $(B_0 + B')$ 与 $(B_0 - B')$ 处,这时图 4 中与 ω/γ 对应的水平虚线将分别与正弦波的峰顶和谷底相切,即共振分别发生在正弦波的峰顶和谷底附近。这时从示波器看到的共振信号均匀排列,但时间间隔为 20ms,记下这两次的共振频率 f_H' 和 f_H'',利用公式

$$B' = \frac{(f_H' - f_H'')/2}{\gamma/2\pi} \tag{11}$$

可求出扫场的幅度。

实际上 B_0 的估计误差比 B' 还要小,这是由于借助示波器上网格的帮助,共振信号排列均匀程度的判断误差通常不超过 10%,由于扫场大小是时间的正弦函数,容易算出相

应的 B_0 的估计误差是扫场幅度 B' 的 10% 左右,考虑到 B' 的测量本身也有误差,可取 B' 的 $1/10$ 作为 B_0 的估计误差,即取

$$\Delta B_0 = \frac{B'}{10} = \frac{(f'_H - f''_H)/20}{\gamma/2\pi} \tag{12}$$

式(12)表明,由峰顶与谷底共振频率差值的 $1/20$,利用 $\gamma/2\pi$ 数值可求出 B_0 的估计误差 ΔB_0,本实验 ΔB_0 只要求保留一位有效数字,进而可以确定 B_0 的有效数字,并要求给出测量结果的完整表达式,即:

$$B_0 = 测量值 \pm 估计误差$$

*现象观察;适当增大 B',观察到尽可能多的尾波振荡,然后向左(或向右)逐渐移动测试仪置于在磁场中的位置,使前端的样品探头从磁铁中心逐渐移动到边缘,同时观察移动过程中共振信号波形的变化并加以解释。

*选做实验:利用样品为水的探头,把测试仪移到磁场的最左(或最右),测量磁场边缘的磁场大小。

2. 测量 ^{19}F 的 g 因子

把样品为水的探头换为样品聚四氟乙烯的探头,并把测试仪置于相同的位置。示波器的纵向放大旋钮调节到 $50\mathrm{mV}/格$ 或 $20\mathrm{mV}/格$,用与校准磁场过程相同的方法和步骤测量聚四氟乙烯中 ^{19}F 与 B_0 对应的共振频率 f_F 以及在峰顶及谷底附近的共振频率 f'_F 及 f''_F,利用 f_F 和公式(9)求出 ^{19}F 的 g 因子。根据公式(9),g 因子的相对误差为

$$\frac{\Delta_g}{g} = \sqrt{\left(\frac{\Delta_{f_F}}{f_F}\right)^2 + \left(\frac{\Delta_{B_0}}{B_0}\right)^2} \tag{13}$$

其中 B_0 和 Δ_{B_0} 为校准磁场得到的结果,与上述估计 Δ_{B_0} 的方法类似,可取 $\Delta_{f_F} = (f'_F - f''_F)/20$ 作为 f_F 的估计误差。

求出 Δ_g/g 之后可利用已算出的 g 因子求出绝对误差 Δ_g,Δ_g 也只保留一位有效数字并由它确定 g 因子测量结果的完整表达式。

观测聚四氟乙烯中氟的共振信号时,比较它与掺有硫酸铜的水样品中质子的共振信号波形的差别。

◆ **数据记录与处理**

1. 质子的共振频率。

f_H	B_0	f'_H	f''_H	B'

$B_0 = 测量值 \pm 估计误差$

2. 测量聚四氟乙烯的 g 因子

f_F	f'_F	f''_F	g	$\dfrac{\Delta_g}{g}$	Δ_g

◆ **思考题**

1. 通读讲义,总结怎样才能更好地观察到核磁共振现象。

2. 观察 NMR 吸收信号时要提供那几个磁场? 各起什么作用? 有什么要求?

3. NMR 稳态吸收有那两个物理过程? 实验中怎样才能避免饱和现象出现?

◆ **附录**

核磁共振调试步骤

1. 连接图

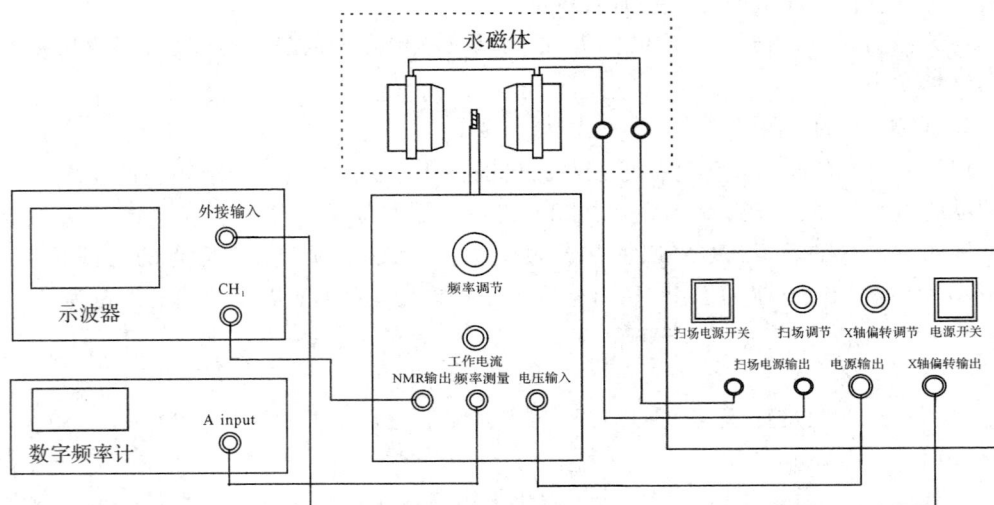

图 6　核磁共振实验连线图

2. 调试步骤

(1) 将"扫场电源"的"扫场输出"两个输出端,接磁铁底座上的扫场线圈扫场电源输入。

(2) 将"边限振荡器"的"NMR 输出"用 Q9 线接示波器 CH1 通道或 CH2 通道。"频率输出"用 Q9 线接频率计的 A 通道(频率计的通道选择:A 通道,即 1Hz～100MHz;Fuction 选择:FA;GATE　TIME 选择 1s)。

(3) "扫场电源"的"扫场调节旋钮"顺时针调至接近最大(旋至最大后,再往回旋半圈;因为最大时电位器电阻为零,输出短路可能对仪器有一定损伤),这样可以加大捕捉信号的范围。

(4) 将硫酸铜样品放入探头中并将其置于磁铁中。调节"边限振荡器"的频率节电位器,将频率调节至磁铁标志的^{1}H 共振频率附近,在此附近捕捉信号;调节旋钮时要慢,因为共振范围非常小,很容易跳过。

注:因为磁铁的磁场强度随温度的变化而变化(成反比关系),所以应在标志频率附近±1MHz 的范围进行信号捕捉。

(5)调出共振信号后,适当逆时针转动扫场幅度,以降低扫描磁场的幅度,调节核磁共振仪上的频率旋钮,使示波器上的 NMR 信号的间距等宽(约 10ms)。同时通过移动核磁共振仪来调节探头在磁铁中的空间位置来得到最强、尾波最多,弛豫时间最长的共振信号。

(6)测量^{19}F 时将测得的^{1}H 的共振频率 ÷42.577×40.055,即得到^{19}F 的共振频率(比如^{1}H 的共振频率为 20.000MHz,则^{19}F 的共振频率为 20.000MHz÷42.577×40.055 ＝18.815MHz)。由于^{19}F 的共振信号较小,故此时应适当的降低其扫描幅度(一般不大于 3V),这是因为样品的弛豫时间过长会导致饱和现象而引起信号变小。一般射频幅度会随样品不同而不同。下表列举了部分样品的核自旋量子数磁矩和回旋频率。

表 1 核自旋量子数磁矩和回旋频率

核素	自旋量子数 I	磁矩 μ/μ_N	回旋频率(MHz·T^{-1})
^{1}H	1/2	2.792 70	42.577
^{2}H	1	0.857 38	6.536
^{3}H	1/2	2.978 8	45.414
^{12}C	0		
^{13}C	1/2	0.702 16	10.705
^{14}N	1	0.403 57	3.076
^{15}N	1/2	−0.283 04	4.315
^{16}C	0		
^{17}O	5/2	−1.893 0	5.772
^{18}O	0		
^{19}F	1/2	2.627 3	40.055
^{31}P	1/2	1.130 5	17.235

实验三十六　仿真、虚拟实验

　　仿真、虚拟实验系统是以数学理论、相似原理、信息技术、系统技术及其他相关的专业技术为基础,以计算机和各种物理效应设备为工具创建的非实物形态的实验体系。在仿真、虚拟实验中没有以实物形态存在的实验工具与实验对象,但实验者通过对虚拟事件操作,可以获得类似于真实实验的数据,以此加深对真实世界的认知。仿真、虚拟实验系统所具有的虚拟性、实践性、灵活性、多样性等特征,使得实验者能够打破时间、空间及各种自然条件限制,完成在真实环境中无法完成的实验项目,获得在自然环境下难以获得的实验数据,这也是虚拟实验的最突出优势。严格讲,仿真实验和虚拟实验是有区别的,但仿真、虚拟实验终究是对真实世界中活动与实践一种模拟,都用计算机进行处理,因此本教程把它们放在一起。仿真、虚拟实验与真实实验的环境存在着一定差异,因此实验者在做仿真、虚拟实验时,要做到虚实结合,虚拟实验的研究结果与真实事物的属性、特征、规律结合,将仿真、虚拟实验中学到的知识和技能运用于真实世界的实践,将仿真。虚拟实验是当前作为科学研究、设计、预演的一种重要手段。

　　仿真、虚拟实验有关内容在本教程中可作为预习和复习用。

◆　**实验目的**

1. 学习仿真、虚拟实验。
2. 在计算机上做示波器实验、分光计实验、迈克耳孙实验等。

◆　**实验内容**

下面以中国科学技术大学研制的《大学物理仿真实验》中的仿真实验为例作介绍。

1. 启动系统,介绍虚拟实验的实际应用

在 Windows 的"开始"菜单中单击"大学物理仿真实验 v2.0"图标,启动仿真实验系统。进入系统后出现主界面(图 1),单击"上一页"、"下一页"按钮可前后翻页。用鼠标单击各实验项目文字按钮即可进入相应的仿真实验平台。

2. 选择示波器仿真实验

在系统主界面(图 1)上选择"示波器实验"并单击,即可进入示波器仿真实验平台,显示示波器平台主窗口(图 2)。

3. 主菜单

在主窗口(图 2)上单击鼠标右键,弹出实验主菜单。

用鼠标单击菜单选项,即可进入相应的实验内容(若单击"退出",则退出示波器仿真实验)。

用鼠标单击主菜单中的"实验内容",将会弹出一个确认是否正式进行示波器实验的对话窗口,如图 3 所示:

图1　"大学物理仿真实验 v2.0"主界面之一

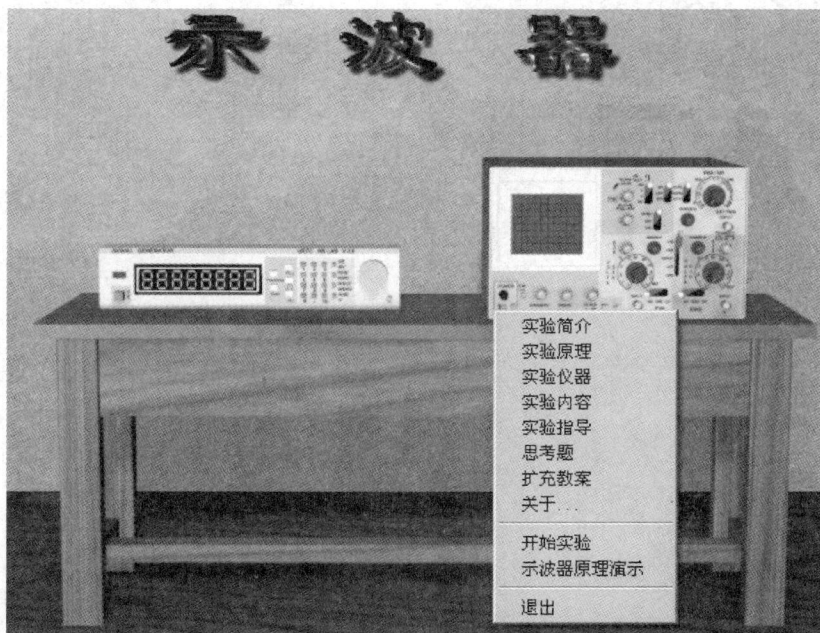

图2　示波器实验主菜单

用鼠标单击"正式完成实验"按钮,实验中的待测信号会随机产生,信号真实值将在做

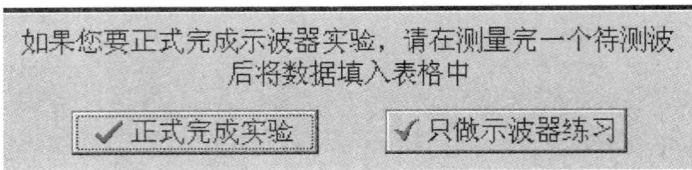

图 3　确认实验与否

完实验后自动写入实验报告。用鼠标单击"只做示波器练习"按钮,只做示波器练习,不记录数据。

在确认"正式完成实验"后,对话窗口消失,弹出一个示波器面板(图4)。

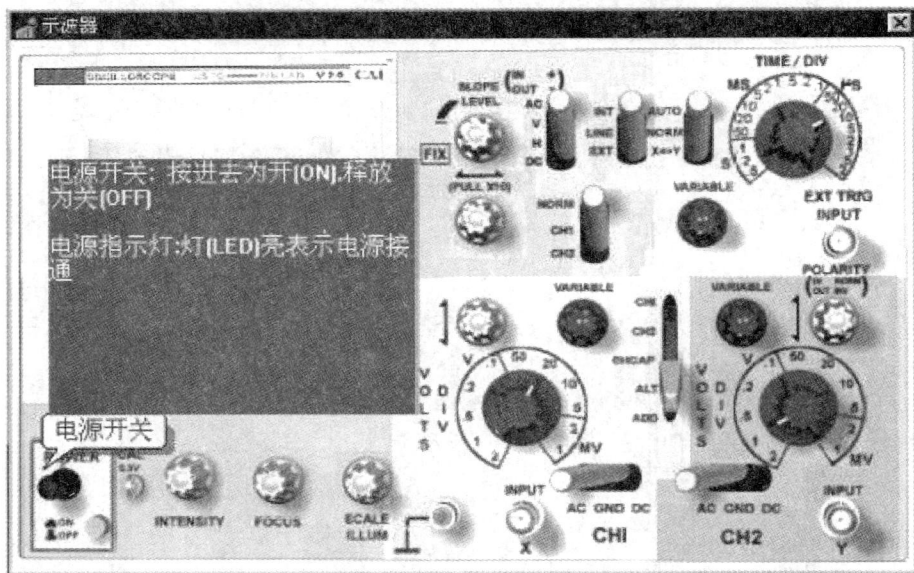

图 4　示波器面板和实验情况

面板上的按钮、开关的作用和真实示波器完全相同。对面板上的旋钮、开关功能不清楚时,可将鼠标移动到该旋钮(或开关)的位置上,停留几秒钟不动,系统将会给出该旋钮(或开关)的名称,此时按下 F1 键时,会得到相应的功能解释,如图 4 所示(以上操作时,若没有出现提示,请稍微移动一下鼠标位置)。

面板上按钮、开关的通用操作方法是:

　单击鼠标左键,旋钮逆时针方向转动,单击鼠标右键,旋钮顺时针方向转动。

单击鼠标左键,开关向上扳动,单击鼠标右键,开关向下扳动。

4. 校准示波器

与真实的示波器一样,在使用前要进行校准,校准后示波器才能用直接测量法准确测量信号,具体步骤如下:

(1) 用鼠标单击 POWER 键,打开示波器电源。

(2) 用鼠标点击 FOCUS 旋钮,调节聚焦。

(3) 如图 5 所示,在通道 CH1 输入校准信号。把垂直方式选择开关拨到 CH1 档处,用鼠标点击校准信号输入口 INPUT,则在通道 CH1 的输入口出现红色插头,表明校准信号已经接入 CH1(同理可校准通道 CH2)。

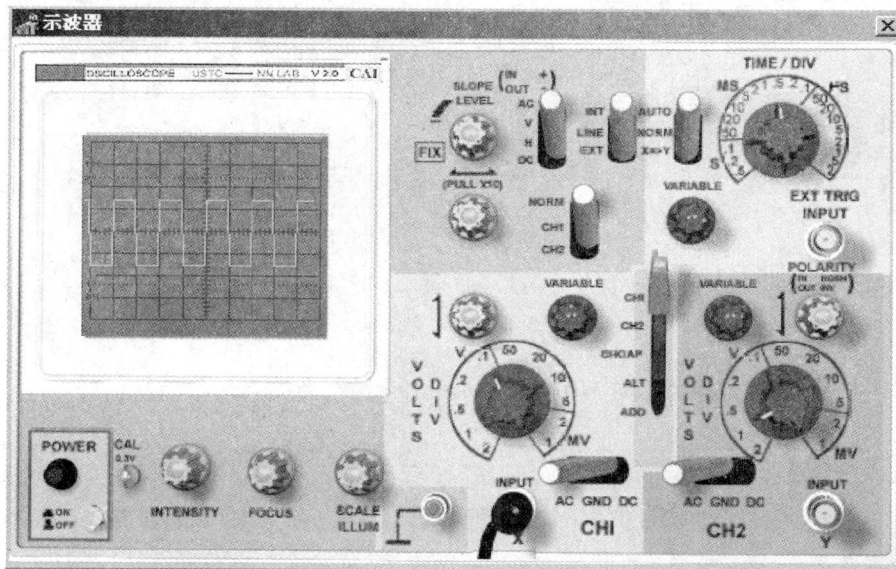

图 5　通道 CH1 输入校准信号

(4) 分别调节 CH1 的 V/DIV 衰减开关,CH1 的位移调整,同步(LEVEL)钮,水平位移、×10 扩展、水平时基开关调节扫速及微调旋钮,用来校准示波器。

5. 直接测量法测量未知信号电压与频率

可利用 CH1,CH2 中任意一路进行测量,现在以 CH1 为例说明测量过程(如图 6)。

(1) 将鼠标移到 CH1 的输入口 INPUT 处单击,弹出信号选择菜单,从中随机选取一个"待测波"。当 CH1 的输入口出现黑色插头时,表明已经接入信号。

(2) 调节 CH1 的 V/DIV 衰减旋钮,CH1 的位移调整,同步(LEVEL)钮,根据 V/DIV 和波形在示波器的格子数算出待测波形的电压,根据水平时基刻度 TIME/DIV 和格子数,算出待测波周期,间接测量待测波的频率。

(3) 将鼠标移到 CH1 的输入口 INPUT 处单击,弹出选择菜单,从中选取"填数据表格",填写图 5 波形的测量结果并点击"确定",则系统会自动生成表格(图 7)。

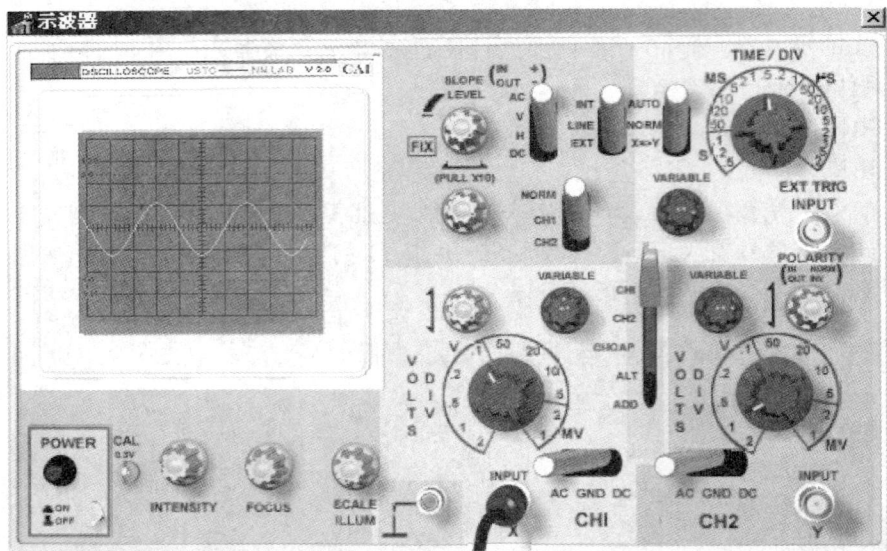

图 6　通道 CH1 输入被测信号

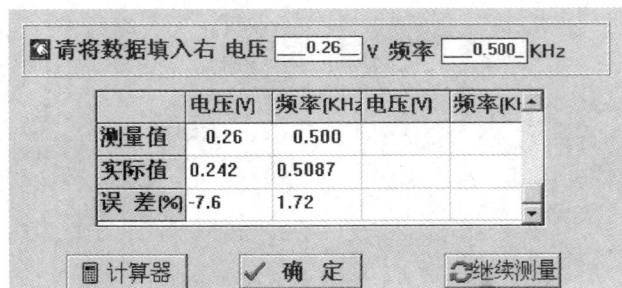

图 7　数据记录与处理表格

	电压[V]	频率[KHz	电压[V]	频率[KI
测量值	0.26	0.500		
实际值	0.242	0.5087		
误 差[%]	-7.6	1.72		

6. 李萨如图测量法

内部触发方式(如图8):

(1) 在 CH1 或 CH2 通道加上待测波(以 CH2 加上待测波为例说明实验过程)。

(2) 在 CH1 输入端加上信号源,并选择一合适频率。

(3) 把内触发源方式选择开关扳到 CH1 档处,用信号发生器输出信号作为触发源。

(4) 把 Auto－Norm－X－Y 开关扳到 X→Y 档处。

(5) 分别调节 CH1,CH2 的 V/DIV 衰减开关,CH1,CH2 的位移调整,同步(LEV-EL)钮,水平位移,通过改变信号发生器输出信号频率使示波器中出现的李萨如图为环形。

(6) 同理,在 CH1 加上待测波,在 CH2 加上信号源,同样可以完成测量。

外部触发方式方法和过程与内部触发方式大致一样,差别是:

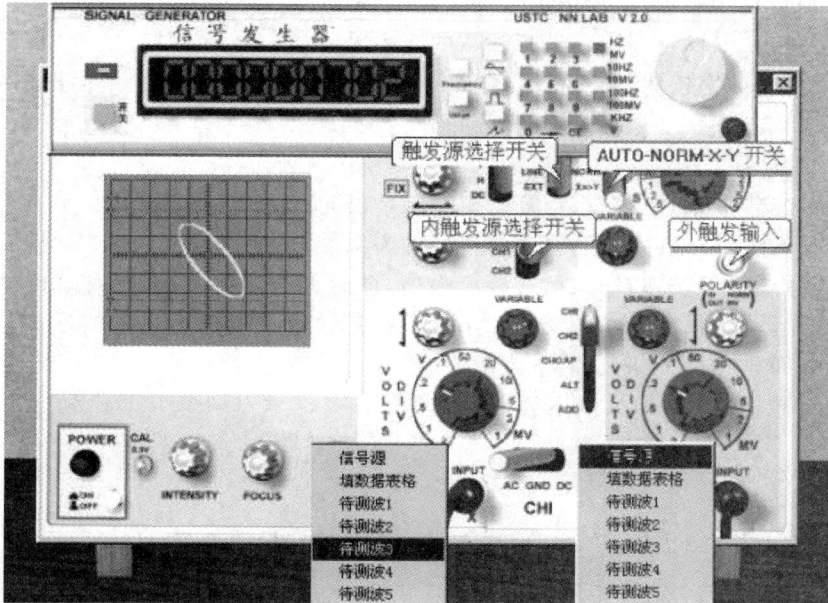

图 8　李萨如图测量

① 触发源方式选择开关拨到 EXT 档(外部触发方式)。

② 外部触发输入端口输入信号发生器信号,另外一路信号由 CH1 或 CH2 的输入端输入。调节信号发生器的输出信号频率,使示波器上出现李萨如图形。此时,根据李萨如图形和信号发生器的输出频率可以求出待测信号的频率。

7. 观测两个通道信号的组合

把垂直方式选择开关拨到 ADD 档处,在屏幕上显示输入 CH1 和 CH2 的两路信号的叠加。

把垂直方式选择开关拨到 ALT 档处,在屏幕上交替显示两路信号。

把垂直方式选择开关拨到 CHOAP 档处,在屏幕上同时显示两路信号。

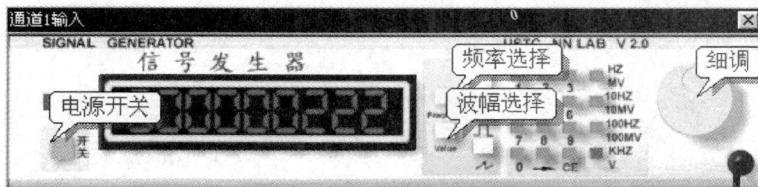

图 9　信号发生器

8. 信号发生器使用方法

(1) 鼠标单击信号发生器面板(图 9)的"电源开关"按钮,打开信号发生器电源。

测频率:

① 鼠标单击"频率选择"按钮,开始输入信号频率。

② 鼠标单击"kHz/V"按钮,选择读数的频率单位。

③ 鼠标单击数字按钮,输入信号频率数值,此时显示窗口显示的是输出信号的频率数值。

测波幅:

① 鼠标单击"波幅选择"按钮,开始输入信号幅度。

② 鼠标单击"kHz/V"按钮,则选择读数的为幅度单位。

③ 鼠标单击数字按钮,输入信号幅度数值,此时显示窗口显示的是输出信号的幅度数值。

(2)鼠标单击"→"按钮,清除上个数值输入。

(3)鼠标单击"CE"按钮,输出数值被清零。

◆ **选做实验**

选做分光计实验、迈克耳孙实验、法布里—泊罗标准具实验等。

第六篇　设计性实验

　　设计性实验是选择性实验的一部分,目的是为了让同学在独立自主完成前面物理实验的基础上,进一步培养学生的实践能力和完成小课题的能力。在这部分实验中,我们提出了设计任务、设计要求,有的还介绍了需要使用的特殊仪器,为适合学生使用,在鼓励同学网上查找资料外,在教材中加入了有关实验原理,相关资料的设计指导,有些设计性实验后还提出了拓展研究,以开阔视野。

　　本部分实验要求同学在预习,根据设计任务和设计要求,写好预习报告。实验室可根据报告给学生创造合适的条件,帮助学生完成实验。对特别有创意的设计性实验,实验室可以组织小论文答辩。

实验三十七　碰　撞

　　碰撞问题,在历史上曾是科学界共同关心的课题,惠更斯、牛顿等科学家先后曾作过系统的研究,总结了碰撞规律,牛顿正是在碰撞定律基础上提出作用反作用定律,碰撞定律同样适用于微观领域和现实生活:如电子与原子的碰撞、汽车与汽车各种形式的碰撞等。

◆　设计任务

设计各种形式的碰撞,考察动量守恒定律和动能变化情况。

◆　设计要求

提出和创造各种形式碰撞的条件设计数据记录和处理的表格。

◆　设计指导

　　设有两物,其质量各为 m_1 和 m_2,碰撞前的速度各为 $\vec{v_{01}}$ 和 $\vec{v_{02}}$,碰撞后的速度各为 $\vec{v_{11}}$ 和 $\vec{v_{12}}$ 而且在碰撞的瞬间,此二物体构成的系统,在所考察的速度方向上不受外力的作用或所受的外力远小于碰撞时物体间的相互作用力,则根据动量守恒定律,系统在碰撞前的总动量等于碰撞后的总动量。即:

$$m_1 \vec{v_{01}} + m_2 \vec{v_{02}} = m_1 \vec{v_{11}} + m_2 \vec{v_{12}}$$

系统在碰撞前后的动能,却不一定守恒,根据动能的变化和运动状态,把碰撞分为三种类型:

(1)碰撞过程中没有机械能损失,系统的总动能保持不变的"弹性碰撞";

(2)碰撞过程中有机械能损失,系统碰撞后的动能小于碰撞前的动能保持不变,称为"非弹性碰撞";

(3)碰撞后两物体连接在一起运动,即两物体在碰撞后的速度相等,称为"完全非弹性碰撞"。

碰撞形式可以多种多样,就是在导轨上也可以有相对碰撞和尾随碰撞,$\vec{v_{01}}$和$\vec{v_{02}}$速度方向可以相反亦也可以相同,$\vec{v_{11}}$和$\vec{v_{12}}$亦是如此,$\vec{v_{01}}$也可以为零。

◆ **实验装置**

本试验可在磁悬浮导轨或气垫导轨上进行,有关实验装置的结构、原理和使用方法请参照导轨实验中的有关部分。

以磁悬浮导轨实验装置为例,如图图 1 所示,实验室提供质量基本相同的磁浮滑块两只(A、B),附加质量块若干只,天平。

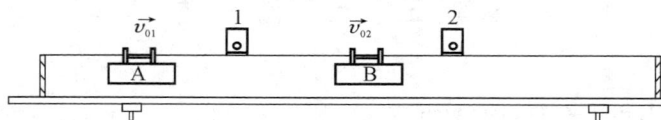

图 1 力学实验装置

当两磁浮滑块在水平的导轨上沿着直线对心碰撞时,除了受到碰撞时,彼此相互作用的内力外,磁浮滑块在运动过程中会受到阻力的影响,因此可在磁悬浮导轨实验装置上研究弹性碰撞、非弹性碰撞的内容:其中有碰撞、相对碰撞和尾随碰撞。

两磁浮滑块在碰撞前后的速度方向可有 12 种的类型,见表 1。表中的内容与实验智能测试仪智能的操作、设置模式相同。

表 1 实验设置模式及操作方法

模式	初始状态		结束状态
1	A 位于光电门 1 左侧向右运动,B 静止于两光电门之间	A ⟶ B=0	A ⟶ B ⟶ A 过光电门 1 光电门 2 后向右运动
			B 过光电门 2 后向右运动
2		2A ⟶ B=0	A ⟵ B ⟶ A 过光电门 1 后折返向左运动
			B 过光电门 2 后向右运动
3		3A ⟶ B=0	A 0 B ⟶ A 过光电门 1 后静止在两光电门中间
			B 过光电门 2 后向右运动

续表

模式	初始状态		结束状态	
4	A位于光电门1左侧向右运动，B位于光电门2右侧向左运动	A⟶　B⟵	A⟶　B⟶	A过光电门1光电门2后向右运动 B过光电门2后折返向右运动
5		A⟶　B⟵	A⟵　B⟵	A过光电门1后折返向左运动 B过光电门2光电门1后向左运动
6		A⟶　B⟵	A⟵　B⟶	A过光电门1后折返向左运动 B过光电门2后折返向右运动
7		A⟶　B⟵	A=0　B⟶	A过光电门1后静止在两光电门中间 B过光电门2后折返向右运动
8		A⟶　B⟵	A⟵　B=0	A过光电门1后折返向左运动 B过光电门2后静止在两光电门中间
9		A⟶　B⟵	A=0　B=0	A过光电门1后静止在两光电门中间 B过光电门2后静止在两光电门中间
10	A和B都位于光电门1左侧，A撞击B后同时向右侧运动	A⟶　B⟶	A⟶　B⟶	A过光电门1光电门2后向右运动 B过光电门1光电门2后向右运动
11		A⟶　B⟶	A⟵　B⟶	A过光电门1后折返向左运动 B过光电门1光电门2后向右运动
12		A⟶　B⟶	A=0　B⟶	A过光电门1后静止在两光电门中间 B过光电门1光电门2后向右运动

注 A、B分别表示导轨中的滑块

思考题

测出一组数据后，最好先算出来看一看动量是否守恒？是否在我们的实验误差范围内(碰撞前后的动量相差不大于碰撞前系统动量的2%)？否则必须找出产生误差的原因，重新进行试验。再看一看动量变化的情况。

哪一类的碰撞动能变化最大？

实验三十八　发光二极管特性的研究

　　光源是光发射机的关键器件,其功能是把电信号转换为光信号。目前比较常用的光源主要有半导体激光二极管和发光二极管。发光二极管简称 LED(Light Emitting Diode),它的输出光功率(P)随着驱动电流(I)的变化而变化。测量 LED 光源的 I—P 特性曲线具有非常重要的理论意义和工程应用意义。

◆　**设计任务**

设计测试发光二极管 I—P 特性曲线的方法。

◆　**设计要求**

提出测试电原理图,描绘 I—P 特性曲线。

◆　**设计指导:关于发光二极管基本构造和原理**

　　发光二极管发射的是自发辐射光。发光二极管 LED 的结构大多是采用双异质结(DH)芯片,把有源层夹在 P 型和 N 型限制层中间。发光二极管有两种类型:一类是正面发光型 LED,其结构示于图 1,另一类是侧面发光型 LED,其结构示于图 2。和正面发光型 LED 相比,侧面发光型 LED 驱动电流较大。输出光功率较小,但由于光束辐射角较小,与光纤的偶合率较高,因而侧面发光型功率比正面发光型大。

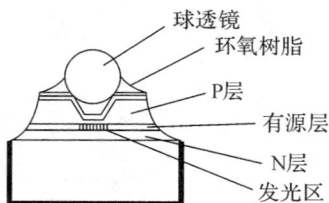

图 1　正面发光型 LED

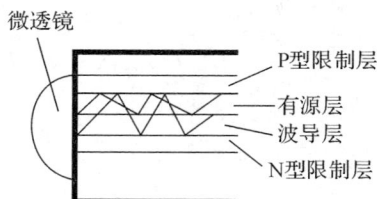

图 2 侧面发光型 LED

　　在电场作用下,半导体材料发光是基于电子能级跃迁的原理。如图 1、2 所示,当发光二极管的 PN 结上加有正向电压时,外加电场将削弱内建电场,使空间电荷区变窄,载流子扩散运动加强。由能带理论可知,当导带中的电子与价带中的空穴复合时,电子由高能级向低能级跃迁,同时电子将多余的能量以光子的形式释放出来,产生电致发光现象。LED 的发射光波长取决于导带的电子跃迁到价带时所释放的能量,这个能量取决于半

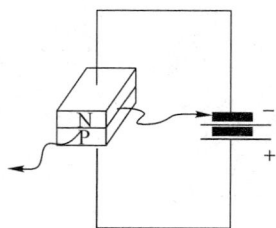

图 3　发光二极管原理

导体材料的禁带宽度 $Eg(Eg＝Ec-Ev)$，Ec 为导带底附近的能槽，Ev 为价带顶附近的能量。禁带宽度越大，即发出光波的波长就越短。

◆ **实 验 装 置**

提供仪器：6V 小灯泡及电源、1.5V 电源、变阻器、电阻箱、数字万用表、直尺、坐标纸、开关。

◆ **拓 展 知 识**

从网上查询 LED 参数数特性，目前达到的指标和它的应用。

实验三十九　硅光电池光电特性的研究

节能、环保是当前时代的趋势,硅光电池已被广泛应用,但它的光电特性究竟是怎么样呢?

◆ **设 计 任 务**

设计测试硅光电池的伏安特性曲线和光照特性曲线方法。

◆ **设 计 要 求**

设计测试电原理图,描绘硅光电池的伏安特性曲线。

◆ **设 计 指 导:实 验 原 理**

硅光电池是目前使用最为广泛的光伏探测器之一,图1为常见的薄片式结构,其本质的中心结构是半导体 PN 型,它是用扩散法在 N 型硅层底上形成 P 型基层,制成大面积 P−N 结,再用真空蒸发溅射镀膜或化学沉积法在 P 层上面淀积成集聚光电流的金属(银)栅,利用引线作为正欧姆电极。在整个背面也沉积金属层作为负欧姆电极。并在整个表面覆盖一层透光和保护的减反射膜。

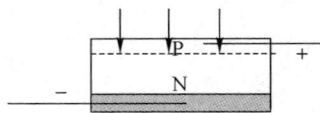

图 1　光电池结构

硅光电池的特点是工作时不需要外加偏压,光照接收面积大,使用方便。缺点是响应时间长。图 2 为硅光电池的伏安特性曲线。在一定光照度下,硅光电池呈非线性的伏安特性。

当光照射到硅光电池的表面时,将产生一个由 N 区流向 P 区的光生电流 I_{ph},同时由于 PN 结二极管的特性,存在正向二极管管电流 I_D,此电流方向与光生电流方向相反。所以实际获得的电流为:

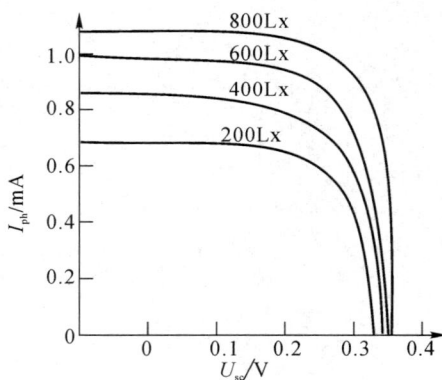

图 2　硅光电池的伏安特性曲线

$$I = I_{ph} - I_D = I_{ph} - I_0\left[\exp\left(\frac{eV}{nk_BT}\right) - 1\right] \tag{1}$$

式中 V 为结电压,I_0 为二极管反向饱和电流,n 为理想系数,表示 PN 结的特性,通常其数值在 1 和 2 之间,K_B 为波尔兹曼常熟,T 为绝对温度。下面分析光电池的光照特性

1. 短路电流

在一定的光照度下,当光电池被短路时,结电压 $V=0$,从而有:

$$I_{SC} = I_{ph} \tag{2}$$

I_{SC} 是短路电流,但使用中光电池短路概念与别的电路不同,短路是指负载电阻相对于光电池的内阻很小时的情况,大约是 $15\sim20\Omega$ 左右,此时流动的电流是短路电流。负载电阻在 20Ω 以下时,短路电流与光照有比较好的线性关系,负载电阻过大,则线性会变坏。

2. 开路电压

开路电压则是指负载电阻远大于光电池的内阻时硅光电池两端的电压,而当硅光电池的输出端开路时有 $I=0$,由(1)(2)式可得开路电压为:

$$V_{OC} = \frac{nk_B T}{q}\ln\left(\frac{I_{SC}}{I_0}+1\right) \tag{3}$$

图 3 为硅光电池的光照特性曲线。开路电压与光照度之间为对数关系,因而具有饱和性。因此,把硅光电池作为敏感元件时,应该把它当作电流源的形式使用,即利用短路电流与光照度成线性的特点,这是硅光电池的主要优点。

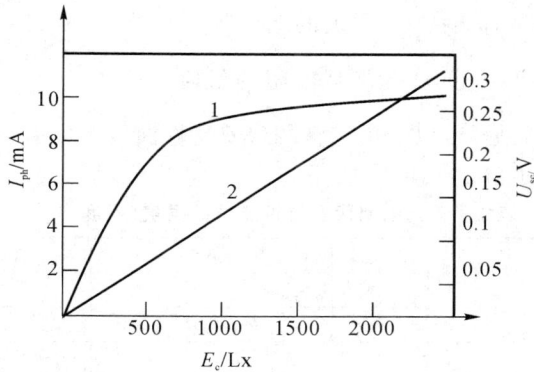

1:开路电压   2:短路电流

图 3   硅光电池的光照特性曲线

3. 光电池的负载特性

光电池的电流回路上串在一可变负载 R,在光照强度一定下。和 R 值从 0 逐渐变大,则可得出如图 4 的负载输出特性曲线。

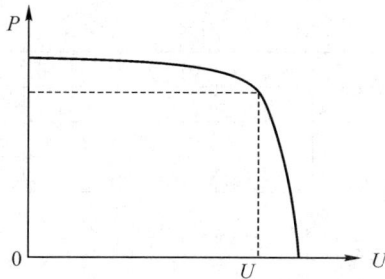

图 4   负载(输出)特性曲线

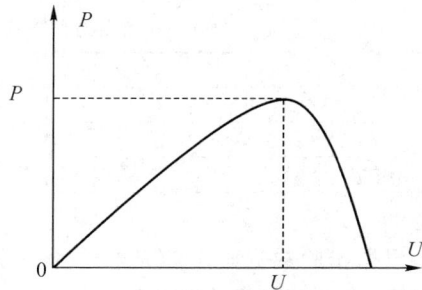

图 5 功率 P 随 U 的变化

在曲线上任一点，其 UI 值即为该工作点的输出功率值 $P = UI$。以 U 为横坐标，以 P 为纵坐标作出图 5，其 P_{max} 值即为最大功率输出值。而与之对应的 U_{opt} 值，即为此硅光电池在与之相应的（额定）负载 R 值下的最佳工作点（电流也随之而被确定）。

◆ **实验参考内容与数据记录表格**

1. 硅光电池的伏安特性测试

（1）按照图 6 所示连接好实验线路，其中电阻箱为外置电阻箱（从 0Ω 调至 5000Ω），由实验者自行连接到电路中。光源用标准钨丝灯，将待测硅光电池装入待测点，光源电压 $+0 \sim 24\mathrm{V}$（可调）。

（2）先将可调光源的光强调至一定的照度，每次在一定的照度下，调节可调电阻箱的阻值，然后测出一组硅光电池的负载电压 U_{SC} 和取样电阻 R_1 两端的电压 U_{SC}，则光电流 $I_{Ph} = \dfrac{U_{SC}}{10.00\Omega}$（式中 10.00Ω 为取样电阻的阻值），这

图 6　实验线路图

里要求至少测出 15 个数据点，以绘出完整的伏安特性曲线。以后逐步选择不同的光照度（至少 3 个），重复上述实验。

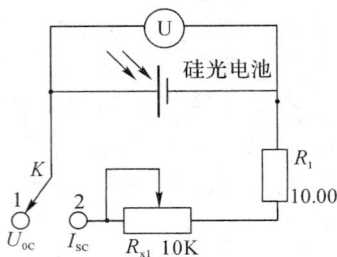

表 1　硅光电池伏安特性测试数据表（照度：　）　　　$U_{OC} = \underline{\qquad}$ V

	1	2	3	4	5	6	7	8	9	10	11	12	13	14	15
$R_{x1}(\Omega)$															
$U_{SC}(\mathrm{V})$															
光电流(mA)															

表 2　硅光电池伏安特性测试数据表（照度：　）　　　$U_{OC} = \underline{\qquad}$ V

	1	2	3	4	5	6	7	8	9	10	11	12	13	14	15
$R_{x1}(\Omega)$																
$U_{SC}(\mathrm{V})$															
光电流(mA)															

表 3　硅光电池伏安特性测试数据表（照度：　）　　　$U_{OC} = \underline{\qquad}$ V

	1	2	3	4	5	6	7	8	9	10	11	12	13	14	15
$R_{x1}(\Omega)$																
$U_{SC}(\mathrm{V})$															
光电流(mA)															

（3）根据实验数据画出硅光电池的一族伏安曲线。

2. 硅光电池的光照度特性测试

（1）实验线路见图 6，电阻箱调到 0Ω。

（2）先将可调光源调至一定的照度下，测出该照度下硅光电池的开路电压 U_{OC} 和短

路电流 I_{sc} 数据,其中短路电流为 $I_{sc}=\dfrac{U_{SC}}{10.00\Omega}$,以后逐步改变可调光源的照度(8~10次),重复测出开路电压和短路电压。

表 4   硅光电池的照度特性测试

	1	2	3	4	5	6	7	8	9	10
$R_{z1}(\Omega)$										
U_V(伏)			·							
$U_{R1}(V)$										
光电流(mA)										

照度										
$U_{SC}(V)$										
光电流(mA)										

(3)根据实验数据画出硅光电池的光照特性曲线。

补充说明

* 硅光电池在零偏置时,流过 PN 结的电流 $I=I_p$(反相光电流),故硅光电池在零偏置无光照时,硅光电池输出电压 $\neq 0$,只有使硅光电池处于负偏时,流过 PN 结的电流 $I=I_p-I_s$(反相饱和电流)$=0$。才能使硅光电池输出电压为零。

附录:光源电压—距离—照度数据参照表

光源电压/V	距离/mm	光照度/Lux	光源电压/V	距离/mm	光照度/Lux
24.00	50	900	12.00	50	62
24.00	100	300	12.00	100	20
24.00	150	150	12.00	150	12
24.00	200	100	12.00	200	6.0
20.00	50	500	10.00	50	30.0
20.00	100	160	10.00	100	10.0
20.00	150	80	10.00	150	5.0
20.00	200	50	10.00	200	3.0
18.00	50	300	8.00	50	10.0
18.00	100	100	8.00	100	4.0
18.00	150	50	8.00	150	2.0
18.00	200	35	8.00	200	1.0
16.00	50	180	6.00	50	3.0
16.00	100	65	6.00	100	0.85
16.00	150	35	6.00	150	0.45
16.00	200	20	6.00	200	0.25
14.00	50	120	4.00	50	0.3
14.00	100	40	4.00	100	0.09
14.00	150	20	4.00	150	0.03
14.00	200	12	4.00	200	

实验四十　补偿法与伏安法测量表头内阻的方法比较

补偿法是近代自动控制中广为应用的一种方法。在本实验中试与伏安法测量表头内阻进行比较，以了解补偿法原理。

◆　**设计任务**

分别采用伏安法和补偿法设计测量表头内阻。

◆　**设计要求**

提出设计电路和测试方法，比较它们的优缺点。

◆　**设计指导：实验原理**

1. 伏安法与补偿法测表头内阻的原理与误差分析

（1）伏安法：

图 1 为伏安法测表头 G 内阻的原理图，其中 R_g 为待测表头内阻，V 为较高精度的电压表。测量时，调节滑线变阻器 R_H 使被测表头的示值 I 为某一个值，并记录电压表的值 V，则表头的内阻为：

$$R_g = \frac{V}{I} \qquad (1)$$

由（1）式易得测量误差为：

$$\Delta R_g = R_g \sqrt{(\frac{\Delta V}{V})^2 + (\frac{\Delta I}{I})^2} \quad (2)$$

其中：（$\Delta V = \alpha\% \times V_m$，$\Delta I = \sigma\% \times I_m$），$\alpha$，$\sigma$ 和 V_m、I_m 分别为电压表、表头的精度等级和量程，V、I 分别为电压表、表头实测值。

（2）补偿法：

电位差计是与未知电动势进行比较的仪器，在比较过程中有欠补偿、过补偿和达到补偿的不同状态。在测量中则用后者：

按图 2 接好电路，闭合开关 K 调节 R_C 使 G 的电流为 I，建议用 11 线电位差计，先标定再进行测量：将电表 G 的两端接到电位差计的测量接入端，测出的电动势为 E_J，则表头内阻为：

$$R_g = \frac{E_J}{I} \qquad (3)$$

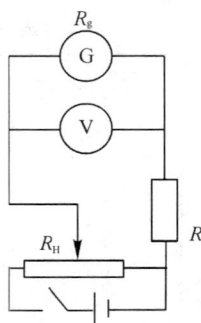

图 1　伏安法测表头内阻的原理图

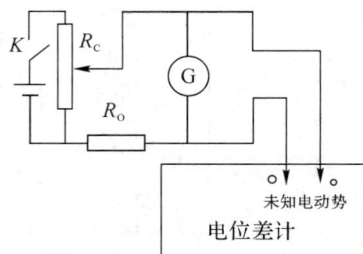

图 2　补偿法

由于测量过程中的各种不稳定因素,诸如:电源的波动,及 R_0,R_C 的不确定度都可以通过电流 I 反映出来,所以 R_g 的不确定度仅受 E_J 和 I 的不确定度影响,根据不确定度的合成公式为:

$$\Delta R_g = R_g \sqrt{(\frac{\Delta E_J}{E_J})^2 + (\frac{\Delta I}{I})^2} \tag{4}$$

式中 ΔE_J,ΔI 按仪表单次测量的误差处理,设电位差计的准确度等级 α,最小分度值 σE 则 $\Delta E_J = \alpha\% E_J + \sigma E$,$\Delta I = 0.2$ 电表分度值。由该公式分析,当电表电流达到满偏电流 $I_{g.}$,电位差计指示 E_g 时误差 ΔR_g 可以变得最小。

(3)伏安法与补偿法测表头内阻的分析与比较:

根据对以上两种测量方法的分析,可以得出以下结论:

① 采用补偿法测量电表内阻时,接入电位差计不引起原电路的电流变化,因此它真实地反映被测电表的电流实况,可以精确地测量出电表内阻;而采用伏安法测量电表内阻时,于电压表的自身内阻的影响,要对被测电表的电流产生分流,这样就不能真实反映电压表的自身内阻,所以就方法而论,补偿法的精确度要优于伏安法。

② 采用补偿法或伏安法测量电表内阻时,由公式(2),(4)的分析来看,为使测量误差小,在确定实验条件和实测时应注意以下两点:

· 选择仪表的精度 α 尽可能高、量程 Vm 尽可能小;

· 测量时,使电压表 V 和被测表头 I 示值都尽可能满偏。

2. 测量方案与处理

(1)伏安法等精度测量:

伏安法表头内阻的测量方案可分为等精度测量和非等精度测量两种。等精度测量方案的操作方法为:保持待测表头的示值 I(电压表精度比待测表头的精度高,若不然应选择保持电压表的示值 V)不变,改变 R 和 R_H,使电压表 V 和被测表头 I 示值都尽可能满偏,并记录相应示值时的 V 与 I,连续测量 n 对于等精度测量方案的处理方法为:取 n 次测量的平均值作为表头内阻的最佳估计值:

$$\bar{R} = \frac{1}{n} \sum R_i$$

表头内阻测量总不确定度可分为 A 类不确定度和 B 类不确定度。A 类不确定度可按贝塞尔函数求得:

$$\Delta_A = \Delta_{标} = \sqrt{\frac{\sum (\bar{R} - R_i)^2}{n-1}}$$

B 类不确定度可取 n 次测量中仪器误差的最大值的 1/3:

$$\Delta_B = (\Delta R_g)_{max}/3$$

这样,合成不确定度按方和根合成为:

$$\Delta R_g = \sqrt{\Delta_A^2 + \Delta_B^2}$$

(2)伏安法非等精度测量

非等精度测量方案的操作方法为:改变 R 和 R_H,使待测表头的示值 I 按一定间隔变化,并记录相应示值时的 V 与 I,连续测量 n 次,此时的处理方法用拟合直线方程法如。

设测得在不同电流、电压示值下的 n 组测量值为(V_i, I_i)，可用过原点的直线 $V = KI$ 来拟合。此时可用拟合直线的斜率作为表头内阻的最佳估计值：

$$\bar{R}_g = K = \frac{\sum I_i V_i}{\sum I_i^2}$$

用拟合直线的斜率的标准偏差作为表头内阻的 A 类不确定度：

$$\Delta_A = S_K = \sqrt{\frac{\sum (V_i - KI_i)^2}{(n-1)\sum I_i^2}}$$

B 类不确定度由 $V_i = kI_i (i = 1, 2, \cdots, n)$ 得：当 $n \to \infty$ 时，有 $\bar{V} = K\bar{I}_i$ 所以 $K = \frac{\bar{V}}{\bar{I}}$，

因此：

$$\Delta_K = K\sqrt{(\frac{\Delta_V}{\bar{V}})^2 + (\frac{\Delta_I}{\bar{I}})^2} = K\sqrt{(\frac{\Delta_V}{V_{1/2}})^2 + (\frac{\Delta_I}{I_{1/2}})^2}$$

其中 $V_1/2$、$I_1/2$ 为拟合直线中间处的坐标。$\Delta_V \Delta_I$ 由 0.2 的份度值决定，以 $\Delta K/3$ 作为直线拟合法的 B 类不确定度。

（3）补偿法测表头内阻：

在图 3 电路中串入标准电阻 R_N，用电位差计分别测出电表 G 与 R_N 两端的电势 E_1, E_2，则电路中的电流

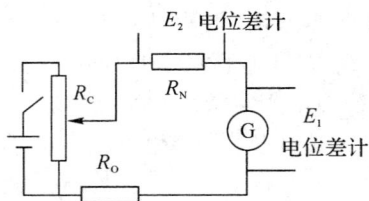

图 3　补偿法测表头内阻

$$I = \frac{E_2}{R_N} = \frac{E_1}{R}$$

$$R_g = \frac{E_1}{E_2} R_N$$

因此 R_g 的不确定度可以通过 E_1, E_2, R_N 反映出来，所以：

$$\Delta_{R_g} = R_g\sqrt{(\frac{\Delta_{E_2}}{E_2})^2 + (\frac{\Delta_{E_1}}{E_1})^2 + (\frac{\Delta_{R_N}}{R_N})^2}$$

需要说明的是 $\Delta_{E_1} = \Delta_{E_2}$，计算方法如前介绍，$\Delta_{R_N}$ 取标准电阻的标调定值，为减少 Δ_{R_g} 应该使 E_1, E_2, R_N 的值尽可能大，所以必须在调节 R_C 使 I_g 为满度电流的前提下，尽量使用大的 R_N。

◆ **数 据 记 录 与 处 理**

设计数据记录表格

◆ **拓 展 知 识**

从网上查询补偿法原理在现代测试和自动控制中的应用。

实验四十一　望远镜与显微镜的组装

　　望远镜和显微镜都是用途极为广泛的助视光学仪器,显微镜主要用来帮助人们观察近处的微小物体,而望远镜则主要是帮助人们观察远处的目标,它们常被组合在其他光学仪器中。为适应不同用途和性能的要求,望远镜和显微镜的种类很多,构造也各有差异,但是它们的基本光学系统都由一个物镜和一个目镜组成。望远镜和显微镜在天文学、电子学、生物学和医学等领域中都起着十分重要的作用。

一、望远镜的组装

◆　**设 计 任 务**

组装望远镜,并测量望远镜的放大率。

◆　**设 计 要 求**

提出望远镜组装的光路图,测出其放大率。

◆　**设 计 指 导;实 验 原 理**

　　最简单的望远镜是由一片长焦距的凸透镜作为物镜,用一短焦距的凸透镜作为目镜组合而成。远处的物经过物镜在其后焦面附近成一缩小的倒立实像,物镜的像方焦平面与目镜的物方焦平面重合。而目镜起一放大镜的作用,把这个倒立的实像再放大成一个正立的像,图 1 为开普勒望远镜的光路示意图:

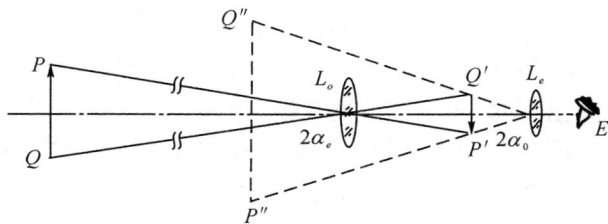

图 1　开普勒望远镜的光路示意图

　　用望远镜观察不同位置的物体时,只需调节物镜和目镜的相对位置,使物镜成的实像落在目镜物方焦平面上,这就是望远镜的"调焦"。

　　用望远镜和显微镜观察物体时,一般视角均甚小,因此视角之比可用其正切之比代替,于是光学仪器的放大率 M 可近似地写成:

$$M = \frac{\mathrm{tg}\alpha_0}{\mathrm{tg}\alpha_e} = \frac{l}{l_0}$$

式中 l_0 是被测物的大小 PQ，l 是在物体所处平面上被测物的虚像的大小 $P"Q"$

在实验中，为了把放大的虚像 l 与 $l0$ 直接比较，常用目测法来进行测量。对于望远镜，其方法是：选一个标尺作为被测物，并将它安放在距物镜大于 1.5 米处，用一只眼睛直接观察标尺，另一只眼睛通过望远镜观看标尺的像。调节望远镜的目镜，使标尺和标尺的像重合且没有视差，读出标尺和标尺像重合区段内相对应的长度，即可得到望远镜的放大率。

◆ **实 验 仪 器**

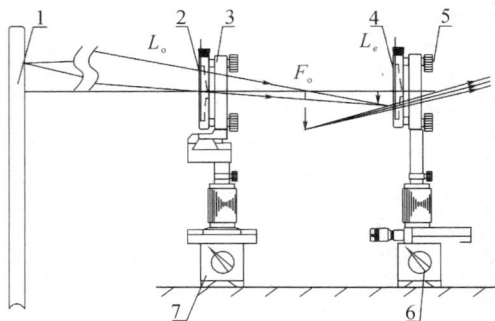

图 2　组装望远镜装置图

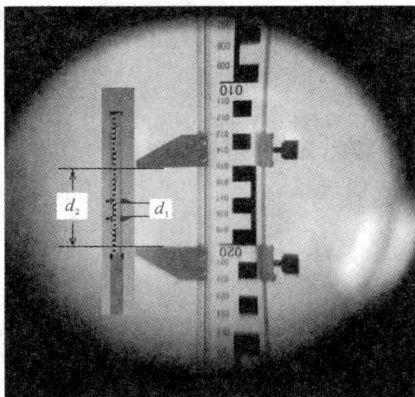

图 3　放大标尺像与实际标尺的比对

◆ **实 验 内 容**

1. 组装开普勒望远镜：按图 2 放好各元器件，调节同轴等高，固定目镜，移动物镜，向约 3m 远处的标尺调焦，使一只眼睛在目镜中间看到清晰的标尺像。

2. 设定标尺红色指标间距 d_1 为 5 厘米，大致和组装的望远镜等高。睁开双眼，一只眼睛通过组装望远镜看标尺像，另一直眼睛直接注视标尺，经适应性练习，用视觉系统同时获得被望远镜放大的标尺像和直观的标尺如图 3，把通过望远镜观察到的两个红色指标像投影到标尺实物上，记住上下红色指标像在实物标尺上的位置，走近标尺读出上下位置间隔 d_2。

3. 求出望远镜的测量放大率 $\Gamma = \dfrac{d_2}{d_1}$，并与计算放大率 $M = \dfrac{f_0}{f_e}$ 作比较。

注：标尺放在有限距离 S 远处时，望远镜放大率 可做如下修正：$\Gamma' = \Gamma \dfrac{S}{S + f_0}$

当 $S > 100 f_0$ 时，修正量 $\dfrac{S}{S + f_0} \approx 1$

◆ **数据记录与处理**

1. 目镜位置 Le = _____ cm

2. 物镜位置 Lo = _____ cm

3. 标尺与物镜距离 S = _____ cm

4. 设定标尺卡口间距为 $d_1 = 5cm$ 时, 像卡口间距 d_2 = _____ cm

5. 求出望远镜的测量放大率 $\Gamma = \dfrac{d_2}{d_1}$

6. 计算望远镜放大率 的修正值: $\Gamma' \dfrac{S}{S + f_0}$

7. 把放大率测量值与计算放大率 $M = \dfrac{f_0}{f_e}$ 作比较, 计算百分误差。

二、显微镜的组装

◆ **设计任务**

组装显微镜, 并测量显微镜的放大率。

◆ **设计要求**

提出显微镜组装的光路图, 测出其放大率。

◆ **实验原理**

显微镜和望远镜的光学系统十分相似, 都是由两个凸透镜共轴组成, 其中, 物镜的焦距很长, 目镜的焦距较短。如图 4 所示, 实物 PQ 经物镜 L_o 成倒立实像 $P'Q'$ 于目镜 L_e 的物方焦点 F_e 的内侧, 再经目镜 Le 成放大的虚像 $P''Q''$ 于人眼的明视距离处。

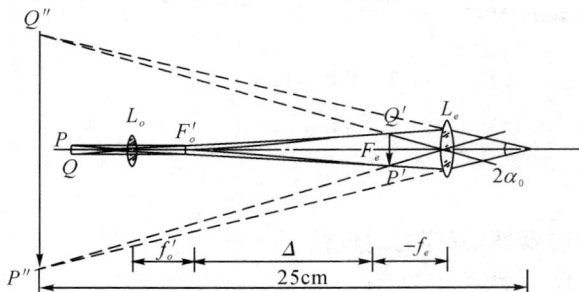

图 4　显微镜光路示意图

◆ **实验装置**

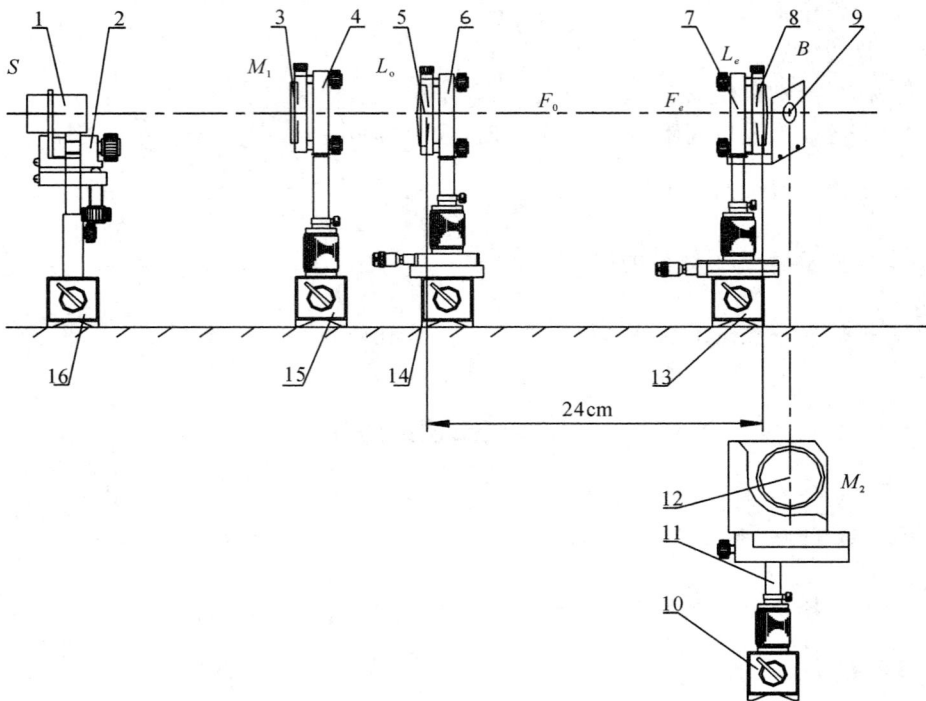

图 5　组装显微镜装置图

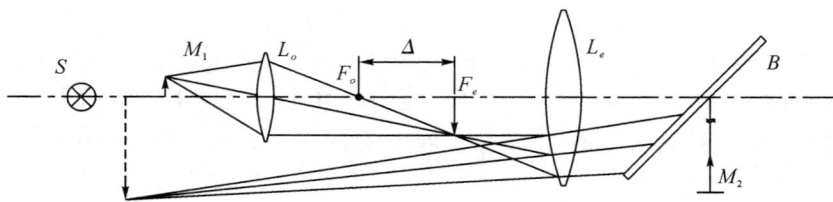

图 6　组装显微镜光路图

◆ **实验内容**

1. 参照图 5 布置各器件，调等高同轴；
2. 将透镜 Lo 与 Le 的距离定为 24cm；
3. 沿米尺移动靠近光源的毛玻璃微尺 M_1，从显微镜系统中得到微尺放大像；
4. 在 Le 之后置一与光轴成 45°角的平玻璃板，距此玻璃板一定距离（毫米尺 M_2 与毛玻璃微尺 M_1 到 45°角平玻璃板的距离应相等）处置一白光源（图 5 中未画出）照明的毫

米尺 M_2；

5．移动微尺 M_1，消除视差，读出未放大的 M_2 30 格所对应的 M_1 的格数 a；

6．显微镜的测量放大率 $M=\dfrac{30\times10}{a}$；

7．显微镜的计算放大率 $M'=\dfrac{25\Delta}{f_of_e}$（式中 25cm 为人的明视距离）。

◆ **数据记录与处理**

1．微尺 M_1 位置＝＿＿＿＿＿＿＿＿ cm

2．凸透镜 L_o 位置＝＿＿＿＿＿＿＿＿ cm

3．凸透镜 L_e 位置＝＿＿＿＿＿＿＿＿ cm

4．毫米尺 M_2 与 L_e 的间距＝＿＿＿＿＿＿＿＿ cm（与微尺 M_1 到 L_e 的距离相等）

5．M_2 30 格（30mm）对应的 M_1 的长度 $a=$＿＿＿＿＿＿＿＿格（0.1mm/格）

6．计算显微镜的测量放大率 $M=\dfrac{30\times10}{a}$，并与显微镜的计算放大率 $M'=\dfrac{35\Delta}{f_of_3}$ 进行比较，计算百分误差。

实验四十二　照相技术

一、经典摄影、放大、冲洗

照相能真实、迅速地把物体的形象、位置记录下来,是一种重要的实验手段,在 X 光分析、光谱分析、金相分析、红外测量、高能粒子的径迹纪录分析、航空测量和空间技术等方面得到广泛应用。

◆ **设计任务**

利用普通相机选取光圈、曝光时间,选取洗影定影时间拍摄满意图像。

◆ **设计要求**

拍摄不同光照和景深的图像照片。

◆ **设计指导:实验原理**

照相一般分三个环节:用照相机拍摄、冲洗底片和印相或放大。将感光底片安装在相机中,相机的暗盒把底片与外界光线隔绝;按下快门,来自被摄物的光线就透过镜头会聚在感光底片上形成实像;感光片上由于像的不同,明暗光强产生不同的光化学反应,生成眼睛不能直接看到的潜影,这是拍摄过程。在暗室中,将拍摄有潜影的底片通过显影和定影等化学处理,底片上就呈现出与原来实物黑白正好相反的稳定的像,这样的底片又称为负片,这是底片冲洗过程。在暗室中,通过负片对印相纸给以曝光,或者通过放大机将底片投影到相纸上并曝光,再对此相纸经过显影和定影等冲洗可得到与原来实物相应的正片,即通常的照片,这就是印相或放大过程。

1. 照相机的基本构造

照相机是利用透镜成实像的原理制成的。照相机由镜头、快门、光圈和机身等部件构成。照相机的类型很多,我们介绍的是单镜头反射照相机,原理图如图 1。

(1) 镜头

用单一凸透镜作为照相机镜头的缺点很多,如成像摸期不清楚或变形,为消除这些缺陷,经常用 2~3 片透镜胶合成复合透镜,再用 3~4 块复合透镜组成照相机的镜头。

镜头有各种不同的焦距,从几毫米到几千毫米。要根据所需的影像放大率、拍摄距离、被摄面积、透视效果选择合适的焦距。参考图 2。

焦距不同,相机的视角不同。焦距越小,视角越大。照相机镜头上都标明焦距。使用 $2.4 \times 3.5 \text{cm}$ 负片(135 胶卷)的照相机(这是最为常用的相机),当使用焦距是 50mm 的镜头时,视角和人眼的视角接近,所以 50mm 的镜头称为 135 相机标准镜头的。焦距小于标

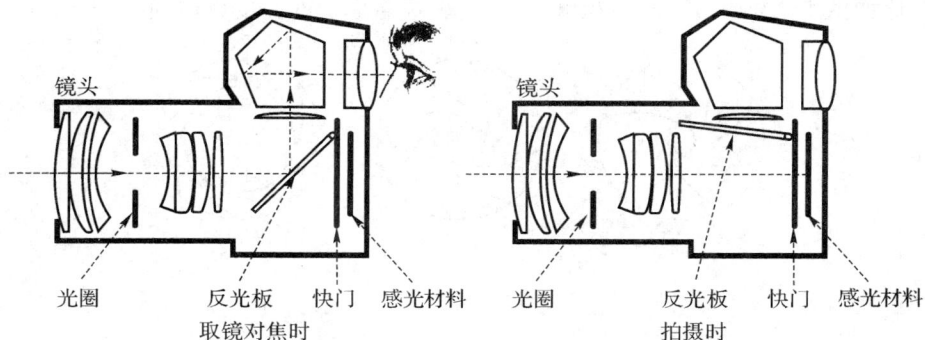

图 1　单镜头反射相机

镜头　　　　　反光板　快门　感光材料
　　　　　　　取镜对焦时

镜头　　　　　反光板　快门　感光材料
　　　　　　　拍摄时

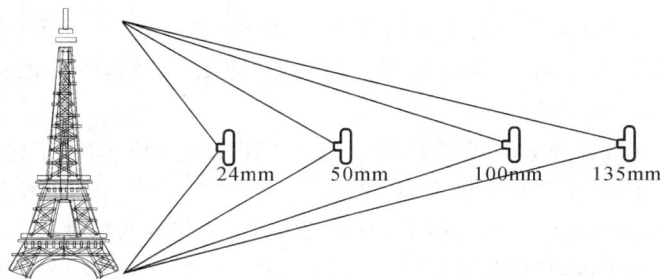

24mm　　50mm　　100mm　　135mm

图 2　不同焦距镜头的作用

准镜头的镜头称为广角镜，大于标准镜头焦距的镜头称为长焦镜。

镜头是照相机最精密和最贵重的部分，镜片表面都镀有薄膜，因此，在使用中必须十分爱护它。

（2）快门

照相底片的感光程度与感光时间有关。快门是控制感光底片曝光时间的机械装置。快门平常是关闭的，只有当按下快门按钮时才打开，随即又关闭。快门打开到关闭的时间称为曝光时间（单位为秒），通常用其倒数来标示快门速度。如快门速度 125，表示快门开启的曝光时间为 1/125 秒。还有用 B、T 标示的快门。用 B 门时，按下快门按钮，快门开启，手一松，快门立即关闭。这是供长时间曝光用的。用 T 门时，按下快门按钮，快门开启，直至再次按下快门按钮，快门才关闭。

（3）光圈

照相底片的感光程度还与成像面上的照度有关。为控制成像的照度，通常相机还配有光圈。光圈紧挨着照相机镜头的内侧，是一组金属叶片组成的圆孔装置，如图 3 所示，其圆孔大小可以调节。成像照度与光圈孔径 d 及像距 F（约等于镜头的焦距）有关。为说明成像照度的情况，引进相对孔径和光圈系数两量。镜头焦距 F 和光圈孔径 d 的比值称为光圈系数，$f = F/d$。例如孔径 $d = 2.1\text{cm}$，焦距 $F = 7.5\text{cm}$，则 $f = 3.5$。反之，已知光圈系数和镜头焦距，就可知道孔径大小。光圈系数越小，对应的光圈孔径越大。系数每减小一档,(比如由 11 减到 8)光圈面积就扩大一倍,成像面上的照度就增强一倍。

$f/16$ $f/8$ $f/2$

图 3 可调光圈

光圈的另一作用是调节成像的景深。由于人眼鉴别成像清晰的本领不很高,故底片与镜头的像距保持不变时,在一定距离范围内,远近不同的景物,成像都觉得清晰。这一物距范围称为成像的景深。例如某照相机对 3m 远处的景物照相,光圈选用 $f8$,结果是 2.5m 至 5m 范围内的景物在照片上看起来都很清晰,这 2.5m 至 5m 称为景深。景深和光圈大小有关。光圈圆孔越小,景深越宽。景深还与物距以及镜头焦距有关,随被摄物的远近和不同镜头而看所差异。

要拍好照片,应该有合适的曝光量,曝光量与照度及曝光时间成正比。故拍照总是把快门和光圈配合使用。光圈系数增大(或减小)一档,同时使快门速度减慢(或加快)一档,则曝光量不变。如拍光亮的静物,光圈圆孔可选小些,相应的快门速度可选慢些。如拍运动物体,拍摄快门速度必须短促,光圈圆孔得用大些,二者的选择配合还得根据照明条件和拍摄对象等具体情况而定。要拍出一张曝光正确的照片,往往需要个人的经验积累。

(4) 取景对焦装置

被摄物体有远有近,照相时必须调整镜头与底片之间的像距。使底片上有清晰的像,这种调节叫做对光或调焦。镜头旁边标有待测物体离镜头的距离,简单的照相机用目测估计物距后,把镜头调到这个距离刻度上就完成了测距和调焦工作。现在多数照相机有自动对焦装置。

2. 感光材料的作用和性能

在软片或玻璃片上涂薄薄一层感光乳胶即成为感光底片,如涂在纸上,则成为印相纸或放大纸,这些都统称感光片。乳胶是由悬浮在白明胶中的卤化银(一般为溴化银)微小晶粒构成的。当光照射到底片上,发生光化学变化,使溴化银分解而生成中性的金属银原子(呈黑色)。光越强,被析出的银原子越多。在一般拍摄感光中,在底片上析出相应数量的银粒子,它形成看不见的潜影。常用以下参量表明感光的性能:

感光度:它表示感光乳胶光化学反应的快慢,即感光片对光的灵敏度。国际上用 ISO 表示,ISO 后面标的数值越大感光度越高。例如 ISO200 的感光片比 ISO100 的感光片灵敏度高一倍。拍摄时,注意底片的感光度,才能得到正确的曝光组合。

反差:底片或相片上的图像,明亮和黑暗之间对比的鲜明程度称为反差。黑白明显者反差强。黑白层次不鲜明,色调灰暗称反差弱。底片反差的高低用 γ 表示,γ 值大反差大。相纸的反差用号数表示(1,2,3,4 号四种)号数越大,印出来的相片反差越强。

感色性:用来描述感光片对不同颜色的光反应的差别,溴化银底片对蓝紫光较敏感而对红光几乎无反应（盲色片）；相反加入了有机染料的全色片，最敏感的是橙红，对蓝绿色反印迟钝。所以印相和放大时，可以在暗红灯下工作，而冲洗全色底片时只能在极暗的墨绿色灯下工作。

宽容度：感光材料能按比例记录景物亮度的范围。黑白感光材料的宽容度较大，一般来说，若曝光量与标准值相差一倍，在暗室处理过程中采用适当的补救办法，均能做出较满意的照片来。

解像力：通常用 1mm 宽度内能分析出的平行线的条数来表示。解像力的高低与乳剂层的厚度、乳化银颗粒的粗细、反差大小有关。显像后的银粒细、感光层薄、反差大的底片，解像力高。

◆ **实验内容**

1. 拍摄

了解相机的基本使用方法和注意事项，拍摄自己选择的景物。记录相关的数据，如景物描述、光照情况、拍摄时间、对焦位置、光圈、曝光时间等。同一景物可用不同的光圈、快门多次拍摄。

2. 冲洗底片

在暗袋中，将胶卷从相机中取出，装入显影罐中，盖好盖子。

取出显影罐，将显影液从罐口小空处倒入，并开始记录时间，注意缓慢摇晃显影罐，让显影液与胶卷充分均匀接触。显影结束后，倒出显影液并用流水冲洗 1 分钟。倒净余水后，注入定影液，记录时间，同样注意搅拌。定影结束后，再用流水冲洗 10 分钟左右，最后把胶卷挂起来晾干。

显影定影时间需视胶卷、拍摄情况、显影液浓度、定影液浓度、温度而定。可以将胶卷分成几部分，先采用显影 4～5 分钟，定影 6 分钟的方案，察看效果如何，再更改显影定影时间，逐步积累经验。

3. 放大照片

在明室条件下，熟悉放大机的操作。将胶卷的乳剂面向下，插入胶卷片夹中。调整放大机，使得底板上成像大小合适，清晰。选择适当光圈。

在暗室条件下，放上相纸，选择适当曝光时间进行曝光。将相纸进行显影、冲洗、定影、冲洗等步骤。

曝光、显影、定影、冲洗时间可多次试验，积累经验。

◆ **实验结果**

选择曝光、对焦正确的底片，及放大清晰的照片，贴在实验报告本上上交，并注明拍摄所用的光圈、曝光时间、显影时间、定影时间、温度等，并作必要的分析、说明、心得体会。

二、动摩擦系数的测定——数码技术在实验中的应用

一个物体在另一物体表面上运动时,一定存在着摩擦力。摩擦力的大小与物体接接触面性质有关,常用摩擦系数表示。

◆ **设计任务**

用数码摄影和图像处理测定物体的动摩擦系数。

◆ **设计要求**

提出拍摄方法和计算机处理技术。

◆ **设计指导·实验原理**

1. 静摩擦系数:当物体置于斜面上(见图 1),若物体静止在斜面上,则静摩擦力与重力分力方向相反、大小相等。当加大倾斜角时,使物体恰可滑动时,此时

$$f_s = mg\sin\theta = \mu_s mg\cos\theta$$

最大静摩擦力等于这时物体沿斜面的重力分力,得最大静摩擦系数 $\mu_r = \tan\theta$,其中 θ 称为休止角。

2. 调整角度,使斜角 α 超过休止角 θ,物体将会下滑,下滑力 $mg\sin\theta$ 大于最大静摩擦力 $f_\mu = \mu_r m\cos\theta$,而且有明显的加速度 a 向下滑行,物体所受合外力为沿斜面的重力分力与动摩擦力之差,根据牛顿第二定律,$F = ma = mg\sin\theta - \mu_r mg\cos\theta$ 得:

$$\mu_r = \frac{g\sin\theta - a}{g\cos\theta} \quad (2)$$

经测量得斜角 θ、滑行加速度 a 即可求得滑行时动摩擦系数 μ_k 的实验值。

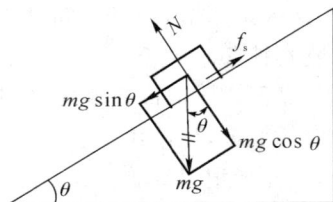

图 1　力分解示意图

3. 若求实心圆柱体与斜角 θ 斜面间的滚动摩擦系数,考虑转动动能时,则按功能原理可得:

$$\frac{1}{2}m(v_2^2 - v_1^2) + \frac{1}{2}I(\omega_2^2 - \omega_1^2) = mg\Delta h + \mu_r mg\Delta l$$

由高度差与滚动距离之关系 $\Delta h = \Delta l\sin\theta$,$v = \omega r$,$I = \frac{1}{2}mr^2$,$v_2^2 - v_1^2 = 2a\Delta l$ 整理后得

$$\mu_r = \frac{g\sin\theta - \frac{3}{2}a}{g\cos\theta} \quad (3)$$

◆ **实验装置**

实验装置：本试验在动摩擦实验装置（见图 2）上进行，实验装置由弹射器、相机支架、水准仪、基板和槽轨组成，基板与槽轨可调整为斜面式结构，在导向槽表面埔设有不同摩擦系数的材料，根据设计要求可更换；数码相机的使用方法：①先将数码相机的模式拨盘转至动画功能档，即在模式拨盘上有 ►■■ 标记的位置，拍摄球体的动画；②将拍摄后的动画片装入电脑：把数码相照通过 USB 接口与计算机连接，从桌面上双击"我的电脑"，进入界面后，从移动盘（相机）上"剪切"下有关的动画文件。利用 Premiere、Photoshop 等软件用计算机作图、用表差法求球体的加速度 a；数码相机、软件使用表差法等数据处理方法请参照抛射体实验中的有关部分。

实验室提供不同导轨的材料，天平等。

◆ **设计内容**

1. 把槽轨设置成水平状态，由弹射器射出球体，测量运动球体的加速度。
2. 把槽轨设置成不同角度斜面状态，球体自由下滑，测量运动球体的加速度。

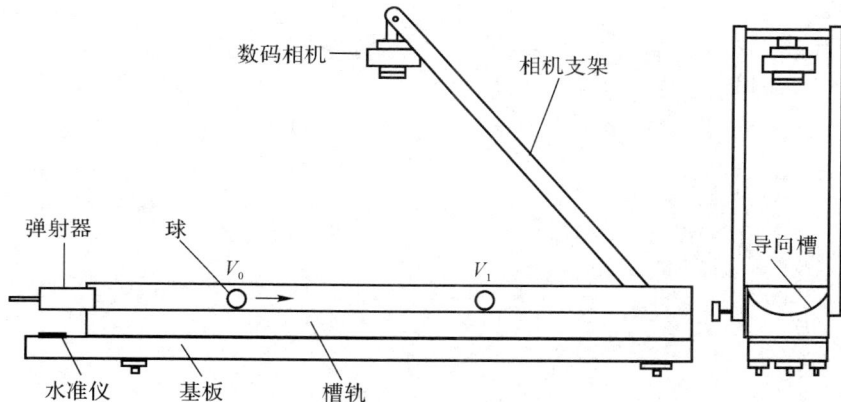

图 2　实验装置图

◆ **实验建议**

1. 设计出观察球体的实验方案。设计方案时最好画出示意图。包括球体运动位置、滑块的运动方向等几个大的试验步骤，以及用表差法求球体加速度 a 的依据、数据记录和处理的表格，表格中求出速度增量和加速度值，注明单位。

2. 在平面式、斜面式的两种状态下，设计出采用不同摩擦系数材料时球体滚动的实验方案。求出静摩擦力与动摩擦力。动摩擦力又可分为滑动摩擦及滚动摩擦。

滑动摩擦。一旦外部力量大于静摩擦力的最大值，这时就发生滑动摩擦的现象。这就是两个物体发生了相对滑动，对于滑动摩擦力有公式：$F = \mu_k N$。

其中，μ_k 被称为滑动摩擦系数，它在习题里常常被设为常数，但实际上它和相对滑动速度有关，N 为两个物体之间的正压力，滑动摩擦力大小与两物体接触处的表面性质有关，和接触面大小无关。

由于物体的滚动可以看成是平动和转动的合运动，因此对滚动的阻碍作用体现在对平动和转动的共同阻碍上。其中对转动的阻碍作用是阻力矩；对平动的阻碍作用是静摩擦力；非纯滚动时，对平动的阻碍是滑动摩擦力。

试用列表法等测量摩擦系数。

实验四十三　万用表组装与校准

万用表是最常用的电学测量仪器,可以测量电流,电压与电阻,如果再进行扩展,还可以测量电容、电感及晶体二极管、三极管的参数。若在表中配以将交流变为直流的整流电路,则它还可以测量交流电的有关参量,因此万用表是应用最广泛、最实用的电磁测量仪表,学习改装和校准万用表在电学实验部分是非常重要的。

◆ 设 计 任 务

1. 设计与安装简单的万用表。
2. 学会简单万用表的校准和标定。

◆ 设 计 要 求

设计万用表的电原理图、提出所需要的元件。

◆ 设计指导:实验原理

高灵敏度的磁电式电流计(常称为表头)是万用表的指示器件,它只允许通过微安级的电流,直接使用一般只能测量很小的电流和电压。想要用它来测量较大的电流或电压,就必须进行改装,以扩大其量程。经过改装后的微安表可以测量较大电流、电压和电阻等。

1. 电表参数的测量

(1)测量电流计量程 I_g

电流计允许通过的最大电流称为电流计的量程,用 I_g 表示,电流计的线圈有一定的内阻,用 R_g 表示,I_g 与 R_g 是两个表示电流计特性的重要参数。电流计量程 I_g 的测量方法如下:将待测电流计,标准电流表与变阻器,开关,电池串联在

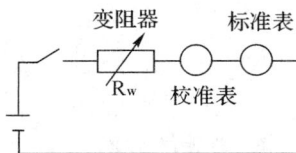

图1　测量电流计量

一起,如图1,选择标准电流表的量程大于待测电流计。调节变阻器,使电流缓缓增大,当电流计的指针作满度偏转时,读出标准电流表的示值就是电流计量程 I_g。

(2)测量内阻 R_g

①中值法

测量原理图参考图 2。设计用中值法测量电流计的内阻。(条件是什么?)

② 替代法

测量原理图参考图 3。设计用电阻箱的电阻值替代被测电流计内阻。(条件是什么?)

替代法是一种运用很广的测量方法,具有较高的测量准确度。

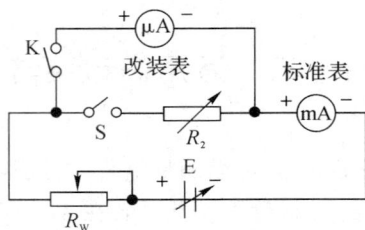

图 2、3　中值法和替代法测量电流计内阻电路图

2. 将电流计改装为安培计

① 试设计将电流计的量程扩大 n 倍,参考图 4。

② 试设计多量程的电流表,参考图 5。

3. 将表头改装为伏特计

试改装电流计为伏特计,参考图 6。

试设计制成多量程的伏特表,参考图 7。由于在万用表的设计中电流、电压都使用同一只表头,因此电压表的扩程电阻是与改装后的电流计最小量程组合在一起,这时电流计的内阻不是 R_g,而是 $R'_g = \dfrac{R_g R_P}{R_g + R_P}$。满量程不是 I_g,而是表头并上 R_P 后的扩程电流 I'_g,则 R_1,R_2 的计算过程如下:

$$V_1 = R_1 I'_g + R'_g I'_g$$
$$V_2 - V_1 = R_2 I'_g$$
$$R_1 = (V_1 - R'_g I'_g)/I'_g$$
$$R_2 = (V_2 - V_1)/I'_g$$

4. 电表的校准

扩程后的电表要经过校准后方可使用。方法是将改装表与一个标准表进行比较。

如图 8,当两表通过相同的电流(或电压)时,若待校表的读数为 I_X(或 V_X),标准表的读数为 I_0(或 V_0),则该刻度的修正值为 $\Delta I_X = I_0 - I_X$(或 $\Delta V_X = V_0 - V_X$)将该量程中的各个刻度都校准一遍,可得到一组 I_X、ΔI_X(或 V_X、ΔV_X)值,以被校电表的指示值 I_X(或 V_X)为横坐标,以 $\Delta I_X(\Delta V_X)$ 值为纵坐标,两个校正点之间用直线段连接,根据校正数据作出呈折线状的校正曲线图 9(不能画成光滑曲线)。在以后使用这个电表时,根据校准曲线可以修正电表

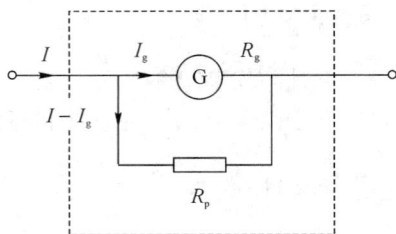

图 4　电流计改装的安培计

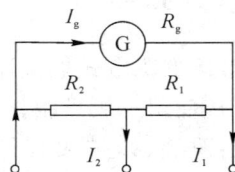

图 5　有两个量程的电流计

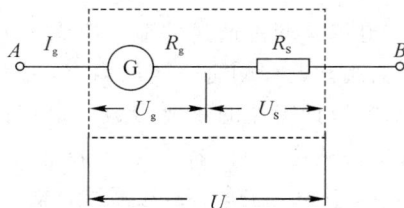

图 6　改装成伏特计

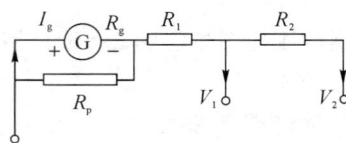

图 7　多量程的伏特计

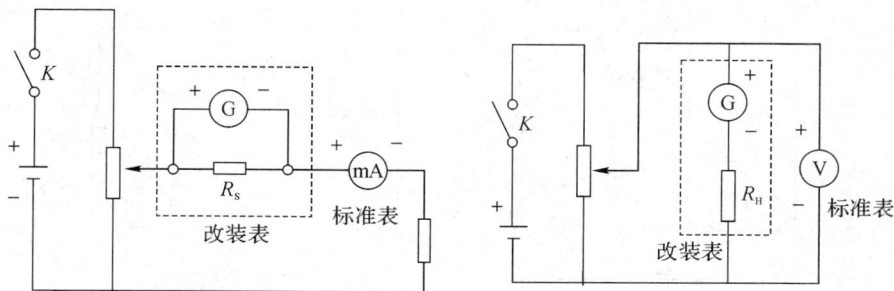

图 8　电表校准示意图

的读数。从而获得较高的准确度了。

根据电表改装的量程和测量值的最大绝对误差,可以计算改装表的最大相对误差,即

$$最大相对误差=\frac{最大绝对误差}{量程}\times100\%\leqslant a\%$$

按我国电器仪表计量规定,式中 $\alpha=$ $\pm0.1,\pm0.2,\pm0.5,\pm1.0,\pm1.5,\pm2.5,$ ±5.0 是电表的等级,所以根据最大相对误差的大小就可以定出电表的等级。

例如:校准某电压表,其量程为 $0\sim30$ 伏,若该表在 12 伏处的误差最大,其值为 0.12 伏,试确定该表属于哪一级?

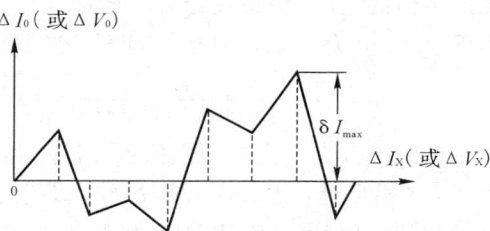

图 9　校准曲线

$$最大相对误差=\frac{最大绝对误差}{量程}\times100\%$$

$$=\frac{0.12}{30}\times100\%=0.4\%<0.5\%$$

因为 $0.2<0.4<0.5$,故该表的等级属于 0.5 级。

5. 将表头改装为欧姆表

用来测量电阻大小的电表称为欧姆表。根据调零方式的不同,可分为串联分压式和并联分流式两种。其原理电路如图 10 所示。

图(a)中 E 为电源,R_3 为限流电阻,R_w 为调"零"电位器,R_X 为被测电阻,与改成电压表一样,与改装后的电流计最小量程组合在一起的内阻不是 R_g,而是 $R'_g=\dfrac{R_g R_P}{R_g+R_P}$,电流 I'_g。图(b)中,与 R_G,R_w 一起组成分流电阻,R'_g 为等效表头内阻。欧姆表使用前先要调"零"点,即 a、b 两点短路,(相当于 $R_X=0$),调节 R_w 的阻值,使表头指针正好偏转到满度。此时,欧姆表的零点就在表头标度尺的满刻度(即量限)处,与电流表和电压表的零点正好相反。在图(a)中,当 a、b 端接入被测电阻 R_X 后,电路中的电流为:

$$I=\frac{E}{R'_g+R_w+R_3+R_X}\tag{5}$$

对于给定的表头和线路来说,R'_g、R_w、R_3 都是常量。即 $R'_g+R_w+R_3=R_r$

$$I=\frac{E}{R_r}=I_g$$

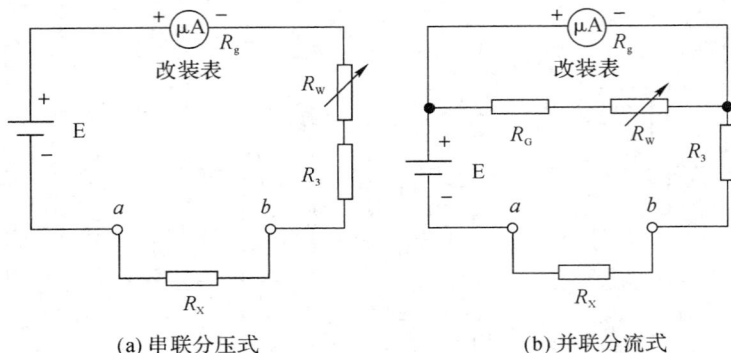

(a) 串联分压式　　　　　　　　(b) 并联分流式

图 10　原理电路图

由此可见，当电源端电压 E 保持不变时，被测电阻和电流值有一一对应的关系。即接入不同的电阻，表头就会有不同的偏转读数，R_X 越大，电流 I 越小，满足非线性关系。当 $R_X = 0$ 时，$I = I'_g$ 这时指针满偏。当 $R_X = R'_g + R_w + R_3$ 时

$$I = \frac{E}{R'_g + R_w + R_3 + R_X} = \frac{1}{2} \times I_g$$

这时指针在表头的中间位置，对应的阻值为中值电阻，显然 $R_中 = R'_g + R_w + R_3$。当 $R_X = \infty$（相当于 a、b 开路）时，$I = 0$，即指针在表头的机械零位。所以欧姆表的标度尺为反向刻度，且刻度是不均匀的，电阻 R 值越大，刻度间隔愈密，其关系如图 11 表示。

试用列表法，列出刻度与被测电阻的对应关系。说明为什么被测电阻值的面板刻线是非线性的？有何规律？

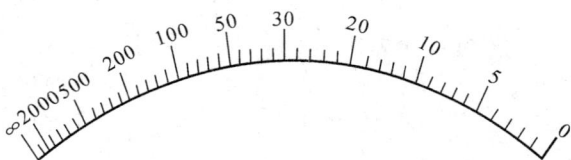

图 11　欧姆表表头刻度

实验四十四　交流电桥原理与应用

交流电桥是一种使用比较方法进行测量的仪器,在电测技术中占有重要地位。它是测量电容器的电容量和线圈的电感量的常用测量仪器。电容、电感量的测量电路有电容电桥、西林电桥、电感电桥、麦克斯韦电桥等。

◆ **设 计 任 务**

用交流电桥测量电感和电容。

◆ **设 计 要 求**

1. 根据所选择待测器件,画出实验原理图;
2. 设计数据记录和处理的表格,写出实验结果表达式。

◆ **实 验 仪 器**

交流电桥实验仪,导线若干。

◆ **实 验 指 导**

1. 交流电桥的平衡条件

用交流电桥可以测量电容、电感和它们的损耗以及品质因数。交流电桥的线路形式和方法与直流电桥相同,见图 1,但有几点要说明的是:交流电桥采用交流电源 S,频率应选用被测元件的工作频率;其次,示零器 G 采用高灵敏度的交流电流表或者示波器、耳机等交流电流(或者交流电压)指示仪表,而不能采用直流灵敏检流计那样的电表;再次,桥臂中各元件在交流电桥中不都是电阻,可以是标准电感、标准电容或者 LRC 的组合电路等。

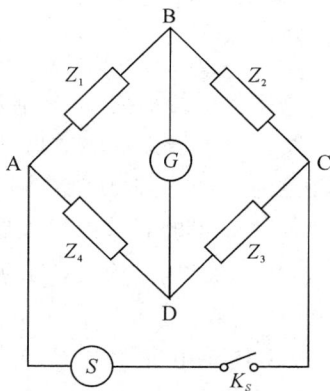

图 1　电桥线路

由于交流电桥中含有交流电源以及线圈和电容等元件,因此电桥的平衡条件($\widetilde{U}_B = \widetilde{U}_D$)就是两个复数相等的条件,例如 B、D 两点,不单 $U_B = U_D$(幅度相等),还必须 $\varphi_B = \varphi_D$(相位相同)。根据分压原理,当示零仪 G 未接上时,有关系式

$$\widetilde{U}_B = \frac{Z_2}{Z_1 + Z_2}\widetilde{U}_S \quad \text{和} \quad \widetilde{U}_D = \frac{Z_3}{Z_4 + Z_3}\widetilde{U}_S$$

因此 B 和 D 两点的电势差为

$$\widetilde{U}_B - \widetilde{U}_D = \left(\frac{Z_2}{Z_1 + Z_2} - \frac{Z_3}{Z_4 + Z_3}\right)\widetilde{U}_S$$

$$= \frac{Z_2 Z_4 - Z_1 Z_3}{(Z_1 + Z_2)(Z_4 + Z_3)} \widetilde{U}_S \tag{1}$$

当电桥平衡时，

$$Z_2 Z_4 - Z_1 Z_3 = 0$$

移项整理后，

$$Z_1 = \frac{Z_4}{Z_3} Z_2 \tag{2}$$

2. 测量电路

（1）电容电桥

若待测电容接在 AB 臂，并写成 $Z_1 = R_x + \dfrac{1}{C_x \omega j}$ 的形式，取 $Z_4 = R_4$，$Z_3 = R_3$（都是纯电阻），根据复数相等条件取 $Z_2 = R_2 + R_{C_2} + \dfrac{1}{C_2 \omega j}$，式中 R_2 也是纯电阻，C_2 为标准电容，它的串联损耗电阻为 R_{C_2}，如果 C_2 是空气型标准电容或者云母型标准电容，工作在较低频率的条件下，那么，R_{C_2} 值极小，可以不计，因此测量未知电容量可用图 2 的桥式线路，当电桥平衡时，由（2）式可知：

$$R_x + \frac{1}{C_x \omega j} = \frac{R_4}{R_3}(R_2 + \frac{1}{C_2 \omega j})$$

根据复数相等的条件可以得到：

$$C_x = \frac{R_3}{R_4} C_2 \tag{3}$$

$$R_x = \frac{R_4}{R_3} R_2 \tag{4}$$

$$\tan \delta = R_x C_x \omega = R_2 C_2 \omega \tag{5}$$

为了使电桥平衡，可分别重复调节 C_2 和 R_2 的数值，直到交流示零器指示的数值不能再小为止。一般情况下需注意的是，要精确测量待测电容的容量大小，而损耗电阻或损耗（角）的有效数字不要过多追求，所以务必使 R_3 $= R_4$，$C_2 = C_x$，同时 R_3、R_4 和 C_2 的精度要求尽可能高，而 R_2 的精度则在可能范围内提高，处于第二位。

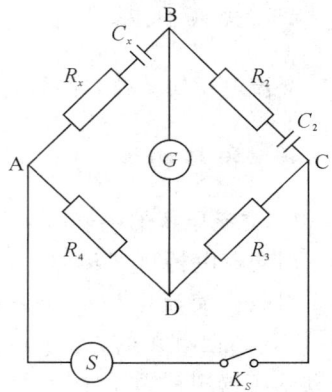

图 2　电容电桥

（2）电感电桥

若待测线圈接在 AB 臂，则 $Z_1 = R_x + L_x \omega j$，取 $Z_3 = R_3$、$Z_4 = R_4$（即 Z_3 和 Z_4 是纯电阻），$Z_2 = R_2 + L_2 \omega j$（即标准电感），R_2 和 L_2 分别是它的损耗电阻和电感量。根据电桥的平衡条件，

$$R_x + L_x \omega j = \frac{R_4}{R_3}(R_2 + L_2 \omega j)$$

化简后得到：

$$L_x = \frac{R_4}{R_3} L_2 \tag{6}$$

$$R_x = \frac{R_4}{R_3} R_2 \qquad\qquad (7)$$

$$Q = \frac{L_x \omega}{R_x} = \frac{L_2 \omega}{R_2} \qquad\qquad (8)$$

测量电感的电桥线路如图 3 所示。由于 R_2 是不能改变的,所以只有 L_2、R_4/R_3 值选得正确才能使式(6)和(7)成立。因此分别重复调节 L_2 和 R_4/R_3 值,最后达到电桥平衡。如果采用图 4 的可变自感比较电桥,可以改变 R_2 或者 R_x 的值,因此电桥平衡的调节速度可进一步提高。当 $R_x < R_2$ 时,可将 R' 与 R_x 串联,反之与 R_2 串联。R_2 和 R_x 值先用欧姆表估测。图中选择开关 K_G 所接的位置要根据 R_x、R_2 值确定,当 K_G 与 1 接通时,

$$R_x = \frac{R_4}{R_3}(R_2 + R') \qquad\qquad (9)$$

$$R_x = \frac{R_4}{R_3} R_2 - R' \qquad\qquad (10)$$

由于可变标准电感的精确度较差,因此 L_2 常用固定标准电感代替,为了使电桥平衡,可分别反复调节 R_3 或 R_4 和 R' 值。然后,调到电桥平衡往往需要多次地反复调节,特别是 R_x 值较大时,次数还要增加。实验时一定要有耐心,细心观察,掌握调节规律。

为了调节电桥平衡,可反复改变 R_3 和 C_3 值。但是特别要使 R_2、R_4 和 C_3 三个量的有效数字尽可能多,才能保证 L_x 有较高的测量精密度。

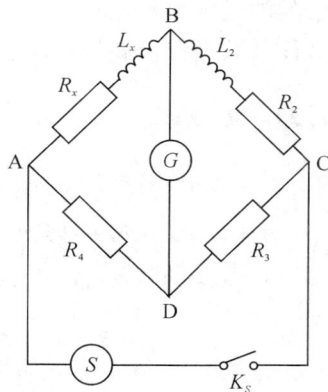

图 3 电感电桥

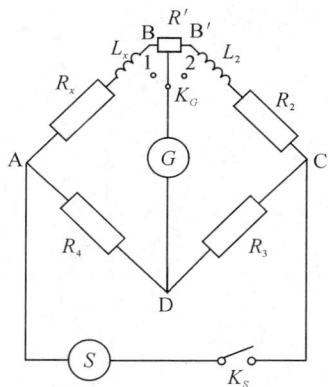

图 4 可变电感比较电桥

◆ **拓展研究**

1. 交流电桥测量电容

按原理设计测电容器电容值的电路,提出所需元器件和仪器设备,自搭电容电桥和西林电桥,试用不同频率交流电源分别测量两个损耗不同的待测电容 C_x。对测量结果进行分析,计算电容量及其损耗电阻、损耗。

设计数据记录和处理的表格。

2. 交流电桥测量电感

按原理设计测电感线圈电感值的电路,提出所需元器件和仪器设备,自搭电感电桥和麦克斯韦电桥,试用不同频率交流电源分别测量两个 Q 值不同的待测电感 L_x,对测量结果进行分析,计算电感量及其损耗电阻、Q 值。

设计数据记录和处理的表格。

3. 交流电桥测量电阻

试用不同频率交流电源的交流电桥分别测量两个不同电阻的电阻值,并与其他直流

电桥的测量结果相比较。

设计数据记录和处理的表格。

◆ **思考题**

1. 交流电桥的桥臂是否可以任意选择不同性质的阻抗元件组成？应如何选择？

2. 为什么在交流电桥中至少需要选择两个可调参数？怎样调节才能使电桥趋于平衡？

3. 交流电桥对使用的电源有何要求？交流电源对测量结果有无影响？

实验四十五　电子元件的判别与整流器的组装

整流分半波整流和全波整流。交流电经整流电路后变成脉动直流电,即其中含有交流成分。如将脉动直流电再经滤波电路,则可将大部分高频交流成分滤去,得到较为稳定的直流电。通过本实验,你会对整流、滤波电路的功能有进一步的体会。

◆ **设计任务**

1. 使用万用表,有关电子元器件进行判断。
2. 练习组装半波整流电路、全波整流电路及测量方法。
2. 设计桥式整流电路。

◆ **设计要求**

(1) 用万用表判别黑盒子内八只电子元器件的类型。

(2) 用导线连成半波整流电路(图 1),信号发生器接整流电路输入,示波器显示负载,观察负载上波形,用万用表测出负载上输出电压平均值 U_0 和变压器次级电压的有效值 U_2。

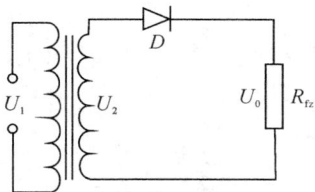

图 1　半波整流示意图　　　　　　　图 2　全波整流滤波示意图

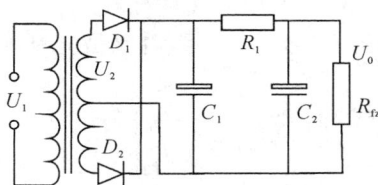

(3) 将上述电路改为全波整流和加接电容滤波电路(图 2),用示波器允察负载上波形,并测量负载上 U_0 及输出电压中交流分量 V_{pp}。

(4) 设计桥式整流和接 π 型滤波电路(图 3),用示波器测量负载电阻 R_{fz} 从 47Ω 到 1047Ω 变化时输出直流电压 U_0 及输出电压中交流量 V_{pp} 大小,并纪录数据。

(5) 若要减小输出电压的纹波系数(注:纹波系数 $Ku=V_{pp}/2U_0$)。可采取哪些方法?

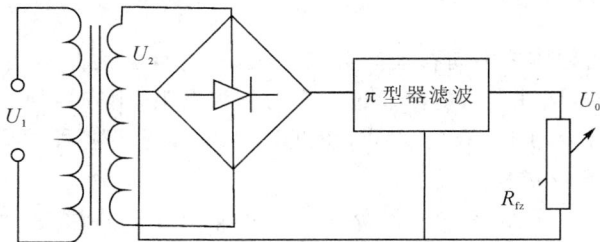

图 3　桥式整流滤波示意图

◆ **实验仪器**

黑盒子,万用表,信号发生器,电子示波器。

◆ **数据记录与处理**

(1)元器件判别记录。

(2)画出半波整流电路及输入、输出波形。

(3)画出全波整流和加接电容滤波电路及输入、输出波形。

(4)画出桥式波整流和加接 π 型滤波电路及输入、输出波形以及画出该电路纹波系数随负载电阻变化的关系曲线。

注意事项:

(1)实验中采用电解电容作滤波电容,在使用时请注意正、负极性。

(2)用万用表测 U_0 及 U_2 请注意分别使用的是直流及交流电压档。

◆ **附 录**

一、在电路中的元件符号

电容、二极管、电阻、电感是电路中的最常用的基本元件,其符号如图(1):

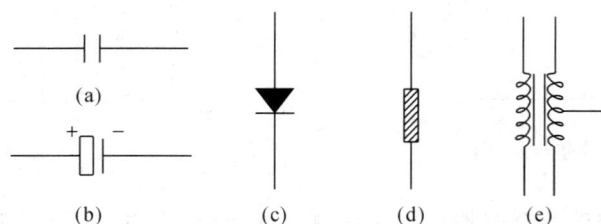

图 1 电子元器件符号

在上图中,(a)电容器;(b)电解电容;(c)二极管;(d)电阻;(c)变压器。

二、电子元件的物理特性

1. 电阻

自由电子在金属导体里定向移动时会遇到阻力,这种阻力是自由电子和导体中的原子发生碰撞而产生的,这种阻碍电流通过的阻力称为电阻,用符号"R"表示。

电阻器的功率可分为 1/8W,1/4W,1/2W,1W,2W 等各种功率的电阻器。

2. 电容及电容充电过程

电容是一种储能的元件,在电子线路中应用的最多的器件之一。如在调谐,祸合,滤波等,都需要用电容。电容的结构是在两种相互靠近的导体之间夹一层不导电的绝缘电质。

1)电容的容量单位为"法",用 F 表示;比"法"小的单位为"微法",用 μF 表示;更小的容量单位"微微法",用 $\mu\mu F$ 或 PF 表示。

$$1(F)=1\times10^6(\mu F)=1\times10^{12}(PF)$$

为了分析电容特性可用电源 E,开关 K,电阻 R,电容 C 组成一个充电电路,图(2)。在电路中,开关 K 原来停在 0 点,电容 C 上没有电荷,电容两端电压 Uc 等于零。当开关 K 接到 A 点时,电源通过电阻 R 向电容 C 充电。在电路接通瞬间,电容电压 $Vc=0$,充电电流最大 i 最大$=E/R$。随着电容器两极上电荷的积累,电压 Vc 逐渐增大,电阻上的电压 $VR=E-Vc$,充电电流 $I=(E-Vc)/R$,随着 Vc 增大而越来越小,Vc 的上升也越来越慢。当 $Vc=E$ 时,$i=0$,充电过程结束。可以证明,K 接通以后,电容器上的电压 $Vc=E(1-e^{\frac{-t}{RC}}$,电路中通过的电流是 $i=(E/R)\exp(-\frac{1}{RC})$。

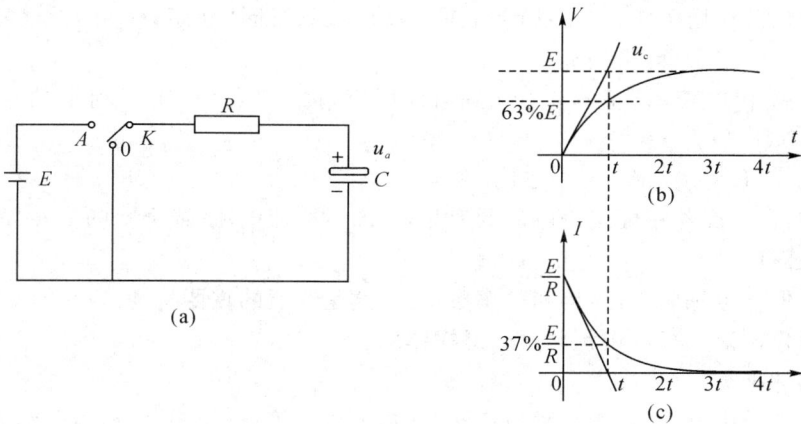

图 2　RC 电路充放电

式中 e 是自然对数。图 3 (b)和图(c)分别代表充电过程中的 V 和 i 随时间的变化规律。它都是按指数变化的,可以证明电容器充电的快慢,与电源、电压大小无关,只由电阻 R 和电容 C 的乘积来决定,常称 RC 为时间常数,用 T 表示,即 $\tau=RC$。R 和 C 的单位取欧姆(Ω)和法拉(F)时,τ 的单位是秒(s).

表 1　RC 充电 Vc 和 i 时间常数 τ 的关系表

t	1τ	2τ	3τ	4τ	5τ
Vc	0.631E	0.864E	0.950E	0.982E	0.993E
i	0.369E/R	0.136E/R	0.050E/R	0.0185E/R	0.0068E/R

如图 2 中,(b)、(c)的横轴时间 t 就是用 τ 作单位的,根据上述公式计算出在不同时刻的 V 和 i。

2)电容的种类

电解电容器

电解电容器的介质是一层极薄的附着在金属极板上的氧化膜,其阳极是附着有氧化膜的金属板,阴极则是电解液。电解电容器分有极性和无极性两种。有极性电解电容器具有单向导电性质(即其正、反向电阻值不等),将它接入电路中时,往往使它呈现电阻大的状态,故电容器的正端应接电位高的一端(或正极),负端应接在电位低的一端(或负极)。若极性接反,不但降低了电解电容器的性能指标,而且所呈现的漏电阻也就大大减小,漏电流增大,甚至造成电解电容器损坏或击穿。

本实验中用万用表电阻档的黑、红试棒来判断电解电容器的正、负端。更换黑、红试棒与电解电容器的二端接触,待电容器充放电稳定后,所批示的漏电阻值来判别电解电容器的正、负端。即当漏电阻较大的一种连接时,与黑棒相接触的一端为电解电容的正端,与红棒相接触的一端即为电解电容的负端了。

3. 电感及电感充电过程

1)电感器件是各种线圈和变压器的总称,都是用电磁感应原理制成的,只不过前者靠线圈本身"自感"作用工作(单个线圈),而后者是依靠线圈"互感"作用工作(需两线圈以上)。

线圈电感用 L 表示,基本单位是享利,用字母"H"表示,比享利小的单位为毫享(mH)和微享(μH)。

$$1H=10^3 mH=10^6 \mu H;$$

线圈的自感、受作用能阻碍电流的变化,线圈对交流电流(或突变的信号)的这种抵抗作用称为"感抗"。

感抗不但和电感成正比,还和频率成正比,这是线圈的重要特性。

电感可作调谐、滤波、选频、分频、退祸作用。

2)线圈的种类

按工作性质区分,可分为高频扼流圈、低频扼流圈等;按结构区分,可分为固定电感线圈(线圈中不如任何材料)、铁氧体磁芯线圈、铁芯线圈、铜芯线圈等。

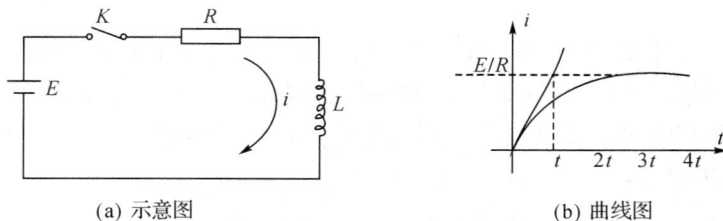

(a) 示意图   (b) 曲线图

图 3   RC 电路图

3)电感也是一种储电元件,在电路中是常用元件之一,组成电路如图中的(a)所示:

在 RL 电路中,把开关 K 合上,在电路接通瞬间 $i=0$,所以 $VR=0$,此时 $VL=E$,即电压全部加到电感毛的两端,这时电流变化率 $\dfrac{di}{dt}$ 最大。以后电流开始流动,在电阻 R 上产生电压 $VR=iR$,加到 L 两端电压 V_L 将变小,$V''L=E=iR$,于是 L 所产生的感应电动势相应减少,随着电流的增长,i 继续增大,VR 也继续增大,于是 $\dfrac{di}{dt}$ 更进一步减少,电流增加更慢,直到最后电流达到(E/R)时,$VR = iR = E$,这时 L 两端的电压等于零,此时电流变化停止。

根据上述物理现象,可以证明,电流的变化规律 $i = (E/R)(1 - e^{-\tau/r})$,其中 $\tau = T/L$。电阻 R 和电感量的单位取欧姆和亨利,t 的单位是秒,电流与时间关系如图中的(b),电流的变化过程(或在电阻上电压)可由表 1 相同,所以电流的变化过程由 $T = L/L$ 决定,与 E 无关(由学生证明)。

4. 二极管及其伏安特性

二极管是用半导体材料制成的,半导体材料的导电性能介于导体与绝缘体材料的导电性能之间。半导体材料有硅、锗等。

半导体二级管的主要特性是单向导电性。我们可以通过下面的实验获得感性认识。把二极管、小灯泡及电源按图连接。不同接法,观察其效果。见下图(4)。

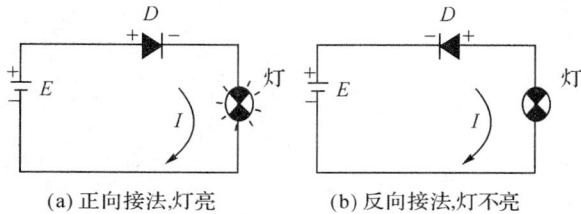

(a) 正向接法,灯亮   (b) 反向接法,灯不亮

图 4　二极管的开关特性

由此可见,只有当二极管的正极电位高于负极电位时,及在二极管两端加上正向电压时,二极管才导通,反之则不通(或截止)。我们称二极管的这种特性为单向导电性。

二极管的种类:常用的为硅管、锗管。

二极管的电压——电流关系曲线,也叫做伏安特性曲线,要采用实验的方法测得,各种不同型号的二极管特性曲线都具有大体相同的形状,右下图(5)为某硅二极管的伏安特性曲线。

在图中 OA 段为正向不灵敏区,其特点是电压增长很快,而电流增加很少。我们称 OA 段的电压值为二极管的死区电压。一般锗管为 $-0.1V \sim 0.3V$,在作粗略估算时常取 $0.2V$;硅管为 $0.5V \sim 0.7V$,在作粗略估算时常取 $0.7V$。当外加电压超过死区电压后,电流随着正向电压的增加就非

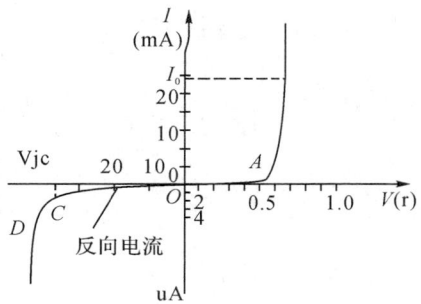

图 5　二级管特性曲线

常显著了。但是,在使用时,不能让流过二极管的电流无限制地增加。因为,二极管有电阻,电流通过管子时就要产生热量,而使 PN 结温度升高,如果通过它的电流太大,PN 结将因温升过高而烧坏。所以,在使用二极管时,常用最大整流电流 ID 对该电流加以限制。最大整流电流表示二极管在长期使用时允许通过的最大正向电流。例如 2CP14,ID = 100A。大功率的二极管的正向电流,ID 为安培级。特性曲线 OC 段,表明反向电压开始引起反向电流的增加,但当反向电压达到某一数值后在继续增加,则反向电流几乎保持不

变,这个反向电流称为反向饱和电流。反向饱和电流越大,说明二极管的单向导电性能越差。

当反向电压增加到一定数值时,反向电流忽然急剧上升,这个电压叫做二极管的反向击穿电压,记作 V_{jc}。

半导体元件使用手册上给出的最高反向工作电压是指二极管处于反向工作状态时电压的最大值,正常为反向击穿电压的一半。例如,2CP14 的最高反向工作电压为 200V。不同型号的二极管,反向工作状态的电压的最大值是不同的,有 300V；600V,800V 等。

实验四十六　测量当地地磁场的水平分量

地磁场的存在和变化直接关系到人类的日常活动。我们有必要去认识它。

◆ **设计任务**

设计测量地磁场水平分量的原理和方法。

◆ **设计要求**

在对地磁场分布的认识基础上提出测量的方案。

◆ **实验仪器**

高灵敏度霍尔元件和亥姆霍兹线圈。

◆ **实验原理**

1. 地磁场与地磁要素

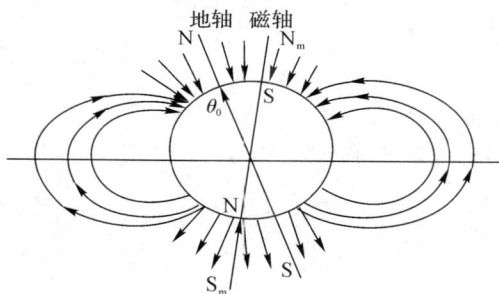

图 1　地磁极与旋转轴

地球是一个大磁体,地球本身及其周围空间存着磁场叫做"地球磁场"又称地磁场,其主要部分是一个偶极场。地心偶极子轴线与地球表面的两个交点称为地磁极,地磁的南(北)极实际上是地心磁偶极子的北(南)极,如图 1。地心磁偶极子的磁轴 $N_m S_m$ 与地球的旋转轴 NS 斜交一个角度 θ_0,$\theta_0 \approx 11.5°$。所以地磁极与地理极相近但不相同,地球磁场的强度和方向随地点、时间而发生变化。

地球表面任何一点的地磁场的磁感应强度矢量 $\vec{B}$ 具有一定的大小和方向。$\vec{B}$ 在当地水平面上的投影 $B_{//}$ 称为水平分量,水平分量所指的方向就是磁针北极所指的方向,即磁子午线的方向;水平分量偏离地理子午线的角度 D 称为磁偏角,也就是磁子午线与地理子午线的夹角。由地理子午线起算,磁偏角东为正,西偏为负。B 偏离水平面的角度称为磁倾角。在北半球的大部分地区磁针的 N 极下倾,而在南半球,则磁针的 N 极向上仰,规定 N 极下倾为正,上仰为负。B 的水平分量 $B_{/\!/}$ 在 x、y 轴上的投影,分别称为北向分量 B_x 和东向分量 B_y;B 在 z 轴上的投影 B_z 称为垂直分量。

故某一地点 O 的地磁要素有:(1)地磁场总磁感应强度 $\vec{B}$,(2)磁倾角 α;(3)磁偏角 β;(4)水平分量 $B_{/\!/}$;(5)垂直分量 $B_\perp$;(6)北向分量 B_x;(7)东向分量 B_y。

不难看出,它们是 B 在各个坐标体系中的坐标值,比如 B_x,B_y,$B_\perp$ 就是 B 在直角坐标系中的坐标值,而 $B_\perp$、$B_{/\!/}$,和 β、$B_{/\!/}$、α 则分别是 B 在柱面坐标系和球坐标系中的坐标值,这三种坐标体系是彼此独立的,在它们之间,存在着如下的变换关系:

$$B_x = B_{/\!/} \cdot \cos\beta, \quad B_y = B_{/\!/} \cdot \sin\beta, \quad B_\perp = B_{/\!/} \tan\alpha;$$
$$B_z^2 = B_x^2 + B_y^2, \quad B^2 = B_{/\!/}^2 + B_\perp^2, \quad B = B_{/\!/} \cdot \sec\alpha = B_\perp \cdot \csc\alpha$$
$$\tan\beta = \frac{B_y}{B_x} \tag{1}$$

如果知道其中独立的三个,其他四个就可以计算出来。

确定某一点的地磁场通常用磁偏角,磁倾角和水平分量 $B_{/\!/}$ 三个独立要素。

2. 霍尔电压与地磁场

霍尔元件是根据霍尔效应制作的一种磁电变换元件。把一 N 或 P 型半导体薄片放在磁场中。如果在 X 轴方向通过恒定电流 I_s,在 Z 方向加上均匀磁场 B,则在 Y 方向回出现一电势差 U_H,这种现象称作霍尔效应,U_H 称为霍尔电压。

$$U_H = K_H I_s B \tag{2}$$

当线圈磁场与地磁场接近,且磁场方向与地磁场水平分量方向相同时,

$$U_{H+} = K_H I_s (B + B_{/\!/}) \tag{3}$$

两者方向相反时,

$$U_{H-} = K_H I_s (B - B_{/\!/}) \tag{4}$$

由式(3)、(4),可求得地磁场水平分量 $B_{/\!/}$ 为:

$$B_{/\!/} = \frac{U_{H+} - U_{H-}}{2K_H I_s} \tag{5}$$

◆ **实验内容**

1. 旋转整个亥姆霍兹线圈,使得线圈产生的磁场 B 与地磁场水平分量 $B_{/\!/}$ 垂直,调整励磁电流 I_M,使得线圈磁场 B 与地磁场水平分量 $B_{/\!/}$ 接近。利用罗盘可判断,如何操作?

2. 旋转整个亥姆霍兹线圈,使得线圈产生的磁场 B 与地磁场水平分量 $B_{/\!/}$ 同向,测量 U_{H+}。

3. 旋转整个亥姆霍兹线圈,使得线圈产生的磁场 B 与地磁场水平分量 $B_{/\!/}$ 反向,测量 U_{H-}。利用式(5)计算 $B_{/\!/}$。

4. 改变霍尔元件工作电流 I_s,多次测量地磁场水平分量 $B_{/\!/}$。

*5. 若实验室不提供霍尔元件的灵敏度 K_H,请设计测量 K_H 的实验方法。

◆ **数据记录与处理**

记录霍尔元件的灵敏度 K_H 值。设计记录数据及数据处理用的表格。

◆ **拓 展 知 识**

1. 试分析本实验的误差。

2. 利用本实验仪器,能否设计其他测量地磁场水平分量的实验? 所依据的原理是什么?

3. 从网上查询地磁场的存在或突变对人类活动的影响。

实验四十七　三棱镜的偏向角特性和色光
折射率的测定

一、三棱镜偏向角特性曲线的测绘和色光折射率的测定基

三棱镜的最小偏向角是棱镜仪器的设计和使用中的一个重要参数。我们也常把待测材料做成棱镜状通过棱镜的顶角和色光的最小偏向角的测量来测定该材料相对该色光的折射率。

◆　**设 计 任 务**

1. 由光学玻璃制成的三棱镜对某一色光的偏向角特性 $0\sim i$ 曲线的测绘。
2. 三棱镜材料折射率的测定。

◆　**设 计 要 求**

1. 设计三棱镜的顶角测量方法。
2. 设计平行光入射角测量方法。
3. 设计偏向角测量方法。

◆　**实 验 仪 器**

汞灯、汞灯电源、三棱镜、分光计。

◆　**设 计 指 导**

1. 最小偏向角条件的定性分析与光路图绘制

复色光通过棱镜后,将会产生不同偏折,使之光线通过棱镜发生色散。复色光通过棱镜发生偏折现象,如图 1 所示。

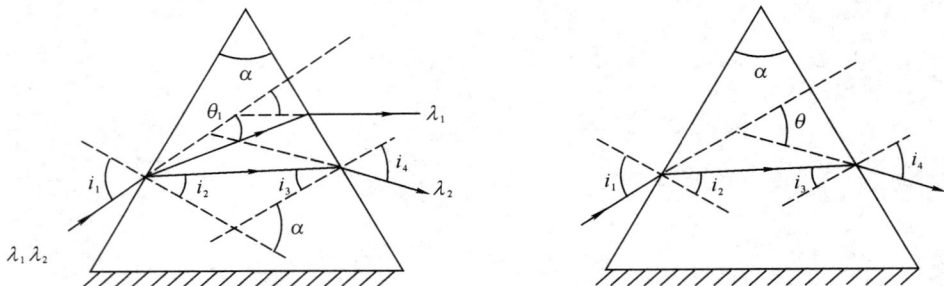

图 1　为棱镜对组成复色不同波长光的偏折情况示意图

从图(1-b)可知：

$$\theta = (i_1 - i_2) + (i_4 - i_3) = (i_1 + i_4) - (i_2 + i_3) \tag{1}$$

$$\because \qquad i_2 + i_3 = A$$

$$\therefore \qquad \theta = i_1 + i_4 - A \tag{2}$$

式中，A 为棱镜顶角，θ 为偏向角，即单色光通过棱镜所偏折的角度。

对于不同波长的光，虽然入射角相同，但折射率不同，折射光线的位置就不同，即不同波长的光以同一入射角入射到棱镜时，经棱镜折射后，它们的偏向角不同，于是原来混在一起不同波长光就会被分开，即发生色散。

在偏向角 $\theta = i_1 + i_4 - A$，式中，i_1 和棱镜折射率有关，而 A 为常数，因此，偏向角在棱镜折射率一定的情况下，只与入射角 i_1 有关。若 i_1 由小变大，可以发现当 i_1 为某一值时，θ 有一极小值。根据 θ 与 i_1 和 i_4 的关系式中 i_1 和 i_4 对称性以及光路可逆性，可定性地看出：当 $i_2 = i_3 = \dfrac{A}{2}$，即当 $\theta = \theta_{min}$，此时 $i_2 = i_3 = \dfrac{A}{2}$，即当 $\theta = \theta_{min}$ 时光路是完全对称的，这时光线在棱镜内通过时平行于三棱镜底边。

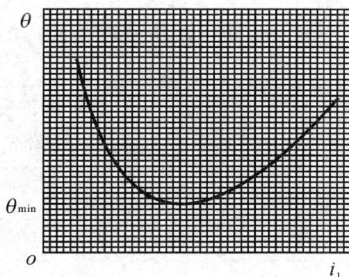

图 2 $\theta-i$ 曲线

2. 色光折射率与最小偏向角的关系

(1)分光计的调整与测量最小偏向角

首先，调节分光计系统，调节的步骤与方法，参见分光计的调整与使用(见本教程)。

实际测量最小偏向角时，棱镜的正确放置位置与光路图，如图(2)所示。

(2)测量色光折射率

观察光线通过三棱镜时的折射现象，并注意三棱镜在载物台上放置的位置。转动载物台，看到最小偏向角的存在，并设计数据记录表格测量之。

当偏向角 θ 达到极小值 θ_{min} 时，光路会出现完全称对称情况，则：

$$\theta_{min} = 2i_1 - A$$

得 $\qquad i_1 = (A + \theta_{min})/2$

又 $\qquad A = i_2 + i_3 = 2i_2$

$\because \qquad n = \dfrac{\sin i_1}{\sin i_2}$

$\therefore \qquad n = \sin[(A + \theta_{min}/2)]/\sin(A/2)$

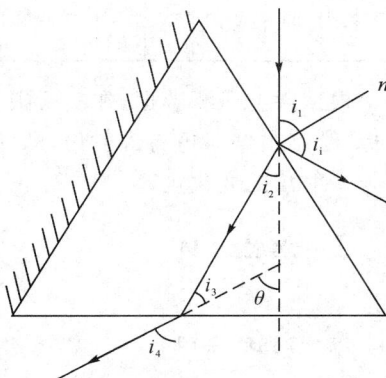

图 3 为测量最小偏向角三棱镜
的放置位置

表 1 各色光对应波长表

谱 线	黄 光 1	黄 光 2	绿 光	紫 光
波长(nm)	577.10	579.07	546.07	435.83

多次测量色光的最小偏向角,写出结果表达式:

$$\theta_{\min} = \overline{\theta}_{\min} \pm U$$

间接测定棱镜玻璃对各种色光的折射率,写出最终结果表达式:

$$n = \overline{n} \pm U_n$$

其中,可采用对(9)式传递误差,求出折射率的仪器误差 Δn。

（3）绘制测容三棱镜对某一色光的偏向角特性曲线

多次测量,合理选取,至少测定五个实验点,其中,一个点应为最小偏向角,用方格纸描绘出 $\theta \sim i$ 曲线,如(3)所示。

◆ **数 据 记 录 与 处 理**

谱　线	测量次序 (i)	望远镜位置						$\angle i_1 = \dfrac{\pi}{2} - \dfrac{\lvert A_2 - A_1 \rvert + \lvert B_2 - B_1 \rvert}{4}$	$\angle \theta = \dfrac{\lvert A_3 - A_1 \rvert + \lvert B_3 - B_1 \rvert}{2}$
		入射光1		反射光2		折射光3			
		A窗	窗	A窗	窗	A窗	窗		
紫光 (435.8nm) 或绿光 (546.1nm) 或黄光 4 (578.1nm)	1								
	2								
	3								
	4								
	5								

根据以上所测数据,在实验报告毫米方格纸上,建立以偏向角为纵坐标,入射角为横坐标,绘制出偏向角与入射角,即 $\theta - i_1$ 关系曲线,从图中求出最小偏向角 $\theta_{\min}$,观察偏向角与入射角的变化规律。

◆ **误 差 分 析**

◆ **讨 论 题 目**

1. 用汞灯做光源测定各谱线最小偏向角时,当测完绿光的最小偏向角后,能否不再转动载物台,只稍微移动望远镜即可测出其他波长的最小偏向角？试说明之。

2. 你能否找到折射率与波长之间的关系来？

◆ **附 录**

最小偏向角条件的证明请参阅本教程最后页的"参考文献"中的有关教材。

二、三棱镜状的液体色散现象研究与其色光折射率的测定

◆ **设计任务**

模仿实验一,设计测量最小偏向角方法,测定该液体对色光的折射率。

◆ **设计要求**

设计制作盛装特定液体的容器,绘制该容器对不同色光偏折光路图,测量选定液体对不同色光最小偏向角和折射率。

◆ **实验的设计原理**

1. 实验设计

为了测量上的方便,建议盛装液体容器拟制作成顶角为 α 的三角形玻璃容器,测量原理可利用实验一导出的公式

$$n = \sin\left(\frac{\alpha + \theta_{\min}}{2}\right) \Big/ \sin\left(\frac{\alpha}{2}\right) \tag{14}$$

将分光计调整成待测状态,自行搭建液体折射率测量装置,由于汞灯发出的光为复色光,频率由大到小依次为紫光、绿光和黄$_1$、黄$_2$光。根据实验设计目标,试测量该液体对不同频率色光的最小偏向角和折射率。

2. 测量原方法

该实验拟采用三角形容器,根据公式(14),首先应测量组成该容器二面角 α,作图时可忽略玻璃容器壁厚。

(1)三角形容器二面角 α 的测量

具体测量可采用两种方法之一,其一,自准直法;其二,光线反射法。具体测量时,可从中选择一种方法来测量,并画出相应光路图,推导出所测参量与三角形容器二面夹角之关系。

(2)最小偏向角测量与液体折射率测量

平行光线经三角形容器中液体的入、出两界面折射,出射光线方向较入射光线方向形成一偏向角,该偏向角与光线的波长、光线的入射角、液体二面角及液体的折射率有关,当光线的波长、液体二面角与液体折射率一定时,该偏向角随入射角的变化有一最小值,利用该值可计算出液体对该波长光的折射率。具体测量光路图如图(2)所示。

3. 原始数据测量与记录

表1　为三角形容器顶角测量数据记录表

左$_A$	左$_B$	右$_A$	右$_B$	|左$_A$-右$_A$|	|左$_B$-右$_B$|	$\angle A = (|$左$_A$-右$_A| + |$左$_B$-左$_B|)/4$

表 2　为某色光最小偏向角测量数据记录表

A	B	入射光 A'	入射光 B'	$\theta_{\min}$	n

表 3　某色光最小偏向角测量数据记录表

A	B	入射光 A'	入射光 B'	$\theta_{\min}$	n

4. 数据处理与测量结果表达

（1）容器顶角测量结果表达。

（2）各种色光在给定液体中折射率的测量结果表达。

◆ **拓展研究**

被测液体、三角形容器 1 只、汞灯光源与分光计各 1 台。

◆ **问题讨论**

（1）若要研究液体折射率与光波长的关系，还需增加哪些条件？

（2）玻璃容器壁的厚度对测量结果是否有影响？

实验四十八　比较 CD、DVD 光盘刻线的密度

现在很多使用者都知道光盘是一种常见的数字信息的载体，有 CD、DVD 光盘之分，CD 的信息容量最小而 DVD 的信息容量最大。在日光下从某个角度看光盘，可见彩色的辐射光带，而且不同的观察角度，光带的色彩不同。这些色彩是如何形成的呢？如果仔细观察光盘表面，会发现光盘上有一道道密集的"光道"，在"光道"上布满了一个个长短不一的"凹坑"，如图 1，正是这些"凹坑"记录了数字信息"1"和"0"。本实验就是要通过物理实验的手段测量出 CD、DVD 光盘的刻线的密度进而求出光盘的容量。

图 1　光盘上记录信息的"凹坑"

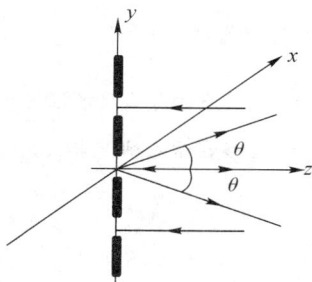

◆ **设计任务**

比较 CD、DVD 光盘刻线的密度。

◆ **设计要求**

提出实验的方法和原理。

◆ **设计指导**

光盘的"光道"在宏观上表现出空间周期性，在反射层的作用下，光盘相当于一种一维反射光栅. 光栅常量就对应刻线的密度。现对反射光栅分析如下：

某一维反射光栅位于 xy 平面内，狭缝平行于轴 x，一束平行光平行于 z 轴负方向入射到反射光栅上（反射面在左侧），如图 2（图中仅画出光栅剖面。每个反射单元形成次波源，各次波源的相位差为零，则在光栅的右边形成衍射光线）。此时，零级衍射光线即为入射光线的反射光线，其余各级衍射光线在反射光线两侧对称分布，已知单色光波长，只要测量出衍射角 θ，可用 $d\sin\theta=k\lambda$ 求出反射光栅的光栅常量 d，即光盘的密度。

图 2　反射光栅

（1）选半导体激光器作为单色光源，其波长为 650.0nm。实验光路图如图 3 所示，使光盘面的法线水平，调节激光器，使激光水平射到光盘中垂线上的某一点。这样保证了入射光在各光栅反射单元上具有相同的相位，入射光线 OP、反射光线 PO（即零级衍射光线 PO）和轴重合，衍射光线 PO、PA、PA'、PB、PB' 在同一竖直平面上，它们与 $x'y$ 平面的

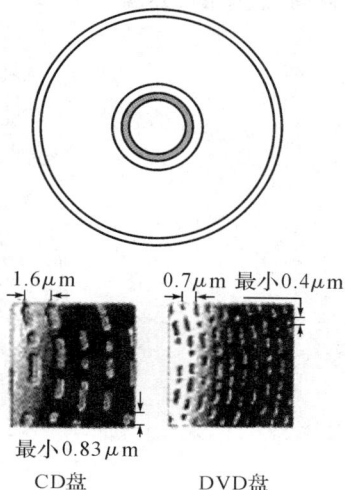

交点 0 位于 Y 轴上,由图 3 可知

$$\sin \theta = \frac{OA}{PA} = \frac{OA}{\sqrt{OA^2 + PO^2}}$$

(2)提议选择 CD 类光盘进行实验,现象明显,可以见到多条衍射光线,在光盘的径向选取内圈、中圈、外圈三个典型的点进行测量。

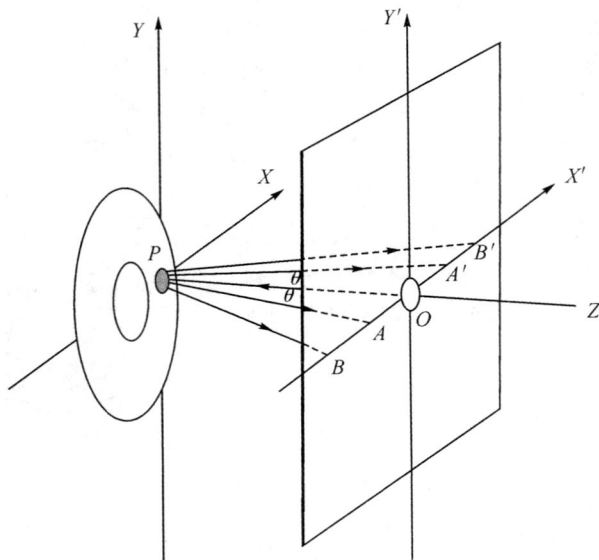

图 3 反射光栅衍射

3. 实验结果分析

CD"光道"间距工业标准为 $1.6\mu m$,DVD"光道"间距工业标准为 $0.7\mu m$,可以将测量结果与工业标准求出相对不确定度。

◆ **思考题**

1. 实验中为什么要使激光水平射到光盘中垂线上?

2. 可否在该基础上求出光盘的容量。

实验四十九 紫外线通过太阳眼镜镜片衰减程度的测定

随着人们保健意识的提高,越来越多的人意识到"护肤防紫外"的重要性,但很多人却没有意识到紫外线对眼睛的杀伤力也非常大。角膜吸收大量的紫外线,容易引起日光性角膜炎和结膜炎;紫外线对眼睛的损伤是累积性的,长期的损伤会导致白内障以及黄斑变性,形成永久性的视力伤害。紫外线对眼组织的损伤应受到广泛的重视。人们于户外进行活动或从事焊接等特殊工作时,应有意识地选择具有紫外线滤过功能的眼镜或镜片,以保证眼睛的健康。佩带太阳眼镜能减少太阳光的各种辐射,而抗紫外线的太阳眼镜应能最大限度地减少太阳光中的紫外线成分及部分可见光成分。

◆ **设计任务**

测定太阳眼镜衰减紫外线的吸收曲线,评价太阳眼镜的质量。

◆ **设计要求**

1. 了解和熟悉紫外可见分光光度计的使用。
2. 测定太阳眼镜镜片在紫外及可见光区域的吸收曲线。
3. 比较太阳眼镜镜片对紫外线及可见光的衰减程度,评价镜片的防紫外效果。

◆ **实验仪器**

紫外可见光分光光度计(UV—7804Cprint)。

◆ **设计指导**

使用紫外可见光分光光度计,用光度法测量眼镜片的透光率,通过分析镜片在紫外光波长 200 nm~400nm 范围内的吸光曲线,评价镜片的抗紫外能力。

用光度法进行定量分析的理论依据是朗伯—比耳定律。当一束平行单色光(光强度 I_0)通过厚度为 b 的均匀、非散射的溶液时,溶液吸收了光能,光的强度就要减弱。溶液的浓度越大,液层越厚,则光被吸收得越多,透过溶液的光强度(即透射光的强度 I_t)越弱。溶液的吸光度 A 与光强度的关系如下:

$$A = \lg \frac{I_0}{I_t} \tag{1}$$

透光度 T 描述入射光透过溶液的程度:

$$T = \frac{I_t}{I_0} \tag{2}$$

透光度的负对数即为吸光度:

$$A = -\lg T \tag{3}$$

实践证明,溶液对光的吸收程度与该溶液的浓度、液层厚度以及入射光的强度等因素有关。如果保持光强度不变,则光的吸收程度与溶液的浓度和液层厚度有关。

1760 年朗伯(Lambert)提出溶液的浓度一定时,溶液对光的吸收程度与液层厚度成正比;1852 年比耳(Beer)又提出光的吸收程度与吸光物质浓度成正比。二者的结合称朗伯—比耳定律,其数学表达式为:

$$A = \varepsilon bc \tag{4}$$

式中 A:吸光度;

b:液层厚度(光程长度),单位 cm;

c:物质的量浓度,单位 mol·L^{-1};

ε:摩尔吸光系数,单位 $L·mol^{-1}·cm^{-1}$。

朗伯—比耳定律广泛应用于紫外、可见、红外光区的吸收测量。该定律不仅适用于溶液,也适用于其他均匀、非散射的吸光物质(包括气体和固体)。

紫外可见分光光度计的操作与使用,参见"紫外可见分光光度计的使用"实验

◆ **相关资料**

1. 了解抗紫外线镜片的种类

(1)掺入金属元素氧化物的镜片。在镜片中掺入有吸收功能的物质,可吸收 95% 的紫外线及红外线;

(2)表面镀有反射膜的反射型镜片。反射型镜片主要于镜片表面镀有一层真空金属膜,即可透过可视光,又能反射有害的紫外线辐射;

(3)偏光片。各种自然光由特定方向震动的电磁波所组成,而被反射或散射的光线又通常偏爱某个特定方向,这也是为什么偏光太阳眼镜可以滤掉从车顶或水池反射来的阳光的缘故;自然光经过了偏光镜片的过滤后,就只能让一个方向的光线通过,从而有效地保护眼睛。偏光太阳眼镜因为具有将光偏极化的功能,所以能将所有之有害光线都阻隔掉却不影响可视光的透过,能够真正达到保护眼睛的功用。

2. 紫外线的分类

光是一种电磁波。电磁波谱的波长(或频率)范围很广,其中人眼能感觉到的可见光的波长范围是 400~750nm。单色光(chromatic light)是仅具有单一波长的光,复合光是由不同波长的光所组成的,人们肉眼所见的白光(如日光等)和各种有色光,实际上都是包含一定波长范围的复合光(polychromatic light)。波长小于 400nm 的光常被称为紫外线。

根据生物效应的不同,将紫外线按照波长划分为四个波段:

UVA 波段,波长 320~400nm,又称为长波黑斑效应紫外线。它有很强的穿透力,可以穿透大部分透明的玻璃以及塑料。日光中含有的长波紫外线有超过 98% 能穿透臭氧层和云层到达地球表面,UVA 可以直达肌肤的真皮层,破坏弹性纤维和胶原蛋白纤维,将我们的皮肤晒黑。360nm 波长的 UVA 紫外线符合昆虫类的趋光性反应曲线,可制作

诱虫灯。

UVB 波段,波长 275～320nm,又称为中波红斑效应紫外线。中等穿透力,它的波长较短的部分会被透明玻璃吸收,日光中含有的中波紫外线大部分被臭氧层所吸收,只有不足 2％能到达地球表面,在夏天和午后会特别强烈。UVB 紫外线对人体具有红斑作用,能促进体内矿物质代谢和维生素 D 的形成,但长期或过量照射会令皮肤晒黑,并引起红肿脱皮。

UVC 波段,波长 200～275nm,又称为短波灭菌紫外线。它的穿透能力最弱,无法穿透大部分的透明玻璃及塑料。日光中含有的短波紫外线几乎被臭氧层完全吸收。短波紫外线对人体的伤害很大,短时间照射即可灼伤皮肤,长期或高强度照射还会造成皮肤癌。紫外线杀菌灯发出的就是 UVC 短波紫外线。

UVD 波段,波长 100～200nm,又称为真空紫外线。照射到地表的阳光中不含 UVD 成分。

3. 物质对光的选择性吸收与物质颜色的关系

固体物质呈现不同的颜色是由于其对不同波长的光吸收、透射、反射、折射的程度不同而造成的。如果物质对各种波长的光完全吸收,则呈现黑色;如果完全反射,则呈现白色;如果对各种波长的光吸收程度差不多,则呈现灰色;如果选择性地吸收某些波长的光,那么该物质的颜色就由它所反射或透射光的颜色来决定。

◆ **拓展研究**

利用紫外可见光分光光度计,用光度法进行定量分析,还可以研究其他各种物质的吸收光谱,进而定性和定量地研究微量物质在溶液、护肤霜、固体透明材料中的含量。

附表 6　国际制单位(SI)简介

国际制单位(SI)所依据的彼此独立的七个基本量的基本单位如表 6-1 所示:

表 6-1　SI 基本单位

基本量	SI 基本单位		
	单位名称	单位符号	定义
长度	米	m	米是光在真空中于 1/299 792 458 s 时间间隔内所经路径的长度
质量	千克(公斤)	kg	千克是质量单位,等于国际千克原器的质量
时间	秒	s	秒是铯－133 原子基态的两个超精细能级间跃迁相对应的辐射的 9 192 631 770 个周期的持续时间
电流	安[培]	A	安培是电流单位。在真空中,截面积可忽略的两根相距 1m 的无限长平行圆直导线内通以等量恒定电流时,若导线间相互作用力在每米长度上为 2×10^{-7} N,则每根导线中的电流为 1A

续表

基本量	SI 基本单位		
	单位名称	单位符号	定义
热力学温度	开[尔文]	K	开尔文是热力学温度单位,等于水的三相点热力学温度的 1/273.16
物质的量	摩[尔]	mol	1.摩尔是一系统中物质的量,该系统中所包含的基本单元数与 0.012kg 碳－12 的原子数目相等 2.使用摩尔时,基本单元应予指明,可以是原子、分子、离子、电子及其他粒子,或是这些粒子的特定组合
发光强度	坎[德拉]	cd	坎德拉是一光源在给定方向上的发光强度,该光源发出频率为 540×10^{12} Hz 的单色辐射,且在此方向上的辐射强度为 1/683W/sr

SI 导出单位:

其他被称为导出量的是基于七个基本量,根据物理量的定义而得出。SI 导出单位是从这些定义、公式和七个 SI 基本量得到的。作为例子 SI 导出单位在表 2 中所示,在表中应该注意到如质量因子通常是被忽略的。

表 6-2   作为 SI 导出单位的例子

导出量	SI 导出单位	
	名称	符号
面积	平方米	m^2
体积	立方米	m^3
速度	米每秒	m/s
加速度	米每二次方秒	m/s^2
波数	每米(倒数米)	m^{-1}
质量密度	千克每立方米	kg/m^3
比体积	立方米每千克	m^3/kg
电流密度	安[培]每平方米	A/m^2
磁场强度	安[培]每米	A/m
[物质的量]浓度	摩[尔]每立方米	mol/m^3
[光]亮度	坎[德拉]每平方米	cd/m^2
质量因子	千克每千克,由数字 1 表示	$kg/kg = 1$

注①:去掉方括号时为单位名称的全称,去掉方括号中的字时即成为单位名称的简称,无方括号的单位名称、简称与全称同。以下各表同;圆括号中的名称与它前面的名称是同义词。各表同。

注②:摄氏温度,在表 3 导出单位中有专门名字摄氏度和专门符号℃,因为常被应用,故应该加以注释。它被定义为热力学温度,符号 T 与参照温度水的冰点 $T_0 = 273.15K$ 间的温度差称为摄氏温度,符号 t,故由下式定义:$t = T - T_0$,摄氏温度单位为摄氏度,符号为℃,摄氏温度 t 的数值在摄氏温度中为:$t/℃ = T/K - 273.15$ 摄氏温度间隔或温差可以用摄氏度(℃)表示,其值与用开尔文单位(K)表达一致,如镓的熔点和水的三相点间的温度差为:$\Delta t = 29.7546℃ = \Delta T = 29.7546K$

表 6-3　具有专门名称和符号的 22 个 SI 导出单位

导出量	SI 导出单位			
	名称	符号	用其他 SI 单位表示的表达式	用 SI 基本单位表示的表达式
（平面）角	弧度[1]	rad	—	$m \cdot m^{-1} = 1^{[2]}$
立体角	球面度[1]（立体弧度）	sr[3]	—	$m^2 \cdot m^{-2} = 1^{[2]}$
频率	赫[兹]	Hz	—	s^{-1}
力	牛[顿]	N	—	$m \cdot kg \cdot s^{-2}$
压力	帕[斯卡]	Pa	N/m^2	$m^{-1} \cdot kg \cdot s^{-2}$
能量、功、热量	焦[耳]	J	$N \cdot m$	$m^2 \cdot kg \cdot s^{-2}$
功率、辐射通量	瓦[特]	W	J/s	$m^2 \cdot kg \cdot s^{-3}$
电荷 、电量	库[仑]	C	—	$s \cdot A$
电位差、电动势	伏[特]	V	W/A	$m^2 \cdot kg \cdot s^{-3} \cdot A^{-1}$
电容	法[拉]	F	C/V	$m^{-2} \cdot kg^{-1} \cdot s^4 \cdot A^2$
电阻	欧[姆]	Ω	V/A	$m^2 \cdot kg \cdot s^{-3} \cdot A^{-2}$
电导	西[门子]	S	A/V	$m^{-2} \cdot kg^{-1} \cdot s^3 \cdot A^2$
磁通量	韦[伯]	Wb	$V \cdot s$	$m^2 \cdot kg \cdot s^{-2} \cdot A^{-1}$
磁通量密度	特[斯拉]	T	Wb/m^2	$kg \cdot s^{-2} \cdot A^{-1}$
电感	亨[利]	H	Wb/A	$m^2 \cdot kg \cdot s^{-2} \cdot A^{-2}$
摄氏温度	摄氏度	℃	—	K
光通量	流[明]	lm	$cd \cdot sr^{[3]}$	$m^2 \cdot m^{-2} \cdot cd = cd$
[光]照度	勒[克斯]	lx	lm/m^2	$m^2 \cdot m^{-4} \cdot cd = m^{-2} \cdot cd$
放射性活度（强度）	贝可[勒尔]	Bq	—	s^{-1}
吸收剂量（比能）柯玛	戈[瑞]	Gy	J/kg	$m^2 \cdot s^{-2}$
剂量当量[4]	Sievert希[沃特]	Sv	J/kg	$m^2 \cdot s^{-2}$
催化活性[度]	开特	kat		$s^{-1} \cdot mol$

(1)弧度和球面弧度常用于表达在导出单位中以区别不同种类量的维数，一些例子已在表 6-4 中给出。
(2)实际上，符号 rad 和 sr 在适当场合常被应用，但在导出单位中"1"通常是被省略的。
(3)在光度测定中，球面度和单位符号 sr 常常被保留在导出单位的表达式中。
(4)其他量表达在希沃特(Sv，剂量当量单位，1Sv＝100rem)中是周围环境的剂量当量，方向的剂量当量，人体的剂量当量和生物器官的剂量当量。

表 6-4　包括具有专用名称和符号的一部分 SI 导出单位

导出量	SI 导出单位	
名称	名称	符号
（动力）粘度	帕(斯卡)秒	$Pa \cdot s$
力矩	牛(顿)米	$N \cdot m$
表面张力	牛(顿)每米	N/m
角速度	弧度每秒	rad/s

续表

导出量	SI 导出单位	
角加速度	弧度每秒平方	rad/s^2
热通量密度,发光	瓦特每平方米	W/m^2
热容量,熵	焦耳每开尔文	J/K
比热容,比熵	焦耳每千克开尔文	$J/(kg \cdot K)$
比能量	焦耳每千克	J/kg
导热性[系数]	瓦特每米开尔文	$W/(m \cdot K)$
能量密度	焦耳每立方米	J/m^3
电场强度	伏特每米	V/m
电荷密度	库仑每立方米	C/m^3
电通量密度	库仑每平方米	C/m^2
介电常数,电容率	法拉第每米	F/m
渗透性	亨利每米	H/m
摩尔能量	焦耳每摩尔	J/mol
摩尔熵,摩耳热容量	焦耳每摩尔开尔文	$J/(mol \cdot K)$
曝光(X 和 γ 射线)	库仑每千克	C/kg
吸收剂量率	戈[瑞]每秒	Gy/s
辐射强度	瓦特每球面度	W/sr
辐射率	瓦特每平方米球面度	$W/(m^2 \cdot sr)$
催化(活性)浓度	开特每立方米	kat/m^3

表 6-5　SI 词头

因数	词头名称		符号	因数	词头名称		符号
	原文(法)	中文			原文(法)	中文	
10^{18}	exa	艾(可萨)	E	10^{-1}	deci	分	d
10^{15}	peta	拍(它)	P	10^{-2}	centi	厘	e
10^{12}	tera	太(拉)	T	10^{-3}	milli	毫	m
10^{9}	giga	吉(加)	G	10^{-6}	micro	微	u
10^{6}	mega	兆	M	10^{-9}	nano	纳(诺)	n
10^{3}	kilo	千	k	10^{-12}	pico	皮(可)	p
10^{2}	hector	百	h	10^{-15}	femto	飞(姆托)	f
10^{1}	deca	十	da	10^{-18}	atto	阿(托)	a

注:编译自国际科技数据委员会(CODATA)和美国(NIST)国家标准技术研究院 2006 年推荐值修订。

附表 7 常用基本物理常数 2006 年国际推荐值

量	符号	数值	不确定度	单位
真空中光速	c	299 792 458	(准确)	$m\ s^{-1}$
真空磁导率	μ_0	$4\pi\times10^{-7}=$		
		$12.566\ 370\ 614\times10^{-7}$	(准确)	$N\ A^{-2}$
真空介电常数 $1/\mu_0 c^2$	ε_0	$8.854\ 187\ 817\times10^{-12}$	(准确)	Fm^{-1}
牛顿引力常数	G	6.67428×10^{-11}	0.00067×10^{-11}	$m^3\ kg^{-1}\ s^{-2}$
牛顿引力常数 $/\hbar c$	$G/\hbar c$	$6.708\ 81\times10^{-39}$	$0.000\ 67\times10^{-39}$	$(GeV/c^2)^{-2}$
普朗克常数	h	$6.626\ 068\ 96\times10^{-34}$	$0.000\ 000\ 33\times10^{-34}$	$J\ s$
约化普朗克常数	$\hbar=h/2\pi$	$1.054\ 571\ 628\times10^{-34}$	$0.000\ 000\ 053\times10^{-34}$	$J\ s$
基本电荷	e	$1.602\ 176\ 487\times10^{-19}$	$0.000\ 000\ 040\times10^{-19}$	C
磁通量子 $h/2e$	Φ_0	$2.067\ 833\ 667\times10^{-15}$	$0.000\ 000\ 052\times10^{-15}$	Wb
电导量子 $2e^2/h$	G_0	$7.748\ 091\ 7004\times10^{-5}$	$0.000\ 000\ 0053\times10^{-5}$	S
电子质量	m_e	$9.109\ 382\ 15\times10^{-31}$	$0.000\ 000\ 45\times10^{-31}$	kg
质子质量	m_p	$1.672\ 621\ 637\times10^{-27}$	$0.000\ 000\ 083\times10^{-27}$	kg
质子电子质量比	m_p/m_e	$1836.152\ 672\ 47$	$0.000\ 000\ 80$	
精细结构常数 $e^2/4\pi\varepsilon_0\hbar c$	α	$7.297\ 352\ 5376\times10^{-3}$	$0.000\ 000\ 0050\times10^{-3}$	
精细结构常数的倒数	$\alpha-1$	$137.035\ 999\ 679$	$0.000\ 000\ 094$	
里德伯常数	R_∞	$10\ 973\ 731.568\ 527$	$0.000\ 073$	m^{-1}
阿伏伽德罗常数	N_A	$6.022\ 141\ 79\times10^{23}$	$0.000\ 000\ 30\times10^{23}$	mol^{-1}
法拉第常数 $N_A e$	F	$96\ 485.3399$	0.0024	$Cmol^{-1}$
摩尔气体常数	R	$8.314\ 472$	$0.000\ 015$	$Jmol^{-1}\ K^{-1}$
玻尔兹曼常数 R/N_A	k	$1.380\ 6504\times10^{-23}$	$0.000\ 0024\times10^{-23}$	$J\ K^{-1}$
斯忒藩—玻尔兹曼常数 $(\pi^2/60)k^4/h^3 c^2$	σ	$5.670\ 400\times10^{-8}$	$0.000\ 040\times10^{-8}$	$W\ m^{-2}\ K^{-4}$
非SI单位在SI应用被认可：				
电子伏特	eV	$1.602\ 176\ 487\times10^{-19}$	$0.000\ 000\ 040\times10^{-19}$	J
原子质量常数 $1u=m_u=m(^{12}C)/12$ $=10^{-3}\ kgmol^{-1}/N_A$	u	$1.660\ 538\ 782\times10^{-27}$	$0.000\ 000\ 083\times10^{-27}$	kg

注：按 2006 年国际科技数据委员会（CODATA）和美国（NIST）国家标准技术研究院推荐值修订。

附表 8　国家选定的非国际单位制单位

量的名称	单位名称	单位符号	定义
时间	分,[小]时,日[天]	min,h,d	1min＝60s
			1h＝60min＝3 600s
			1d＝24h＝86 400s
平面角	[角]秒	(″)	$l''＝(1/60)'＝(\pi/648\ 000)$rad
	[角]分	(′)	$l'＝(1/60)°＝(\pi/10\ 800)$rad
	度	(°)	$l°＝(\pi/180)$rad
体积,容积	升	L,(1)	$1L＝1dm^3＝10^{-3}m^3$
质量	吨	t	$1t＝10^3kg$
	原子质量单位	u	$1u≈1.660\ 565\ 5×10^{-27}kg$
旋转速度	转每分	r/min	1 r/min＝(1/60)r/s
长度	海里	n/mile	1n mile＝1 852m(只用于航程)
速度	节	Kn	1Kn＝1n mile/h＝(1 852/3 600) m/s(只用于航行)
能	电了伏	eV	$1eV≈1.602\ 176\ 478×10^{-19}J$
级差	分贝	dB	

附表 9　常用物理数据

1. 20℃时一些物质的密度

物质	密度 $\rho(kg/m^3)$	物质	密度 $\rho(kg/m^3)$
铝	2 698.9	铂	21450
锌	7 140	汽车用汽油	710～720
锡(白)	7 298	乙醇	789.4
铁	7 874	变压器油	840～890
钢	7 600～7 900	冰(0℃)	900
铜	8 960	纯水(4℃)	1 000
银	10 500	甘油	1 260
铅	11 350	硫酸	1 840
钨	19 300	水银(0℃)	13 595.5
金	19 320	空气(0℃)	1.293

2. 水的沸点(℃)随压力 P(bar)的变化

P	0	1	2	3	4	5	6	7	8	9
0.973	98.88	98.92	98.95	98.99	99.03	99.07	99.11	99.14	99.18	99.22
0.987	99.26	99.29	99.33	99.41	99.48	99.52	99.48	99.52	99.56	99.59
1.00	99.63	99.67	99.70	99.74	99.78	99.82	99.85	99.89	99.93	99.96
1.01	100.00	100.04	100.07	100.11	100.15	100.18	100.11	100.26	100.29	100.33
1.03	100.36	100.40	100.44	100.47	100.51	100.55	100.58	100.62	100.65	100.69

3. 20℃时某些金属的杨氏弹性模量（N/mm²）

金属	$E(\times 10^4)$	金属	$E(\times 10^4)$
铝	6.8～70	铁	19～21
金	8.1	镍	21.4
银	6.9～8.4	碳钢	20～21
锌	8.0	合金钢	21～22
铜	10.3～12.7	铬	23.5～24.5
康铜	16.0	钨	41.5

E 值与材料结构、化学成分及其加工制造的方法有关，因此，在某些情况下，E 值可能和表中所列的平均值不同。

4. 某些物质的声速（m/s）

物质	声速	物质	声速
空气(0℃)	331.45*	水(2℃)	1 482.9
一氧化碳(0℃)	337.1	酒精(20℃)	1 168
二氧化碳(0℃)	258.0	铝**	5 000
氧气(0℃)	317.2	钢	3 750
氩气(0℃)	319	不锈钢	5 000
氢气(0℃)	1 269.5	金	2 030
氮气(0℃)	337	银	2 680

* 干燥空气中的声速与温度的关系：$331.5+0.54\,t$

** 固体中的声速为棒内纵波的速度

5. 某些液体的粘滞系数

液体	温度(℃)	(μPa·s)	液体	温度(℃)	(μPa·s)
水	0	1 787.8	甘油	−20	1.34×10^8
	20	1 004.2		0	1.21×10^7
	100	282.5		20	1.499×10^6
甲醇	0	817		100	12 945
	20	584	葵花子油	20	5 000
乙醇	−20	2 780	蜂蜜	20	6.50×10^4
	0	1 780		80	1.00×10^3
	20	1 190	鱼肝油	20	45 600
乙醚	0	296		80	4 600
	20	243	水银	−20	1 855
汽油	0	1 788		0	1 685
	18	530		20	1 554
变压器油	20	19 800		100	1 224
蓖麻油	10	2.42×10^6			

6. 某些物质的比热容

物质	温度(℃)	比热容	
		kJ/(kg·K)	kcal/(kg·℃)
铁	20	0.46	0.11
钢	20	0.50	0.12
铝	20	0.88	0.21
铅	20	0.130	0.031
银	20	0.234	0.056
铜	20	0.389	0.093
甲醇	0	2.43	0.58
	20	2.47	0.59
乙醇	0	2.30	0.55
	20	2.47	0.59
乙醚	20	2.34	0.56
冰	0	2.596	0.621
水	0	4.219	1.0093
	20	4.175	0.9988
	100	4.204	1.0057
氟里昂－12	20	0.84	0.20
(氟氯烷－12)			
变压器油	0～100	1.88	0.45
汽油	10	1.42	0.34
	50	2.09	0.50
水银	0	0.1395	0.03337
	20	0.1390	0.03326
空气(定压)	20	1.00	0.24
氢(定压)	20	14.25	3.41

参考文献

［1］ 国家技术监督局,通用计量名词及定义,中华人民共和国计量技术规范,JJG.1001－91,1991 年 10 月 1 日实施

［2］ 全国自然科学名词审定委员会公布,物理学名词,1996,科学出版社

［3］ 国家技术监督局,测量误差及数据处理(试行),中华人民共和国计量技术规范,JJG.1027－91,1992 年 10 月 1 日实施

［4］ http://physics.nist.gov/constants

［5］ 刘智敏.误差与数据处理.北京:原子能出版社.1981

［6］ 肖明耀.误差理论与应用.北京:中国计量出版社.1985

［7］ 李化平.物理测量的误差评定.北京:高等教育出版社.1993

［8］ 朱鹤年.物理实验研究.北京:清华大学出版社.1994

［9］ 陈守川.大学物理实验教程.杭州:浙江大学出版社.1995

［10］ 张兆奎,张立.大学物理实验.北京:高等教育出版社.2001

［11］ 丁慎训,张连芳.物理实验教程.北京:清华大学出版社.第二版,2002

［12］ 沈无华.基础物理实验.北京:高等教育出版社.2003

［13］ 朱鹤年.基础物理实验教程.北京:高等教育出版社.2003

［14］ 吕斯骅,段家忯.新编基础物理实验.北京:高等教育出版社.2006

［15］ 霍剑青等.大学物理实验.北京:高等教育出版社.第 2 版,2006

［16］ 教育部高等学校物理学与天文学教学指导委员会物理基础课程教学指导分委员会,理工科类大学物理课程教学基本要求理工科类大学物理实验课程教学基本要求(2010 年版),高等教育出版社

［17］ 东海大学物理学实验联络协议会编,物理学实验,日本,东海大学出版会,改订 3 版

［18］ DEAN S. EDMONDS, JR. Cioffari's Experiments in College Physics. HEATH. Ninth Edition.